昇腾AI应用开发

北京博海迪信息科技有限公司　主编

林康平　李黄　俞翔　编著

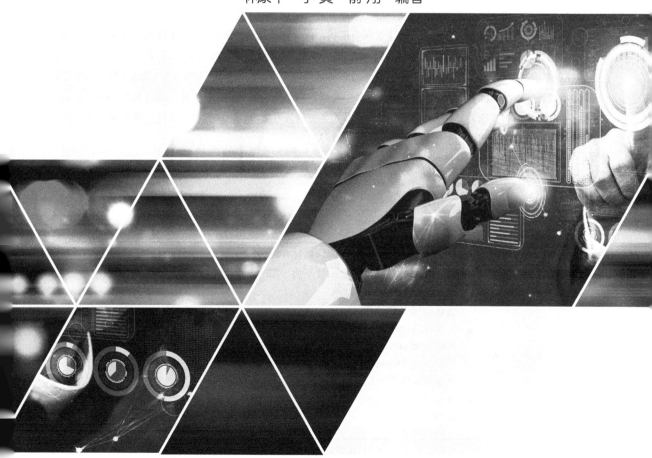

人民邮电出版社

北　京

图书在版编目（ＣＩＰ）数据

昇腾AI应用开发 / 北京博海迪信息科技有限公司主
编；林康平，李黄，俞翔编著. -- 北京：人民邮电出
版社，2021.11（2024.6重印）
（鲲鹏生态职业认证系列丛书）
ISBN 978-7-115-57675-0

Ⅰ．①昇… Ⅱ．①北… ②林… ③李… ④俞… Ⅲ.
①移动终端－应用程序－程序设计 Ⅳ．①TN929.53

中国版本图书馆CIP数据核字(2021)第211715号

内 容 提 要

本书首先介绍了人工智能的发展史及应用现状，内容涵盖当前主流的 AI 应用技术以及人工智能基础学科内容，通过各种编程案例将难以理解的机器学习知识通俗地讲述给读者；通过业界主流开发框架 TensorFlow 以及华为 MindSpore 人工智能学习框架帮助读者更深层次地理解神经网络算法；同时，介绍了基于昇腾开发的 Atlas 人工智能计算平台，其中包括昇腾芯片的硬件和软件架构；通过华为 ModelArts 一站式开发平台带领读者了解工业级 AI 开发以及人工智能开发流程，将华为在人工智能领域布局的产业及生态展现给读者，帮助读者了解、认识、熟知华为人工智能产业。

本书适合从事工程科技类工作的读者阅读，也可作为高等院校相关专业师生的参考图书。

◆ 主　　编　北京博海迪信息科技有限公司
　　编　　著　林康平　李　黄　俞　翔
　　责任编辑　李　静
　　责任印制　陈　犇

◆ 人民邮电出版社出版发行　　北京市丰台区成寿寺路 11 号
　　邮编　100164　电子邮件　315@ptpress.com.cn
　　网址　https://www.ptpress.com.cn
　　北京捷迅佳彩印刷有限公司印刷

◆ 开本：787×1092　1/16
　　印张：25　　　　　　　　　　2021 年 11 月第 1 版
　　字数：578 千字　　　　　　　2024 年 6 月北京第 2 次印刷

定价：129.80 元

读者服务热线：(010)53913866　印装质量热线：(010)81055316
反盗版热线：(010)81055315
广告经营许可证：京东市监广登字 20170147 号

编　委　会

序言一

　　处理器+操作系统是计算机系统的核心，也是产业生态的核心，更是安全的基石，涉及每一个单位、每一个个体，甚至上升到国家层面。多样性计算、人工智能、大数据、云计算等新兴技术正在驱动下一代操作系统创新发展，"新基建"、数字经济进一步加大基础技术自主创新的研发投入，信息产业自主可控发展迎来新机遇。

　　随着云计算、人工智能时代的到来，新的计算架构拐点出现，从主机生态到开放架构 x86 生态再到云计算生态，IT 发展的每个阶段都有处于引领和主导地位的生态，而生态的完善和壮大也推动着算力的发展和提升。5G 规模化商用+AIoT 技术快速发展，推动边缘侧数据采集量及计算需求空前提升。移动互联网蓬勃发展，物联网、人工智能等领域的创新应用井喷式涌现。应用场景的多样化带来了数据的多样性，从行业趋势和应用需求看，多种计算架构的组合是实现最优性能计算的必然选择。

　　以鲲鹏和昇腾处理器为核心、贯穿整个 IT 基础设施及行业应用的"鲲鹏生态"雏形已现。鲲鹏生态将引领多样性计算时代的发展，为云计算、大数据、物联网、人工智能、边缘计算等提供强大的算力支撑，为软件产业持续创新提供源源不断的发展动力。发展鲲鹏生态离不开人才的培育，人才是促进鲲鹏计算产业可持续发展的"星星之火"。发展鲲鹏生态就要建好人才底座，从而为计算产业培养高质量创新人才。但目前人才瓶颈问题突出，传统产业转型和新兴产业发展对鲲鹏生态人才需求激增，但国内人才缺口持续加大，高端复合型人才仍然严重不足。

　　由人民邮电出版社和北京博海迪信息科技有限公司（泰克教育）联合策划、出版的《鲲鹏生态职业认证系列丛书》定位为高校及职业院校教学、ICT 从业人员参考用书。这套丛书将鲲鹏、昇腾、OpenEuler 等产业前沿技术和实践实训密切结合，课程案例与产业接轨，让读者了解产业的真实需求。作为行业内少有的实操性质的书籍，这套丛书内容详尽、示例丰富、结构清晰、通俗易懂，更加注重理论与实践的紧密结合，对重点、难点内容给出了详细的操作流程，将读者从枯燥的理论学习中引导至实际案例操作当中，赋予读者更加强大的动手实践能力，便于读者学习和查阅。

这套丛书将产业前沿技术与院校教学、科研、实践相结合，是产教融合实践的有益尝试，对有效推进鲲鹏人才培养、助力鲲鹏产业生态建设具有重要意义。

中国工程院院士

2021 年 10 月

序言二

鲲鹏计算产业在国家政策指导及创新、绿色、开放、共享的发展理念指引下，打造了以行业生态、商业生态、技术生态及人才生态为方向的鲲鹏计算产业生态，以鲲鹏处理作为核心支撑点，将政府、企业、高校、人才培养紧密联系，组成可持续发展的良性生态。

作为聚焦教育和科技深度融合的国家高新技术企业，北京博海迪信息科技有限公司（泰克教育）在鲲鹏计算生态建设中积极贡献力量。由泰克研发的产教融合实训云通过了鲲鹏云服务兼容性认证，与华为 Atlas 人工智能计算平台完成了兼容性测试，为鲲鹏生态人才培养奠定了基础。泰克教育是首批华为鲲鹏凌云伙伴，与研究型本科、应用型本科、高职等多所院校合作共建鲲鹏产业学院及鲲鹏人才培养体系，为社会培养了具备鲲鹏适配、研发、服务能力的人才超过 20000 名。

当前计算产业空间巨大，需要更多优秀的人才加入产业建设中。泰克基于教育行业多年的经验积累，为全国院校培养信息通信技术人才提供实践平台，联合学校、政府共同探索人才培养新模式，创新教育组织形态，促进教育和产业联动发展。目前，泰克以产教融合基地建设、院校专业建设、产业学院、国际化合作等多维度与院校和区域政府展开深入合作，促进教育和产业统筹融合、良性互动的发展。

感谢读者对《鲲鹏生态职业认证系列丛书》的支持和信任，这套丛书涵盖产业前沿技术的讲解、丰富的课程案例、实践实训等内容，为高校及职业院校教学科研、ICT 从业人员实践提升提供参考。泰克教育的资深技术专家和高校一线教师共同组成编写团队，将最新的鲲鹏生态相关技术与产业实践融入这套丛书中，方便学员深入浅出地了解行业发展。

道阻且长，行则将至，行而不辍，未来可期。泰克将持续脚踏实地、躬耕前行，在鲲鹏生态建设和信息通信技术人才培养领域助力院校、企业和政府，为产业发展奠定坚实的人才底座。

北京博海迪信息科技有限公司（泰克教育）总经理

2021 年 10 月

前　言

人工智能正在改变人类的生产、生活方式。随着人工智能的应用越来越广泛，人工智能的发展瓶颈也越来越明显，最突出的便是算力，因为它是人工智能的基石。历史上，人工智能技术爆发多次却无疾而终，很重要的一个因素就是算力不够。

昇腾芯片是华为为实现 AI 算力普惠所做的布局。基于昇腾开发的 Atlas 人工智能计算平台（以下简称"Atlas"）是华为对外输出 AI 算力的落脚点。Atlas 目前广泛应用于智慧城市、自动驾驶、智慧新零售、机器人、智慧看护、智能制造、云计算、AI 服务等多种应用场景。华为打破了 AI 开发的高门槛，降低了 AI 使能成本，加速 AI 在各个产业的落地。通过 Atlas 全场景的迅速应用，华为正在融入不同的生态系统。

基于昇腾，AI 云服务器性能提升至原来的 2 倍以上。AI 云服务器可广泛用于 AI 推理、AI 训练、自动驾驶训练等场景。华为云通过全栈创新实现普惠 AI，基于昇腾的图像搜索服务、内容审核服务价格下调 70%。同时，昇腾还带来更多价值，比如：知识图谱服务利用多源知识融合技术，在石油领域提升效率 70% 以上；自动驾驶云服务利用超大规模集群能力可支持 PB 级数据的实时处理，端到端开发效率提升至原来的 5 倍以上。

本书结构清晰、内容详尽、案例丰富、通俗易懂，对重点、难点内容给出了详细的操作流程，便于读者学习和查阅。

全书共分 9 章。

第 1 章主要讲述人工智能的基本概念和发展史，从鲲鹏 & 昇腾生态引出人工智能技术的发展、价值及平台，再延伸到当下 AI 产业的影响及应用。

第 2 章主要介绍机器学习的基础知识，在介绍机器学习的学习流程及重要方法后，接着讲述机器学习的基础算法的理论知识和实际代码。

第 3 章首先讲解了深度学习的基本概念，然后深入神经网络，介绍了不同的神经网络卷积结构，最后在介绍完强化学习的基础理论和基本框架后，提出强化学习算法。

第 4 章先教大家安装 TensorFlow2.0 版本，接着讲述了 TensorFlow1.x 和 TensorFlow2.x 的差别以及 TensorFlow 的一些基础语法，最后带大家进行 TensorFlow 的基础案例算法实战。

第 5 章首先概述了 MindSpore 的基础知识，简述其框架和设计思路，然后讲述了 MindSpore 的特点，最后在实验中带大家熟悉 MindSpore 的环境搭建和开发案例。

第 6 章首先概述了 AI 芯片，介绍了昇腾芯片的硬件和软件架构，在此基础上讲解了 Atlas 人工智能计算平台，并介绍了其在行业中的实际应用。

第 7 章首先介绍了 ModelArts 平台的使用方法，然后通过数据、算法、模型和应用带大家了解 ModelArts 平台的强大功能和高效的开发流程。

第 8 章是人工智能应用开发的全流程和成本模型介绍，主要讲解人工智能应用开发的流程及开发流程的利与弊，最后对其成本进行分析。

第 9 章是场景实战训练，带大家熟悉应用开发的流程以及一些基本的编程思想。

本书的完成离不开华为公司的大力扶持及高校老师的鼎力相助。他们在本书的撰写过程中提供了高价值的参考意见，为本书的质量的提升提供了非常大的帮助。

目　录

第1章
人工智能概述

学习目标

◆ 了解人工智能的基本概念;

◆ 了解人工智能的相关技术及发展历史;

◆ 了解人工智能的应用技术及应用领域。

数字化、网络化和智能化是信息社会发展的必然趋势,智能革命将开创人类后文明史。如果说蒸汽机将人类带入了工业时代,那么智能机也一定能带人类进入智能时代。人工智能在实现社会生产的自动化和智能化,促进知识密集型经济的大发展上将发挥重大作用。本章主要讲解鲲鹏和昇腾生态的基本概念,让大家了解人工智能的发展历程和当下热门领域。

1.1 鲲鹏&昇腾生态概述

1.1.1 鲲鹏生态概述

现如今我们所提到的鲲鹏是一个生态系统，是一个计算产业体系，是一个行业全栈平台，我们期待它未来成为开发者和用户的首选。鲲鹏是一个怎样的生态系统、计算产业体系、行业全栈平台呢？这样来说吧，我们所用的 PC（Personal Computer，个人计算机）、服务器、存储系统、操作系统、各种中间件、数据库等都是基于鲲鹏处理器构建的。

目前企业大部分服务器都是 X86 架构（The X86 Architecture）的，并且开发软件也是基于 X86 架构来开发的。但是现在所推出的鲲鹏处理器是基于 ARM（Advanced RISC Machines）处理器架构的，它可以提升计算性能，支持应用经过重新编译迁移到基于鲲鹏的服务器上。

华为作为鲲鹏计算产业的成员之一，推出了鲲鹏生态伙伴计划，包括凌云计划、展翅计划、智数计划。华为期待各行各业加入，齐心协力构建鲲鹏生态系统。

从主机生态到开放架构 X86 生态，再到云计算生态，IT（Internet Technology，互联网技术）发展的每个阶段都有处于引领和主导地位的生态，生态的完善和壮大也推动着算力的发展和提升。应用场景的多样化带来了数据的多样性，没有任何一个计算架构能够满足所有场景、所有数据类型处理的要求。从行业趋势和应用需求看，多种计算架构的组合是实现最优性能计算的必然选择。

鲲鹏生态的诞生并非偶然。从应用需求分析，OpenAI 发布的《AI 与计算》报告显示，自 2012 年以来，人们对于算力的需求增长至原来的 30 万倍，当前每 3.5 个月翻一倍。指数级增长的计算空间、多样化的计算需求推动着 IT 市场持续快速增长，异构计算成为必然。包括 VR（Virtual Reality，虚拟现实）/AR（Augmented Reality，增强现实）、AI（Artificial Intelligence，人工智能）与大数据、超高清、智能驾驶、机器人、智慧城市、智能制造、I/O 平台等在内的各种新兴应用层出不穷，它们都需要大量的计算能力。开发能支持这些新增的应用软件，也是鲲鹏生态诞生的初衷之一。

技术的更迭是生态发展的核心驱动力。进入"后摩尔定律"时代，摩尔定律的效用正在减缓，未来处理器因为制程升级所带来的效能提升将会受到限制。这给了高性能处理器鲲鹏 920 脱颖而出的机会。鲲鹏 920 采用 7nm 工艺，打通了智能时代从端到云的价值链，在大数据、分布式存储、ARM 原生应用等诸多应用场景中游刃有余。鲲鹏生态致力于推动异构计算的发展，可以更好地满足用户对超大内存宽带、绿色低功耗、安全可信等的需求。特别值得一提的是，鲲鹏处理器可以随时随地支持云原生软件的部署。鲲鹏生态的一个核心支撑点或者说起点就是鲲鹏处理器，以它为中心向外扩展并形成丰富的产品和行业应用矩阵。华为与服务器、存储等硬件厂商及各行业的 ISV（Independent

Software Vendors，独立软件开发商）共同孵化解决方案，充分发挥鲲鹏处理器的多核、高并发优势，并针对大数据、分布式存储、数据库、原生应用和云服务等优势场景进行深度优化，为政府、金融、运营商、电力、互联网等广大客户提供基于鲲鹏处理器的数据中心基础设施和服务。

1.1.2　芯片产业概述

芯片通常是指封装后的集成电路。集成电路是指采用一定的工艺，将数以亿计的晶体管、三极管、二极管等半导体器件与电阻、电容、电感等基础电子元件连接并集成在小块基板上，然后封装在一个管壳内，成为具备复杂电路功能的一种微型电子器件或部件。芯片作为全球信息产业的基础与核心，被喻为"现代工业的粮食"，其应用领域广泛，在电子设备、通信、军事等方面得到广泛应用，对经济建设、社会发展和国家安全具有重要战略意义和核心关键作用。芯片是衡量一个国家或地区现代化程度和综合实力的重要标志。

半导体行业是信息社会的基础，集成电路又是半导体行业的核心。集成电路细分市场中，存储器芯片行业周期性最为显著而模拟芯片发展较为平稳。在逻辑芯片领域中，晶圆制造厂商扮演核心地位，属于典型的资金密集型行业。晶圆制造厂商为保持核心竞争力，需要持续的研发投入和先进制程工艺投入，全球仅剩为数不多的几家公司尚有能力布局 7nm 以下制程工艺。

按技术架构，智能芯片可分为三大类：①通用类芯片，比如 CPU（Central Processing Unit，中央处理器）、GPU（Graphics Processing Unit，图形处理器）、FPGA（Field Programmable Gate Array，现场可编程门阵列）；②基于 FPGA 的半定制化芯片，比如深鉴科技 DPU（Data Processing Unit，数据处理器）；③全定制化 ASIC（Application Specific Integrated Circuit，专用集成电路），比如谷歌 TPU（Tensor Processing Unit，张量处理单元）、寒武纪 Cambricon-1A 等，如图 1-1 所示。智能芯片主要有训练和推理两大功能，要理解深度神经网络的"训练（Training）"，我们可以把它类比成在学校学习。神经网络和大多数人一样——为了完成一项工作，需要接受教育。具体来说，经过训练的神经网络可以将其所学应用于数字世界的任务——例如：识别图像、口语词、血液疾病，或者向某人推荐她/他接下来可能要购买的鞋子等各种各样的应用。这种更快更高效的版本的神经网络可以基于其训练成果对其所获得的新数据进行推导。在人工智能领域，这个过程被称为"推理"。训练环节只能在云端实现，GPU、FPGA、ASIC（谷歌 TPU）等都已应用于云端。边缘（设备）端对于智能芯片的需求差异大、数量庞大，XPU、ASIC 更多集中于边缘端芯片。

通用类芯片和云端芯片主要是国际厂商主导。GPU 属英伟达公司绝对领先，美国超威半导体公司跟随；FPGA 主要是赛灵思、英特尔、莱迪斯等国际厂商占据。边缘端芯片具有低功耗、低时延、低成本等特性，应用领域广泛，国际芯片设计企业尚未形成垄断，国内企业呈现百花齐放。2019 年云栖大会阿里巴巴推出首款 AI 芯片——含光 800，含光 800 基于神经网络推理运算特征，峰值性能 78000 IPS（Inches Per Second，英寸/秒（1 英寸=0.0254 米），峰值能效 500IPS/W，是目前全球最高性能的 AI 推理芯片。华为在 2018 年全联接大会上发布云端 AI 芯片——Ascend 910（昇腾 910），FP16 浮点运算算力达到 256TOPS（Tera Operations Per Second，每一秒可进行一万亿次操作），INT8 整型运算能力达 16TOPS，最大功耗 350W，采用 7nm 制程工艺，在性能指标上超越了谷歌和英伟达推出的主流 AI 芯片。

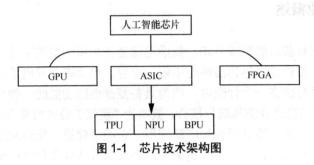

图 1-1　芯片技术架构图

1.1.3　昇腾系列芯片概述

首先我们来看一下昇腾 AI 芯片的硬件架构。这里及之后所说的"昇腾 AI 芯片"其实有两个，一个是 2018 年发布的针对推理应用的昇腾 310，另一个是 2019 年发布的针对训练应用的昇腾 910，如图 1-2 所示。

图 1-2　昇腾 910

值得注意的是，作为人工智能专用芯片，昇腾 310 和昇腾 910 都是为了特定的应用领域进行设计和深度优化的，这也是它们区别于 CPU、GPU 这些通用芯片最主要的特性。AI 系统分成训练和推理两个主要过程，这会造成不同 AI 芯片的优化侧重点有所不同。比如，昇腾 910 主要针对的是云端的 AI 训练应用，因此芯片的性能，也就是算力的大小，就是它优化的重点。昇腾 910 使用台积电 7nm 工艺制造，FP16 算力可以达到 256TOPS，INT8 算力高达 512TOPS，同时支持 128 通道全高清视频解码。这些性能超过了同时期或者使用同等工艺进行制造的 GPU，比如英伟达的 V100。为了实现这么高的算力，昇腾 910 的最大功耗为 310W，和 GPU 基本处于一个量级。相比之下，昇腾 310 针对的是推理场景，主要应用在移动端，因此需要对性能和功耗进行一定的平衡。这是因为我们基本不可能在部署智能摄像头、无人驾驶车辆、手机、手表里放一个有着几百瓦功耗的 AI

芯片。同时对于一些边缘计算的场景，对芯片使用成本的控制及芯片本身的实时性、安全性等，也都是重要的考虑因素。结合这些需求，昇腾 310 采用的是 12nm 工艺制造，最大功耗仅为 8W。在性能方面，它的 FP16 算力达到了 8TOPS，INT8 算力达到 16TOPS，同时也集成了 16 通道的全高清视频解码器，如图 1-3 所示。这些在边缘计算领域已经是很高的算力了。

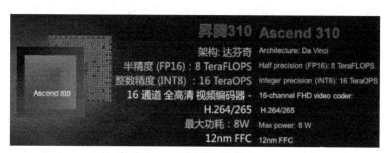

图 1-3　昇腾 310 性能参数

从硬件结构来看，昇腾 AI 芯片最主要的特点是 AI 核心采用了华为自研的达芬奇架构，如图 1-4 所示。昇腾系列的昇腾 910 和昇腾 310 两款芯片，都使用了基于达芬奇架构的 AI 核心。这是昇腾芯片的主要竞争优势。

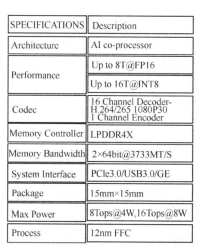

SPECIFICATIONS	Description
Architecture	AI co-processor
Performance	Up to 8T@FP16
	Up to 16T@INT8
Codec	16 Channel Decoder-H.264/265 1080P30 1 Channel Encoder
Memory Controller	LPDDR4X
Memory Bandwidth	2×64bit@3733MT/S
System Interface	PCle3.0/USB3.0/GE
Package	15mm×15mm
Max Power	8Tops@4W,16Tops@8W
Process	12nm FFC

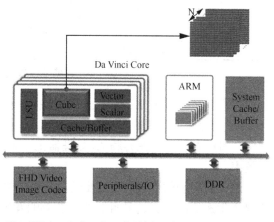

Note:This is typical configuration,high performance and low power sku can be offered based on your requirement

图 1-4　处理器与达芬奇核

除了芯片的硬件结构，编程方法和软件架构的设计与实现也是十分重要的部分。英伟达 GPU 之所以在人工智能领域大放异彩并得到广泛的应用，是因为 GPU 芯片性能的提升及它推出的成熟易用的编程框架 CUDA（Compute Unified Device Architecture）。相比之下，FPGA 的编程难度极大，在很大程度上限制了 FPGA 的广泛使用。为了应对这个问题，FPGA 厂商在努力尝试简化 FPGA 的编程难度，包括提供更加易用的编程工具，或者使用高层次综合的方法对 FPGA 进行编程等。对于 AI 专用芯片，可编程性是重中之重。为此，昇腾 AI 芯片提供了多层的软件栈和开发工具链，帮助开发者更好地使用和开发昇腾。软件的多样性，也能在很大程度上弥补专用芯片灵活性不足。总体来说，昇腾 AI 软件栈主要分为 4 个层次和 1 个辅助工具链。4 个层次分别为 L3 应用使能层、L2 执行框架层、L1 芯片使能层和 L0 计算资源层，如图 1-5 所示。L0 计算资源层是处理器的计算资源，比如前面提到的 AI 核心、CPU、负责数字视觉的计算模块等。L1 芯片使能层是一些标准的加速库任务调度器和一些预处理模块。L2 执行框架层是框架层，用来调用和管理深度学习框架，并生成离线模型。L3 应用使能层是应用级封装，主要是面向特定的应用领域，提供不同的处理算法。应用使能层包含计算机视觉引擎、语言文字引擎以及通用业务执行引擎等。

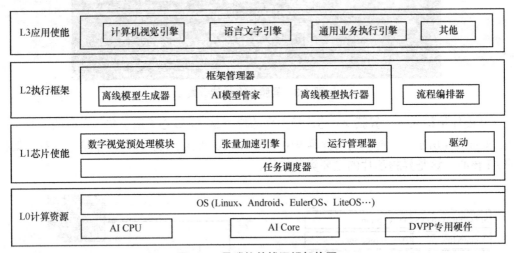

图 1-5　昇腾软件栈逻辑架构图

值得注意的是，昇腾 AI 处理器不仅支持主流的深度学习框架，比如 TensorFlow 和 PyTorch，还支持华为自研的 MindSpore 深度学习框架。通过 MindSpore 框架产生的神经网络模型，可以直接运行在昇腾 AI 处理器上，无须进行硬件的适配和转换，极大的提升了开发效率。

有了硬件架构和软件栈，还需要最后一个提供结合软硬件的系统级解决方案的环节，来完成整个生态的闭环。这是目前芯片业界的发展趋势，不管是 CPU、GPU、FPGA 还是 AI 专用芯片，都是遵循这个规律在发展。简单来说，就是芯片公司不仅要提供性能强劲的芯片，提供好用的软件和开发工具，还要提供完整的参考设计以及软硬件系统。我们不可能单独购买这个芯片，而是需要购买整个生态系统。对于 FPGA 也是如此。最早的时候，像 Altera 或者赛灵思这样的 FPGA 厂家都是卖芯片，但是目前这些公司也在不断推出各种基于 FPGA 的加速卡产品，同时也提供了像 OPAE 或者 Vitis 这样的软件栈和开发软件，以此构建生态。同样的，昇腾也提供了一系列的硬件产品，从最小的加速模块，到推理或者训练专用的加速卡，再到专用的服务器，甚至是由多个服务器阵列组成的计算集群。这些构建了一个涵盖终端、边缘以及云计算的产品组合，使得用户可以根据自身的实际需要，选择合适的硬件产品，这也就是华为所说的全场景覆盖。

1.2 人工智能概述

1.2.1 人工智能技术的发展

人工智能诞生于一次历史性的会议。1956 年夏季，当时在达特莫斯大学的年轻数学家、计算机专家麦卡锡，后为 MIT（Massachusetts Institute of Technology，麻省理工学院）教授；和他的三位朋友，哈佛大学数学家、神经学家明斯基（M.L.Minsky），后为 MIT 教授；IBM（International Business Machines Corporation，国际商业机器公司）公司信息中心负责人洛切斯特；贝尔实验室信息部数学研究员香农共同发起。他们还邀请 IBM 公司的莫尔和塞缪尔，MIT 的塞尔夫里奇和索罗蒙夫及兰德公司和卡内基工科大学的纽厄尔和西蒙共 10 人，在美国达特莫斯大学举行了一次为期两个月的夏季学术研讨会。这 10 位来自美国数学、神经学、心理学、信息科学和计算机科学方面的杰出年轻科学家，在一起共同学习和探讨了用机器模拟人类智能的有关问题，并由麦卡锡提议正式采用了"AI"这一术语。至此，一个以研究如何用机器来模拟人类智能的新兴学科——人工智能诞生了。

这次会议之后，在美国很快就形成了三个以人工智能为研究目标的研究小组。纽厄尔和西蒙的卡内基—兰德小组（也被称为心理学小组）、塞缪尔的 IBM 公司工程课题研究小组及明斯基和麦卡锡的 MIT 研究小组。人工智能在其诞生后的 10 多年间，很快就在定理证明、问题求解、博弈等领域取得了重大突破。

正当人们为人工智能所取得的成就高兴时，人工智能却遇到了许多困难，遭受了很大的挫折。在困难和挫折面前，人工智能的先驱者没有退缩，他们在反思中认真总结了人工智能发展过程中的经验教训，开创了一条以知识为中心、面向应用开发的研究道路，使人工智能进入了一个新的蓬勃发展时期。

在成就面前，一些人工智能专家开始盲目乐观，他们认为只要依靠一些推理规则，再加上强大的计算机就可以使机器智能达到专家水平，甚至超过人的能力。20 世纪 60 年代初期，人工智能的创始人西蒙等人就很自信地预言：10 年内计算机将成为世界冠军；10 年内计算机将证明一个未发现的数学定理；10 年内计算机将能谱写出具有优秀作曲家水平的乐曲；10 年内大多数心理学理论将在计算机上形成。然而，这些预言至今还未完全实现。科学前进的道路从来就是不平坦的，成功和失败、顺利和挫折总会交织在一起。人工智能也是如此，在它经过形成时期的快速发展之后，很快就遇到了许多麻烦，具体如下。

① 在博弈方面，塞缪尔的下棋程序在与世界冠军对弈时，5 局败了 4 局。

② 在定理证明方面，发现鲁滨逊归结法的能力有限。当用归结原理证明两个连续函数之和还是连续函数时，推导了 10 万步也没证明出结果。

③ 在问题求解方面。由于过去研究的多是良结构的问题，而现实世界中的问题又多

数为不良结构，如果仍用那些方法去处理，将会产生组合爆炸问题。

④ 在机器翻译方面，原来人们以为只要有一个双解字典和一些语法知识就可以实现两种语言的互译，但后来发现并不是那么简单，甚至会闹出笑话。例如，把"心有余而力不足"的英语句子"The spirit is willing but the fleshis weak"翻译成俄语，然后再翻译回来时竟变成了"酒是好的，肉变质了"，即英语句子为"The wine is good but the meat is spoiled"。

罗森布拉特于 1957 年提出了感知器［Rosenblatt 1958］。它是一个具有一层神经元、采用阈值激活函数的前向网络。通过对网络权值的训练，可以实现对输入矢量的分类。感知器收敛定理使罗森布拉特的工作圆满的成功。20 世纪 60 年代，感知器神经网络好像可以做任何事。1969 年，明斯基和佩珀特合写的《感知器》书中利用数学理论证明了单层感知器的局限性［Minsky et al.1969］，引起全世界范围削减神经网络和人工智能的研究经费，使得人工智能走向低谷。

在人工智能的本质、理论、思想及机理方面，人工智能受到了来自哲学、心理学、神经生理学等社会各界的指责、怀疑和批评。

在其他方面，人工智能也遇到了这样那样的问题，一时间乌云四起。在英国，1971年剑桥大学应用数学家詹姆士先生应政府要求，发表了人工智能综合报告，指责"人工智能研究不是骗局，也是庸人自扰"。这个报告被英国政府采纳后，英国的人工智能研究经费被削减、机构被解散。在美国，曾一度热衷于人工智能研究的 IBM 公司也下令取消了在该公司范围内的所有人工智能研究活动。此后，人工智能形势急转直下，在全世界范围内人工智能研究陷入困境、落入低谷。

在这种极其困难的环境下，仍有一大批人工智能学者不畏艰辛、潜心研究。他们在认真总结前一阶段研究工作的经验教训的同时又从费根鲍姆以知识为中心开展人工智能研究的观点中找到了新的出路。

在专家系统方面，从 20 世纪 80 年代末开始人工智能逐步向多技术、多方法的综合集成与多学科、多领域的综合应用型发展。大型专家系统开发采用了多种人工智能语言（如 LISP、Prolog 和 C++等）、多种知识表示方法（如产生式规则、框架、逻辑、语义网络、面向对象等）、多种推理机制（如演绎推理、归纳推理、非精确推理和非单调推理等）和多种控制策略（如正向、逆向和双向等）相结合的方式，并开始运用各种专家系统外壳、专家系统开发工具和专家系统开发环境等。

近几年，我国人工智能技术的应用更加成熟。2021 年，"5G+8K+AI"将迎来高速发展应用时期。不断涌现的新兴技术融合产品，将推动产业高效生产、提高社会治理水平与文化创新。与此同时，人工智能与大数据、云计算、物联网等信息技术相互融合与支持，"智能技术产业化"与"传统产业智能化"成为人工智能创新发展的有效应用途径。2021 年，人工智能或将与汽车、电子等领域加速融合，推动形成自动驾驶、驾驶辅助、人车交互、服务娱乐等应用系统，对传统的汽车产业链进行智能化革新。以人工智能为核心的技术产业还将与 AR 深度交叉融合，为发展智能居家环境、医疗环境、教育环境、娱乐环境等做出新的创新发展贡献，如图 1-6 所示。

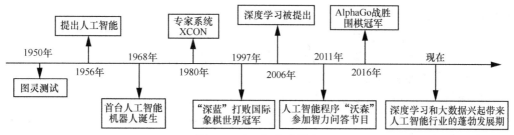

图1-6 人工智能发展史

人工智能与VR/AR融合应用可以提高人体的整体行为感知，精准识别与提高视觉；人工智能与区块链相结合，以去中心化的方式组织维护海量数据，使得形成高质量的去中心化人工智能数据标注平台成为更大可能；5G与人工智能的融合更是提升了"智慧"产业的建造，实现智能化和产业化应用双向发展。如今，AI已经渗透工业、医疗、智慧城市等各个领域，更多的应用场景需求意味着技术的深度融合发展，智能技术与行业产业融合形式及应用场景变得更加多元化。

1.2.2 人工智能技术的主要领域

人工智能技术应用的细分领域：深度学习、计算机视觉、智能机器人、虚拟个人助理、自然语言处理—语音识别、自然语言处理—通用、实时语音翻译、情境感知计算、手势控制、视觉内容自动识别、推荐引擎等，如图1-7所示。

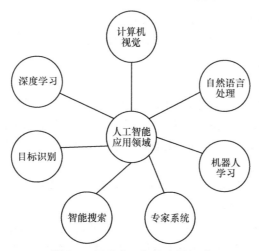

图1-7 部分人工智能应用领域

1. 深度学习

深度学习作为人工智能领域的一个应用分支，不管是从市面上公司的数量还是从投资人投资喜好的角度来说，都是一个重要的应用领域。说到深度学习，大家第一个想到的肯定是AlphaGo。AlphaGo通过一次又一次的学习、更新算法，最终在人机大战中打败围棋大师李世石。百度的机器人"小度"多次参加最强大脑的"人机大战"，并取得胜利，这也是深度学习的结果。

深度学习的技术原理：

① 构建一个网络并且随机初始化所有连接的权重；

② 将大量的数据情况输出到这个网络中；

③ 网络处理这些动作并且进行学习；

④ 如果这个动作符合指定的动作，将会增强权重，如果不符合，将会降低权重；

⑤ 系统通过如上过程调整权重；

⑥ 在成千上万次的学习之后，网络超过人类的表现。

2．计算机视觉

计算机视觉是指计算机从图像中识别出物体、场景和活动的能力。计算机视觉有着广泛的细分应用，其中包括被用来提高疾病的预测、诊断和治疗的医疗成像分析；被支付宝或者网上一些自助服务用来自动识别照片里的人物的人脸识别。计算机视觉在安防及监控领域，也有广泛的应用。

计算机视觉技术运用由图像处理操作及其他技术所组成的序列来将图像分析任务分解为便于管理的小块任务。比如，一些技术能够从图像中检测到物体的边缘及纹理。分类技术可被用作确定识别到的特征是否能够代表系统已知的一类物体。

3．语音识别

语音识别技术最通俗易懂的讲法就是将语音转化为文字，并对其进行识别、认知和处理。语音识别的主要应用包括医疗听写、语音书写、电脑系统声控、电话客服等。

语音识别技术原理：

① 对声音进行处理，使用移动窗函数对声音进行分帧；

② 声音被分帧后，变为很多波形，需要将波形做声学体征提取，变为状态；

③ 体征提取之后，声音就变成了一个 N 行、N 列的矩阵，然后通过音素组合成单词。

4．虚拟个人助理

说到虚拟个人助理，可能大家脑中还没有具体的概念。但是说到 Siri（Speech Interpretation &Recognition Interface）苹果智能语音助手，你肯定就能立马明白什么是虚拟个人助理。除了 Siri，Windows 10 的 Cortana 也是虚拟个人助理的典型代表。

虚拟个人助理技术原理：

① 用户对着 Siri 说话后，语音将立即被编码，并转换成一个压缩数字文件，该文件包含了用户语音的相关信息；

② 由于用户手机处于开机状态，语音信号将被转入用户所使用的移动运营商的基站中，然后发送给用户的互联网服务供应商，该互联网服务供应商拥有云计算服务器；

③ 该服务器中的内置系列模块，将通过技术手段来识别用户刚才说过的内容。

总而言之，Siri 等虚拟个人助理软件的工作原理就是"本地语音识别+云计算服务"。

5．语言处理

自然语言处理，像计算机视觉技术一样，将各种有助于实现目标的多种技术进行了融合，实现人机间自然语言通信，如图 1-8 所示。

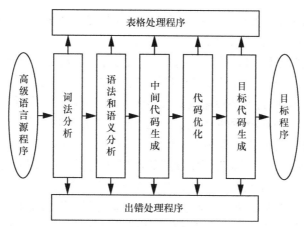

图 1-8　语音处理原理图

6.智能机器人

智能机器人在生活中随处可见，扫地机器人、陪伴机器人……这些机器人不管是与人语音聊天、自主定位导航行走、安防监控等，都离不开人工智能技术的支持。

人工智能技术把机器视觉、自动规划等认知技术、各种传感器整合到机器人身上，使得拥有判断、决策能力的机器人，能在各种不同的环境中处理不同的任务。智能穿戴设备、智能家电、智能出行或者无人机设备都是类似的原理。

7. 引擎推荐

现在大家浏览网页时会发现网站会根据你之前浏览过的页面、搜索过的关键字给你推送一些相关的网站内容。这就是引擎推荐技术的表现。

Google 为什么会做免费搜索引擎，目的就是搜集大量的自然搜索数据，丰富它的大数据数据库，以此来得到商家投资和广告投放，同时也为之后的人工智能数据库做准备。

除了如图 1-9 所示的应用，人工智能技术肯定会朝着越来越多的分支领域发展。人工智能技术将在医疗、教育、金融、衣食住行等涉及人类生活的各个方面都会有所渗透。

图 1-9　搜索引擎

1.2.3　人工智能技术的价值

近年来，以"深度学习"为开端的新一轮人工智能无疑是当今最大的热门，大数据、人工智能技术的应用日益成熟。人工智能技术的长足进步深刻影响了每一家人工智能技术公司的生存，那人工智能技术有什么应用价值？

目前，人工智能技术不再局限于实验室，而是作为一种通用技术得到广泛推广。一度火热的"互联网+"推动了传统产业的信息化和数字化，也为现在的人工智能奠定了基础。

人工智能是一个传统行业渗透速度惊人的现象。之前，花旗银行宣布，其投资银行部门将在 5 年内削减 50% 的技术和业务人员，这意味着 1 万名员工的工作可以被人工智能技术取代。中国平安银行也在大数据和人工智能领域投资了 4~5 年，目前正进入应用场景的深化阶段。在旅游业，人工智能也开始发挥其影响力。携程网的部分功能已经通过人工智能实现。目前，在酒店售后现场，智能客服可以解决 70% 的问题，大大降低了人工成本。

目前的美颜相机等 App 早已开始利用人工智能的图像识别技术。未来无论是互联网企业还是传统行业都注定要卷入人工智能所引领的技术浪潮，甚至有可能借助人工智能实现行业洗牌。

在大数据、人工智能的应用层面，医疗行业远远落后于互联网、金融和电信等行业。随着医学信息化和生物技术几十年的快速发展，医学数据的类型和规模正以前所未有的速度增长。数据爆炸把医疗行业带入了大数据、人工智能时代。医学数据在对传统数据处理和数据挖掘技术提出巨大挑战的同时，也为相关大数据应用服务的发展创造了条件。与此同时，国家政策和资金正在加大对医学大数据方向的投入。医学大数据的应用将成为大数据历史上的一大出口，并具有无限的发展潜力。

关于人工智能的发展趋势，不同领域的从业者有不同的看法。对于人工智能技术本身的认知能力，能够在一定程度上左右从业者对于人工智能价值的判断。站在技术发展的角度来看，人工智能的价值更多体现在"技术创新"上，而"技术创新"往往是推动行业发展的核心驱动力。当前基于人工智能的创新正在不断涌现，一些创新技术（视觉、自然语言处理等）也得到了落地应用，并开辟出了新的价值空间。

从当前人工智能的技术体系来看，人工智能技术本身可以看成是一个创新的工具，基于人工智能技术来完成各个行业领域的创新。因此对于学生和职场人来说，掌握一定的人工智能技术会提升自身的职场价值。

进入人工智能时代，人才快速迭代转型是发展人工智能不可回避的关键因素。只有不断挖掘和培养优秀的人工智能人才，挖掘、提升、释放机器计算和机器学习技术的巨大潜能，才能进一步驱动产业经济的快速发展。从人工智能领域的人才储备来看，虽然全球的科学、技术、工程和数学领域的毕业生每年都在增加，但每年人工智能人才的市场需求都在百万级，人才储备和毕业生供给明显不足。目前，全球人工智能领域人才约30 万人，主要分布在高校、新兴企业、科技巨头及其他领域，其中高校人才约 10 万人，产业界人才约 20 万人。北京大学和清华大学的统计数据显示，全球有 368 所具有人工智能研究方向的高校，有 6000 多名人工智能领域的学者、7 万余名人工智能相关专业的在读硕博研究生及其他行业人才，每年硕博毕业生约有 2 万名。美国有 168 所高校具有人工智能研究方向，占据全球 45.7% 的比例，加拿大、中国、印度、英国位于第二梯队。

因为人工智能涉及领域广泛，对国民经济中的大部分领域都能产生影响，所以随着人工智能的飞速发展，尖端人才的争夺正成为最核心的主题。虽然世界各国政府及科技龙头，都将人工智能视为提升核心竞争力的重要战略，但是人工智能领域的顶级人才是稀缺资源，全球尚不足千人，外加人工智能领域人才分布极不平衡，导致世界各国对人工智能人才的拼抢局面日益激烈。

人工智能时代正在开启。在人工智能产业如火如荼发展的另一面，是专业人才的稀缺。人工智能时代需要更多的高精尖科技人才，更需要跨学科高能力的复合型人才，所以全面发展是如今社会培养人才、发展人才的一个方向。随着人工智能的发展，在未来的商业活动中，人工智能在生活和工作上的应用，都将使现有的劳动力得到解放。而面对越来越激烈的商业竞争和全球化，越来越多的企业都把人工智能代替劳动力的举措作为企业发展的重点之一。虽然人工智能的出现，会使全球面临人口就业更加困难的局面，但从解放劳动力的角度来看，人工智能能为我们的生产、工作带来积极的影响。例如，将人工智能应用于火灾救援、抗震救灾、高空作业等高危行业，让机器人去做一些人类活动风险极高的工作，减少了人类的风险。另外简单、重复性的工作即将被人工智能取代，只有拥有自己的核心竞争力，才能不被时代所淘汰。

1.2.4 人工智能平台 Atlas

随着人工智能技术的不断发展与应用，各行各业正在发生巨大变化。不过各行各业在采用人工智能技术真正进行生产落地时还有诸多困难。华为通过在各个场景的人工智能实践，发现在人工智能落地过程中，存在以下三类问题。

① 算力昂贵且供应周期长，这是机器方面的挑战。

② 人工智能开发门槛高，形成了人才获取的挑战；同时，相对机器而言，"人工"亟待提升，这是人工智能人才方面的挑战。

③ 行业落地过程中，行业专家与人工智能专家的结合挑战，行业专家对人工智能理解不足，人工智能专家对行业了解又有待进一步深入，这都阻碍了人工智能在行业落地。这是不同人才之间的挑战。

出现问题是技术落地产业的必然现象，解决问题是技术落地产业的必经之路。华为用技术来解决技术发展中的问题。前面三类挑战或问题，本质上都可以映射到人工智能基础平台的能力中。

在智能化时代到来之际，华为在努力打造全栈、全场景人工智能基础平台，结合华为自身落地实践，华为的全栈 AI 基础平台，可以很好地解决前述三类问题。

人工智能研究和落地的基础是算力。基于华为昇腾芯片提供的 Atlas AI 系列服务器和板卡，不仅提供超强的算力，更为关键的是实现了单位瓦特下算力输出的工程极限。因此人工智能计算可以在各种不同企业生产场景落地，为广大开发者、行业伙伴提供用得起、用得好、用得放心的算力。

为了应对持续增长的人工智能算力需求，华为已经推出了一系列的基于昇腾 AI 芯片的加速模块、加速卡和服务器，比如 Altas 300/300T 加速卡、Altas 800 推理服务器、Altas 800 训练服务器、AI 训练集群 Atlas 900 等，这些产品均实现了商用落地。

在人工智能已经纳入新基建重点建设领域的今天，人工智能技术及应用正在成为各行各业关注的焦点。尤其当企业数字化转型进入"深水区"，人工智能正在扮演着新型发动机的角色，成为重塑医疗、制造、交通等众多行业的重要力量，而华为 Atlas 人工智能计算平台就是让人工智能的应用，全面"照进"现实。

1.3 百花齐放的 AI 时代

AI 对当下社会的影响与产品

自诞生以来，人工智能在世界范围内引发了轰轰烈烈的研发热潮。由于强大的运算能力和卓越的智能化系统功能，人工智能在人类生活当中占据越来越重要的地位，这也使得世界各国开始加大对新 AI 技术的开发和提升。

事实证明，在短短几十年中，科学界对于人工智能的探索已经取得了令人瞩目的成果。从每秒运算 30 万次加法的埃尼阿克，到后来每秒可以进行超过 40 万亿次加法的"tera_10"；从只会抓举小型积木的简单机器人，到后来击败人类棋王的"深蓝"，整个人工智能学科的高速进步，不光为本学科带来了翻天覆地的变化，同时也深深影响着人类生活。可以预见的是，在目前世界各国全力支持推动人工智能发展的大背景下，将会有更多性能卓越的人工智能体被研发出来，走进千家万户。

人工智能以不可逆转的迅猛之势进入我们的生活之中，人们时刻感受着人工智能的高效、便捷。计算机技术不再只属于实验室中的一小群研究人员。个人电脑和相关技术杂志使计算机技术展现在人们面前。因为人工智能开发的需要，还出现了研究人员进入私人公司的热潮。150 多家像美国数字设备公司这样的公司共花了 10 亿美元在内部的人工智能开发。

数据统计，我国人工智能企业主要分布在技术集成与方案、技术研发与应用平台、机器人、新媒体、医疗、零售、制造、硬件、金融、汽车、教育、安防、家居、交通、物流、农业、政务、城市 18 个应用领域。

1. AI+医疗

为提升医疗服务效率，AI+医疗、移动医疗正在成为医院信息化建设的热点，它使医院突破了传统的就医会诊模式，进入自动化、智能化、信息化、高效化的新会诊模式。综合应用语音识别、语义理解、语音合成、光学字符识别等技术，构建高效化的信息支撑体系、规范化的信息标准体系、常态化的信息安全体系、科学化的医护管理体系、专业化的业务应用体系、便捷化的医疗服务体系、人性化的健康管理体系，使得整个医疗生态圈中的每一个群体均可从中受益。

2. AI+金融

在场景应用上，一方面，金融业良好的数据基础为 AI 应用场景创新提供了条件，促使各领域充分挖掘数据的潜在价值，利用技术实现业务模式的创新和产业升级，使人工智能在金融领域的应用场景越来越多元；另一方面，金融服务业的属性决定了其大部分业务是基于用户服务展开的，大量的服务场景也需要利用技术来提升效率、优化体验，实现行业的精细化运营和服务升级。

目前，人工智能技术在银行、理财、投研、信贷、保险、风控、支付等领域得到实践，并呈现向各个领域渗透的趋势。金融行业围绕银行服务、理财投资、信贷、保险、监管等业务已衍生出智慧银行、智能投顾、智能投研、智能信贷、智能保险、智能监管等应用场景。

3．AI+交通

智能交通系统是一种先进的运输管理模式。人工系统主要利用计算机仿真技术，通过监测人们出行行为计算交通流。比如，人工系统可以模拟交通事故或恶劣天气，以此观测紧急情况造成的道路拥堵情况和对其他路段的影响。智慧交通作为人工智能的一个重要应用领域，在无人驾驶、缓解交通拥堵、强化安全、便捷出行等方面都起到了一定作用。

4．AI+农业

作为一个传统的农业大国，农业的发展一直在我国的社会经济发展中占据着重要的地位。现阶段，大数据、人工智能、物联网等技术不断地改变着我们的生产生活方式，农业科技化、智能化也迎来了发展契机。伴随着这些"黑科技"与传统产业的融合发展，农业物联网正成为农业发展新趋势。

以种植领域为例，当前科技企业正在布局的赛道包括：利用图像分析技术以及神经网络等非破坏性的方法对种子进行质量检测；在播种施肥环节应用无人机、自动播种机等智能机器人；通过机器视觉、智能传感等技术进行作物监控；应用视觉识别技术和采摘机器人，实现智能化采摘并分级存储等。

5．AI+家居

智能家居是以住宅为平台，基于物联网技术，由硬件(智能家电、智能硬件、安防控制设备、家具等)、软件系统、云计算平台构成的一个家居生态圈，实现人远程控制设备、设备间互联互通、设备自我学习等功能，并通过收集、分析用户行为数据为用户提供个性化生活服务，使家居生活安全、舒适、节能、高效、便捷。智能家居包括家居生活中多种产品，涵盖多个家居生活场景。

6．AI+教育

目前，人工智能技术在教育上的应用主要体现在图像识别和语音识别两个方面。这两个方面的技术虽然得到了应用，但目前尚处于初级阶段。在技术和应用场景上还需要更多的探索。

人工智能将来要实现的是与人类的紧密贴合，甚至未来可以实现"思考即学习"，那么连接人与知识的工具将不再是刚需。当然，我们也可以把机器人等人工智能产品看成工具，这个工具足以让人们以脱离在线学习的方式去学习。

未来的人们只需要一个机器人或者一款智能头盔就可以完成所有的学习。现在人类教学场景非常简单，互联网教育也仅仅通过图像、视频等多媒体的方式来表现教学知识点。

7．AI+制造

智能制造是基于新一代信息技术，贯穿设计、生产、管理、服务等制造活动各个环节，具有信息深度自感知、智慧优化自决策、精准控制自执行等功能的先进制造过程、系统与模式的总称。AI+制造就是新一代智能制造，全面融合了数字化、网络化和智能化；追求的是人机协同，而不是简单地代替人类劳动。

除了上面的应用之外，人工智能技术会朝着越来越多的分支领域发展，汽车、物流、新媒体、衣食住行等涉及人类生活的各个方面都会有所渗透。随着社会发展的进步，人类与人工智能技术已经成为了当下时代的主要趋势。人工智能是时代进步的产物。人工智能发展让我们的生活越来越便利。未来智能机器人、智能穿戴、智能家居等都将更加全面，人工智能将运用在社会生活的各个方面。

1.4 本章小结

本章主要介绍了鲲鹏生态系统，对人工智能的定义、类型与发展历史进行了概述，并且从行业、技术和价值等方面介绍了人工智能的发展趋势。通过学习本章，读者能够理解人工智能相关的基础概念与定义，为学习后续章节的内容奠定基础，更好地理解各种人工智能技术及其应用与意义。

课后习题

1. 正式提出 AI 这个词的科学家是（　　）。

A. 图灵　　　　　　B. 麦卡锡　　　　　C. 冯·诺依曼　　D. 明斯基

2. AI 的英文缩写是（　　）。

A. Automatic Intelligence　　　　　　B. Artifical Intelligence

C. Artifical Information　　　　　　　D. Automatic Information

3. 以下不属于人工智能研究领域的是（　　）。

A. 机器学习　　B. 模式识别　　　　C. 自动化　　　D. 机器视觉

4. 要想让机器具有智能，必须让机器具有知识。因此，在人工智能中有一个研究领域，主要研究计算机如何自动获取知识和技能，实现自我完善，这门研究分支学科叫（　　）。

A. 机器学习　　B. 神经网络　　　　C. 模式识别　　D. 机器视觉

5. 华为的全栈式 AI 基础平台是（　　）。

A. Tengine　　B. ModelArts　　　C. TensorFlow　　D. Ayasdi

答案：1. B　　2. B　　3. C　　4. A　　5. B

第 2 章

机器学习

学习目标

♦ 了解机器学习的基础知识；
♦ 掌握机器学习的流程及重要方法；
♦ 熟悉机器学习的常见算法并能实际运用。

机器学习是人工智能的技术基础。伴随着人工智能几十年的发展，期间有过几次大起大落。最近几年，深度学习算法在自然语言处理、语音识别、图像处理等领域的突破，使得机器学习成为计算机学科非常热门的一个方向。这标志着机器学习已经彻底迈出实验室大门，走向实践，机器学习推动着人工智能向更高阶段发展。机器学习是一门理论和实践并重的课程，内容比较多，很多算法有一定的难度。此外，机器学习的应用需要一定的经验和技巧。

2.1 机器学习概述

2.1.1 机器学习介绍

机器学习是一门不断发展的学科，虽然只是在最近几年才成为一个独立学科，但机器学习的起源可以追溯到 20 世纪 50 年代以来人工智能的符号演算、逻辑推理、自动机模型、启发式搜索、模糊数学、专家系统及神经网络的反向传播 BP 算法等。虽然这些技术在当时并没有被冠以机器学习之名，但时至今日它们依然是机器学习的理论基石。从学科发展过程的角度思考机器学习，有助于我们理解目前层出不穷的各类机器学习算法。

机器学习的发展分为知识推理期、知识工程期、浅层学习和深度学习几个阶段。知识推理期起始于 20 世纪 50 年代中期，这时候的人工智能主要通过专家系统赋予计算机逻辑推理能力，赫伯特·西蒙和艾伦·纽尼尔实现的自动定理证明系统 Logic Theorist 证明了逻辑学家拉赛尔（Russell）和怀特黑德编写的《数学原理》中的 52 条定理，并且其中一条定理比原作者所写还要巧妙。20 世纪 70 年代开始，人工智能进入知识工程期，费根鲍姆作为知识工程之父在 1994 年获得了图灵奖。由于人工无法将所有知识都总结出来教给计算机系统，所以这一阶段的人工智能面临知识获取的瓶颈。实际上，在 20 世纪 50 年代，就已经有机器学习的相关研究，代表性工作主要是罗森布拉特基于神经感知科学提出的计算机神经网络，即感知器。在随后的十年时间里浅层学习的神经网络风靡一时，特别是明斯基提出的著名的异或问题和感知器线性不可分的问题。虽然各种各样的浅层机器学习模型相继被提出，对理论分析和应用方面都产生了较大的影响，但是理论分析的难度和训练方法需要很多经验和技巧，随着最近邻等算法的提出，浅层模型在模型理解、准确率、模型训练等方面被超越，机器学习的发展几乎处于停滞状态。

机器学习主要的理论基础涉及概率论、数理统计、线性代数、数学分析、数值逼近、最优化理论和计算复杂理论等，其核心要素是数据、算法和模型。

2.1.2 机器学习主要流派

在人工智能的发展过程中，随着人们对智能的理解和现实问题的解决方法演变，机器学习大致出现了符号主义、贝叶斯、联结主义、进化主义、行为类推主义五大流派。

1. 符号主义

符号主义起源于逻辑学、哲学，实现方法是用符号表示知识，并用规则进行逻辑推理，其中专家系统和知识工程是这一学说的代表性成果。符号主义的基本思想认为，人类的认知过程是各种符号进行推理运算的过程。人是一个物理符号系统，计算机也是一个物理符号系统，因此，可以用计算机来模拟人的智能行为。知识表示、知识推理、知识运用是人工智能的核心。符号主义认为知识和概念可以用符号表示，认知就是符号处理过程，推理就是采用启发式知识及启发式搜索对问题求解的过程，如图 2-1 所示。

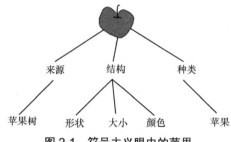

图 2-1 符号主义眼中的苹果

2．贝叶斯

贝叶斯定理是概率论中的一个定理，其中 P（A|B）是在事件 B 发生的情况下事件 A 发生的可能性（条件概率）。贝叶斯定理已经被应用于许多领域。例如，自然语言中的情感分类、自动驾驶和垃圾邮件过滤等。如图 2-2 所示为贝叶斯派主要代表人物。

图 2-2 贝叶斯派代表人物

3．联结主义

联结主义起源于神经科学，主要算法是神经网络。神经网络由大量神经元以一定的结构组成，如图 2-3 所示。神经元是一种看起来像树状的细胞，由细胞体和细胞突起构成，在长的轴突上套有一层鞘，组成神经纤维，神经纤维末端的细小分支叫作神经末梢。每个神经元可以有一个或多个树突，树突可以接受刺激并将兴奋传入细胞体。每个神经元只有一个轴突，轴突可以把兴奋从胞体传送到另一个神经元或其他组织。神经元之间是互相连接的，这样就形成了一个大的神经网络。在神经网络中，将 n 个相连接的神经元的输出作为当前神经元的输入，进行加权计算，并加一个偏置值之后通过激活函数来实现变换。激活函数的作用是将输出控制在一定的范围以内。以 Sigmoid 函数为例，输入从负无穷到正无穷，经过激活之后映射到（0，1）区间。

人工神经网络是以层形式组织起来的，每一层中包含多个神经元，层与层之间通过一定的结构连接起来，神经网络的训练目的就是要找到网络中各个突触连接的权重和偏置值。神经网络的训练过程是通过不断反馈当前网络计算结果与训练数据之间的误差来修正网络权重，使误差足够小，这就是反向传播算法。

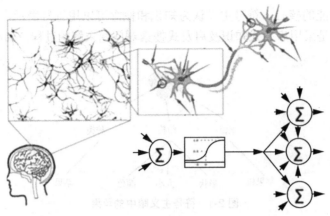

图 2-3 联结主义

4．进化主义

1850 年，达尔文发现进化论。微观上，DNA 是线性串联编码，进化过程是基因交叉、突变的过程。宏观上，进化过程是生物个体适应环境优胜劣汰的过程。智能要适应不断变化的环境，通过对进化的过程进行建模，产生智能行为。进化算法（Evolutionary Algorithm, EA ）是在计算机上模拟进化过程，基于"物竞天择，适者生存"的原则，不断迭代优化，直到找到最佳的结果，如图 2-4 所示。进化算法包括基因编码、种群初始化、交叉变异算子等基本操作，是一种比较成熟的具有广泛适用性的全局优化方法。进化算法具有自组织、自适应、自学习的特性，能够有效地处理传统优化算法难以解决的复杂问题（例如 NP 难优化问题）。

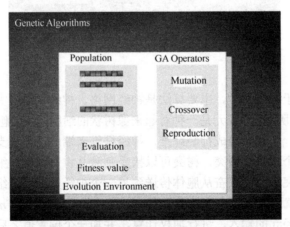

图 2-4 进化主义算法

遗传算法的优化要视情况进行算法选择，也可与其他算法结合对其进行补充。对于动态数据，使用遗传算法求最优解可能会比较困难，种群可能过早收敛。

5．行为类推主义

行为类推学派，有一个朴素的假设：如果一个东西走起来像鸭子，叫起来像鸭子，那么它就是鸭子。如图 2-5 所示为行为类推主义主要代表人物。

图 2-5　行为类推主义代表人物

行为类推学派有两个著名的算法：近邻算法和支持向量机。近邻算法的原理就是去找和当前这个实例最相似的 K 个样本，它们中多数是什么类别，那么当前这个实例就是什么类别。近邻算法最常的应用场景是推荐系统。支持向量机是一种突出的小样本数据分析方法，它基于结构风险最小化原则，在一个高维特征空间中构造最优分类超平面，在解决实际问题中具有优于其他方法的特点。支持向量机最常见的应用场景是图像识别、信号处理、基因图谱识别等。

根据约束条件来优化函数，行为类推主义者倾向于通过类比推理获得知识和理论，将未知情况与已知情况建立对应关系。在实际应用中，就是计算它们之间的相似度，然后定义关联关系。

2.1.3　机器学习、数据挖掘、人工智能的区别

机器学习、数据挖掘、人工智能三者的区别是目的不同，但达到目的的方法有很多重叠之处。机器学习是用来预测事物的；数据挖掘是用来理解事物的；人工智能是用来生成行动的。

1．机器学习

机器学习是一门多领域交叉学科，涉及概率论、统计学、逼近论、凸分析、算法复杂度理论等多门学科。机器学习（包括深度学习）是研究"学习算法"的一门学科。所谓"学习"是指：对于某类任务 T 和性能度量 P，一个计算机程序在 T 上以 P 衡量的性能随着经验 E 而自我完善，那么我们称这个计算机程序在从经验 E 中学习。机器学习专门研究计算机怎样模拟或实现人类的学习行为，获取新的知识或技能，重新组织已有的知识结构使之不断改善自身的性能。机器学习的本质是自动地从过往经验中学习知识，其重要应用就是预测。通过数据训练的学习算法的研究都属于机器学习。

2．数据挖掘

数据挖掘使用机器学习、统计学和数据库等方法在相对大量的数据集中发现模式和知识，也就是说数据挖掘是通过对大量的数据进行分析，发现和提取隐含在其中具有价

值的信息和知识的过程。数据挖掘涉及数据预处理、模型与推断、可视化等。数据挖掘包括以下几类常见任务。

（1）异常检测

异常检测是对不符合预期模式的样本、事件进行识别。异常也被称为离群值、偏差和例外等。异常检测常用于入侵检测、银行欺诈、疾病检测、故障检测等。

（2）关联分析

关联规则学习是在数据库中发现变量之间的关系（强规则）。例如，在购物篮分析中，发现规则｛面包，牛奶｝→｛酸奶｝,表明如果顾客同时购买了面包和牛奶，很有可能也会买酸奶，利用这些规则可以进行营销。

（3）聚类

聚类是一种探索性分析，在未知数据结构的情况下，根据相似性把样本分为不同的簇或子集，不同簇的样本具有很大的差异性，进而发现数据的类别与结构。

（4）分类

分类是根据已知样本的某些特征，判断一个新样本属于哪种类别。通过特征选择和学习，建立判别函数对样本进行分类。

（5）回归

回归是一种统计分析方法，用于了解两个或多个变量之间的相关关系。回归的目标是找出误差最小的拟合函数作为模型，用特定的自变量来预测因变量的值。

数据挖掘随着数据存储、分布式数据计算、数据可视化等技术的发展，对事务的理解能力越来越强。大量数据堆积在一起，加大了对算法的要求，因此数据挖掘一方面要尽可能获取更多、更有价值、更全面的数据，另一方面还要从这些数据中提取价值。

数据挖掘在商务智能方面的应用较多，特别是在决策辅助、流程优化、精准营销等方面。广告公司可以使用用户的浏览历史、访问记录、点击记录和购买信息等数据，对广告进行精准推广。利用舆情分析，特别是情感分析可以提取公众意见来驱动市场决策。例如，在电影推广时对社交评论进行监控，寻找与目标观众产生共鸣的元素，然后调整媒体宣传策略迎合观众口味，吸引更多人群。

3. 人工智能

人工智能是让机器的行为看起来像人所表现出的智能行为一样，这是麦卡锡在 1956 年的达特茅斯会议上提出的。人工智能的先驱们希望机器具有与人类似的能力：感知、语言、思考、学习、行动等。最近几年人工智能风靡全球的主要原因就是，随着机器学习的发展，人们发现机器具有了一定的感知（图像识别）和学习等能力。这些能力很容易让我们认为目前人工智能发展已经达到了奇点。实际上，人工智能包括计算智能、感知智能和认知智能等层次，目前人工智能还介于前两者之间。

由于目前人工智能与人类智能相比较，二者实现的原理不相同，特别是人脑对于信息的存储和加工过程尚未被研究清楚。因此，目前人工智能所处的阶段还在"弱人工智能"阶段，距离"强人工智能"阶段还有较长的路要走。目前人类对于知识的获取和推理并不需要大量的数据进行反复迭代学习，例如，只需要看一眼自行车的照片就能大致区分出各式各样的自行车。因此，要达到强人工智能阶段可能要在计算机基础理论方面进行创新，实现类人脑的结构设计。

通常来说，人工智能是使机器具备类似人类的智能性。

机器学习、数据挖掘、人工智能三者之间的联系与区别如图2-6所示。

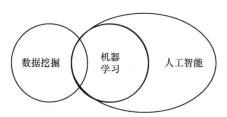

图2-6　三者之间的关系图

机器学习是人工智能的一个分支，是人工智能的核心技术和实现手段，通过机器学习的方法解决人工智能面临的问题。机器学习是通过一些让计算机可以自动"学习"的算法，从数据分析中获得规律，然后利用规律对新样本进行预测的过程。

机器学习是人工智能的重要支撑技术，其中深度学习就是一个典型例子。深度学习的典型应用是选择数据、训练模型，然后用模型做出预测。例如，博弈游戏系统重于探索和优化未来的解空间，而深度学习则是在博弈游戏算法（如 AlphaGo）的开发上付诸努力，取得了世人瞩目的成就。

下面以自动驾驶汽车研发为例，说明机器学习和人工智能的关系。要实现自动驾驶，就需要对交通标志进行识别。首先，应用机器学习算法对交通标志进行学习。数据集中包括数百万张交通标志图片，使用卷积神经网络进行训练并生成模型。然后，自动驾驶系统使用摄像头，让模型实时识别交通标志，并不断进行验证、测试和调优，最终达到较高的识别精度。最后当汽车识别出交通标志时，针对不同的标志进行不同的操作。例如，遇到停车标志时，自动驾驶系统需要综合车速和车距来决定何时刹车，过早或过晚都会危及行车安全。除此之外，人工智能技术还需要应用控制理论处理不同的道路状况下的刹车策略，通过综合这些机器学习模型来产生自动化的行为。

数据挖掘和机器学习的关系越来越密切。例如，通过分析企业的经营数据，发现某一类客户在消费行为上与其他客户存在明显区别，并通过可视化图表显示。这是数据挖掘和机器学习的工作，它输出的是某种信息和知识。企业决策人员可根据这些输出，人为改变经营策略，而人工智能是用机器自动决策来代替人工行为，从而实现机器智能。

数据挖掘是从大量的业务数据中挖掘隐藏的、有用的、正确的信息和知识，促进决策的执行。数据挖掘的很多算法都来自机器学习和统计学，其中统计学关注理论研究并用数据分析实践形成独立的学科，机器学习有些算法借鉴了统计学理论，并在实际应用中进行优化，实现数据挖掘目标。机器学习的深度学习等方法近年来也逐渐跳出实验室，从实际的数据中学习模式，解决实际问题。数据挖掘和机器学习的交集越来越大，机器学习成为数据挖掘的重要支撑技术。

2.2 机器学习分类

2.2.1 监督学习

监督学习是从有标记的训练数据中学习一个模型，然后根据这个模型对未知样本进行预测。其中，模型的输入是某一样本的特征，函数的输出是这一样本对应的标签。

在监督学习中，给定一组数据，我们知道正确的输出结果应该是什么样子，并且知道在输入和输出之间有着特定的关系。

监督学习分类：回归和分类。

在回归问题中，我们会预测一个连续值。也就是说我们试图将输入变量和输出用一个连续函数对应起来。比如我们通过房地产市场的数据，预测给定面积的房屋的价格就是回归问题。这里我们可以把价格看成是面积的函数，它是一个连续的输出值。而在分类问题中，我们会预测一个离散值，试图将输入变量与离散的类别对应起来。比如给定医学数据，通过肿瘤的大小来预测该肿瘤是恶性瘤还是良性瘤，这就是一个分类问题，它的输出是 0 或者 1（0 代表良性，1 代表恶性）。分类问题的输出可以多于两个，比如在该例子中可以有 {0,1,2,3} 四种输出，分别对应 {良性, 第一类肿瘤, 第二类肿瘤, 第三类肿瘤}。

2.2.2 非监督学习

非监督学习又称为无监督学习，它的输入样本并不需要标记，而是自动从样本中学习特征实现预测。常见的无监督学习算法有聚类和关联分析等。在人工神经网络中，自组织映射（Self-Organizing Mapping，SOM）和自适应共振理论（Adaptive Resonance Theory，ART）是最常用的非监督学习。

在非监督学习中，我们基本上不知道结果是什么，但我们可以通过聚类的方式从数据中提取一个特殊的结构。在非监督学习中给定的数据和监督学习中给定的数据是不一样的。在非监督学习中给定的数据没有任何标签或者说只有同一种标签。生成式对抗网络（Generative Adversarial Networks，GAN）就是一种非监督学习。

非监督学习与监督学习的区别如下。

监督学习方法必须要有训练集与测试样本，在训练集中找规律，对测试样本使用这种规律。而非监督学习没有训练集，只有一组数据，在该组数据集内寻找规律。

监督学习方法就是识别事物，识别的结果表现在给待识别数据加上了标签。因此训练集必须由带标签的样本组成。而非监督学习方法只有要分析的数据集本身，预先没有标签。如果发现数据集呈现某种聚集性，可按自然的聚集性分类，不予以某种预先分类标签对上号为目的。

非监督学习方法在寻找数据集中的规律性,这种规律性并不一定要达到划分数据集的目的,也就是说不一定要"分类"。

2.2.3 半监督学习

半监督学习代表了监督学习和非监督学习的中间地带。虽然没有正式定义为机器学习的"第 4 个"元素(监督、无监督、强化),但它将前两种方法结合成一种自己的方法。

半监督学习算法操作的数据有一些具有标签的,但大部分是没有标签的。传统上,人们要么选择监督学习的方式,只对带有标签的数据进行操作;要么选择非监督学习的方式,丢弃标签,保留数据集的其余部分,然后做比如聚类之类的工作。非监督学习在现实世界中是很常见的。由于标签是很昂贵的,特别是大规模数据集。例如,考虑确定用户活动是否具有欺诈性。在 100 万个用户中,该公司知道有 1 万个用户是这样的,但其他 99 万个用户可能是恶意的,也可能是良性的。半监督学习允许我们操作这些类型的数据集,而不必在选择监督学习或非监督学习时做出权衡。

一般来说,半监督学习算法在框架上这样运行。

① 半监督机器学习算法使用有限的标记样本数据集来训练自己,从而形成一个"部分训练"模型。

② 部分训练模型对未标记的数据进行标记。由于标记样本数据集有许多严重的限制(例如,在现实数据中的选择偏差),标记的结果可能被认为是"伪标签"数据。

③ 结合标记和伪标签数据集,创建一个独特的算法,结合描述和预测方面的监督和非监督学习。

半监督学习利用分类过程来识别数据资产,利用聚类过程将其分成不同的部分。

2.2.4 强化学习

强化学习主要研究这样一类问题:具有一定思考和行为能力的个体在与其所处的环境进行交互的过程中,通过学习策略达到收获最大化或实现特定的目标。其中,"个体"处在"环境"中,在某时刻可以有一个对自身的认识,这可以表示成个体自身在该时刻的状态。个体在某时刻可以向环境实施一个行为,环境会因为这一行为做出相应的改变并给予个体一定形式的反馈。个体接收到这个反馈后可以建立"自身状态""所施行为"及"所得反馈"之间的联系,作为自身记忆的一部分给后续的决策提供参考。个体在不同状态下向环境施加的各种不同行为则构成了个体与环境交互的"策略"。个体策略的构建与个体的目的密切相关。环境给予个体的反馈通常是一个数值(由一个标量确定的数值),该数值表达环境对于个体的奖励或惩罚的程度,可称之为"奖励"。个体构建策略的目的就是要争取通过与环境的交互而获得尽可能多的累积奖励值。

在强化学习中,策略与生活中所说的策略的含义十分接近。用数学的语言来描述,策略是从个体状态到行为的一个映射。如果一种策略在一个确定的状态下能够产生一个确定的行为,那么这种策略就可以称为确定性策略。相反,如果一种策略在一个确定的状态下不能产生一个确定的行为，而是提供各种可能行为的概率，那么这种策略就可以称为随机性策略。两种策略均有各自的应用场景。

在求解强化学习问题时，个体通常会建立策略、模型、价值函数这 3 个组件中的一个或多个，通过与环境的交互来积累经历，形成记忆，并从这些记忆中提取经历，不断地试错、学习来优化自身的策略、模型或价值函数，逐渐逼近问题的最优解。根据个体建立组件的特点，我们可以将强化学习中的个体进行如下分类。

① 仅基于价值函数：这样的个体有对状态价值的估计函数，但是没有直接的策略函数，策略函数由价值函数间接得到。

② 仅直接基于策略：这样的个体中，行为直接由策略函数产生，个体并不维护对各状态价值的估计函数。

③ 演员－评判家类型：这样的个体既有价值函数也有策略函数，两者相互结合解决问题。

此外，根据个体是否建立一个针对环境动力学的模型，可将其分为两大类。

① 不基于模型的个体：这类个体并不试图了解环境如何工作，而仅聚焦于价值和策略函数，或者二者之一。

② 基于模型的个体：这类个体尝试建立一个描述环境运作过程的模型，以此来指导价值或更新策略函数。

以上两种分类方式相结合可以形成多种多样的组合方式，这里不再详述。

个体通过与环境进行交互，逐渐改善行为的过程称为学习过程。当个体对于环境如何工作有了一定的认识，在与环境进行实际交互前，个体模拟分析与环境交互情况的过程称为规划过程。一个常用的强化问题解决思路是让个体先学习环境如何工作，在具备了一定的认识环境的能力后，利用这个能力进行一定的规划工作，两者相互结合来解决问题。这其实与人类解决实际问题的思路是比较一致的。

如果把强化学习与监督学习进行对比，我们不难有如下认识：强化学习没有监督数据，只有奖励信号；强化学习中的奖励信号不一定是实时的，很可能是延后的，甚至延后很多，当然通过设计可以认为强化学习的奖励是实时的，对于那些缺少有意义的实时奖励环境，我们可以认为其实时奖励的数值为 0；强化学习中时间（序列）是一个很重要的因素，同时个体在某一时刻的行为会导致环境的响应并影响到个体的将来。

理解强化学习的基本概念对于快速进入强化学习的学习、深刻理解强化学习相关理论和算法意义重大。

2.3 机器学习流程及重要方法

2.3.1 机器学习流程

机器学习的一般流程包括确定分析目标、收集数据、整理数据、预处理数据、训练模型、评估模型、优化模型、上线部署等步骤。机器学习首先要从业务的角度分析，然后提取相关的数据进行探查，发现其中的问题，再依据各算法的特点选择合适的模型进行实验验证，评估各模型的结果，最选择合适的模型进行应用，如图 2-7 所示。

1．定义分析目标

应用机器学习解决实际问题，首先要明确目标任务，这是机器学习算法选择的关键。明确要解决的问题和业务需求，才可能基于现有数据设计或选择算法。例如，在监督学习中对定性问题可用分类算法，对定量分析可用回归方法。在非监督学习中，如果有样本细分可应用聚类算法，如需找出各数据项之间的内在联系，可应用关联分析。

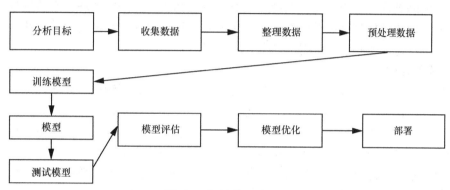

图 2-7　机器学习流程图

2．收集数据

首先数据要有代表性并尽量覆盖相关领域，否则容易出现过拟合或欠拟合的情况。对于分类问题，如果样本数据不平衡，不同类别的样本数量比例差别过大，这些都会影响模型的准确性。其次还要对数据的量级进行评估，包括样本量和特征数，判断训练过程中内存是否过大，是否需要改进算法或使用一些降维技术，或者使用分布式机器学习技术。

3．预处理

获得数据以后，不必急于创建模型，可先对数据进行一些探索，了解数据的大致结构、数据的统计信息、数据噪声以及数据分布等。在此过程中，为了更好地查看数据情况，可使用数据可视化或数据质量评价对数据质量进行评估。

通过数据探索，可能发现不少问题，如数据缺失、数据不规范、数据分布不均衡、数据异常、数据冗余等。这些问题都会影响数据质量。为此，需要对数据进行预处理，这部分工作在机器学习中非常重要，特别是生产环境中的机器学习，数据预处理常常占据整个机器学习过程的大部分时间。归一化、离散化、缺失值处理、去除共线性等，是机器学习常用的预处理方法。

4．数据建模

应用特征选择方法，可以从数据中提取出合适的特征，并将其应用于模型中得到较好的结果。筛选显著特征需要理解业务，并对数据进行分析。特征选择是否合适，往往会直接影响模型的结果，对于好的特征，使用简单的算法也能得出良好、稳定的结果。

特征选择时可应用特征有效分析技术，如相关系数、卡方检验、平均互信息、条件熵、后验概率和逻辑回归权重等方法。

训练模型前，一般会把数据集分为训练集和测试集，可对训练集再细分为训练集和验证集，对模型的泛化能力进行评估。

模型本身并没有优劣。在模型选择时，一般不存在对任何情况都表现很好的算法，这称为"没有免费的午餐"原则。因此在实际选择时，一般会用几种不同方法来进行模型训练，然后比较它们的性能，从中选择最优的一个。

5．模型训练

模型训练过程中，需要对模型超参进行调优，如果对算法原理理解不够透彻，往往无法快速定位决定模型优劣的模型参数，因此在训练过程中，对机器学习算法原理理解越深入，越容易发现问题的原因，确定合理的调优方案。

6．模型评估

使用训练数据构建模型后，还需使用测试数据对模型进行测试和评估，测试模型对新数据的泛化能力。如果测试结果不理想，则分析原因并进行模型优化。如果出现过拟合，则可以考虑使用正则化方法来降低模型的泛化误差，还可以通过对模型进行诊断确定模型调优的方向与思路。判断过拟合、欠拟合是模型诊断中重要的一步。常见的判断方法有交叉验证、绘制学习曲线等。过拟合的基本调优思路是增加数据量，降低模型复杂度。欠拟合的基本调优思路是提高特征数量和质量，增加模型复杂度。

误差分析是通过观察产生误差的样本，分析误差产生的原因。一般的分析流程是数据质量验证、算法选择、特征选择、参数设置等，其中对数据质量的检查是最容易忽视的，常常在反复调参很久后才发现数据预处理没有做好。一般情况下，模型调整后，需要重新训练和评估，所以机器学习的模型建立就是不断尝试，最终达到最优状态的过程。这一点可以表明，机器学习具有一定的艺术性。

在工程实现上，提升算法准确度可以通过特征清洗和预处理等方式，也可以通过模型集成的方式。一般情况下，直接调参的工作不会很多。毕竟大量数据训练起来很慢，而且效果难以保证。

7．模型应用

模型应用与工程实现的相关性较大。工程是结果导向，模型在线上运行的效果直接决定模型的好坏，不单包括其准确程度、误差等情况，还包括其运行的速度（时间复杂度）、资源消耗程度（空间复杂度）、稳定性等方面。

2.3.2 常见的统计方法介绍

统计学是研究如何搜集资料、整理资料、进行量化分析及推断的一门学科，在科学计算、工业和金融等领域有着重要应用，统计分析是机器学习的基本方法。

1．假设检验

假设检验是先对总体的参数（或分布形式）提出某种假设，然后利用样本信息判断假设是否成立的过程。假设检验的基本思想是小概率反证法思想。所谓的小概率是指其发生的可能性低于 1%或低于 5%。反证法是先提出假设，再用统计方法确定假设成立的可能性大小，如可能性小，则认为假设不成立。

假设检验包括原假设（Null Hypothesis），也叫零假设与备择假设（Alternative Hypothesis），也叫备选假设。其中检验假设正确性的是原假设，表明研究者对未知参数可能数值的看法；而备择假设通常反映研究者对参数可能数值对立的看法。例如，对一个人是否犯罪进行认定，如果假设他/她无罪，来进行无罪检验，就是原假设；如果假定这个人是有罪的，来搜集有罪证据证明他/她是有罪，这就是备择假设。检验是否有罪的过程就相当于用 T 检验或 Z 检验去检视搜集到的证据资料。

假设检验的过程是确认问题，寻找证据，基于某一标准做出结论。具体如下：首先对总体做出原假设 H0 和备择假设 H1；确定显著性水平 α；选择检验统计量并依据 α 确定拒绝域（拒绝 H0 的统计量结果区域）；抽样得到样本观察值，并计算实测样本统计量的值，如果在拒绝域中，则拒绝原假设 H0，反之，拒绝原假设的证据不足。

显著性检验是先认为某一假设 H0 成立，然后利用样本信息验证假设。例如，首先假设人的收入是服从正态分布的，当收集了一定的收入数据后，可以评价实际数据与理论假设 H0 之间的偏离，如果偏离达到了"显著"程度就拒绝 H0 假设。

2．线性回归

线性回归是一种通过拟合自变量与因变量之间最佳线性关系，来预测目标变量的方法。回归过程是给出一个样本集，用函数拟合这个样本集，使样本集与拟合函数间的误差最小。生物统计学家高尔顿在研究父母和子女身高的关系时发现：即使父母的身高都"极端"高，其子女不见得会比父母高，而是有"衰退"至平均身高的倾向。具体地说，回归分析包括以下内容。

① 确定输入变量与目标变量间的回归模型，即变量间相关关系的数学表达式。

② 根据样本估计并检验回归模型及未知参数。

③ 从众多的输入变量中，判断哪些变量对目标变量的影响是显著的。

④ 根据输入变量的已知值来估计目标变量的平均值并给出预测精度。

线性回归的类型包括简单线性回归和多元线性回归。简单线性回归使用一个自变量，通过拟合最佳线性关系来预测因变量。多元线性回归使用多个独立变量，通过拟合最佳线性关系来预测因变量。

3．逻辑回归

逻辑回归是一种预测分析，解释因变量与一个或多个自变量之间关系的方法，它的目标变量有几种类别，因此逻辑回归主要用于解决分类问题。与线性回归相比，逻辑回归是用概率的方式，预测出属于某一分类的概率值。如果概率值超过 50%，则属于某一分类。此外，逻辑回归的可解释强，可控性高，训练速度快，特别是经过特征工程处理之后效果更好。

按照逻辑回归的基本原理，逻辑回归的求解过程可以分为以下 3 步。

① 找一个合适的预测分类函数，用来预测输入数据的分类结果，一般表示为 h 函数，然后需要对数据有一定的了解或分析，确定函数的可能形式。

② 构造一个损失函数，该函数表示预测输出 h 与训练数据类别 y 之间的偏差，一般是预测输出与实际类别的差，可对所有样本的偏差求 R^2 值作为评价标准，记为 $J(\theta)$ 函数。

③ 找到 $J(\theta)$ 函数的最小值，因为值越小表示预测函数越准确。求解损失函数的最小值采用梯度下降法。

4. 判别分析

判别分析是通过对类别已知的样本进行判别模型，从而实现对新样本的类别进行判断。它包括线性判别分析（Linear Discriminant Analysis，LDA）和二次判别分析（Quadratic Discriminant Analysis，QDA）两种类型。下面介绍二次判别分析。

二次判别分析是针对那些服从高斯分布，且均值不同、方差也不同的样本数据而设计的。它对高斯分布的协方差矩阵不做任何假设，直接使用每个分类下的协方差矩阵。因为数据方差相同的时候，一次判别就可以，但如果类别间的方差相差较大时，就变成了一个关于 x 的二次函数，需要使用二次决策平面。

5. 非线性模型

在统计学中，非线性回归是回归分析的一种形式，非线性模型是由一个或多个自变量非线性组合而成的。以下是一些常见的非线性模型。

（1）阶跃函数

阶跃函数的变量是实数，其就是一个分段函数，如图 2-8 所示。

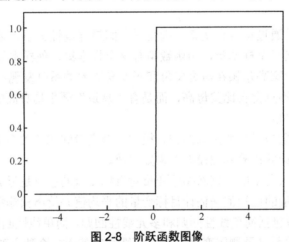

图 2-8　阶跃函数图像

（2）分段函数

分段函数不同的自变量取值区间分别对应不同的子函数，分段是一种函数表达方式，用来描述函数在不同子域区间上的性质，如图 2-9 所示。不同子函数的性质不能代表整个函数的性质，在离散性较强的系统中，用分段函数表示不同状态下模型的输出。

（3）样条曲线

样条曲线是由多项式定义的分段函数。在计算机图形学中，样条曲线是指一个分段多项式参数曲线。其结构简单、精度高，可通过曲线拟合复杂形状。

（4）广义加性模型

广义加性模型（Generalized Additive Models，GAM）是一种广义线性模型，其中线性预测因子线性地依赖于某些自变量的未知平滑函数。可对部分或全部的自变量采用平滑函数的方法建立模型。

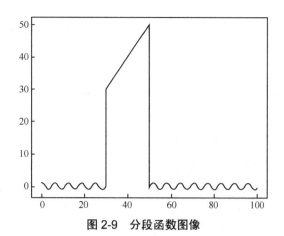

图 2-9　分段函数图像

2.3.3　数据降维

高维数据降维是指采用某种映射方法，降低随机变量的数量，例如将数据点从高维空间映射到低维空间，实现维度减少。降维分为特征选择和特征提取两类，前者是从含有冗余信息以及噪声信息的数据中找出主要变量；后者是去掉原来数据，生成新的变量，寻找数据内部的本质结构特征。

降维的过程是通过对输入的原始数据特征进行学习，得到一个映射函数，实现将输入样本映射到低维空间后，原始数据的特征并没有明显损失，通常情况下新空间的维度要小于原空间的维度。目前大部分降维算法是处理向量形式的数据。

1. 主成分分析

主成分分析（Principal Component Analysis，PCA）是最常用的线性降维方法，它的目标是通过某种线性投影，将高维的数据映射到低维的空间中，并期望在所投影的维度上数据的方差最大，可以使用较少的维度，保留较多原数据的维度。

主成分分析是指经过正交变换后，形成新的特征集合，然后从中选择比较重要的一部分子特征集合，实现降维。这种方式并非在原始特征中选择，因此 PCA 这种线性降维方式最大程度保留了原有的样本特征。

设有 m 条 n 维数据，PCA 的一般步骤如下：

① 将原始数据按列组成 n 行 m 列矩阵 X；

② 计算矩阵 X 中每个特征属性（n 维）的平均向量 M（平均值）；

③ 将矩阵 X 的每一行（代表一个属性字段）进行零均值化，即减去 M；

④ 按照公式求出协方差矩阵；

⑤ 求出协方差矩阵的特征值及对应的特征向量；

⑥ 将特征向量按对应特征值从大到小按行排列成矩阵，取前 k（$k<n$）行组成基向量 P；

⑦ 通过 $Y=PX$ 计算降维到 k 维后的样本特征。

PCA 算法目标是求出样本数据的协方差矩阵的特征值和特征向量，协方差矩阵的特征向量的方向就是 PCA 需要投影的方向。协方差矩阵可以用散布矩阵代替，协方差矩阵

乘以（$n-1$）就是散布矩阵，n 为样本的数量。协方差矩阵和散布矩阵都是对称矩阵，主对角线是各个随机变量（各个维度）的方差。

2．奇异值分解

对于任意 $m×n$ 的输入矩阵 A，奇异值分解（Singular Value Decomposition，SVD）分解结果为：

$$A_{\{m×n\}} = U_{\{m×n\}}S_{\{m×n\}}(V_{\{m×n\}})T \qquad (2-1)$$

分解结果中 U 为左奇异矩阵，S 为奇异值矩阵，除主对角线上的元素，其他全为 0，主对角线上的每个元素都被称为奇异值，V 为右奇异矩阵。矩阵 U、V 中的列向量均为正交单位向量，矩阵 S 为对角阵，并且从左上到右下以递减的顺序排列，可以直接借用 SVD 的结果来获取协方差矩阵的特征向量和特征值。

3．线性判别分析

线性判别分析（Linear Discriminan Analysis，LDA）是一种监督性线性降维算法。与 PCA 不同，LDA 是为了使降维后的数据点尽可能容易地被区分。

线性判别分析在训练过程中，通过将训练样本投影到低维度上，使同类别的投影点尽可能接近，异类别的投影点尽可能远离，即同类别的方差尽可能小，而类之间的方差尽可能大；对新样本，将其投影到低维空间，根据投影点的位置来确定其类别。PCA 主要是从特征的协方差角度，去寻找比较好的投影方式。而 LDA 更多地考虑了标注，即希望投影后不同类别之间数据点的距离更大，同一类别的数据点更紧凑。

计算每一项观测结果的判别分值，对其所处的目标变量所属类别进行判断。这些分值是通过寻找自变量的线性组合得到的。假设每类别的观测结果来自一个多变量高斯分布，而预测变量的协方差在响应变量 y 的所有 k 级别都是通用的。

LDA 的降维过程如下：

① 计算数据集中每个类别下所有样本的均值向量；

② 通过均值向量，计算类间散布矩阵 S_B 和类内散布矩阵 S_W；

③ 依据公式进行特征值求解，计算的特征向量和特征值；

④ 按照特征值排序，选择前 k 个特征向量构成投影矩阵 U；

⑤ 通过 $Y=XU$ 的特征值矩阵将所有样本转换到新的子空间中。

LDA 在求解过程中需要类内散度矩阵和类间散度矩阵，其中 S_W 由两类扩展得到，而 S_B 是由每类的均值和总体均值的乘积矩阵求和得到的。LDA 的目标是求得一个矩阵 U，使得投影后类内散度尽量小，而类间散度尽量大。在多类情况下，散度表示为一个矩阵。一般情况下，在进行 LDA 之前会做一次 PCA，保证矩阵的正定性。

PCA 降维是直接与数据维度相关的，例如，原始数据是 n 维，那么使用 PCA 后，可以任意选最佳的 k（$k<n$）维。LDA 降维与类别个数相关，与数据本身的维度没关系，例如，原始数据是 n 维的，一共有 C 个类别，那么 LDA 降维后，可选的维度一般不超过 $C-1$ 维。假设图像分类有两个类别，为正例和反例，每个图像有 1024 维特征，那么 LDA 降维之后，就只有 1 维特征，而 PCA 可以选择降到 100 维。

4．局部线性嵌入

流形学习是机器学习的一种维数约简方法，将高维的数据映射到低维，依然能够反映原高维数据的本质结构特征。流形学习的前提是假设某些高维数据实际是一种低维的流形结构嵌入在高维空间中。流形学习分为线性流形算法和非线性流形算法，线性流形算法包括主成分分析和线性判别分析，非线性流形算法包括局部线性嵌入（Locally Linear Embedding，LLE）、拉普拉斯特征映射（Laplacian Eigenmaps，LE）等。

局部线性嵌入是一种典型的非线性降维算法，这一算法要求每一个数据点都可以由其近邻点的线性加权组合得到，从而使降维后的数据也能基本保持原有流形结构。局部线性嵌入是流形学习方法最经典的算法之一，后续的很多流形学习、降维方法都与其有密切联系。

局部线性嵌入寻求数据的低维投影，保留本地邻域内的距离。我们可以认为局部线性嵌入是一系列局部主成分分析，通过全局比较找到最佳的非线性嵌入。

局部线性嵌入算法的主要步骤分为 3 步：首先，寻找每个样本点的 k 个近邻点；然后，由每个样本点的近邻点计算出该样本点的局部重建权值矩阵；最后，由该样本点的局部重建权值矩阵和近邻点计算出该样本点的输出值。

局部线性嵌入在有些情况下并不适用，例如，数据分布在整个封闭的球面上，局部线性嵌入则不能将它映射到二维空间，且不能保持原有的数据流形。因此局部线性嵌入在处理数据时，需要确保数据不是分布在闭合的球面或者椭球面上。

5．拉普拉斯特征映射

拉普拉斯特征映射解决问题的思路和局部线性嵌入相似，是一种基于图的降维算法，使相互关联的点在降维后的空间中尽可能地靠近。

拉普拉斯特征映射是通过构建邻接矩阵为 W 的图来重构数据流形的局部结构特征，如果两个数据实例 i 和 j 很相似，那么 i 和 j 在降维后的目标子空间中也应该接近。设数据实例的数目为 n，目标子空间（即降维后的维度）为 m，定义 $n×m$ 大小的矩阵 Y，其中每一个行向量 y_i 是数据实例 i 在目标子空间中的向量表示。为了让样本 i 和 j 在降维后的子空间里尽量接近，优化的目标函数如下：

$$\sum_{i,j}\left\|y_i - y_j\right\|^2 w_{ij} \tag{2-2}$$

其中，两个样本在目标子空间中的距离，w_{ij} 是两个样本的权重值，权重值可以用图中样本间的连接数来度量。经过推导，将目标函数转化为以下形式：

$$Ly=\lambda Dy \tag{2-3}$$

其中 L 和 D 均为对称矩阵，由于目标函数是求最小值，所以通过求得 m 个最小非零特征值所对应的特征向量，即可达到降维的目的。

拉普拉斯特征映射的具体步骤如下。

① 构建无向图，将所有的样本以点连接成一个图，例如使用 KNN（K-Nearest Neighbor，K 最邻近分类）算法，将每个点最近的 k 个点进行连接，其中 k 是一个预先设定的值。

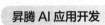

② 构建图的权值矩阵，通过点之间的关联程度来确定点与点之间的权重大小，例如，两个点之间如果相连接，则权重值为 1，否则为 0。

拉普拉斯特征映射，通过公式 $Ly=\lambda Dy$ 计算拉普拉斯矩阵 L 的特征向量与特征值，用最小的 m 个非零特征值对应的特征向量作为降维的结果。

2.3.4　特征工程

特征工程是一个从原始数据提取特征的过程，特征工程的目标是使这些特征能表现数据的本质特点，使基于这些特征建立的模型在未知数据上的性能，可以达到最优、最大限度地减少"垃圾进，垃圾出"。特征提取得越有效，意味着构建的模型性能越出色。

特征工程主要包括特征构建、特征选择、特征提取。

1. 特征选择

特征选择的目的主要是降维，从特征集合中挑选一组最具统计意义的特征子集来代表整体样本的特点。特征选择的方法是用一些评价指标单独计算出各个特征与目标变量之间的关系，常见的方法有 Pearson 相关系数、基尼指标、信息增益等，以 Pearson 相关系数为例，它的计算方式如下：

$$r = \sum_{i=1}^{n}(x_i - \overline{x})(y_i - \overline{y}) / \sqrt{\sum_{i=1}^{n}(x_i - \overline{x})^2} \cdot \sqrt{\sum_{i=1}^{n}(y_i - \overline{y})^2} \qquad (2\text{-}4)$$

其中，x 表示一个特征中多个观测值的一个值，y 表示这个特征观测值对应的类别列表，分别是 x、y 的平均值。Pearson 相关系数的取值在 0～1，使用相关系数评价方法来计算所有特征和类别标号的相关性，得到这些相关性之后，首先将它们从高到低进行排列，然后选择其中一个子集作为特征子集，最后用这些特征进行训练，并对效果进行验证。

特征选择的过程是通过搜索候选的特征子集，对其进行评价，最简单的办法是穷举所有特征子集，找到错误率最低的子集，但是此方法在特征数较多时效率非常低。按照评价标准的不同，特征选择可分为过滤方法、封装器方法和嵌入方法。

过滤方法主要以特征间的相关性作为标准实现特征选择，即特征与目标类别的相关性要尽可能大，因为一般来说相关性越大，分类的准确率越高。这一算法的优点是从数据集本身学习，与具体算法无关，因此更高效，也更具稳健性。相关性度量方法有距离、信息增益、关联性、一致性等。封装器方法通过尝试用不同的特征子集对样本集进行分类，将分类的精度作为衡量特征子集好坏的标准，经过比较选出最好的特征子集。这一算法的复杂度很高，每次验证都要重新训练和验证，当特征数量较多时，算法的计算时间会较长。嵌入方法是模型在运行过程中自主选择或忽略某些特征，即特征的选择是嵌入在算法中的，其中最典型的算法是决策树分类。

2. 特征提取

特征提取是将原始数据转换为具有统计意义和机器可识别的特征。当机器学习无法直接处理自然语言中的文本时，就需要将文字转换为数值特征（如向量化），例如，在图像处理领域，将像素特征提取为轮廓信息就属于特征提取的应用。特征提取关注的是特征的转换方式，即尽可能符合机器学习算法的要求。另外，特征提取也可能是原特征的某种混合，即通过对现有特征进行加工实现特征的创建。

特征提取和特征选择都有可能使特征数量减少，但是特征选择的是原特征的子集，而特征提取则不一定。另外，特征提取技术往往与具体领域相关性比较大，一旦跨领域，很多技术需要重新开发。

2.3.5　机器学习效果评测

机器学习有很多评价指标，实际上，不同的评价指标用不同的方法来评价系统的好坏，或者比较两个系统中哪个更好一点。

通常，评价指标是一个具体的数字，代表系统在某项任务上的准确程度或者不准确程度。对于一个分类任务而言，准确率是最基本的评价指标，是分类正确所占的百分比。因为基本的评价指标往往不能很好地反映系统的性能，还可能导致我们做出错误的判断，所以选择合适的评价指标有助于我们选出更适合于当前任务的算法。

评价指标建立在不同的机器学习任务上，主要分为三大类。

对于分类任务而言，评价指标关注的是系统分类正确的能力，分类任务会计算所有需要分类的样本分对和分错的比例。

对于回归任务而言，评价指标关注的是预测值和真实值之间的差别，而不是正确或者错误，回归任务的预测结果是具体的数字，例如系统预测值为 0.2999，而真实值是 3，这样的话，可能预测出来的值永远都是错的，不能再去计算有多少值预测正确，有多少值预测错误。

最后，对于没有标记信息的无监督学习任务的评价指标，关注的是系统对数据描述的好坏，这类任务的评价非常难。

分类和回归

分类评估方法主要被用来评估分类算法的好坏，而评估一个分类器算法的好坏又包括许多项指标。了解各种评估方法，并在实际应用中选择正确的评估方法是十分重要的。

现在假设我们的分类目标只有两类，计为正例（Positive）和负例（Negative），常见的模型评价术语有以下 4 种。

① True Positives（TP）：被正确地划分为正例的个数，即实际为正例且被分类器划分为正例的实例数。

② False Positives（FP）：被错误地划分为正例的个数，即实际为负例但被分类器划分为正例的实例数。

③ False Negatives（FN）：被错误地划分为负例的个数，即实际为正例但被分类器划分为负例的实例数。

④ True Negatives（TN）：被正确地划分为负例的个数，即实际为负例且被分类器划分为负例的实例数。

这 4 个术语组成混淆矩阵。

① P=TP+FN 表示实际为正例的样本个数。

② True、False 描述的是分类器是否判断正确。

③ Positive、Negative 是分类器的分类结果，如果正例计为 1、负例计为-1，则 positive=1、negative=-1。用 1 表示 True，-1 表示 False，那么实际的类标为 TF×PN，TF 为 True 或 False，PN 为 Positive 或 Negative。

例如 True Positives（TP）的实际类标为 1×1=1，为正例，False Positives（FP）的实际类标为（-1）×1=-1，为负例，False Negatives（FN）的实际类标为（-1）×（-1）=1，为正例，True Negatives（TN）的实际类标为 1×（-1）=-1，为负例。

混淆矩阵是所有分类算法模型评估的基础，它展示了模型的推理结果和真实值的对应关系。例如，某 4 分类模型的混淆矩阵见表 2-1，其中每一行表示推理结果为某类别的真实类别分布，每一列表示某真实类别的推理类别分布。以 A 类为例，推理结果为 A 的样本有 72 个（按行将 4 个数 56、5、11、0 相加），真实类别为 A 的样本有 71 个（按列将 4 个数 56、5、9、1 相加）。

表 2-1 混淆矩阵示例

推理类别/真实类别	A	B	C	D
A	56	5	11	0
B	5	83	0	26
C	9	0	28	2
D	1	3	6	47

评价指标包含以下内容。

① 准确率（Accuracy，ACC）是最常用、最经典的评估指标之一，表示对于某一类别（将该类别看作正类，将其他类别看作负类）而言，推理结果正确的样本所占的比例，计算公式为：

$$ACC=\frac{TP+TN}{TP+TN+FP+FN} \tag{2-5}$$

② 错误率（Error Rate，ERR）与准确率定义相反，表示对于某一类别而言，分类错误的样本所占的比例，计算公式为：

$$ERR=\frac{FP+FN}{TP+TN+FP+FN}=1-ACC \tag{2-6}$$

③ 精确率（Precision，P）表示对于某一类别而言，被推理为正类别的样本中确实为正类别的样本的比例，计算公式为：

$$P=\frac{TP}{TP+FP} \tag{2-7}$$

④ 召回率（Recall，R）表示对于某一类别而言，在所有的正样本中，被推理为正样本的比例，计算公式为：

$$R = \frac{TP}{TP+FN} \qquad (2-8)$$

其他评价指标包含以下内容。

① 计算速度：计算分类器训练和预测需要的时间。评估速度的常用指标是每秒帧率（Frame Per Second，FPS），即每秒内可以处理的图片数量。另外，也可以使用处理一张图片所需时间来评估检测速度，即时间越短，速度越快。

② 鲁棒性：处理缺失值和异常值的能力。

③ 可扩展性：处理大数据集的能力。

④ 可解释性：分类器的预测标准的可理解性，如决策树产生的规则很容易理解，而神经网络产生的参数就不好理解。

精确率和召回率反映了分类器分类性能的两个方面。如果综合考虑查准率与查全率，可以得到新的评价指标综合分类率（F1-Score）。

$$F1 = 2 \times precision \times recall/(precision+recall) \qquad (2-9)$$

为了综合多个类别的分类情况，评测系统整体性能，经常采用的还有微平均 F1 和宏平均 F1 两种指标。

① 宏平均 F1 与微平均 F1 以两种不同的平均方式求得全局 F1 指标。

② 宏平均 F1 的计算方法先是对每个类别单独计算 F1 值，再取这些 F1 值的算术平均值作为全局指标。

③ 微平均 F1 的计算方法是先累加计算各个类别 a、b、c、d 的值，再由这些值求出 F1 值。

④ 从两种平均 F1 的计算方式不难看出，宏平均 F1 平等对待每一个类别，所以它的值主要受到稀有类别的影响，而微平均 F1 平等考虑类别集中的每一个类别，所以它的值受到常见类别的影响比较大。

ROC（Receiver Operating Characteristic Curve，受试者工作特征）曲线是以灵敏度（真阳性率）为纵坐标，以 1 减去特异性（假阳性率）为横坐标绘制的性能评价曲线，如图 2-10（a）所示。可以将不同模型对同一数据集的 ROC 曲线绘制在同一笛卡尔坐标系中，ROC 曲线越靠近左上角，说明其对应模型越可靠。也可以通过 ROC 曲线下面的面积（Area Under Curve，AUC）来评价模型，AUC 越大，模型越可靠。

PR 曲线（Precision Recall Curve）是以 Recall 为横坐标，precision 为纵坐标绘制的曲线，图 2-10（b）描述的是 Precision 和 Recall 之间的关系。该曲线所对应的面积 AUC 实际上是目标检测中常用的评价指标平均精度（Average Precision，AP），AP 越高，说明模型性能越好。mAP（Mean Average Precision，平均 AP 值）是对多个验证集个体求平均 AP 值，作为目标检测中衡量检测精度的指标。

回归分析是确定两种或两种以上变量间相互依赖的定量关系的一种统计分析方法。回归分析通常输出为一个实数数值，而分类通常输出为若干指定的类别标签。

回归模型评估有三种方法，分别是平均绝对误差（Mean Absolute Error，MAE）、均方误差（Mean Square Error，MSE）和 R 平方值。

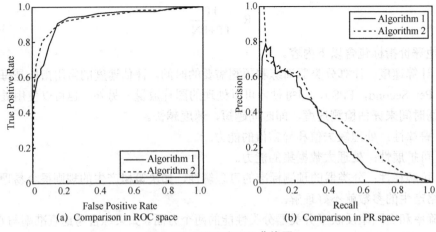

图 2-10 ROC 和 PR 曲线图

平均绝对误差是指预测值与真实值之间平均相差多大。均方误差是指参数估计值与参数真值之差平方的期望值。MSE 是衡量平均误差一种较方便的方法，MSE 可以评价数据的变化程度，MSE 的值越小，说明预测模型描述实验数据的精确度越高。R 平方值是指表征回归方程在多大程度上解释了因变量的变化，或者说方程对观测值的拟合程度如何。

2.3.6 可视化分析

可视化分析是一种数据分析方法，是利用人类的形象思维将数据关联，并映射为形象的图表。人脑对于视觉信息的处理要比文本信息容易得多，所以可视化图表能够使用户更好地理解信息。可视化分析凭借其直观清晰、洞察力强和能及时发现机会的特点，活跃在诸多科学领域。

可视化分析由来已久，自欧洲中世纪开始，就已经在多个领域出现展示信息和数据的图表，1987 年，美国首次召开关于科学可视化的会议，会议命名并定义了科学可视化。进入 21 世纪，随着数据量激增，可视化分析进入黄金时代，在数据分析的各个环节都发挥了重要作用。随着大数据时代的到来，可视化分析又将释放新的活力。

1. 可视化的作用

在数据分析中，通过绘制图表更容易找到数据中的模式。传统的数据分析方法需要借助分析师丰富的分析经验，存在一定的局限性。可视化分析方法将数据以图形的方式展现出来，提供友好的交互界面，还可以提供额外的记忆帮助，对于要分析的问题，无须事先假设或猜想，可以自动从数据中挖掘出更多的隐含信息。

在机器学习领域，缺失数据、过度训练、过度调优等都会影响模型的建立，可视化分析可以帮助解决一些问题。例如，在特征选择时，可以通过可视化分析的方法来找到合适的特征集合。以箱形图（盒图）为例，箱形图可以展示出一组数据的中位数及上下四位数，较好地展示了数据分散情况。箱形图还提供了一种定义异常值的方法，可以直观地比较某一变量的取值对另一变量的影响，例如房子的位置、楼层等对房价的影响。

可视化分析在机器学习的数据预处理、模型选择、参数调优等阶段也发挥了重要作用。在数据建模的过程中，可视化分析容易辨别出数据的分布、异常，参数取值对模型性能的影响等。

展示分析结果时，通过建立可视化仪表盘，组合多幅可视化图表，从不同的角度呈现信息，全方位展示分析结论。

除了辅助数据分析，可视化分析还为看似冰冷的数据增加了趣味性。在信息传播领域，可视化结果的独特的风格（颜色、线条、轴线、尺寸等）不仅将有用的信息展示出来，还将数据展示变得富有情感。

2. 常见可视化工具与使用

常用可视化分析的工具有以下几种。

① Excel 作为电子表格，具有简单、易用的可视化功能。Excel 可绘制各种图形，包括柱形图、折线图、饼图、散点图、雷达图等，将这些图形与函数、控件等进行组合，可以做出漂亮的商业仪表盘。利用 Excel 绘制图表，需要对数据结构有较深的理解。在不了解数据结构时，可以使用 Excel 的推荐图表功能，选中要生成图表的数据，然后单击"推荐的图表"按钮，即可生成合适的图表。

② Tableau 是一款无须编程的简单工具，以图形化方式将数据展现给用户，有着不错的用户体验。Tableau 原则上要求数据格式是结构化的，可以连接文本文件、Excel 文件、Access 数据库、SQL Server 数据库等数据源，并且支持自定义规则合并不同数据源的数据。在 Tableau 界面中，将数据划分为维度和度量两种。维度主要是那些离散的、文本类的字段；度量主要是那些可连续的、数字类的、可被测量、可被运算、可被聚合的字段。Tableau 的可视化依赖于这两种字段，所以 Tableau 也提供了这两种字段间转换的功能。利用 Tableau 可以绘制单变量图表、双变量图表、多变量图表、地图等，Tableau 还支持动画可视化、仪表盘制作等实用的功能，如图 2-11 所示。

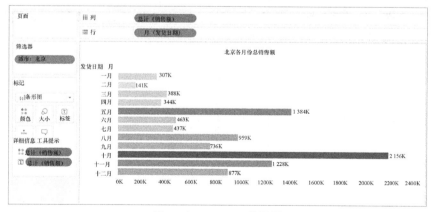

图 2-11　Tableau 效果图

③ RAW 工具同样无须编程，它最强大的功能在于，从原始数据到图形化的过程中对原始数据的要求比较宽松，可以很容易地导出可视化结果，如图 2-12 所示。

图 2-12　RAW 工具

④ Chart.js 是一款基于 Javascript 实现的轻量级工具，是 HTML5 图表库，以绘制时间序列图、柱状图、饼图和散点图为主，易于拓展，有较强的错误处理能力。

⑤ Processing 是一款基于 Java 的工具，主要用于创建图像、动画，用于创建学习模型和实际产品的原型，如图 2-13 所示。

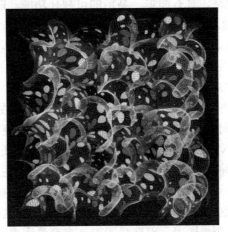

图 2-13　Processing 生成规律性静态图像

⑥ Wordle 是一款文字云产生器，使用者输入一串文字后，通过这个工具，产生不同样式的文字风格。除了手动输入文字，还支持 Atom、RSS Feed 或 del.icio.us 载入产生的文字，如图 2-14 所示。

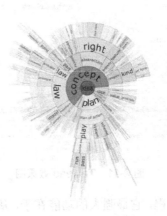

图 2-14　Wordle 文本内容可视化

⑦ Orange 是一个基于组件的开源数据挖掘软件，包含数据可视化、探索、预处理和建模等功能模块，如图 2-15 所示。Orange 可以做箱图、散点图等简单分析，也可用于决策树、聚类等数据挖掘，并且支持可视化编程，通过在可视化操作界面上进行拖拽部件、加载数据集等操作就可以实现数据分析。

图 2-15　Orange 可视化工具

⑧ Facets 是一款开源的机器学习可视化工具，用于分析机器学习数据集，包括 Facets Overview 和 Facets Dive 两部分。其中，Facets Overview 用于查看样本集特征值的分布情况。例如将异常的特征值、不平衡分布的特征等数据质量问题进行展示。Facets Dive 可以探索数据集中不同特征和数据点之间的关系。Facets 可以将机器学习训练过程中的结果可视化，并发现新特征，如图 2-16 所示。

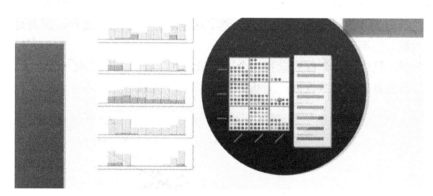

图 2-16　Facets 可视化工具

Python 语言、R 语言等常用的数据分析语言也包含丰富的图形库，常用的可视化库有以下几种。

Matplotlib 是一个最基础的 Python 可视化库，应用最广泛，很多其他可视化库都是基于它开发的。

Seaborn 是一个基于 Matplotlib 的高级可视化效果库，主要被用于数据挖掘和机器学习中的变量特征选取。

Pyecharts 是基于百度 ECharts 的一个开源 Python 可视化效果库，语法更简单，且效

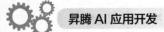

果不错。

ggplot2 是基于 R 语言的可视化库，与 Matplotlib 相比，它可以将图层叠加起来绘图，且与 Pandas 的整合度高。

除了上述几种常用库，还有 Bokeh、Pygal、Plotly、Geoplotlib（面向地图）、Gleam、Missingno、Leather 等众多不同的第三方可视化库，有兴趣的读者可以查阅相关资料深入了解。

目前可视化软件和开源库非常丰富，实际项目中可以结合项目需要选择成熟、稳定的工具。如果是制作报表或仪表盘，尽量选择控件丰富的可视化工具。如果可视化要求高，展现方式复杂，可以选择具有较强灵活性，并能支持大数据分析的工具。如果面向地图类等应用，可以选择擅长此项功能的专业可视化工具。

2.4　机器学习常见算法

2.4.1　线性回归

线性回归分为一元线性回归和多元线性回归。很明显一元只有一个自变量，多元有多个自变量。拟合多元线性回归的时候，可以利用多项式回归或曲线回归。

线性回归是统计学中最有力的工具之一。机器学习中的监督学习算法分为分类算法和回归算法两种。回归算法用于连续型分布预测，针对的是数值型的样本。使用回归算法，可以在给定输入的时候预测出一个数值，这是对分类方法的提升，因为这样可以预测连续型数据，而不仅仅是离散的类别标签。

回归分析，只包括一个自变量和一个因变量，且二者的关系可用一条直线近似表示，这种回归分析被称为一元线性回归分析。图 2-17 为一元线性回归示意。

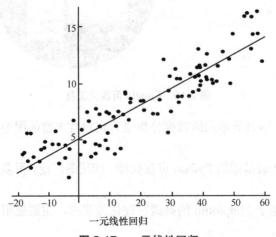

图 2-17　一元线性回归

回归分析包括两个或两个以上的自变量，且因变量和自变量之间是线性关系，这种回归分析被称为多元线性回归分析，图 2-18 为多元线性回归示意。

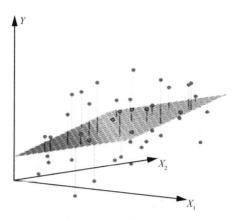

图 2-18　多元线性回归

因此，线性回归可以被定义为通过一个或者多个自变量与因变量进行建模的回归分析。接下来我们通过实验验证线性回归模型。

实验环境配置如下。

1．Anaconda

第一步：官网下载安装包。

从 Anaconda 的官网上下载最新的安装包。

根据自己的需要，选择适合自己电脑版本的安装包。示例电脑是 Windows10 64 位版本，所以下载如图 2-19 所示的安装包。

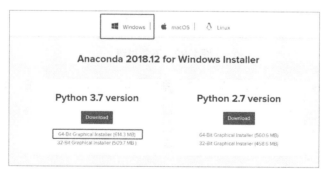

图 2-19　官网下载界面

第二步：安装详细步骤。

下载完成后，找到下载文件，双击该文件运行安装程序，如图 2-20 所示。

☑ ○ Anaconda3-2018.12-Windows-x86_64.exe　　2019/3/2 13:49　　应用程序　　628,999 KB

图 2-20　下载文件

单击 Next，如图 2-21 所示。

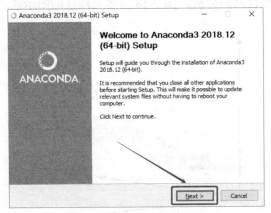

图 2-21　下一步操作

单击 I Agree，如图 2-22 所示。

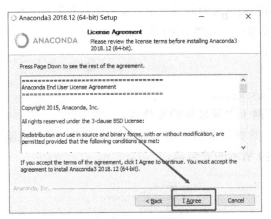

图 2-22　下载过程

选择 All Users，单击 Next，如果弹出系统权限确认，单击同意，如图 2-23 所示。

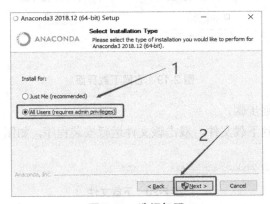

图 2-23　选择权限

在 C 盘中新建一个文件夹 Anaconda3，将其作为安装路径，单击 Next，如图 2-24 所示。

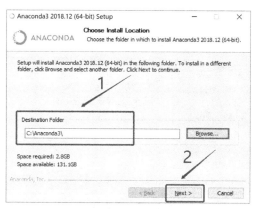

图 2-24 选择安装路径

保持两个选项都在勾选状态，单击 Install，等待安装完毕，如图 2-25 所示。

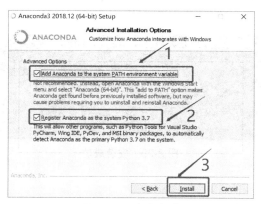

图 2-25 安装完成

不需要安装 VSCode，直接单击 Skip，如图 2-26 所示。

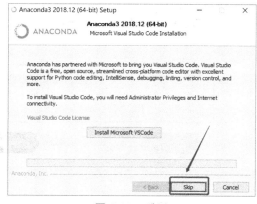

图 2-26 跳过

单击 Finish，安装结束，如图 2-27 所示。

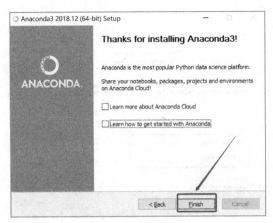

图 2-27　安装完成

安装结束后，打开电脑的 CMD 命令行，在其中输入 python，如果返回的信息为图 2-28 中的 2，且提示符为图 2-28 中的 3，表示安装顺利完成。

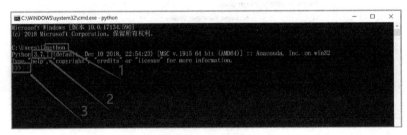

图 2-28　安装成功

2．PyCharm

第一步：下载 PyCharm 安装包。

从 PyCharm 的官网上下载最新的安装包。

进入网站后会看到如图 2-29 所示的界面。

图 2-29　下载界面

Professional 是专业版，试用期过后要购买才能继续使用，Community 是社区版，我们使用的是专业版。

第二步：安装详细步骤。

双击，打开下载好的安装包，弹出如图 2-30 所示的界面。

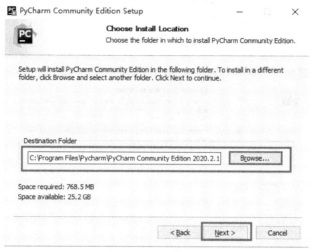

图 2-30　开始下载

这里记得修改安装路径，示例选择安装在 C 盘，其余盘也可以，修改后单击 Next 进行下一步。

进入下一步后，根据自己电脑选择组件，如图 2-31 所示。

图 2-31　选择组件

创建快捷方式：根据当前系统是 32 位还是 64 位进行选择，目前基本都是 64 位。

将 PyCharm 的启动目录添加到环境变量（需要重启），如果需要使用命令行操作

PyCharm，则勾选此选项。

添加鼠标右键菜单，使用打开项目的方式打开文件夹。如果经常需要下载一些别人的代码进行查看，则勾选此选项。

将所有 .py 文件关联到 PyCharm，也就是双击电脑上的 .py 文件，会默认使用 PyCharm 打开。不建议勾选，若勾选了 PyCharm，文件每次打开的速度会比较慢。

选择好组件后单击 Next 进行下一步。

进入自定义路径选择安装，如图 2-32 所示。

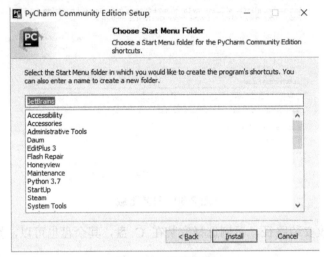

图 2-32　选择路径

默认选项，单击 Install 进行安装，图 2-33 为正在下载的界面。

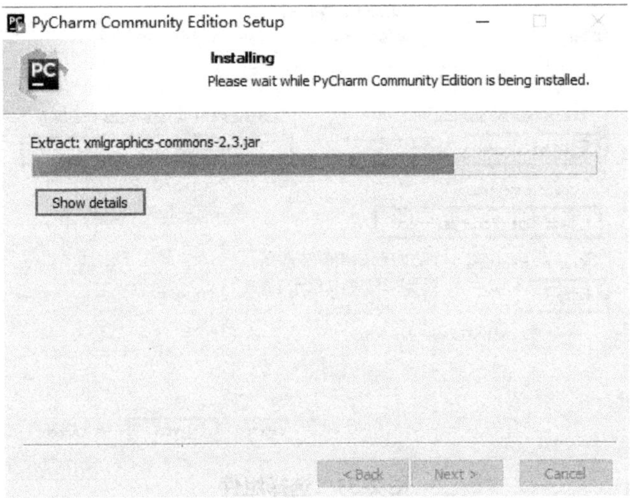

图 2-33　正在下载

图 2-34 为安装完成界面。

图 2-34　安装完成

下面是 Sklearn 实现一元线性回归的例子，图 2-35 是线性回归效果图。

```
# 使用 sklearn 完成一元线性回归
from sklearn.linear_model import LinearRegression
import numpy as np
import matplotlib.pyplot as plt
import pandas as pd
# 导入数据，注意数据路径，请根据数据集所在文件夹位置来选择
#以逗号分隔符，提取出来
data = np.genfromtxt("D:\Tools\\anaconda\example/data.csv", delimiter=",")
x_data = data[:,0]#第 0 列，所有行
y_data = data[:,1]#第 1 列，所有行
plt.scatter(x_data,y_data)#画散点图
plt.show()
x_data = data[:, 0, np.newaxis]     # newaxis 不理解，可以看 SVM 函数理解
y_data = data[:, 1, np.newaxis]
# 创建并拟合模型
model = LinearRegression()
model.fit(x_data, y_data)
# 画图
plt.plot(x_data, y_data, 'b.')
plt.plot(x_data, model.predict(x_data), 'r')
plt.show()
```

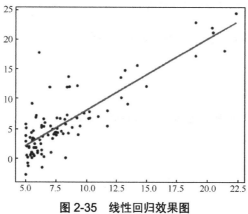

图 2-35　线性回归效果图

2.4.2 多项式回归

线性回归的局限性是只能应用于存在线性关系的数据中。在实际生活中，很多数据之间是非线性关系，虽然也可以用线性回归拟合非线性回归，但是效果会很差，这时就需要对线性回归模型进行改进，使之能够拟合非线性数据。

如果数据比直线更复杂怎么办？简单的方法就是将每个特征的幂次方添加为一个新特征，然后在此扩展特征集上训练一个线性模型。这种方法称为多项式回归。

让我们看一个多项式回归的例子，图 2-36 所示为多项式回归效果。

```python
import numpy as np
from numpy import genfromtxt
from sklearn import linear_model
import matplotlib.pyplot as plt
from mpl_toolkits.mplot3d import Axes3D
# 读入数据，注意数据路径，请根据数据集所在文件夹位置来选择
data = genfromtxt(r"D:\Tools\anaconda\example/data2.csv",delimiter=',')
print(data)
#切分数据，因变量 x 两个，自变量 y 一个
x_data = data[:,:-1]
y_data = data[:,-1]
print(x_data)
print(y_data)
# 创建模型，和一元的一样
model = linear_model.LinearRegression()
model.fit(x_data, y_data)
# 系数
print("coefficients:", model.coef_)
# 截距
print("intercept:", model.intercept_)
# 测试
x_test = [[102, 4]]
predict = model.predict(x_test)
print("predict:", predict)
ax = plt.figure().add_subplot(111, projection='3d')
# 点为红色三角形
ax.scatter(x_data[:, 0], x_data[:, 1], y_data, c='r', marker='o', s=100)
x0 = x_data[:, 0]
x1 = x_data[:, 1]
# 生成网格矩阵
x0, x1 = np.meshgrid(x0, x1)
z = model.intercept_ + x0 * model.coef_[0] + x1 * model.coef_[1]
# 画 3D 图
ax.plot_surface(x0, x1, z)
# 设置坐标轴
ax.set_xlabel('Miles')
ax.set_ylabel('Num of Deliveries')
```

```
ax.set_zlabel('Time')
# 显示图像
plt.show()
```

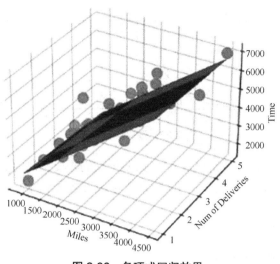

图 2-36 多项式回归效果

2.4.3 逻辑回归

逻辑回归是一种预测分析，解释因变量与一个或多个自变量之间的关系，它的目标变量有几种类别，因此逻辑回归主要用于解决分类问题。与线性回归相比，逻辑回归是用概率的方式，预测属于某一分类的概率值。如果概率值超过 50%，则属于某一分类。此外，逻辑回归的可解释强，可控性高，训练速度快，特别是经过特征工程之后效果更好。

按照逻辑回归的基本原理，求解过程可以分为以下 3 步。

① 找一个合适的预测分类函数，用来预测输入数据的分类结果，一般表示为 h 函数，确定函数的可能形式。

② 构造一个损失函数，该函数表示预测输出 h 与训练数据类别 y 之间的偏差，记为 $J(\theta)$ 函数。

③ 找到 $J(\theta)$ 函数的最小值，值越小表示预测函数越准确。采用梯度下降法（Gradient Descent）求解损失函数的最小值。

我们结合 Sigmoid 函数、线性回归函数，把线性回归模型的输出作为 Sigmoid 函数的输入，最后就变成了逻辑回归模型：

$$y = \sigma(f(x)) = \sigma(w^{\mathrm{T}}x) = \frac{1}{1 + e^{-w^{\mathrm{T}}x}} \tag{2-10}$$

上述公式中，w 为权重，偏置值为 b，把 $wx+b$ 看成对 x 的线性函数，因为逻辑回归模型是一种分类模型，所以一般对比各个类别的概率值即可，概率大的就是 x 对应的分类，如图 2-37 所示为逻辑回归示例。

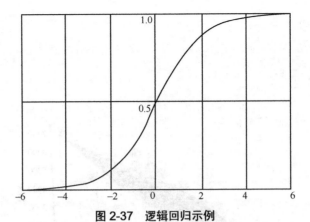

图 2-37　逻辑回归示例

假设我们已经训练好了一组权值 w^{T}。只要把我们需要预测的 x 代入到上面的方程，输出的 y 值就是标签 A 的概率，我们就能判断输入数据属于哪个类别，示例代码如下：

```python
import numpy as np
import matplotlib.pyplot as plt
#加载鸢尾花数据集
from sklearn.datasets import load_iris
#分析数据
iris = load_iris()
x=iris.data[0:100,0:2]
y=iris.target[0:100]
##分别取前两类样本，0 和 1
samples_0 = x[y==0, :]#把 y=0 的样本取出来
samples_1 = x[y==1, :]
#分拆数据，80 个训练数据，20 个测试数据
x_train=np.vstack([x[:40,:],x[60:100,:]])#取前 40 和后 40 的数据
y_train=np.concatenate([y[:40],y[60:100]])
x_test=x[40:60,:]
y_test=y[40:60]
#逻辑回归算法
class Logistic_Regression():
    def __init__(self):
        self.w=None
    def sigmoid(self,z):
        a=1/(1+ np.exp(-z))
        return a
    def output(self,x):
        z=np.dot(self.w,x.T)
        a=self.sigmoid(z)
        return a
    def compute_loss(self,x,y):
        num_train=x.shape[0]
        a=self.output(x)
        loss=np.sum(-y*np.log(a)-(1-y)*np.log(1-a))/num_train
        dw=np.dot((a-y),x)/num_train
        return loss,dw
```

```python
    def train(self,x,y,learning_rate=0.01,num_iterations=10000):
        num_train,num_features=x.shape
        self.w=0.001*np.random.randn(1,num_features)
        loss=[]
        for i in range(num_iterations):
            error,dw=self.compute_loss(x,y)
            loss.append(error)
            self.w-=learning_rate*dw
            if i%200==0:
                print('steps:[%d/%d],loss:%f'%(i,num_iterations,error))
        return loss
    def predict(self,x):
        a=self.output(x)
        y_pred=np.where(a>=0.5,1,0)
        return y_pred
#创建 LR 实例，训练模型
lr=Logistic_Regression()
loss=lr.train(x_train,y_train)
plt.plot(loss)
plt.show()
#决策边界可视化
plt.scatter(samples_0[:,0],samples_0[:,1],marker='o',color='r')
plt.scatter(samples_1[:,0],samples_1[:,1],marker='x',color='b')
plt.xlabel('x')
plt.ylabel('y')
x1=np.arange(4,7.5,0.05)
x2=(-lr.w[0][0]*x1)/lr.w[0][1]
#sigmoid=1/(1+np.exp(-x))
#x1*w1+x2*w2=0
plt.plot(x1,x2,'-',color='black')
plt.show()
#测试集上预测
num_test=x_test.shape[0]
prediction=lr.predict(x_test)
accuracy=np.sum(prediction==y_test)/num_test
print(r'the accuracy of prediction is :', accuracy)
```

最终运行结果如图 2-38 所示。

```
steps:[8400/10000],loss:0.098483
steps:[8600/10000],loss:0.097069
steps:[8800/10000],loss:0.095708
steps:[9000/10000],loss:0.094397
steps:[9200/10000],loss:0.093134
steps:[9400/10000],loss:0.091915
steps:[9600/10000],loss:0.090738
steps:[9800/10000],loss:0.089602
the accuracy of prediction is : 0.95
```

图 2-38　运行结果

2.4.4　梯度下降算法

梯度下降算法在机器学习中应用十分广泛，主要目的是通过迭代找到损失函数的最小值，即获取模型的最优参数。梯度下降算法模拟一个下山场景，假设一个人需要从山顶到达山底，由于天气原因导致可视度极低，无法确认下山的路径，此时需要该人利用自己周围的信息一步步找到下山的路。梯度下降算法的优化思想是用当前位置负梯度方向作为搜索方向，该方向为当前位置最快下降方向，梯度下降中越接近目标值，变化量越小，公式如下：

$$w_{k+1} = w_k - \eta \nabla f_{w_k}(x^i) \tag{2-11}$$

上述公式中，η 为学习率，i 表示第 i 条数据。权重参数 w 为每次迭代变化的大小。当目标函数的值变化非常小或达到最大迭代次数，模型收敛，即到达山底，获取了最优值。如图 2-39 所示。

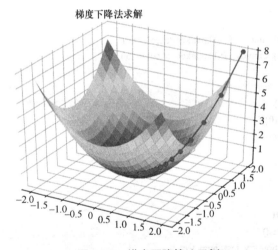

梯度下降法求解

图 2-39　梯度下降算法示例

梯度下降算法有 3 种，批量梯度下降算法（Batch Gradient Descent，BGD），使用所有数据集中的样本（共 m 个样本）在当前点的梯度之和来对权重参数进行更新。公式如下：

$$w_{k+1} = w_k - \eta \frac{1}{m} \sum_{i=1}^{m} \nabla f_{w_k}(x^i) \tag{2-12}$$

随机梯度下降算法（Stochastic Gradient Descent，SGD）在当前的梯度中随机选取一个数据集中的样本对权重参数进行更新。公式如下：

$$w_{k+1} = w_k - \eta \nabla f_{w_k}(x^i) \tag{2-13}$$

小批量梯度下降算法（Mini-Batch Gradient Descent，MBGD），结合 BGD 与 SGD 的特性，每次选择数据集中 n 个样本的梯度来对权重参数进行更新。公式如下：

$$w_{k+1} = w_k - \eta \frac{1}{n} \sum_{i=t}^{t+n-1} \nabla f_{w_k}(x^i) \tag{2-14}$$

3 种梯度下降算法相比较，SGD 中，因为每次训练选取的样本是随机的，这本身就带来了不稳定性，会导致损失函数在下降到最低点的过程中，产生动荡甚至反向的位移。BGD 最稳定，但是过于消耗运算资源。MBGD 是 SGD 与 BGD 平衡之后的方法。3 种梯度下降算法对比如图 2-40 所示。

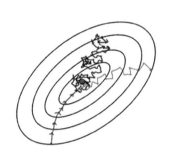

批量梯度下降（BGD）
每次使用所有的训练样本进行训练

随机梯度下降（SGD）
每次使用一条训练样本进行训练

小批量梯度下降（MBGD）
每次使用一定数量的训练样本进行训练

图 2-40　3 种梯度下降算法对比

接下来我们通过代码的方式展示 3 种梯度下降算法。

① 批量梯度下降算法，如图 2-41 所示。

```
#批量梯度下降算法
import numpy as np
import matplotlib.pyplot as plt
from sklearn.metrics import mean_absolute_error
from sklearn.metrics import mean_squared_error
from sklearn.metrics import median_absolute_error,r2_score
#1.首先读取数据，写一个读取数据的函数
def getData():
        #注意数据路径，请根据数据集所在文件夹位置来选择
        data=np.loadtxt("D:\Tools\\anaconda\example/data.csv",
        delimiter=',',skiprows=1,dtype=np.float32)
        X=data[:,1:]   #二维矩阵
        Y=data[:,0]   #打印结果为一行
        #将 y 的一行转为一列二维矩阵，行数由列数自动计算
        Y=Y.reshape(-1,1)
        X=dataNumalize(X) #归一化之后的 X
        return X,Y

#2.将特征集数据进行归一化处理，处理后的数据也要进行输出，所以此函数要在读取数据的函数中进行调用
#归一化是对一个矩阵进行归一化，所以此函数有一个参数
#归一化使用(某个值－均值)/标准差
def dataNumalize(X):
    mu=X.mean(0)   # X 特征集的第一列的均值  X(n)
```

```
        std=np.std(X)    #S(n)
        X=(X-mu)/std     #将归一化处理结果赋值 X
        index=np.ones((len(X),1)) #最后一列 1
        #进行合并，此合并函数只含一个参数，所以将 X, index 带个括号看成一个参数
        X=np.hstack((X,index))
        return X
```

#3.下面计算损失函数，在损失函数中有 3 个参数：theta,X,Y
```
def lossFuncation(X,Y,theta):
    m=X.shape[0]    #m 是 X 特征集的样本数，即行数
    loss=sum((np.dot(X,theta)-Y)**2)/(2*m)
    return loss
```

#4.下面实现批量下降梯度算法
#此算法的 theta 更新公式中有 4 个参数，X,Y,theta,alpha
#另外我们需要定义一个迭代次数 num_iters，就是更新多少次(alpha 走多少步)才能下降到最低点,每迭代一次，theta 就更新一次
```
def BGD(X,Y,theta,alpha,num_iters):
    m=X.shape[0]
    #定义 loss 值列表，把每次 theta 更新时跟着变动的 loss 值存入
    #展示
    loss_all=[]
    for i in range(num_iters):
        theta=theta-alpha*np.dot(X.T,np.dot(X,theta)-Y)/m
        loss=lossFuncation(X,Y,theta)
        loss_all.append(loss)   #把 loss 值添加到 loss_all 列表中去
        print("第{}次的 loss 值为{}".format((i+1),loss))
    return theta,loss_all
```

#5.主函数进行测试
#此测试没有区分 text 和 predict，所有的数据用来做测试集
```
if __name__=='__main__':
    X,Y=getData()
    theta=np.ones((X.shape[1],1))    #对 theta 起点值进行初始化
    num_iters=1000   #初始化迭代次数为 500
    alpha=0.01   #初始化 α(下降步长)为 0.01
     #调用 BGD 函数求 theta 更新参数和每次更新后的 loss 值
    theta,loss_all=BGD(X,Y,theta,alpha,num_iters)
    print(theta)
    #做模型预测
    y_predict=np.dot(X,theta)
```

#最后进行一个模型的评价——根据模型评价指标与结果进行判定,结果与迭代次数有关
```
print("平均绝对误差：",mean_absolute_error(Y,y_predict))
print("均方误差：",mean_squared_error(Y,y_predict))
print("中值绝对误差：",median_absolute_error(Y,y_predict))
print('r2',r2_score(Y,y_predict))
```

#模型测试完毕，模型预测结果进行数据可视化

```
plt.scatter(np.arange(50),Y[:50],c='red')   #真实 label
plt.scatter(np.arange(50),y_predict[:50],c='green') #预测的 label
plt.show()
#绘制损失函数随着迭代次数改变所变化的曲线
plt.plot(np.arange(num_iters),loss_all,c='black')
#plt.show()
```

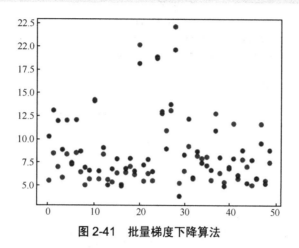

图 2-41　批量梯度下降算法

② 随机梯度下降算法，如图 2-42 所示。

```
#用 sklearn 库实现随机梯度下降算法
import numpy as np
from sklearn.linear_model import SGDRegressor
from sklearn.model_selection import train_test_split
from sklearn.preprocessing import StandardScaler #sklearn 库中用来归一化的
import matplotlib.pyplot as plt
from sklearn.metrics import
mean_absolute_error,mean_squared_error,median_absolute_error

#1.读入数据，注意数据路径，请根据数据集所在文件夹位置来选择
data=np.loadtxt("D:\Tools\\anaconda\example/data.csv",delimiter=',',skiprow
s=1,dtype=np.float32)
#分片，切割数据
X=data[:,1:]
Y=data[:,0]
#数据分为测试集和训练集
X_train,X_test,Y_train,Y_test=train_test_split(X,Y,test_size=0.8,random_sta
te=42)
#2.数据预处理，把数据归一化
scaler=StandardScaler()
scaler.fit(X_train) #将训练集归一化，计算均值和方差
X=scaler.transform(X_train) #将归一化结果赋值给 X
#3.计算损失函数，sklearn 库会自动计算该函数
#4.训练模型：使用 sklearn 中的 SGD 随机算法更新参数，训练模型
sgd=SGDRegressor()
sgd.fit(X_train,Y_train)   #使用训练集进行训练
```

```
y_predict=sgd.predict(X_test) #使用训练好的模型进行预测
print(y_predict)
#5.模型可视化
plt.scatter(np.arange(50),Y[:50],c='red')
plt.scatter(np.arange(50),y_predict[:50],c='black')
plt.show()
#6.模型的评价，评价方法解析和 sklearn 是一样的
print("平均绝对误差：",mean_absolute_error(Y_test,y_predict))
print("均方误差：",mean_squared_error(Y_test,y_predict))
print("中值绝对误差：",median_absolute_error(Y_test,y_predict))


#SGD 算法速度快但准确性低，
```

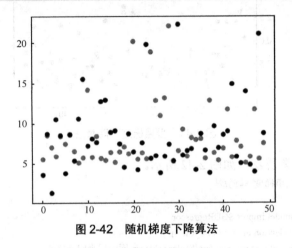

图 2-42　随机梯度下降算法

③ 小批量梯度下降算法，如图 2-43 所示。

```
import numpy as np
import matplotlib.pyplot as plt
from sklearn.metrics import mean_absolute_error
from sklearn.metrics import mean_squared_error
from sklearn.metrics import mean_squared_error


#读数据，注意数据路径，请根据数据集所在文件夹位置来选择
def getData():
    data=np.loadtxt("D:\Tools\\anaconda\example/data.csv",delimiter=',',skiprows=1,dtype=np.float32)
    X=data[:,1:]
    Y=data[:,0]
    Y=Y.reshape(-1,1)
    X=dataNumalize(X)
    return X,Y
#数据归一化处理
def dataNumalize(X):
    mu=X.mean(0)
    std=np.std(X)
    X=(X-mu)/std
```

```
        index=np.ones((X.shape[0],1))
        X=np.hstack((X,index))
        return X
#计算损失函数——3 个参数
def lossFunction(X,Y,theta):
        m=X.shape[0]
        loss=sum((np.dot(X,theta)-Y)**2)/(2*m)
        return loss
#实现 MGD 更新 theta—5 个参数，要进行测试的 X，Y，theta,alpha,还有迭代次数
#值得注意的是，这里我们用的测试数据是从 X 中随机抽取的 60 个小批量样本
def MGD(X,Y,theta,alpha,num_iters):
        m=X.shape[0]
        loss_all=[]
        for i in range(num_iters):
                index = np.random.choice(a=np.arange(0,m), size=60, replace=False)
                x_new = X[index]
                y_new = Y[index]
                theta = theta - alpha * np.dot(x_new.T, (np.dot(x_new, theta) - y_new)) / m
                #theta=theta-alpha*np.dot(x_new.T,(np.dot(x_new,theta)-y_new))/m
                loss=lossFunction(x_new,y_new,theta)
                loss_all.append(loss)
                print("第{}次的 loss 值为{}".format(i+1,loss))
        return theta,loss_all


#主函数测试
if __name__=='__main__':
        X,Y=getData()
        theta=np.ones((X.shape[1],1)) #???
        num_iters=50
        alpha=0.01
        theta,loss_all=MGD(X,Y,theta,alpha,num_iters)
        print(theta)
        #模型数据预测
        y_predict=np.dot(X,theta)


#模型的评价
print("均值误差：",mean_absolute_error(Y,y_predict))
print("mse", mean_squared_error(Y, y_predict))
print("median-ae", median_absolute_error(Y, y_predict))
print("r2", r2_score(Y, y_predict))


#数据结果可视化
plt.scatter(np.arange(50),Y[:50],c='red')
plt.scatter(np.arange(50),y_predict[:50],c='black')
#plt.plot(np.arange(num_iters),loss_all,c='black')
plt.show()
```

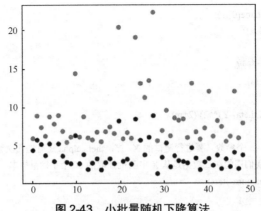

图 2-43　小批量随机下降算法

3 种梯度下降算法的总结如下。

批量梯度下降算法每次更新使用所有的训练数据，最小化损失函数。即使只有一个极小值，也是朝着最小值迭代运动的。它的缺点是如果样本值很大，更新速度会很慢。

随机梯度下降算法每次更新只考虑一个样本点，大大加快了训练数据。但是随机梯度下降有可能由于训练数据的噪声点较多，每一次利用噪声点进行更新的过程不一定是朝着极小值方向更新，不过由于更新多轮，整体方向还是大致朝着极小值方向。

小批量梯度下降算法是为了解决批量梯度下降算法的训练速度慢及随机梯度下降算法的准确性低综合而来。值得注意的是不同问题的训练集是不一样的。

2.4.5　决策树

决策树是一种树结构，如图 2-44 所示，它可以是二叉树或非二叉树。决策树每个非叶节点表示一个特征属性上的测试，每个分支代表这个特征属性在某个值域上的输出，每个叶节点存放一个类别。使用决策树进行决策的过程是从根节点开始，测试待分类项中相应的特征属性，并按照其值选择输出分支，直到到达叶节点，将叶节点存放的类别作为决策结果。

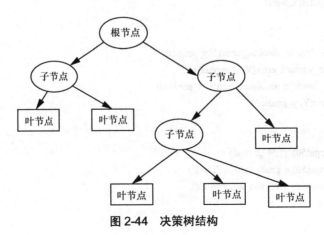

图 2-44　决策树结构

决策树通过把数据样本分配到某个叶节点来确定数据集中样本所属的分类。决策树由决策节点、分支和叶子节点组成。决策节点表示在样本的一个属性上进行的划分；分支表示对于决策节点进行划分的输出；叶节点表示经过分支到达的类。从决策树根节点出发，自顶向下移动，在每个决策节点上都会进行一次划分，通过划分的结果将样本进行分类，形成不同的分支，最后到达一个叶节点，这个过程就是利用决策树进行分类的过程，如图 2-45 所示。

　　决策树的构建过程如下。

　　特征选择：决策树的构建过程是进行属性的选择，确定各个特征属性树结构的过程。构建决策树的关键步骤就是按照特征属性进行划分，对划分的结果集的"纯度"进行比较，选择"纯度"最高的属性作为分割数据集的数据点。

　　决策树生成：根据所选特征评估标准，从上至下递归地生成子节点，直到数据集不可分，则决策树停止生长。

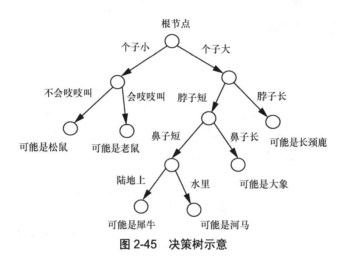

图 2-45　决策树示意

　　剪枝：决策树容易过拟合，需要剪枝来缩小树的结构和规模（包括预剪枝和后剪枝）。预剪枝即提前设定好树的深度，如图 2-46 所示，假设我们预先设定好树的深度为 3，则第 4 层树不会被保留。

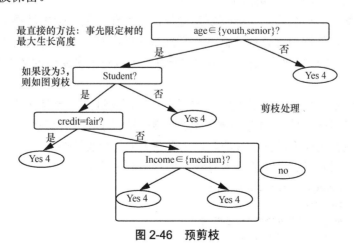

图 2-46　预剪枝

后剪枝：是由完全生长完的树剪去子树。在测试集上定义损失函数 C，目标是通过剪枝使得测试集上 C 的值减小。整体流程如下。

① 自底向上的遍历每一个非叶节点（除了根节点），将当前的非叶节点从树中剪去，再将其下所有的叶节点合并成一个节点，代替原来被剪掉的节点。

② 计算剪去节点前后的损失函数，如果剪去节点之后损失函数的值变小了，则说明该节点是可以剪去的，将其剪去；如果发现损失函数的值并没有减小，说明该节点不可剪去，将树还原成未剪之前的状态。

③ 重复上述过程，直到所有的非叶节点（除了根节点）都被尝试了，如图 2-47 所示。

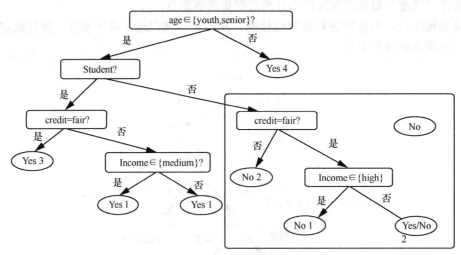

图 2-47　后剪枝示意

决策树的生成是一个递归的过程。在决策树的基本算法中，有以下 3 种情况会导致递归返回：

① 当前节点包含的所有样本属于同一类别，无须划分；

② 当前属性集为空或是所有样本在所有属性上取值相同，无法划分；

③ 当前节点包含的样本集为空，不能划分。

决策树的优点：概念简单，计算复杂度低，可解释性强，输出结果易于理解；数据的准备工作简单，能够同时处理数据型和常规型属性；对中间值的缺失不敏感，适合处理有缺失属性值的样本，能够处理不相关的特征；可以对很多属性的数据集构造决策树，可扩展性强。

决策树的缺点：可能产生过度匹配的问题（决策树过深，容易导致过拟合，泛化能力差）；信息缺失时处理起来比较困难，会忽略数据集中属性的相关性；通过信息增益来度量，分类属性会偏向于取值较多的属性（有缺失值的会受影响）。

下面是决策树实现鸢尾花的分类算法，如图 2-48 所示。

```
from sklearn.tree import DecisionTreeClassifier
from sklearn import datasets
from sklearn.model_selection import train_test_split
from sklearn.metrics import accuracy_score
```

```
iris = datasets.load_iris()
iris_feature = iris.data
iris_target = iris.target

feature_train, feature_test, target_train, target_test =
train_test_split(iris_feature, iris_target, test_size=0.33,
random_state=56)

dt_model = DecisionTreeClassifier()
dt_model.fit(feature_train, target_train)
predict_results = dt_model.predict(feature_test)
scores = dt_model.score(feature_test, target_test)

print (predict_results)
print (target_test)

print (accuracy_score(predict_results, target_test))
print (scores)
```

```
[2 1 2 2 2 2 0 0 2 1 0 0 0 2 0 0 0 2 1 0 2 2 1 0 2 2 1 1 1 2 2 1 0 0 0 2
 2 2 0 1 2 2 2 1 1 2 2 1 0]
[2 1 1 2 2 2 0 0 2 1 0 0 0 1 0 0 0 2 1 0 2 1 1 0 2 2 1 1 1 2 2 1 0 0 0 2
 2 2 0 1 2 2 1 1 1 2 2 1 0]
0.92
0.92
```

图 2-48 决策树实现鸢尾花的分类算法

2.4.6　支持向量机

支持向量机（Support Vector Machine，SVM）属于监督学习模型，主要用于解决数据分类问题，在机器学习、计算机视觉、数据挖掘中广泛应用。SVM 将样本数据表示为空间中的点，使不同类别的样本点尽可能明显地区分开。SVM 通过将样本的向量映射到高维空间中，寻找区分两类数据的最优超平面，使各分类到超平面的距离最大化，距离越大表示 SVM 的分类误差越小。SVM 通常用于解决二元分类问题，对于多元分类可将其分解为多个二元分类问题，再进行分类。SVM 主要的应用场景有图像分类、文本分类、面部识别、垃圾邮件检测等。

支持向量机算法适合图像和文本等样本特征较多的应用场景。SVM 基于结构风险最小化原理，对样本集进行压缩，解决了以往需要大量样本进行训练的问题。SVM 将文本通过计算，抽象成向量化的训练数据，提高了分类的准确率。

假设输入空间与特征空间是两个不同的空间，2 个空间的元素一一对应，SVM 将输入空间的输入，映射为特征空间的特征向量。这样，输入就由输入空间转换到特征空间，SVM 的学习是在特征空间中进行的。

支持向量机算法的原理是最大间隔分类，即最大化正负样本的最小间隔，如图 2-49 所示。

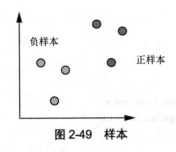

图 2-49　样本

选择一个超平面，使得正负样本的最小间隔最大，如图 2-50 所示。

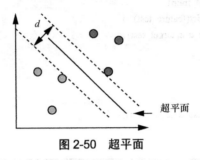

图 2-50　超平面

往上或往下平移超平面，与超平面平行线相交的样本点为支持向量，如图 2-51 所示。

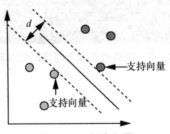

图 2-51　支持向量

接下来，我们通过案例为大家展示支持向量机，已知正例点 X1=（1,2）T,X2=（2,3）T,X3=（3,3）T,负例点 X4=（2,1）T,X5=（3,2）T，求最大间隔分离超平面和分类决策函数，并在图上画出分离超平面、间隔边界及支持向量，图 2-52 为最终运行结果。代码如下：

```
# 导入基本库
import numpy as np
import pylab as pl
from sklearn import svm
# 每次程序运行时，产生的随机点都相同
np.random.seed(0)
# 产生 40 行随机坐标且线性可区分，以[2,2]为中心，随机产生上下 40 个线性可分的点，画出支持向量和所有的点
# x = np.r_[np.random.rand(20,2) - [2,2],np.random.rand(20,2) + [2,2]]
# y = [0]*20 + [1]*20
x=[[1, 2], [2, 3], [3, 3], [2, 1], [3, 2]]
y=[1, 1, 1, -1, -1]
```

```
# 创建一个 SVM 分类器并进行预测
clf = svm.SVC(kernel='linear', C=10000)
clf.fit(x,y)
# 根据 SVM 分类器参数，获取 w_0,w_1,w_3 的值，并绘制出支持向量
# w_0*x + w_1 *y + w_3 = 0 --> y = -w0/w1*x - w_3/w_1
w = clf.coef_[0]
a = -w[0]/w[1]
b = -clf.intercept_[0]/w[1]
xx = np.linspace(-5, 5)
yy = a*xx + b
# 斜距式方程：y = kx + b，A(b[0],b[1])为一个支持向量点
b = clf.support_vectors_[0]
yy_down = a*xx + (b[1] - a*b[0])
# 斜距式方程：y = kx + b，B(b[0],b[1])为一个支持向量点
b = clf.support_vectors_[-1]
yy_up = a*xx + (b[1] - a*b[0])
#画出 3 条直线
pl.plot(xx,yy,'k-')
pl.plot(xx,yy_down,'k--')
pl.plot(xx,yy_up,'k--')
#画出支持向量点
pl.scatter(clf.support_vectors_[:,0], clf.support_vectors_[:,1],
            s=150,facecolors = 'none', edgecolors='k')
pl.scatter([i[0] for i in x], [i[1] for i in x], c=y,cmap=pl.cm.Paired)
# 绘制平面图
pl.axis('tight')
pl.show()
```

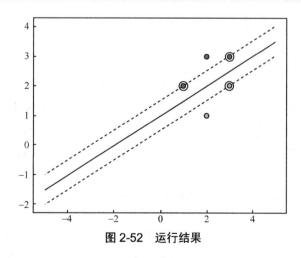

图 2-52　运行结果

2.4.7　KNN

KNN 算法是数据挖掘分类技术中最简单的算法之一，其指导思想是"近朱者赤，近

墨者黑"，即通过你的邻居来推断你的类别。KNN 算法用来判断未知样本的类别，它以所有已知样本的类别作为参照，计算未知样本与已知样本的距离，从中选取与未知样本距离最近的 *K* 个已知样本，根据少数服从多数的投票法则，将未知样本与 *K* 个最邻近样本中所属类别占比较多的归为一类。

如图 2-53 所示，判断浅灰色的圆是属于三角形还是属于四方形？如果 K=3，由于三角形所占比例为 2/3，浅灰色的圆将被判定为属于三角形类。如果 K=5，由于四方形所占比例为 3/5，浅灰色的圆将被判定为属于四方形类。

KNN 算法在分类决策时只依据最邻近的一个或几个样本的类别来决定待分类样本所属的类别，而不是靠判别样本的类域来确定样本所属的类别，因此对于类域交叉或重叠较多的待分样本集来说，KNN 方法更为适合。

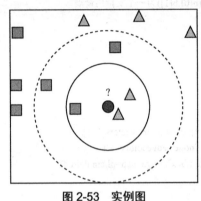

图 2-53　实例图

KNN 算法的关键。

1．样本的所有特征都要做可比较的量化

若样本特征中存在非数值的类型，则须采取手段将样本特征量化为数值。如样本特征中包含颜色，可通过将颜色转换为灰度值来实现距离计算。

2．样本特征要做归一化处理

样本有多个参数，每一个参数都有自己的定义域和取值范围，它们对距离计算的影响不一样，如取值较大的参数的影响力会盖过取值较小的参数的影响力。因此样本参数必须做一些处理，最简单的处理是将所有样本特征的数值全部采取归一化处理。

3．需要一个距离函数计算 2 个样本之间的距离

距离函数有欧氏距离、余弦距离、汉明距离、曼哈顿距离等。一般选欧氏距离作为度量，但是欧氏距离只适用于连续变量。非连续变量可以用汉明距离作为度量。通常情况下，如果运用一些特殊的算法来计算度量，K 近邻分类精度可显著提高。

我们以知识的掌握程度数据为例，展示 KNN 算法实现数据的分类，如图 2-54 所示。

图 2-54 中的数据集通过以下 5 个维度来衡量知识的掌握程度。

① STG（The degree of study time for goal object materails，目标对象材料的学习时间程度）：目标科目的学习时长程度。

STG	SCG	STR	LPR	PEG	UNS
0	0	0	0	0	Very Low
0.08	0.08	0.1	0.24	0.9	High
0.06	0.06	0.05	0.25	0.33	Low
0.1	0.10	0.15	0.65	0.3	Middle
0.08	0.08	0.08	0.98	0.24	Low
0.09	0.15	0.4	0.1	0.66	Middle
0.1	0.10	0.43	0.29	0.56	Middle
0.15	0.02	0.34	0.4	0.01	Very Low
0.2	0.14	0.35	0.72	0.25	Low

图 2-54　数据集中的数据

② SCG（The degree of repetition number of user for goal object materails，目标对象材料的用户重复次数）：对目标科目的重复学习程度。

③ STR（The degree of study time of user for related objects with goal object，目标对象的相关对象的用户学习时间程度）：其他相关科目的学习时长程度。

④ LPR（The exam performance of user for related objects with goal object，用户对目标对象的相关对象的性能检测）：其他相关科目的考试成绩。

⑤ PEG（The exam performance of user for goal objects，用户对目标对象的性能检测）：目标科目的考试成绩。

知识的掌握程度用 UNS 表示，它有 4 个水平，即 Very Low、Low、Middle、High，示例代码如下：

```
# 导入第三方模块
import pandas as pd
# 导入数据，注意数据路径，请根据数据集所在文件夹位置来选择
Knowledge = pd.read_excel(r'D:\Tools\anaconda\example\Knowledge.xlsx')
# 返回前 5 行数据
Knowledge.head()


# 构造训练集和测试集
# 导入第三方模块
from sklearn import model_selection
# 将数据集拆分为训练集和测试集
predictors = Knowledge.columns[:-1]
X_train, X_test, y_train, y_test = model_selection.train_test_split(Knowledge[predictors], Knowledge.UNS, test_size = 0.25, random_state = 1234)
# 导入第三方模块
import numpy as np
from sklearn import neighbors
import matplotlib.pyplot as plt


# 设置待测试的不同 k 值
K = np.arange(1,np.ceil(np.log2(Knowledge.shape[0]))).astype(int)
# 构建空的列表，用于存储平均准确率
accuracy = []
for k in K:
```

```
# 使用 10 重交叉验证的方法，比对每一个 k 值下 KNN 模型的预测准确率
cv_result = model_selection.cross_val_score(neighbors.KNeighborsClassifier
(n_neighbors = k, weights = 'distance'),
X_train, y_train, cv = 10, scoring='accuracy')
accuracy.append(cv_result.mean())

# 从 k 个平均准确率中挑选出最大值所对应的下标
arg_max = np.array(accuracy).argmax()
# 中文和负号的正常显示
plt.rcParams['font.sans-serif'] = ['SimHei']
plt.rcParams['axes.unicode_minus'] = False
# 绘制不同 k 值与平均预测准确率之间的折线图
plt.plot(K, accuracy)
# 添加点图
plt.scatter(K, accuracy)
# 添加文字说明
plt.text(K[arg_max], accuracy[arg_max], '最佳 k 值为%s' %int(K[arg_max]))
# 显示图形
plt.show()
```

不同 k 值与平均预测准确率之间的折线图如图 2-55 所示。

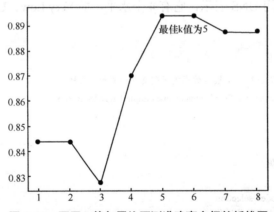

图 2-55　不同 k 值与平均预测准确率之间的折线图

2.4.8　朴素贝叶斯

贝叶斯理论最早由英国数学家托马斯·贝叶斯于 1764 年提出。由于贝叶斯概率与传统基于频率的先验概率有很大区别，因而贝叶斯理论被提出后很长一段时间未被接受。直到 20 世纪，信息论和统计决策理论的发展才使得贝叶斯理论被接受。20 世纪中后期，人工智能的发展对贝叶斯网络理论的研究愈加广泛，研究领域涵盖了网络的结构学习、参数学习、因果推理、不确定知识表达等。每年都有关于贝叶斯网络理论和应用的论文发表，也出现了专门研究贝叶斯网络的学术组织和学术刊物。

贝叶斯方法的特点是用概率表示不确定性，概率规则表示推理或学习，随机变量的概率分布表示推理或学习的最终结果。

贝叶斯理论源于贝叶斯提出的贝叶斯定理和贝叶斯假设。贝叶斯定理引入先验概率，后验概率由先验概率和类条件概率表达式计算出。假设有随机变量 x 和 y，$p(x, y)$ 表示它们的联合概率，$p(x|y)$ 表示条件概率，$p(y|x)$ 为后验概率，而 $p(y)$ 称为 y 的先验概率，x 和 y 的联合概率及条件概率满足下列关系：

$$p(y,x)=p(y|x)p(x)=p(x|y)p(y) \tag{2-15}$$

交换后得到：

$$p(y \mid x) = \frac{p(x \mid y)p(y)}{p(x)} \tag{2-16}$$

上述公式即为贝叶斯定理，它提供了从先验概率 $p(y)$ 计算后验概率 $p(y|x)$ 的方法。如果没有任何已有的信息来确定先验概率 $p(y)$，贝叶斯提出使用均匀分布作为概率分布，即随机变量在其变化范围内各个值的概率是一定的，这个假设称为贝叶斯假设。

朴素贝叶斯分类模型是一种简单的构造分类器的方法。朴素贝叶斯分类模型将问题分为特征向量和决策向量两类，并假设问题的特征变量都是相互独立地作用于决策变量，即问题的特征之间都是互不相关的。虽然有这样过于简单的假设，但朴素贝叶斯分类模型能指数级地降低贝叶斯网络构建的复杂性，同时还能较好地处理训练样本的噪声和无关属性，因此朴素贝叶斯分类模型仍然在很多现实问题中有着高效地应用。为了让朴素贝叶斯分类模型可以解决更多问题。许多研究学者正在致力于改善特征变量间独立性的限制。

接下来我们通过以下案例，为大家再次解释朴素贝叶斯的运算过程。A 队和 B 队进行足球比赛，假设过去的比赛中，65% 的比赛 A 队取胜，35% 的比赛 B 队取胜。A 队取胜的比赛中只有 30% 是在 B 队的主场进行的，B 队取胜的比赛中 75% 是在 A 队的主场进行的。如果下一场比赛在 B 队的主场进行，请预测哪支球队最有可能胜出？

此处我们使用随机变量 x 代表 B 队，x 的取值范围为 {A,B}；随机变量 y 代表比赛的胜利者，取值范围为 {A,B}。已知：

A 队取胜的概率为 0.65，则表示为 $p(y=A)=0.65$

B 队取胜的概率为 0.35，则表示为 $p(y=B)=0.35$

B 队取胜时，A 队作为东道主的概率是 0.75，表示为 $p(x=B|y=B)= 0.75$

A 队取胜时，B 队作为东道主的概率是 0.3，表示为 $p(x=B|y=A)= 0.3$

下一场比赛在 B 队的主场，同时 A 队取胜的概率表示为

$p(y=A|x=B) = p(x=B|y=A)×p(y=A)/p(x=B)=(0.3×0.65)/0.4575=0.4262$

下一场比赛在 B 队主场，同时 B 队胜出的概率表示为

$p(y=B|x=B)=p(x=B|y=B) ×p(y=B)/=p(x=B)=(0.75×0.35)/0.4575=0.5737$

根据计算结果，可以推断出下一场最有可能是 B 队胜出。

朴素贝叶斯分类器还可以进行提升。提升方法中最关键的一步是数据训练集的权重

昇腾 AI 应用开发

调整，权重调整可以通过 2 种方法实现，这 2 种方法分别为重赋权法和重采样法。重赋权法为每个训练集的样本添加一个权重，对于离散型的特征 x_i，计算条件概率 $p(x_i|y)$ 时不再是直接计次，而是对样本的权重进行累加；对于连续性的特征 x_i，权重改变表现为均值的偏移，因此可以通过增大或减小连续属性的值来达到赋权的目的。重采样法适用于不能给样本添加权值的情况。值得注意的是，朴素贝叶斯分类器是基于数据统计的分类器，先验概率预先确定，仅仅通过调整训练样本选择的权重对朴素贝叶斯分类的提升效果并不明显。提升方法常用于决策树、神经网络等分类器。

朴素贝叶斯分类模型的结构简单，算法易于实现，有稳定的分类效率，对于不同特点的数据集其分类性能差别不大。朴素贝叶斯分类在小规模的数据集上表现优秀，并且分类过程开销小，在数据量较大时，算法可以人为划分后，分批增量训练。

需要注意的是，由于朴素贝叶斯分类要求特征变量满足条件独立，因此只有在独立性假定成立或在特征变量相关性较小的情况下，朴素贝叶斯分类才能获得近似最优的分类效果，这就限制了朴素贝叶斯分类的使用。朴素贝叶斯分类需要知道先验概率，而先验概率很多时候不能准确知道，往往使用假设值代替，这会导致分类误差增大。

接下来我们通过实际应用案例说明，以下是应用 Sklearn 库中朴素贝叶斯（高斯）分类模型进行分析的示例代码。该数据集含有两部分，一部分是人类面部皮肤数据，另一部分是非人类面部皮肤数据。

两个部分的数据集一共包含 245057 条样本和 4 个变量，自变量为 R、G、B，代表图片中的三原色。因变量为 y，属于二分类变量，1 表示人类面部皮肤（正例），如图 2-56 所示。

B	G	R	y
74	85	123	1
73	84	122	1
72	83	121	1
70	81	119	1
70	81	119	1
69	80	118	1
70	81	119	1
70	81	119	1

图 2-56　skin_segment 数据集中的数据

示例代码如下：

```
import pandas as pd
# 读入数据，注意数据路径，请根据数据集所在文件夹位置来选择
skin = pd.read_excel(r'D:\Tools\anaconda\example\Skin_Segment.xlsx')
# 设置正例和负例
skin.y = skin.y.map({2:0,1:1})
skin.y.value_counts()
#%%
# 导入第三方模块
from sklearn import model_selection
# 样本拆分
X_train,X_test,y_train,y_test =
```

· 70 ·

```
model_selection.train_test_split(skin.iloc[:,:3], skin.y, test_size = 0.25, random_state=1234)
#%%
# 导入第三方模块
from sklearn import naive_bayes
# 调用朴素贝叶斯分类器的"类"
gnb = naive_bayes.GaussianNB()
# 模型拟合
gnb.fit(X_train, y_train)
# 模型在测试数据集上的预测
gnb_pred = gnb.predict(X_test)
# 各类别的预测数量
pd.Series(gnb_pred).value_counts()
#%%
# 导入第三方包
from sklearn import metrics
import matplotlib.pyplot as plt
import seaborn as sns
# 构建混淆矩阵
cm = pd.crosstab(gnb_pred,y_test)
# 绘制混淆矩阵图
sns.heatmap(cm, annot = True, cmap = 'GnBu', fmt = 'd')
# 去除 x 轴和 y 轴标签
plt.xlabel('Real')
plt.ylabel('Predict')
# 显示图形
plt.show()
print('模型的准确率为: \n',metrics.accuracy_score(y_test, gnb_pred))
print('模型的评估报告: \n',metrics.classification_report(y_test, gnb_pred))
```

运行结果如图 2-57 所示。

```
模型的准确率为:
 0.9229576430261976
模型的评估报告:
              precision    recall  f1-score   support

           0       0.93      0.97      0.95     48522
           1       0.88      0.73      0.80     12743

    accuracy                           0.92     61265
   macro avg       0.90      0.85      0.88     61265
weighted avg       0.92      0.92      0.92     61265
```

图 2-57　运行结果

可视化混淆矩阵如图 2-58 所示。

左上角区域表示真实为 0，预测为 0 的样本有 47216 个；

左下角区域表示真实为 0，预测为 1 的样本有 1306 个；

右上角区域表示真实为 1，预测为 0 的样本有 3414 个；

右下角区域表示真实为 1，预测为 1 的样本有 9329 个。

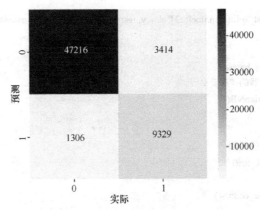

图 2-58   可视化混淆矩阵

2.4.9   集成学习

集成学习是近年来机器学习的一大热门领域，其中集成方法是用多种学习方法的组合来获取比原方法更优结果的方法。弱学习算法是使用组合的算法，是分类正确率仅比随机猜测略高的学习算法，但是组合之后的效果仍能高于强学习算法，即集成之后的算法准确率和效率都很高。

1. Bagging

Bagging（装袋法）又称引导聚集算法，其原理为通过组合多个训练集的分类结果来提升分类效果。

假设有一个大小为 n 的训练样本集 S，装袋法从样本集 S 中多次放回采样取出大小为 n'（$n'<n$）的 m 个训练集，对于每个训练集 Si，均选择特定的学习算法，建立分类模型。对于新的测试样本，建立的 m 个分类模型将返回 m 个预测分类结果，装袋法构建的模型最终返回的结果是 m 个预测结果中占多数的分类结果，即投票中的多数表决。对于回归问题，装袋法采取平均值的方法得出最终结果。

装袋法要进行多次采样，每个样本被选中的概率相同，因此装袋法不太容易受到过拟合的影响。

使用 Sklearn 库实现决策树装袋法提升分类效果。X 和 Y 分别是鸢尾花（iris）数据集中的自变量（花的特征）和因变量（花的类别），Python 代码如下：

```
from sklearn.model_selection import KFold
from sklearn.model_selection import cross_val_score
from sklearn.ensemble import BaggingClassifier
from sklearn.tree import DecisionTreeClassifier
from sklearn import datasets
#加载 iris 数据集
iris = datasets.load_iris()
X = iris.data
Y = iris.target
#分类器及交叉验证
```

```
seed = 42
kfold = KFold(n_splits=10, random_state=seed, shuffle=True)
cart = DecisionTreeClassifier(criterion='gini',max_depth=2)
cart = cart.fit(X, Y)
result = cross_val_score(cart, X, Y, cv=kfold)
print("CART 树结果: ",result.mean())
model = BaggingClassifier(base_estimator=cart, n_estimators=100,random_state=seed)
result = cross_val_score(model, X, Y, cv=kfold)
print("装袋法提升后结果: ",result.mean())
```

其中，cart 为决策树分类器，model 为 Sklearn 库中自带的装袋法分类器，2 种算法的效果验证均采用 k 折交叉验证的方法，BaggingClassifier 方法中的 n_estimators 表示创建 100 个分类模型。运行之后的结果，如图 2-59 所示。

```
CART树结果: 0.9333333333333333
装袋法提升后结果: 0.9466666666666667
```

图 2-59　运行结果

从运行结果我们可以看出，装袋法对模型结果有一定提升。当然，提升程度与原模型的结构和数据质量有关。如果分类回归树的高度设置为 3 或 5，且原算法本身的效果就比较好，装袋法就没有提升空间。

2．Boosting

Boosting（提升法）每次的训练样本均为同一组，并且引入权重的概念，给每个单独的训练样本分配一个相同的初始权重。然后进行 T 轮训练，每一轮使用一个分类方法训练出一个分类模型，使用分类模型对所有样本进行分类并更新所有样本的权重（分类正确的样本权重降低，分类错误的样本权重增加），从而达到更改样本分布的目的。由此可知，每一轮训练后，都会生成一个分类模型，而每次生成的分类模型都会更加注意之前分类错误的样本，从而提高样本分类的准确率。对于新的样本，将 T 轮训练出的 T 个分类模型得出的预测结果加权平均，即可得出最终的预测结果。

在提升法中，有两个主要问题需要解决，一是如何在每轮算法结束之后根据分类情况更新样本的权重；二是如何组合每一轮算法产生的分类模型得出预测结果。根据解决这两个问题时使用的不同方法，我们可以看出提升法有多种算法实现。下面以较有代表性的算法 AdaBoost（Adaptive Boosting）为基于 Sklearn 库的提升法分类器对决策树进行优化，从而提高分类准确率。Python 代码如下，其中 load_breast_cancer 方法加载乳腺癌数据集，自变量（细胞核的特征）和因变量（良性、恶性）分别赋给 X 和 Y。示例代码如下：

```
from sklearn.model_selection import KFold
from sklearn.model_selection import cross_val_score
from sklearn.ensemble import AdaBoostClassifier
from sklearn.tree import DecisionTreeClassifier
from sklearn import datasets
dataset_all = datasets.load_breast_cancer()
```

```
X = dataset_all.data
Y = dataset_all.target
seed = 42
kfold = KFold(n_splits=10, random_state=seed, shuffle=True)
dtree = DecisionTreeClassifier(criterion='gini',max_depth=3)
dtree = dtree.fit(X, Y)
result = cross_val_score(dtree, X, Y, cv=kfold)
print("决策树结果: ",result.mean())
model = AdaBoostClassifier(base_estimator=dtree, n_estimators=100,random_state=seed)
result = cross_val_score(model, X, Y, cv=kfold)
print("提升法改进结果: ",result.mean())
```

代码中，dtree 为决策树分类器，model 为 Sklearn 库中自带的 AdaBoost 分类器，2 种算法的效果验证均采用 k 折交叉验证的方法，AdaBoostClassifier 方法中的 n_estimators 表示创建 100 个分类模型。运行之后的结果如图 2-60 所示。

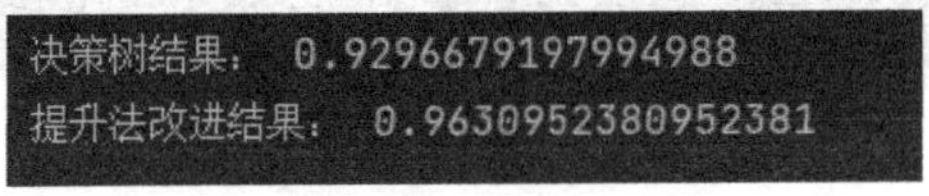

```
决策树结果:  0.9296679197994988
提升法改进结果:  0.9630952380952381
```

图 2-60　运行结果

从运行结果我们可以看出，提升法对当前决策树分类器的分类效果改进较大。

3．梯度提升决策树

梯度提升决策树（Gradient Boosting Decision Tree，GBDT）是一种迭代决策树算法，主要用于回归，经过改进后也可用于实现分类任务。GBDT 的实现原理是构建多棵决策树，并将所有决策树的输出结果进行整合，得到最终结果。

GBDT 算法的构建过程与分类决策树类似，主要区别在于 GBDT 回归树节点的数据类型为连续型数据，每一个节点均有一个具体数值，此数值是该叶子节点上所有样本数值的平均值。同时，GBDT 衡量每个节点的每个分支属性表现，不再使用熵、信息增益或 Gini 等纯度指标，而是通过最小化每个节点的损失函数值来进行每个节点的分裂。

回归树分裂终止的条件为每个叶子节点上的样本数值唯一或者达到预设的终止条件，如决策树层数、叶子节点个数达上限。若最终存在叶子节点上的样本数值不唯一，则仍以该节点上的所有样本的平均值作为该节点的回归预测结果。

提升决策树使用提升法的思想，结合多棵决策树来共同进行决策。GBDT 算法的残差值为真实值与决策树预测值之间的差。GBDT 算法采用平方误差作为损失函数，每一棵回归树均学习之前所有决策树累加起来的残差，拟合得到当前的残差决策树。提升决策树利用加法模型和前项分布算法来实现学习和过程优化。当提升树使用的损失函数是平方误差函数时，提升树每一步的优化会比较简单；当提升树使用的损失函数为绝对值函数时，提升树每一步的优化往往不那么简单。

提升树中使用的损失函数为绝对值损失函数，每一步的优化过难的问题，弗里德曼于 1999 年提出了梯度提升决策树算法，利用梯度下降的思想，使用损失函数的负梯度在当前模型的值，作为提升树中残差的近似值，以此来拟合回归决策树。梯度提升决策树的算法过程如下。

① 初始化决策树，估计一个使损失函数最小化的常数，构建一个只有根节点的树。
② 不断提升迭代。
- 计算当前模型中损失函数的负梯度值作为残差的估计值。
- 估计回归树中叶子节点的区域，拟合残差的近似值。
- 利用线性搜索估计叶子节点区域的值，使损失函数极小化。
- 更新决策树。
③ 经过若干轮提升法迭代之后，输出最终模型。

示例代码如下：

```
import pandas as pd
import matplotlib.pyplot as plt
# 读入数据，注意数据路径，请根据数据集所在文件夹位置来选择
default = pd.read_excel(r'D:\Tools\anaconda\example\default of credit card.xls')
# 将数据集拆分为训练集和测试集
# 导入第三方包
from sklearn import model_selection
from sklearn import ensemble
from sklearn import metrics
# 排除数据集中的 ID 变量和因变量，剩余的数据用作自变量
X = default.drop(['ID','y'], axis = 1)
y = default.y
# 数据拆分
X_train,X_test,y_train,y_test = model_selection.train_test_split(X,y,test_size = 0.25, random_state = 1234)
# 构建 AdaBoost 算法的类
AdaBoost1 = ensemble.AdaBoostClassifier()
# 算法在训练数据集上的拟合
AdaBoost1.fit(X_train,y_train)
# 算法在测试数据集上的预测
pred1 = AdaBoost1.predict(X_test)
# 返回模型的预测效果
print('模型的准确率为：\n',metrics.accuracy_score(y_test, pred1))
print('模型的评估报告：\n',metrics.classification_report(y_test, pred1))
```

运行结果如图 2-61 所示。

```
模型的准确率为：
 0.8125333333333333
模型的评估报告：
              precision    recall  f1-score   support

           0       0.83      0.96      0.89      5800
           1       0.68      0.32      0.44      1700

    accuracy                           0.81      7500
   macro avg       0.75      0.64      0.66      7500
weighted avg       0.80      0.81      0.79      7500
```

图 2-61　运行结果

4．随机森林

随机森林是专为决策树分类器设计的集成方式，是装袋法的一种拓展。随机森林与

装袋法采取相同的样本抽取方式。装袋法中决策树每次从所有属性中选取一个最优的属性作为其分支属性，而随机森林算法每次从所有属性中随机抽取 F 个属性，然后从这 F 个属性中选取一个最优的属性作为其分支属性，这样就使得整个模型的随机性更强，从而使模型的泛化能力更强。参数 F 的选取，决定了模型的随机性，若样本属性共有 M 个，$F=1$ 意味着随机选择一个属性作为分支属性，F 等于属性总数时就变成了装袋法集成方式，通常 F 的取值为小于 log2（$M+1$）的最大整数。随机森林算法使用的弱分类决策树通常为 CART 算法。

随机森林算法思路简单、易实现，有着较好的分类效果。

使用 Sklearn 库中的随机森林算法和决策树算法进行效果对比，数据集由生成器随机生成，示例代码如下：

```
from sklearn.model_selection import cross_val_score
from sklearn.datasets import make_blobs
from sklearn.ensemble import RandomForestClassifier
from sklearn.ensemble import ExtraTreesClassifier
from sklearn.tree import DecisionTreeClassifier
import matplotlib.pyplot as plt
X, y = make_blobs(n_samples=1000, n_features=6, centers=50,random_state=0)
plt.scatter(X[:, 0], X[:, 1], c=y)
plt.show()
```

代码中，使用 Sklearn 中自带的取类数据生成器（make_blobs）随机生成测试样本，make_blobs 方法中，n_samples 表示生成的样本数量；n_features 表示每个样本的特征数量；centers 表示类别数量；random_state 表示随机种子。示例中生成了 1000 个样本，每个样本特征数为 6 个，总共有 50 个类别。

图 2-62 为生成的数据。

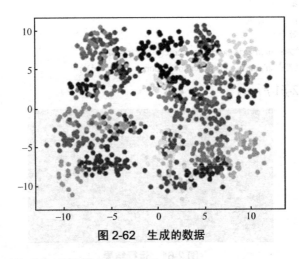

图 2-62　生成的数据

构造决策树模型和随机森林模型的代码如下：

```
clf = DecisionTreeClassifier(max_depth=None, min_samples_split=2,
random_state=0)
scores = cross_val_score(clf, X, y)
```

```
print("DecisionTreeClassifier result:",scores.mean())
clf = RandomForestClassifier(n_estimators=10,
max_depth=None,min_samples_split=2, random_state=0)
scores=cross_val_score(clf, X, y)
print("RandomForestClassifier result:",scores.mean())
```

代码中，决策树分类器参数最大深度不做限制（max_depth=None），而 min_sample_split=2 表示叶子节点最少是 2 个。随机森林模型初始化参数中 n_estimators 表示弱学习器的最大迭代次数，或是最大的弱学习器的个数。如果设置的值太小，模型容易欠拟合；如果设置的值太大，计算量会较大，并且超过一定数量后，模型提升很小，因此该模型要结合样本数量选择一个适中的数值，默认值为 100。运行结果如图 2-63 所示。

```
DecisionTreeClassifier result: 0.9490000000000001
RandomForestClassifier result: 0.9950000000000001
```

图 2-63　运行结果

从模型的运行结果看，随机森林的结果较好，因为在随机森林中，集成模型构建树的时候，样本由训练集放回抽样得到。此外，在构建树的过程中，节点分割选择的分割点不是所有属性中的最佳分割点，而是属性的一个随机子集中的最佳分割点。由于这种随机性，相对于单个非随机树，随机森林的偏差通常会有所增大，但取了平均，随机森林的方差会减小，方差的减小通常能够补偿偏差的增大，从而产生一个总体上更好的模型。

在 Sklearn 库中可以构造一个极限随机森林，并使用相同的数据集进行测试，代码如下：

```
clf = ExtraTreesClassifier(n_estimators=10,
max_depth=None,min_samples_split=2, random_state=0)
scores = cross_val_score(clf, X, y)
print("ExtraTreesClassifier result:",scores.mean())
```

运行结果如图 2-64 所示。

```
ExtraTreesClassifier result: 0.9970000000000001
```

图 2-64　运行结果

从运行结果我们可以看出，权限随机森林效果较随机森林更好，原因是在极限随机树中，计算分割点的随机性进一步增强。相较于随机森林，权限随机森林阈值是针对每个候选特征随机生成的，并且选择最佳阈值作为分割规则，这样能够减小模型的方差，总体上效果更好。

2.4.10　聚类算法

聚类算法概述

聚类算法是无监督学习的典型算法，不需要标记结果。聚类算法试图探索和发现一定的模式，用于发现共同的群体，按照内在相似性将数据划分为多个类别，使得内内相似性大，内间相似性小。聚类算法有时候作为监督学习中稀疏特征的预处理（类似于降维），有时候作为异常值检测。

应用场景：新闻聚类、用户购买模式（交叉销售）、图像与基因技术。

相似度与距离：这个概念是聚类算法中必须明白的，简单来说聚类是将相似的样本聚到一起，而相似度用距离来定义，聚类是希望组内的样本相似度高，组间的样本相似度低，这样样本就能聚成类了。

聚类算法分类：基于位置的聚类如 K-means、K-modes、K-medians；基于位置的层次聚类如 Agglomerative、Birch；基于密度的聚类如 DBSCAN；基于模型的聚类如 GMM、基于神经网络的算法。

1. K-means

K-means 聚类算法的聚类过程，可以看成是不断寻找簇的质心的过程，这个过程从随机设定 K 个质心开始，直到找到 K 个真正质心为止。

第一步是聚成 K 个簇。首先可以确定的是，无论产生过程如何，既然现在有了 K 个质心，对于其他数据点来说，根据其距离哪个质心近就归为哪个簇的办法，可以聚成 K 个簇。但请注意，这只是第一步，并不是最后完成聚类的结果。

第二步是重新选取质心，这一步是关键。对于聚成的 K 个簇，需要重新选取质心。这里运用了多数表决原则，根据一个簇内所有样本点各自的维度值来求均值，得到该簇新的坐标值。

第三步是生成新的质心。对于根据均值计算得到的 K 个新质心，重复第 1 步中距离哪个质心近就归为哪个簇的办法，再次将全部样本点聚成 K 个簇。经过不断重复，当质心不再变化后，完成聚类。

K-means 聚类算法是一种无监督的聚类算法，与之前算法最大的区别在于，输入只有样本特征值向量，输出为具有分类功能的模型。K-means 聚类算法实现也很简单，具体分为以下 5 步。

① 随机选取 K 个对象，以它们为质心。

② 计算数据集到质心的距离。

③ 将对象划归，根据距离哪个质心最近就归为哪个簇的办法。

④ 以本类所有对象的均值重新计算质心，完成后进行第②步。

⑤ 类不再变化后停止。

本节所介绍的 K-means 聚类算法可以通过 KMeans 类调用，K-means 算法中的"K"，即聚类得到的簇的个数可以通过参数"n_clusters"设置，默认为 8。使用方法具体如下：

```
# 导入绘图库
import matplotlib.pyplot as plt
# 从 sklearn 库导入聚类模型中的 K-means 聚类算法
from sklearn.cluster import KMeans
# 导入聚类数据生成工具
from sklearn.datasets import make_blobs
# 用 sklearn 自带的 make_blobs 方法生成聚类测试数据
n_samples = 1500
# 该聚类数据集共有 1500 个样本
```

```
X, y = make_blobs(n_samples=n_samples)
# 进行聚类，这里 n_clusters 设定为 3，即聚成 3 个簇
y_pred = KMeans(n_clusters=3).fit_predict(X)
# 用点状图显示聚类结果
plt.scatter(X[:, 0], X[:, 1], c=y_pred)
plt.show()
```

最终的聚类结果，如图 2-65 所示（实际操作时不同类用不同颜色标记）。

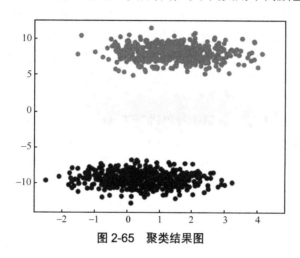

图 2-65　聚类结果图

需要特别说明的是，这里的"y_pred"和分类算法中的"y_pred"不同，不应该理解成是对类别的预测，而应该作为"聚类后得到的簇的编号"，本段代码中 y_pred 的值其实是每个样本对应的簇的编号，实际值如下：

```
array([0, 0, 1,···, 0, 0, 0])
```

2. DBSCAN

DBSCAN 采用基于中心的密度定义，样本的密度通过核心对象在 ε 半径内的样本点个数（包括自身）来估计。DBSCAN 算法基于领域来描述样本的密度，输入样本集 S={x1, x2, …, xm}和参数（ε，MinPts）刻画邻域的样本分布密度。其中，ε 表示样本的邻域距离阈值，MinPts 表示对于某一样本 p，其 ε-邻域中样本个数的阈值。下面给出 DBSCAN中的几个重要概念。

① ε-邻域：给定对象 x_i，在半径 ε 内的区域称为 x_i 的 ε-邻域。在该区域中，S 的子样本集 Nε（x_i）={$x_j \in$ S|distance（x_i, x_j）$\leq \varepsilon$}。

② 核心对象：如果对象 $x_i \in$ S，其 ε-邻域对应的子样本集 Nε（x_i）至少包含 MinPts个样本，即|Nε（x_i）|$\geq$MinPts，那么 x_i 为核心对象。

③ 直接密度可达：对于对象 x_i 和 x_j，如果 x_i 是一个核心对象，且 x_j 在 x_i 的 ε-邻域内，那么对象 x_j 是从 x_i 直接密度可达的。

④ 密度可达：对于对象 x_i 和 x_j，若存在一个对象链 p1, p2, …, pn，使 p1=x_i，pn=x_j，并且对于 p$i \in$ S（$1 \leq i \leq n$），pi+1 从 pi 关于（ε，MinPts）直接密度可达，那么 x_j 是从 x_i密度可达的。

⑤ 密度相连：对于对象 x_i 和 x_j，若存在 x_k 使 x_i 和 x_j 是从 x_k 关于（ε，MinPts）密

度可达,那么 x_i 和 x_j 是密度相连的。

DBSCAN 算法根据密度可达关系求出所有密度相连样本的最大集合,并将这些样本点作为同一个簇。DBSCAN 算法任意选取一个核心对象作为"种子",然后从"种子"出发寻找所有密度可达的其他核心对象及每个核心对象的 ε-邻域的非核心对象,将这些核心对象和非核心对象作为一个簇。寻找完成一个簇后,选择还没有簇标记的其他核心对象,得到一个新的簇,反复执行这个过程,直到所有的核心对象都属于某一个簇为止。

DBSCAN 算法利用密度思想进行聚类,因此 DBSCAN 算法可以用于对任意形状的稠密数据集进行聚类。k-均值算法对数据的输入顺序比较敏感,数据输入顺序可能会对聚类结果产生影响,DBSCAN 算法对输入顺序不敏感。DBSCAN 算法能在聚类过程中发现数据集的噪声点,且算法本身对噪声不敏感。当数据集分布为非球型时,使用 DBSCAN 算法效果较好。

DBSCAN 算法要对数据集的每个对象进行邻域检查,当数据集较大时,聚类收敛时间长,算法的空间复杂度较高。此时可以采用 KD 树或球树对算法进行改进,快速搜索最近邻,帮助算法快速收敛。此外,聚类结果受样本密度的影响,当空间聚类的密度不均匀时,聚类结果较差。

DBSCAN 算法的聚类结果受邻域参数(ε,MinPts)的影响较大,不同的输入参数对聚类结果有很大影响,邻域参数需要人工输入,调参时需要对两个参数联合调参,调参过程比较复杂。

当 ε 值固定时,若选择过大的 MinPts 值会导致核心对象的数量过少,使得一些包含对象数量少的簇被直接舍弃;若选择过小的 MinPts 值会导致核心对象的数量过多,使得噪声点被包含到簇中。当 MinPts 值固定时,若选择过大的 ε 值,可能导致很多噪声被包含到簇中,也可能导致原本应该分开的簇被划分为同一个簇;若选择过小的 ε 值,会导致被标记为噪声的对象数量过多,也可能导致一个不应该分开的簇被分成多个簇。

对于邻域参数选择导致算法聚类质量降低的情况,可以从以下几个方面进行改进。

① 从原始数据集抽取高密度点生成新的数据集,并对其聚类。在抽取高密度点生成新数据集的过程中,反复修改密度参数,改进聚类质量。以新数据集的结果为基础,将其他点归类到各个簇中,从而确保聚类结果不受输入参数的影响。

② 采用核密度估计方法对原始样本集进行非线性变换,使得到的新样本集中样本点的分布尽可能均匀,从而改善原始样本集密度差异过大的情况。变换过后再使用全局参数进行聚类,从而改善聚类结果。

③ 并行化处理。对数据进行划分得到新的样本集,使得每一个划分的样本点分布相对均匀,根据每个新样本集的样本分布密度来选择局部 ε 值。这样一方面降低了全局 ε 参数对于聚类结果的影响,另一方面并行处理了多个划分的聚类,在数据量较大的情况下提高了聚类效率,有效改善了 DBSCAN 算法对内存要求高的缺点。

应用 Sklearn 库中 DBSCAN 算法实现聚类。

代码如下:

```
import numpy as np
import matplotlib.pyplot as plt
```

```
from sklearn.cluster import DBSCAN
from sklearn.cluster import KMeans
from sklearn import datasets
# 生成数据
x1, y1 = datasets.make_circles(n_samples=2000, factor=0.5, noise=0.05)
x2, y2 = datasets.make_blobs(n_samples=1000, centers=[[1.2, 1.2]], cluster_std=[[0.1]])
x = np.concatenate((x1, x2))
# k-means 方法聚类
model = KMeans(n_clusters=3)
model.fit(x)
result = model.predict(x)
plt.scatter(x[:, 0], x[:, 1], c=result)
# DBSCAN 方法聚类
model = DBSCAN(eps=0.2, min_samples=50)
model.fit(x)
result = model.fit_predict(x)
plt.figure()
plt.scatter(x[:, 0], x[:, 1], c=result)
plt.show()
```

上述代码执行后的效果，如图 2-66 所示。

3. BIRCH

BIRCH（Balanced Iterative Reducing and Clustering Using Hierarchies，用层次方法的平衡迭代规约和聚类）是一个常用的聚类算法，属于基于层次的聚类算法。BIRCH算法解决了 k-均值算法需要人工确定 k 值的问题，消除了 k 值的选取对于聚类结果的影响。BIRCH 算法的 k 值设定是可选的，默认情况下不需要指定 k 值。BIRCH 算法只需要对数据集扫描一次就可以得出聚类结果，且对内存和存储资源要求较低，因此BIRCH 算法在处理大规模数据集时速度更快。

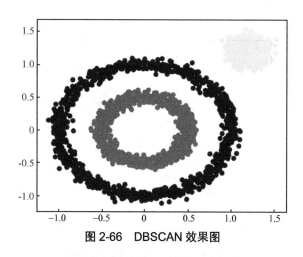

图 2-66　DBSCAN 效果图

BIRCH 算法的核心是构建一个聚类特征树（Clustering Feature Tree，CF-Tree），聚类特征树的每一个节点都是由若干个聚类特征（CF）组成。每个聚类特征用一个三元组表示，三元组包含了聚类结果类簇的所有信息。对于 n 个 D 维数据点集{x1, x2, …, xn}，

CF 的定义为：

$$CF=(n, LS, SS)$$

其中，n 是 CF 对应类簇中节点的数目，LS 表示这 n 个节点的线性和，SS 的分量表示这 n 个节点分量的平方和。例如对于簇 C1，包含 4 个数据点（1，5），（2，3），（2，4），（3，4）。则簇 C1 对应的 CF1={4，（1+2+2+3，5+3+4+4），（1²+2²+2²+3²，5²+3²+4²+4²）} = {4，（8，16），（18，66）}。

此外，CF 满足线性关系，也就是说对于簇 C2 对应的 CF2={2，（5，6），（7，8）}，CF1+CF2={3+2，（8+5，16+6），（18+766+8）} = {5，（13，22），（25，74）}，这个性质表现在聚类特征树中，就是对于 CF-Tree 父节点中的 CF 节点，其对应 CF 三元组的值等于这个 CF 节点所指向的所有子节点的三元组线性关系之和。

CF-Tree 包含 3 个重要的变量，分别为枝平衡因子 B、叶平衡因子 L、空间阈值 T。其中，枝平衡因子 B 表示每个非叶节点包含最大的 CF 数；叶平衡因子 L 表示每个叶节点包含最大的 CF 数；空间阈值 T 表示叶节点每个 CF 的最大样本空间阈值，也就是说在叶节点CF 对应子簇的所有样本点，一定要在半径小于 T 的一个超球体内。CF-Tree 构造完成后，叶节点的每一个 CF 都对应一个簇。由于空间阈值 T 的限制，原始数据样本点越密集的区域，簇中所含的样本点就越多，原始数据样本点越稀疏的区域，簇中所含的样本点就越少。

首先，我们载入一些随机数据，看看数据的分布图，如图 2-67 所示。

随机数据如下：

```
import matplotlib.pyplot as plt
from sklearn.datasets import make_blobs
X, y = make_blobs(n_samples=1000, n_features=2,
centers=[[-1, -1], [0, 0], [1, 1], [2, 2]],
cluster_std=[0.4, 0.3, 0.2, 0.2], random_state=9)
plt.scatter(X[:, 0], X[:, 1], marker='o')
plt.show()
```

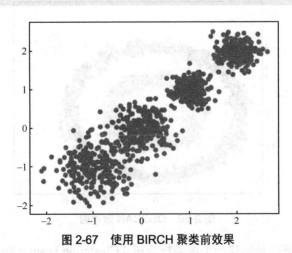

图 2-67　使用 BIRCH 聚类前效果

然后，我们用 BIRCH 算法聚类，我们选择不输入可选的类别数 K，看一看聚类效果，如图 2-68 所示。

输入代码如下：

```
from sklearn.cluster import Birch
model = Birch(n_clusters=None)
y_pred = model.fit_predict(X)
plt.scatter(X[:, 0], X[:, 1], c=y_pred)
plt.show()
```

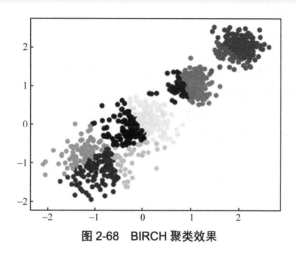

图 2-68　BIRCH 聚类效果

2.5　本章小结

本章主要介绍机器学习的基础知识，包括一些常见的概念和常见算法，本章学习的目标是理解并掌握机器学习的主要原理并能熟练运用。

课后习题

1. 线性回归能完成的任务是（　　）。

A. 预测离散值

B. 预测连续值

C. 分类

D. 聚类

2. 下列两个变量之间的关系，哪一个是线性关系（　　）。

A. 学生的性别与他（她）的数学成绩

B. 人的工作环境与他的身体健康状况

C. 儿子的身高与父亲的身高

D. 正方形的边长与周长

3. K 均值聚类的核心目标是将给定的数据集划分为 K 个簇，并给出每个数据对应簇

的中心点。（ ）

    A. 正确

    B. 错误

4. 决策树有哪些常用的启发函数？（ ）

    A. 最大信息增益

    B. 最大信息增益率

    C. 最大基尼系数

    D. 最大交叉熵

5. 下面哪个情形不适合作为 K-means 迭代终止的条件？（ ）

    A. 前后两次迭代中，每个聚类中的成员不变

    B. 前后两次迭代中，每个聚类中样本的个数不变

    C. 前后两次迭代中，每个聚类的中心点不变

答案：1. B   2. D   3. A   4. AB   5. B

第 3 章

深度学习

学习目标

♦ 掌握深度学习概念;

♦ 了解神经网络概念及不同神经网络卷积结构;

♦ 了解强化学习。

深度学习是人工智能机器学习领域的主流技术，是读者学习人工智能应该掌握的基础知识，也是高等院校人工智能、计算机等相关专业的重要课程。本章以使读者理解和掌握深度学习的基本概念和方法为目标，详细介绍了人工神经网络与深度神经网络的关系和它们各自的原理及深度学习涉及的主要模型、框架、方法和应用。本章以深度学习方法的实现与应用为导向，采用了原理、方法与案例相结合的，由浅入深的组织方式，不同案例展现了深度学习不同方法的作用。本章在深度学习基础部分，介绍了深度学习的主要模型，包括卷积神经网络、循环神经网络。

通过深度学习基本原理、方法及案例应用的学习，读者不但可以掌握机器学习、人工神经网络与深度学习的联系和相关知识，而且能够掌握深度学习的实际操作方法，满足人工智能领域相关从业人员对机器学习、人工神经网络、深度学习等基本技能的要求。

3.1 深度学习概述

深度学习（Deep Learning，DL）是一项近几年来被推至互联网风口的人工智能前沿技术。什么是深度学习？深度学习的应用场景有哪些？深度学习为什么会在近几年内得到迅速发展，它的发展动力是什么？深度学习的未来又将如何？本章我们将带着这 4 个问题，对深度学习做简要介绍。

深度学习是机器学习（Machine Learning，ML）的一个分支和延伸，是人工智能领域的前沿技术。图 3-1 很好地诠释了人工智能、机器学习、深度学习三者之间的关系。

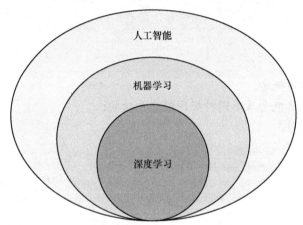

图 3-1　人工智能、机器学习、深度学习三者之间的关系

从图 3-1 可以看出，人工智能包含机器学习，机器学习又包含深度学习。人工智能是指机器拥有人的智能反应，能以与人类智能相似的方式做出反应的智能机器。人工智能领域的研究内容包括机器人、语言识别、图像识别、自然语言处理和专家系统等。人工智能是一个非常宽泛的概念，机器学习是一种实现人工智能的方法，是人工智能的子集。机器学习可以被定义为从数据中总结经验，从数据中找出某种规律或模型，并利用这些经验、规律或模型来解决实际问题。机器学习算法主要包括决策树、聚类、贝叶斯分类、支持向量机、随机森林等。按照学习方法的不同，机器学习算法可以分为监督学习、无监督学习、半监督学习、集成学习、深度学习和强化学习。

深度学习是机器学习的一个分支，是一种实现机器学习的技术。深度学习本身并不是一种独立的学习方法，但由于近几年该技术发展迅猛，一些特有的学习手段和模型相继出现，因此越来越多的人将其单独看做是一种学习方法。深度学习的概念源于对人工神经网络的研究，其动机在于建立、模拟人脑进行分析学习的神经网络。

神经网络是一种模仿动物神经网络行为特征，进行分布式并行信息处理的算法数学模型，是深度学习最核心、最重要的结构。常见的神经网络也是本书重点介绍的，神经网络主要有前馈神经网络（Feedforward Neural Network，FNN）、卷积神经网络

（Convolutional Neural Network，CNN）和循环神经网络（Recurrent Neural Network，RNN）这 3 种。

前馈神经网络是最简单的神经网络，各神经元分层排列，每个神经元只与前一层的神经元相连，接收前一层的输出，并输出给下一层。卷积神经网络是包含卷积计算且具有深度结构的前馈神经网络，卷积神经网络被大量应用于计算机视觉（Computer Vision，CV）、自然语言处理等领域。循环神经网络是以序列数据为输入，在序列的演进方向进行递归且所有节点按链式连接的递归神经网络。循环神经网络在自然语言处理（Natural Language Processing，NLP）领域有重要应用，也被用于各类时间序列预报或与卷积神经网络相结合处理计算机视觉问题。

图 3-2 展示了常见神经网络的基本结构。

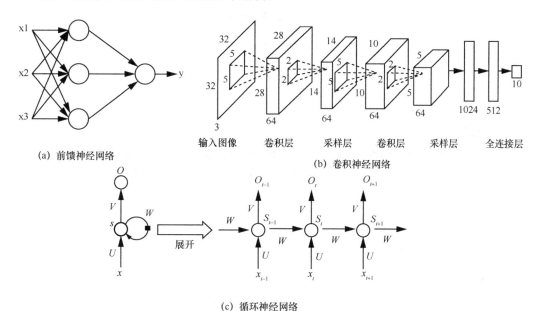

图 3-2　常见神经网络的基本结构

前馈神经网络、卷积神经网络和循环神经网络的具体内容将在本书的后续章节详细介绍，此处不再赘述。

3.2　神经网络

3.2.1　前馈神经网络

前馈神经网络是人工智能领域最早发明的简单人工神经网络类型。在前馈神经网络的内部，参数从输入层经过隐含层向输出层单向传播，不会构成有向环。如图 3-3 所示为一个简单的前馈神经网络示意图。

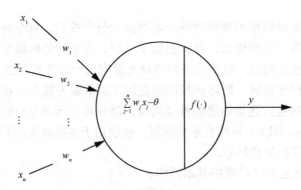

图 3-3　前馈神经网络

　　前馈神经网络由一个输入层、一个或多个隐藏层和一个输出层构成。每个层（除输出层以外）与下一层连接。这种连接是前馈神经网络架构的关键，前馈神经网络具有加权平均值和激活函数两个主要特征。

　　前馈神经网络分类如下。

1．单层感知器

　　单层感知器（Single-Layer Perceptron，SLP）是最简单的神经网络，如图 3-4 所示。单层感知层包含直接相连的输入层和输出层，是一个只有单层计算单元的前馈神经网络。

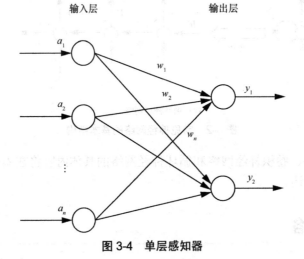

图 3-4　单层感知器

　　单层感知器的计算：

$$y_i = g(w \times a) = g(a_1 \times w_1 + a_2 \times w_2 + \cdots + a_n \times w_n) \tag{3-1}$$

　　上式中，y_i 代表感知器的输出信号，$a(a_1, a_2, \cdots, a_n)$ 和 $w(w_1, w_2, \cdots, w_n)$ 分别代表输入信号和网络连接权值，将所有的输入信号加权求和 Σ，类似神经元模型中的激活函数 $f(\cdot)$，这里也有个功能函数 $g(\cdot)$，$g(\Sigma)$ 决定输出信号 y_i 的状态。

2. 多层感知器

如图 3-5 所示，相对单层感知器而言，多层感知器（Multi-Layer Perceptrons，MLP）在输入层和输出层之间出现了一层神经元，称为隐藏层。神经网络中偏置节点 $b^{(1)}$ 和 $b^{(2)}$ 是默认存在的，而且它们非常特殊，虽然没有输入，但是会输出后一层的所有节点。

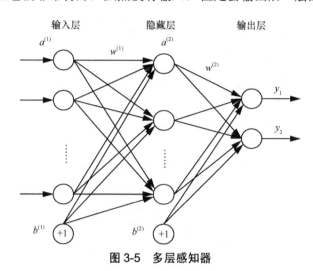

图 3-5　多层感知器

多层感知器的计算：

$$a^{(2)} = g(w^{(1)} \times a^{(1)} + b^{(1)}) \tag{3-2}$$

$$y = g(w^{(2)} \times a^{(2)} + b^{(2)}) \tag{3-3}$$

输入值 $a^{(1)}$ 从输入层神经元通过加权连接 $w^{(1)}$ 和 $w^{(2)}$ 逐层前向传播，经过隐藏层，最后到达输出层，得到输出 y。在信号的前向传播过程中，网络的权值是固定不变的，每一层神经元的状态只影响下一层神经元的状态。

3.2.2　反馈神经网络

反馈神经网络（Recurrent Neural Network，RNN）又称自联想记忆网络，它的输出不仅与当前输入和网络权值有关，还和网络之前输入有关。其目的是为了设计一个网络，储存一组平衡点，使得当给出一组初始值，网络可以通过自行运行最终收敛到这个设计的平衡点上。反馈神经网络包括霍普菲尔德神经网络、Elman 网络、CG、BSB（Brain State in a Box，盒中脑）网络、连续型 Hopfield 神经网络（Continves Hopfield Neural Network，CHNN）、离散型 Hopfield 神经网络（Discrete Hopfield Neural Network，DHNN）等。

反馈神经网络具有很强的联想记忆和优化计算能力，最重要的研究是反馈神经网络的稳定性。

1. 离散型 Hopfield 神经网络

Hopfield 神经网络是一种单层反馈，循环从输入到输出有反馈的联想记忆网络。

Hopfield 神经网络包括离散型 Hopfield 神经网络和连续型 Hopfield 神经网络，离散型 Hopfield 神经网络如图 3-6 所示，Hopfield 神经网络的网状结构如图 3-7 所示。

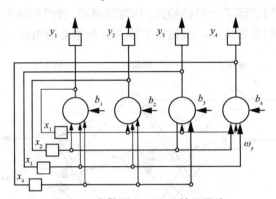

图 3-6　离散型 Hopfield 神经网络

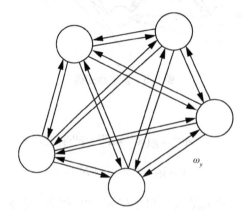

图 3-7　Hopfield 神经网络的网状结构

　　Hopfield 最早提出的网络是二值神经网络，二值神经网络各神经元的激励函数为阶跃函数或双极值函数，神经元的输入、输出只取 {0，1} 或者 {-1，1}，因此二值神经网络也称为离散型 Hopfield 神经网络。离散型 Hopfield 神经网络所采用的神经元是二值神经元，所输出的离散值 1 和 0 或者 1 和-1 分别表示神经元处于激活状态和抑制状态。

　　离散 Hopfield 神经网络是一个单层网络，有 n 个神经元节点，每个神经元的输出均接到其他神经元的输入，各节点没有自反馈。离散型 Hopfield 神经网络每个节点都可处于一种可能的状态（如 1 或-1），即当该神经元所受的刺激超过其阈值时，神经元就处于一种状态（如 1），否则神经元就处于另一状态（如-1）。

　　2. Hopfield 神经网络的稳定性

　　Hopfield 神经网络按照神经动力学方式运行，对于给定的初始状态按照能量减小的方式演化，最终达到稳定状态，如图 3-8 所示。

　　DHNN 实质上是一个离散的非线性动力学系统。网络从初态 X(0) 开始，若能经有限次递归后，状态不再发生变化，即 X(t+1)＝X(t)，则称该网络是稳定的。

　　若网络是稳定的，DHNN 可以从任一初态收敛到一个稳态；若网络是不稳定的，由于 DHNN 每个节点的状态只有 1 和-1 两种情况，网络不可能无限发散，只可能限幅的自持振荡，这种网络称为有限环网络，如图 3-9 所示。

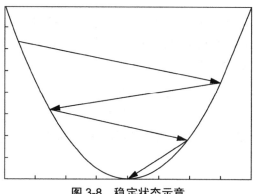

图 3-8　稳定状态示意

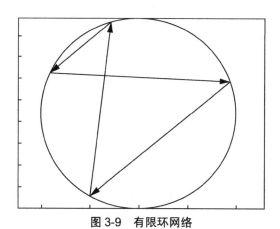

图 3-9　有限环网络

　　在有限环网络中，系统在确定的几个状态之间循环往复，系统也可能不稳定收敛于一个确定的状态，而是在无限多个状态之间变化，但是轨迹并不发散到无穷远，这种现象叫作混沌，如图 3-10 所示。

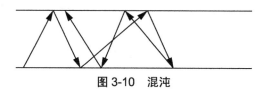

图 3-10　混沌

3.2.3　神经网络相关概念

1. 激活函数

　　激活函数也被称为压制函数、激励函数，其作用并非是激活何种特征，而是指将"激活神经元"的特性保留并进行映射，这一作用决定了非线性问题可以由人工神经网络求

解。选择一个合适的激活函数对于设计出一个性能优良的神经网络具有重要的意义，加入激活函数是为了弥补线性模型描述性能的不足。常见的激活函数主要有以下几种形式。

（1）阈值函数

阈值函数也被称为阶跃函数。当激活函数采用阶跃函数时，人工神经元模型即为 M-P 模型。此时神经元的输出取 1 或 0，代表神经元的兴奋或抑制。

阶跃函数可用公式（3-4）表示：

$$f(x) = \begin{cases} 1, x \geqslant 0 \\ 0, x < 0 \end{cases} \tag{3-4}$$

阶跃函数如图 3-11 所示，当输入变量为负数时，函数输出值为 0；当输入变量为正数时，函数输出值为 1。

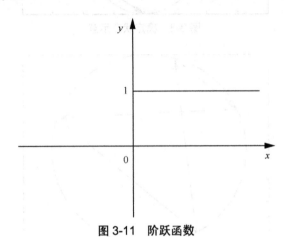

图 3-11　阶跃函数

（2）Sigmoid 函数

Sigmoid 函数可用公式（3-5）表示，图形如图 3-12 所示。

$$f(x) = \frac{1}{1 + \exp(-\alpha^x)} \tag{3-5}$$

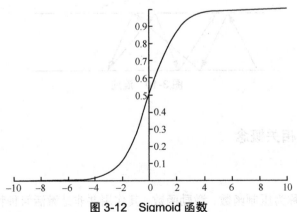

图 3-12　Sigmoid 函数

Sigmoid 函数可通过参数 α (α >0)控制斜率，Sigmoid 函数可以将传进来的连续实值控制在 0～1。

（3）双曲正切函数

还有一种经常使用的与 Sigmoid 函数形式相仿的激活函数，即双曲正切函数，双曲正切函数可用公式（3-6）所示的数学公式表达：

$$f(x) = \tanh\left(\frac{x}{2}\right) = \frac{1 - \exp(-x)}{1 + \exp(-x)} \tag{3-6}$$

双曲正切函数相比 Sigmoid 函数具有更好的平滑特性，在实际应用中往往能取得更好的效果。

（4）线性整流函数

ReLU（Rectified Linear Unit，线性整流）函数，又被称为修正线性单元，可用公式（3-7）表示：

$$f(x)\max(0, x) \tag{3-7}$$

当输入信号为负数时，函数输出值为 0；当输入信号为正数时，函数输出值即为输入值。ReLU 具备速度收敛快的优势。此外，ReLU 只要求给定一个边界值即可获得激活值，无须进行大量复杂运算。虽然说这样的特性能强化神经网络的稀疏表达能力，但是随着训练的进行，可能会出现神经元不可逆转的死亡，导致权值无法更新。

为了缓解上面提到的问题，ReLU 的变形 LReLU、PReLU 和 RReLU 应运而生。它们的基本思想均是：当 $x \leqslant 0$ 时不再是恒为 0 的输出，而是将输入乘上一个比较小的系数 α 作为输出，因此激活函数如式（3-8）所示：

$$f(x) = \max(\alpha x, x) \tag{3-8}$$

ReLU 图形表达如图 3-13 所示。

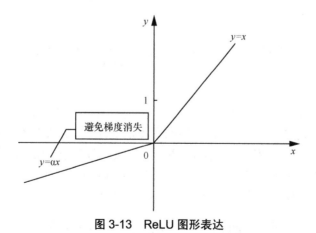

图 3-13　ReLU 图形表达

在 LReLU 中，α 固定为比较小的值，如 0.01、0.005；在 PReLU 中，自适应地从数据中学习参数；在 RReLU 中，随机生成一个 α，再进行修正。

（5）Softplus 函数

Softplus 函数可以看作 ReLU 的平滑，可用公式（3-9）表示：

$$f(x) = ln(1 + e^x) \tag{3-9}$$

根据相关研究，Softplus 函数和 ReLU 与脑神经元激活频率函数极为相似。也就是说，相比于早期的激活函数，Softplus 函数和 ReLU 更加接近脑神经元的激活模型，如图 3-14 所示。这两个激活函数的应用激发了神经网络研究的新浪潮。

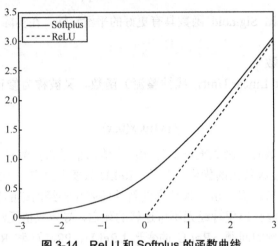

图 3-14　ReLU 和 Softplus 的函数曲线

（6）归一化指数函数

深度神经网络最后一层中常用的激活函数是 Softmax 函数。我们发现，与二分类在输出层之后一个单元不同的是，使用 Softmax 函数的输出层可以拥有多个单元，通常来说有多少个分类就会有多少个单元。在 Softmax 函数的作用下每个神经单元都会计算出当前样本属于本类的概率，如公式（3-10）所示。

$$\text{Softmax}(x_1, x_2, \cdots, x_n) = \frac{1}{\sum_{i=1}^{n} \exp(x_i)} (\exp(x_i))_{n \times 1} \tag{3-10}$$

2. 损失函数

深度神经网络设计中很重要的工作就是选择损失函数。神经网络的损失函数与其他参数模型的损失函数类似，用来估量模型的预测值 f(x) 与真实值 Y 不一致的程度。它是一个非负实数值函数，通常使用 L(Y,f(x)) 来表示，损失函数越小，模型的鲁棒性就越好。损失函数是经验风险函数的核心部分，也是结构风险函数的重要组成部分。模型的结构风险函数包括经验风险项和正则项，如公式（3-11）所示。

$$\theta^* = \text{argmin}_\theta \frac{1}{N} \sum_{i=1}^{N} L(y_i, f(x_i; \theta)) + \lambda \phi(\theta) \tag{3-11}$$

公式（3-11）前面的均值函数表示经验风险函数，L 代表损失函数，后面的 Φ 是正则化项或者惩罚项，Φ 可以是 L1 或 L2 等其他的正则函数。整个公式表示的是找到使目

标函数最小时的 θ 值。下面介绍几种常见的损失函数。

（1）对数损失函数

对数损失函数是一种逻辑回归函数，通过求极大值，推导出它的经验风险函数为最小化的负的似然函数，即 $\max F(y, f(x))$ 或 $-\min F(y, f(x))$，其标准形式：

$$L(Y, P(Y \mid X)) = -\log P(Y \mid X) \tag{3-12}$$

因为直接求导比较困难，所以为了方便计算极大似然估计，通常都是先取对数再求导。损失函数 $L(Y, P(Y|X))$ 表示样本在分类 Y 的情况下，使概率 $P(Y|X)$ 达到最大值（就是利用已知的样本分布，找到最有可能（即最大概率）导致这种分布的参数值；或者找到一些参数使观测到目前这组数据的概率最大）。因为对数函数是单调递增的，所以 $\log P(Y \mid X)$ 会达到最大值，在前面加上负号之后，就等价于求函数的最小值。

在逻辑回归问题中，将类别标签 y 统一为 1 和 0：

$$P(Y = y_i \mid X = x_i; \theta) = \begin{cases} h_\theta(x^{(i)}) = \dfrac{1}{1 + e^{-\theta^T x}}, y^{(i)} = 1 \\[3mm] 1 - h_\theta(x^{(i)}) = \dfrac{e^{-\theta^T x}}{1 + e^{-\theta^T x}}, y^{(i)} = 0 \end{cases} \tag{3-13}$$

将上面的公式合并在一起，可得到第 i 个样本正确预测的概率：

$$P(y_i \mid x_i; \theta) = (h_\theta(x^{(i)})^{y^{(i)}} \cdot (1 - h_\theta(x^{(i)}))^{1 - y^{(i)}} \tag{3-14}$$

公式（3-14）是对 N 个样本进行建模的数据表达。对于所有的样本，假设每个样本生成过程独立，则在整个样本空间中 N 个样本的概率分布为：

$$P(Y \mid X; \theta) = \prod_{i=1}^{N} (h_\theta(x^{(i)}))^{y^{(i)}} (1 - h_\theta(x^{(i)}))^{1 - y^{(i)}} \tag{3-15}$$

将公式（3-15）代入对数损失函数中，得到最终的损失函数为公式（3-16）：

$$J(\theta) = -\frac{1}{N} \sum_{i=1}^{N} y^{(i)} \log(h_\theta(x^{(i)})) + (1 - y^{(i)}) \log(1 - h_\theta(x^{(i)})) \tag{3-16}$$

（2）平方损失函数（最小二乘法）

最小二乘法是线性回归的一种，它将问题转化成了一个凸优化问题。在线性回归中，它假设样本和噪声都服从高斯分布，通过极大似然估计可以推导出最小二乘式。

最小二乘法的基本原则是：最优拟合直线应该是使各点到回归直线的距离和最小的直线，即平方和最小。基于欧几里得距离，平方损失函数的标准形式如公式（3-17）：

$$L(Y, f(X)) = (Y - f(X))^2 \tag{3-17}$$

当样本个数为 n 时，损失函数变为公式（3-18）：

$$L(Y, f(X)) = \sum_{i=1}^{n} (Y - f(X))^2 \tag{3-18}$$

$Y - f(X)$ 表示的是残差，式（3-18）表示的是残差的平方和，我们的目的就是最小化这个目标函数值，也就是最小化残差的平方和。而在实际应用中，通常会使用均方误差（Mean Square Error，MSE）作为一项衡量指标，见公式（3-19）：

$$MSE = \frac{1}{N}\sum_{i=1}^{N}(\tilde{Y}_i - Y_i)^2 \qquad (3\text{-}19)$$

（3）指数损失函数

在 Adaboost 中，指数损失函数是前向分步加法算法的特例，是一个加和模型。在 Adaboost 中，经过 m 次迭代，可以得到 $f_m(x)$，见公式（3-20）：

$$f_m(x) = f_{m-1}(x) + a_m G_m(x) \qquad (3\text{-}20)$$

Adaboost 每次迭代的目的是找到公式（3-21）最小化的参数 a 和 G：

$$\mathrm{argmin}_\theta G = \sum_{i=1}^{N} \exp[y_i f_{m-1}(x_i) + aG(x_i)] \qquad (3\text{-}21)$$

指数损失函数的标准形式：

$$L(y, f(x)) = \exp[-yf(x)] \qquad (3\text{-}22)$$

可以看出，Adaboost 的目标式就是指数损失，在给定 N 个样本的情况下，Adaboost 的损失函数为：

$$L(y, f(x)) = \frac{1}{N}\sum_{i=1}^{N}\exp[-y_i f(x_i)] \qquad (3\text{-}23)$$

3.3 卷积神经网络

如图 3-15 所示，卷积神经网络是人工神经网络的一种。卷积神经网络是一种特殊的对图像识别的方式，属于非常有效地带有前向反馈的网络。

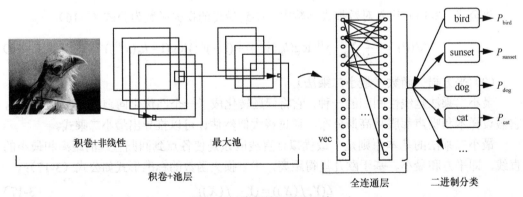

图 3-15 卷积神经网络示意

CNN 诞生的主要目标是识别二维图形，CNN 的网络结构对平移、比例缩放、倾斜或其他形式的变形具有高度不变性。因为每层关注的特征不一样，关注的是像素级别的，而经过多次特征提取后，关联型、序列型或结构化等类型的特征被提取出来，其一致性与事物本身的一致性就比较接近了。

现在，卷积神经网络的应用范围已不仅仅局限于图像识别领域，也可以应用在人脸识别、文字识别等领域。

1984 年，日本学者福岛邦彦基于感受区域概念提出了神经认知机。神经认知机可以看作是卷积神经网络的第一个实现网络，也是感受区域概念在人工神经网络领域的首次应用。神经认知机将一个视觉模式分解成许多子模式（特征），然后进入分层递阶式相连的特征平面进行处理，这样就可以将视觉系统模型化。数学模拟就是借鉴了神经认知科学的发现。

通常，神经认知机包含两类神经元，承担特征抽取的 S-元和抗变形的 C-元。S-元中涉及两个重要参数，即感受区域与阈值，感受区域确定输入连接的数目，阈值控制对特征子模式的反应程度。每个 S-元的感光区中由 C-元带来的视觉模糊量呈正态分布。例如，如果眼睛感受到物体是移动的，即已经感受到模糊和残影，S-元感光区会调整识别模式，这时，它不会完整地提取所有的特征给大脑，而是只获取一部分关键特征传给大脑，屏蔽其他的视觉干扰。也就是说，眼睛在看到移动物体时，先由 C-元决定整体的特征感受控制度，再由 S-元感光区提取相应特征。为了有效地形成这种非正态模糊，福岛邦彦提出了带双 C-元层的改进型神经认知机。

卷积神经网络的结构

常规神经网络获得一个输入（一个向量），并将其通过一系列的隐藏层转换。每个隐藏层由一组神经元组成，每个神经元和前一层神经元完全连接，在单层的神经元的功能完全独立且不共享任何连接。最后全连接层叫作"输出层"，它实现了分类功能并输出分类的分值。

常规神经网络不能很好地适应所有的图像。在 CIFAR-10 训练集中，图片的大小只有 32×32×3（宽×高×颜色通道），第一隐层的神经元常规神经网络将有 32×32×3 = 3072 个。这个数字看起来可以接受，但这种全连通结构不能适应更大的图片。例如，一个图像的 Respectible 大小为 200×200×3，神经元有 200×200×3 = 120000 个。显然，这种完全连接的结构很浪费，并且大量参数会导致过度拟合。

三维结构的网络容量：卷积神经网络有很大的优势，对于包含巨量图片的输入而言，它以一种更合理的方式限制结构。特别是，不同于一般的神经网络，包含神经元的卷积网络的层安排在三个维度上：长、宽和高（注意，深度这个词在这里指的是三维空间的体积，而不是一个神经网络中层的数量）。例如，CIFAR-10 集合的图像是一个 32×32×3。一层的神经元只能连接到它之前的层的小区域内，CIFAR-10 图片格式最终的输出层维度是 1×1×10。卷积网络的最后，我们将完整图像减少到一个维度的分类分值，如图 3-16 和图 3-17 所示。

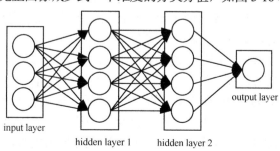

input layer

hidden layer 1　　hidden layer 2

output layer

图 3-16　常规 4 层神经网络

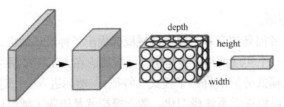

图 3-17　卷积神经网络可视化过程

卷积网络的每一层都将三维输入转换成三维输出。在本例中，输入层保留了图像的所有细节，中间三维向量图的两维表示了图像本来的宽度和高度，深度表示了图像的颜色。

在我们深入了解卷积神经网络之前，先简单了解卷积神经网络每一层的作用。官方的说法：每一层定义一个图像过滤器，或者称一个有相关权重的方阵。其实就是特定特征提取，这个特定是根据函数或是人为设定或是其他情况来定的。例如，人类对人脸或脸型比较敏感，这类特征会优先提取出来；青蛙的眼睛对运动的物体很敏感，会优先提取运动部分的特征；猫对耗子、猎手对猎物等很敏感。对于图片类的层，就是直线/折线、颜色、明暗、非连续性等特征，只要能表示为一种数学特征就行。每层的过滤器可以应用到整个图片上，也可以应用到一小部分图片上，所以每层（每层的特征提取方式是相同的）可以有多个过滤器。什么是过滤器？通常定义一个范围内的最小特征值就是过滤器。比如，你可以应用 4 个 6×6 的过滤器在一张 12×12 的图片上，你也可以定义 4 个过滤器交错着覆盖更大的范围。

了解上面的基础，我们再来学习卷积神经网络各个重要组成部分。

卷积层：对输入数据应用若干过滤器，一个输入参数被用来做很多类型的特征提取。比如，图像的第一卷积层使用 4 个 6×6 的过滤器，对图像应用一个过滤器之后得到的结果称为特征图谱（Feature Map, FM），特征图谱的数目和过滤器的数目相等。如果输入层是一个卷积层，那么过滤器应用在 FM 上，相当于输入一个 FM，输出另外一个 FM。也就是将滤波的特征值当成输入，再进行下一次过滤器过滤的过程。从直觉上讲，如果将一个权重分布到整个图像上，那么这个特征就和位置无关了。同时，多个过滤器可以分别探测出不同的特征。比如，青蛙，有的负责提取运动特征，有的负责提取蚊子特征，一旦两个特征都提取出来，就向特征重合的地方吐舌头。

子采样层：又叫池化层，缩减输入数据的规模。例如，输入一个 12×12 的图像，通过一个 6×6 的子采样，可以得到一个 2×2 的输出图像，这意味着原图像上的 36 个像素合并成为输出图像中的一个像素。实现子采样的方法有很多种，最常见的是最大值合并、平均值合并及随机合并。这其实类似于给一个图层打上马赛克，再对单个马赛克进行特征提取，对计算机来说，这样可以减少计算量。

最后一个子采样层或卷积层通常连接到一个或多个全连接层，全连接层的输出就是最终的输出。全连接层将计算分类的分值，得到一个[1×1×10]一维矩阵，其中的 10 对应一个分类的分值，如 CIFAR-10 训练集中的 10 个类别。与普通神经网络相同，子采样层中的每个神经元都将和上一层的每个神经元连接。训练过程通过改进的反向传播实现，将子采样层作为考虑因素并基于所有值来更新卷积过滤器的权重。实操中也可以设定前向反馈一些数据，以便调整，如图 3-18 所示。

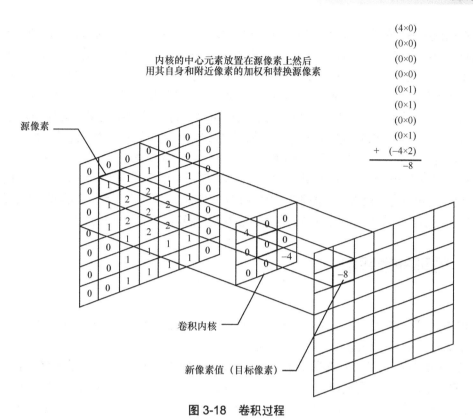

内核的中心元素放置在源像素上然后
用其自身和附近像素的加权和替换源像素

$$
\begin{array}{r}
(4\times0)\\
(0\times0)\\
(0\times0)\\
(0\times0)\\
(0\times1)\\
(0\times1)\\
(0\times0)\\
(0\times1)\\
+ \quad (-4\times2)\\
\hline
-8
\end{array}
$$

源像素

卷积内核

新像素值（目标像素）

图 3-18　卷积过程

下面我们再说说卷积神经网络的基本构型。卷积神经网络是一个多层的神经网络，每层由多个二维平面组成（为了方便并行计算），每个平面由多个独立的神经元组成。

图 3-19 是卷积神经网络的概念示范：输入图像通过和 3 个（是几个根据实际情况）可训练的过滤器及可加偏置进行卷积，卷积后在 C1 层产生 3 个特征映射图，然后将特征映射图中每组的 4 个像素进行求和、加权值和加偏置，通过一个 Sigmoid 函数得到 3 个 S2 层的特征映射图。这些映射图再经过过滤器得到 C3 层，再产生 S4 层。最终，这些像素值被处理规则化，并连接成一个向量输入到传统的神经网络，得到输出。简单来说，卷积神经网络就是去掉了读不懂的数据，留下了读得懂的数据。

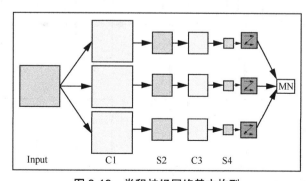

图 3-19　卷积神经网络基本构型

卷积神经网络的中间部分，是真正在做卷积这件事的部分，中间部分由两部分组成，一个是特征提取层，一个是特征映射层。C 层为特征提取层，每个神经元的输入与前一层的局部感受区域相连，并提取该局部的特征，一旦局部特征被提取后，局部特征与其他特征间的位置关系也随之确定；S 层是特征映射层，网络的每个计算层由多个特征映射组成，每个特征映射为一个平面，平面上所有神经元的权值相等。特征映射结构采用影响函数很小的 Sigmoid 函数作为卷积网络的激活函数，使得特征映射具有位移不变性。此外，由于一个映射面上的神经元共享权值，因而减少了网络自由参数的个数，降低了网络参数选择的复杂度。卷积神经网络中每一个特征提取层（C 层）都紧跟着一个用来求局部平均与二次提取的计算层(S 层)，这种特有的两次特征提取结构使网络在识别时对输入样本有较高的畸变容忍能力。这个能力是以往很多方式不支持的，也是多层卷积神经网络比较好用的原因之一。

3.4 循环神经网络

RNN 是两种神经网络的缩写，一种是递归神经网络，另一种是循环神经网络，虽然这两个概念有联系，但此节主要讨论循环神经网络及其变种。

循环神经网络是指一个随着时间的推移，重复发生的结构。例如，如果你有一个序列 X = ['H', 'E', 'L', 'L']，该序列被送到一个神经元，而这个神经元的输出连接到它的输入上。

在步骤 1 时，字母"H"是作为输入传入的，在步骤 2 时，字母"E"被作为输入传入。随着时间的推移展开这个网络，将变成图 3-20 所示的网络结构。

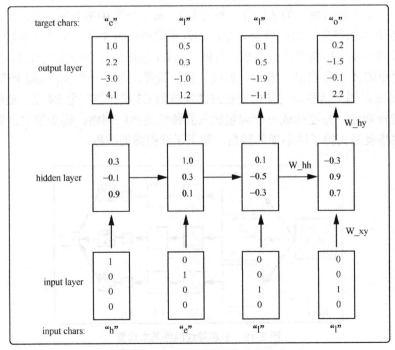

图 3-20　循环神经网络单元的展开

递归神经网络仅仅是广义化的循环神经网络。循环神经网络在一个序列长度上的权重是共享的并且维度保持不变。因为，当遇到一个训练时间和测试时间长度不同的序列时，神经网络是不能处理位置独立权重的。递归神经网络的权重出于同样的原因在每一个节点被共享。这意味着，所有的 W_xh 权重及 W_hh 权重是相等的。递归神经网络是单个神经元，并且能够及时展开。递归神经网络示意如图 3-21 所示。

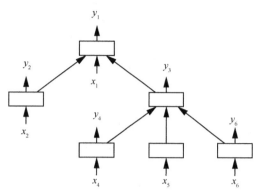

图 3-21　递归神经网络示意

为什么被称为递归神经网络呢？因为递归神经网络每个父节点的子节点和另外一个节点类似。

到底使用哪种神经网络取决于实际情况。如果想生成一个个字符，且处理中不需要分层，用循环神经网络会更好。如果想生成一个解析树，用递归神经网络会更好。

循环神经网络

正式进入循环神经网络之前，我们来想一下日常的思考步骤，或者叫思考时序。我们不会每一秒钟都从头开始思考。比如，当你看一本书时，会根据以往学习的知识理解每一个词。你会从上下文中产生联想，以便更好地理解这篇文章。当你冒出来一个想法或问题后，会通过读书的过程来归纳总结，试着印证你的想法或者回答你的问题。

人类的这一特点，无法在传统的神经网络中找到类似的，这也是一般神经网络的一个缺点。例如，假设你要将电影中每个时刻发生的事按时间归类，传统的神经网络目前还无法做到，而循环神经网络可以解决这一问题。循环神经网络可以在网络中循环，并能够维持信息，如图 3-22 所示。

1. 循环神经网络有回路

在图 3-22 中，神经网络的单元 A，它的输入值是 x_t，输出值是 h_t。信息通过回路从网络的目前状态传递到下一个状态。同一个单元不停地处理不同的输入值，而这些输入值是自己产生的。如果你深入思考会发现，循环神经网络与正常的神经网络没什么不同。反复出现的神经网络可以被认为是在同一个网络中的多个副本，每个都传递消息给继承者，也就是下个时态的神经元。试想，如果图 3-23 展开循环会发生什么？

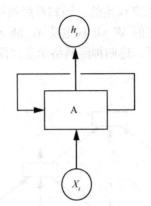

图 3-22　一个循环神经单元

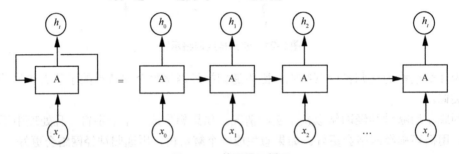

图 3-23　单元展开循环

2．已展开的递归神经网络

图 3-23 的链式结构揭示了其与循环神经网络密切相关的序列，它们是让神经网络能使用这些数据的一种自然结构。在过去的几年里，RNN 已经成功地应用在各种问题上，并取得了成功，成功的关键是使用 LSTM（Long Short Term Memory Network，长短期记忆网络）。LSTM 是一种特殊的循环神经网络的变种，对于许多任务来说，这种方法比标准的 RNN 好用得多。几乎所有令人兴奋的结果都是基于 LSTM 实现的。

3．长时间依赖的问题

RNN 的诉求之一是将以前的信息连接到当前任务。例如，我们有时需要使用前一个视频帧理解当前帧的内容。如果 RNN 能做到这一点，会非常有用，但它能做到吗？这个需要视情况而定。

有时候，我们只需要看最近的信息来执行现在的任务。举个例子，考虑一个语言模型试图预测基于当前的下一个词。如果我们试图预测"天空中有"这句话的最后一个字，那么我们不需要任何进一步的语境就可以判断下一个字是云或鸟。在这种情况下，如果相关的信息（这里指的是"天空中有"）和我们需要填词的位置之间的差距较小，那么RNN 就能学会利用过去的信息，如图 3-24 所示。

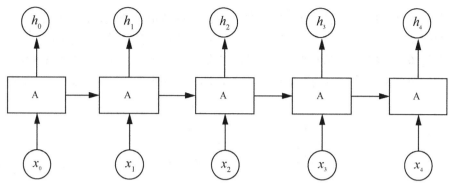

图 3-24　利用上下文知识

但有时，我们需要更多的上下文。例如，试着预测"我在中国长大……（省略 20 个字），我讲一口流利的__。"的最后一个词。最近的信息表明，下一个字可能是语言的名字，但如果我们想要缩小语言名字的范围，则需要这个词的上下文。我们发现，有时相关上下文信息和我们需要得到的词的位置相差很大。不幸的是，这种距离的增长将使 RNN 无法学习到这些信息，如图 3-25 所示。

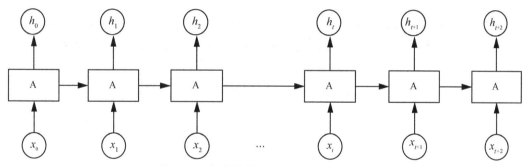

图 3-25　距离较长，无法利用上下文知识

我们仔细看图 3-25，h_{t+1} 需要 x_0、x_1 位置的信息，由于距离较长，x_0、x_1 信息无法传导过来。

从模型结构上看，RNN 完全能够处理这样的"长期依赖"的问题。理论上讲，人们可以仔细挑选参数，解决这种小问题。但在实践中，我们发现 RNN 似乎并不能处理好这些问题。霍克莱特（Hochreiter）和本吉奥（Bengio）深入探讨了这一问题，发现普通的 RNN 结构无法处理好这种问题。值得庆幸的是，LSTM 可以处理这种问题。

3.5　LSTM

LSTM 是一种特殊的循环神经网络，具有能够学习的长期依赖的能力，比如在文本处理中能够利用很大范围的上下文信息来判断下一个词的概率。Hochreiter 和 Schmidhuber 于 1997 年提出了 LSTM，随后，人们在此基础上进行了完善和推广。LSTM

OK

昇腾 AI 应用开发

在解决各种各样的问题中都表现良好，并且现在正在被更广泛地使用。LSTM 能记住很长时间的信息，这实际上是它们的默认行为，而不是需要努力学习的东西。

所有的 RNN 都有神经网络的重复模块组成的链式结构。对于标准的 RNN，这种重复模块有一个非常简单的结构，如一个单一的 tanh（双曲正切）层，如图 3-26 所示。

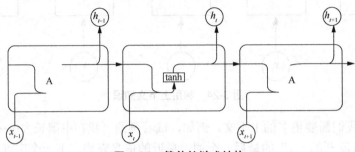

图 3-26　简单的链式结构

3.5.1　RNN 中包含单个层重复模块

LSTM 也有重复模块组成的链式结构，但重复模块却具有和一般 RNN 不同的结构。代替单个神经网络层的有 4 个，它们用一种特殊的方式进行交互，如图 3-27 所示。

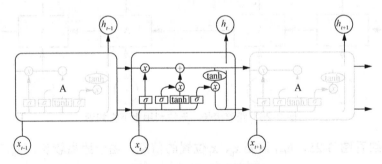

图 3-27　LSTM 链式结构

3.5.2　LSTM 重复模块包含 4 个交互层

我们会一步一步图解说明 LSTM 运行的步骤。以下将要使用的符号，如图 3-28 所示。

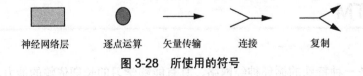

神经网络层　　逐点运算　　矢量传输　　连接　　复制

图 3-28　所使用的符号

每个箭头有一个完整的向量，从一个输出节点到另外的输入节点。粉红圆圈（图 3-28 中"逐点运算"）代表逐点操作，例如向量相加或者相乘，而神经网络层是黄色的框（图 3-28

・104・

中"神经网络层")。箭头的合并表示串联，而线分叉表示正在将内容复制到其他地方。

3.5.3 LSTM 背后的核心理念

LSTM 的关键是单元状态，即通过图表顶部的水平箭头。

单元状态有点像一条传送带。它通过整条链往下运行，只有一些小的线性相互作用。信息会很容易地沿着箭头方向流动，如图 3-29 所示。

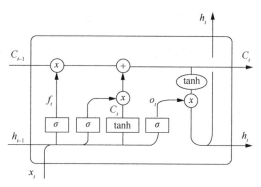

图 3-29 信息按一个方向运行

LSTM 完全可以删除或添加单元状态的信息，被称为门限的结构将会控制信息。门限可以有选择地让信息通过，它由 Sigmoid 神经网络层和点乘操作组成，如图 3-30 所示。

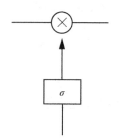

图 3-30 有选择地筛选信息

Sigmoid 神经网络层输出 0 和 1 之间的数字，描述每个组件能通过多少信息。0 值表示"不让任何东西通过"，而 1 值表示"让所有的都通过"。

一个 LSTM 有 3 种这样的门限来保护和控制单元的状态。

3.5.4 LSTM 分步执行

第一步，决定从单元状态中扔掉哪些信息。一个叫"遗忘门限"的 Sigmoid 层做出这个决定。在单元状态 c_{t-1} 上，h_{t-1} 和 x_t 输出 0 和 1 之间的数字。1 代表"完全保留信息"，0 代表"完全丢掉信息"。

让我们回到语言模型，试着基于以前的信息预测下一个字的例子。在这样的问题中，单元状态可能包括性别的话题，这样就能正确使用代词，比如他或者她。当我们看到一个新的话题时，我们想要忘记旧话题有关性别的内容，如图 3-31 所示。

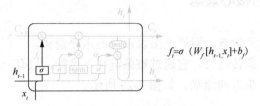

$$f_t=\sigma\left(W_f\cdot[h_{t-1},x_t]+b_f\right)$$

图 3-31　忘记旧话题

第二步，决定在单元状态中存储哪些新的信息。这分为两部分：一是，被称为"输入门限"的 Sigmoid 层决定哪些值会更新；二是，一个 tanh 层创建新的候选值的向量 Ct，它是一个可添加的状态。

第三步，我们结合这两部分创建一个更新的状态。在语言模型的例子中，我们想添加有关性别的新话题，以取代我们需要忘记的旧话题，如图 3-32 所示。

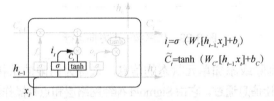

$$i_t=\sigma\left(W_i\cdot[h_{t-1},x_t]+b_i\right)$$
$$\widetilde{C}_t=\tanh\left(W_C\cdot[h_{t-1},x_t]+b_C\right)$$

图 3-32　更新状态

再来更新旧单元状态 C_{t-1}，进入新的单元状态 C_t。前面的步骤已经说明了要怎么做，现在我们只需要真正实现它。我们乘以旧状态 f_t，丢弃我们之前决定忘记的东西，然后，我们加上 i_t。这是新的候选值，我们可决定更新每个状态值。

在语言模型下，我们实际上把旧性别主题信息丢弃了，并添加了新的信息，如图 3-33 所示。

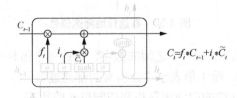

$$C_t=f_t*C_{t-1}+i_t*\widetilde{C}_t$$

图 3-33　更新旧状态

最后，我们需要决定输出什么。此输出将根据我们之前的单元状态。

输出步骤：首先，我们运行一个 Sigmoid 层，它决定我们要输出哪些单元状态。然后，我们把单元状态通过 tanh 函数（将输出值规一化于–1 到 1 之间）和 Sigmoid 门限的输出相乘，以便只输出我们决定输出的部分。因为语言模型的例子只有一个主题，所以可能会输出一个有关动词的信息。例如，它可以输出的主语是单数还是复数，比如他或他们，最后就能确定接下来形成一个什么动词，如图 3-34 所示。

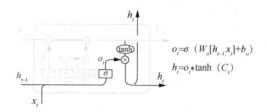

$$o_t = \sigma \; (W_o[h_{t-1}, x_t] + b_o)$$
$$h_t = o_t * \tanh \; (C_t)$$

图 3-34　输出

3.6　神经网络优化

正则化

深层神经网络会让模型变得更加强大，但同时也可能会带来一些问题，即过拟合，解决的办法就是使用各种正则化技巧。

1. 什么是过拟合

任何机器学习模型，包括神经网络都可能存在过拟合问题。模型拟合存在 3 种情况：欠拟合、适拟合和过拟合。

图 3-35 中，以一个简单的房价预测问题为例，说明了模型拟合的 3 种情况。图中，横坐标是房屋面积 x，纵坐标是房屋价格 y，随机选择的几个样本（以 "+" 表示）分布在二维平面上，分别用 3 个模型来拟合实际的样本点。图 3-35（a）所示模型是一条直线，模型简单，但是预测值与样本实际值差别较大，这种情况称为欠拟合。图 3-35（c）所示模型是一个四阶函数曲线，模型过于复杂，虽然预测值与样本实际值完全吻合，但是该模型在训练样本之外的数据上拟合的效果可能很差，该模型很可能把噪声也学习了，这种情况称为过拟合，即模型过于拟合训练样本，但是泛化能力很差。图 3-35（b）所示模型是一个二阶函数曲线，模型复杂度中等，既能对训练样本有较好的拟合效果，也能保证有不错的泛化能力。

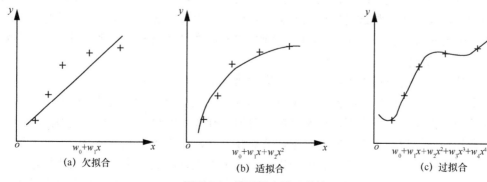

图 3-35　模型拟合的 3 种情况

训练神经网络模型时，也要尽量避免发生欠拟合或过拟合的情况，让模型既在训练集上有较高的准确率，又具有较好的泛化能力。

欠拟合和过拟合分别对应高偏差和高方差。偏差度量了算法的期望预测与真实结果的偏离程度，描述了算法本身对数据的拟合能力，也就是训练数据的样本与训练出来的模型的匹配程度；方差度量了训练集的变化导致学习性能的变化，描述了数据扰动造成的影响；噪声则表示任何学习算法的泛化能力的下界，描述了学习问题本身的难度。所以，任何一个机器学习算法的误差都可以拆分成偏差、方差、噪声 3 个方面，公式如下：

$$误差=偏差+方差+噪声$$

偏差和方差的关系如图 3-36 所示。

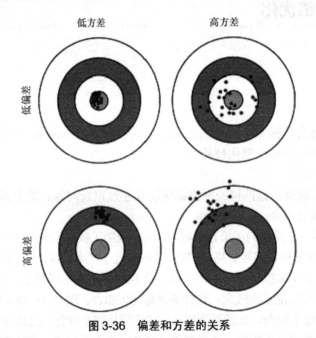

图 3-36　偏差和方差的关系

过拟合是一个很糟糕的情况，那么在神经网络中，如何判断模型是否出现了过拟合呢？一般，我们会将所有样本数据分成三个部分：训练集、验证集和测试集。训练集用来训练神经网络算法模型；验证集用来验证不同算法的表现情况，以便从中选择最好的算法模型；测试集用来测试最好算法的实际表现，作为该算法的无偏估计。训练集、验证集、测试集各自占的比例可以是 60%、20%、20%，如果训练样本很多，可相应减小验证集和测试集的比例。

一般情况下，可以根据训练集和验证集的错误率判断神经网络模型是否发生了过拟合。如果训练集误差为 3%，而验证集误差为 17%，即该算法模型对训练样本的识别很好，但是对验证集的识别却不太好，说明该模型对训练样本可能存在过拟合，模型泛化能力不强，导致验证集识别率低。如果训练集误差为 18%，而验证集误差为 19%，两者数值接近，即该算法模型对训练样本和验证集的识别都不太好，说明该模型对训练样本存在欠拟合。如果训练集误差为 18%，而验证集误差为 35%，说明该模型既存在高偏差也存在高方差，这是最坏的情况。如果训练集误差为 3%，而验证集误差为 5%，两者数值相近且较小，说明该模型不存在欠拟合和过拟合，是个不错的模型。上面几种情况见表 3-1。

表 3-1 过拟合、欠拟合列举情况

训练集误差/%	验证集误差/%	误差说明	性能
3	17	低偏差/高方差	过拟合
18	19	高偏差/低方差	欠拟合
18	35	高偏差/高方差	欠拟合/过拟合
3	5	无	好

注意，上面的例子中，默认模型可达到的最小误差是小于 3% 的，这是得出表 3-1 所示结论的基准和前提。

在神经网络模型中，我们一般可以通过增加神经网络隐藏层的层数、神经元的个数及延长训练时间等措施来提高模型复杂度。但是为了避免发生过拟合，通常需要采取一些方法提高模型的泛化能力。下面，我们就来介绍几种防止过拟合的方法。

2．L2 正则化和 L1 正则化

正则化指在代价函数后加上一个正则化项，正则化项也叫惩罚项。

（1）L2 正则化

L2 正则化就是在代价函数后面加上神经网络各层的权重参数 W 所有元素的二次方和。此时，整个神经网络的代价函数为：

$$J = \frac{1}{m}\sum_{i=1}^{m} L(\alpha^{[l](i)}, y^{(i)}) + \frac{\lambda}{2m}\sum_{l=1}^{L}\|W\|^2 \tag{3-24}$$

公式中，等式右边第一项是神经网络损失；等式右边第二项是神经网络各层的权重参数 W 所有元素的二次方和。公式中，$\|W^{[l]}\|^2$ 可由下式计算：

$$\|W^{[l]}\|^2 = \sum_{i=1}^{n^{[l]}} \sum_{j=1}^{n^{[l]}} (W_{ij}^{[l]})^2 \tag{3-25}$$

公式中，$n^{[l]}$ 表示第 l 层神经元的个数；$n^{[l-1]}$ 表示第 $l-1$ 层神经元的个数。因为 $W^{[l]}$ 是一个矩阵，所以可以简单理解为计算矩阵内所有元素的二次方和。

值得注意的是，我们一般只对权重参数 W 进行正则化而不对偏置参数 b 进行正则化，原因是一般 W 的维度很大，而 b 只是一个常数。相对来说，参数在很大程度上由 W 决定，改变 b 值对整体模型的影响较小。因此，一般为了简便计算，会忽略对 b 的正则化。但是，对 b 进行正则化也没有什么不妥，只是稍微复杂了一些。

有一个很重要的问题：为什么加上 L2 正则化项之后就能有效减少过拟合呢？我们可以这样来简单地理解：整个代价函数 J 中添加了正则化项 $\|W\|^2$，$\|W\|^2$ 相当于神经网络参数 W 的惩罚项，神经网络模型之所以发生过拟合，是因为参数 W 普遍比较大。例如图 3-35（c），对应系数 w_0、w_1、w_2、w_3、w_4 都比较大，这样模型就过拟合了。消除这一问题的方法之一就是尽量让高阶系数 w_3、w_4 足够小，达到可以忽略不计的效果，这样模型就接近图 3-35（b）了。

在代价函数 J 中添加惩罚项 $\|W\|^2$，训练神经网络的目标就是尽量减小代价函数 J，这样就相当于增加对神经网络参数 W 的惩罚，让 W 不至于过大，在一定程度上限制了 W 的"任意"增长。从特征的角度来解释就是特征变量过多会导致过拟合，为了防止过拟合，我们会选择一些比较重要的特征变量，而删掉很多次要的特征变量。但是，我们实际上却希望利用这些特征信息，因此可以添加正则化项来约束这些特征变量，使这些特征变量的权重很小，接近于 0，这样既能保留这些特征变量，又不至于使这些特征变量的影响过大。

（2）L1 正则化

以上介绍的是 L2 正则化，L1 正则化的基本原理与 L2 正则化完全一样，只是正则化项不一样。

L1 正则化就是在代价函数后面加上神经网络各层的权重参数 W 所有元素的绝对值之和。此时，整个神经网络的代价函数为：

$$J = \frac{1}{m}\sum_{i=1}^{m} L(\alpha^{[l](i)}, y^{(i)}) + \frac{\lambda}{m}\sum_{l=1}^{L} |W^{[l]}| \tag{3-26}$$

公式中，等式右边第一项是神经网络损失；等式右边第二项是神经网络各层的权重参数 W 所有元素的绝对值之和。$|W^{[l]}|$ 可由下式计算：

$$|W^{[l]}| = \sum_{i=1}^{n^{[l]}} \sum_{j=1}^{n^{[l-1]}} |W_{ij}^{[l]}| \tag{3-27}$$

在代价函数 J 中添加惩罚项 $|W|$，同样增加对神经网络参数的惩罚项，让 W 不至于过大，在一定程度上限制 W 的增长，有效减小过拟合。

（3）L1 正则化与 L2 正则化对比

既然 L1 正则化和 L2 正则化都可以减小过拟合，那么这两种方法有什么不同呢？实际应用的时候又该选择哪种正则化呢？

我们再来看看 L1 正则化和 L2 正则化的解的分布性。

以二维平面为例，图 3-37（a）为 L2 正则化的解的分布；图 3-37（b）为 L1 正则化的解的分布。靶心处是最优解，w^* 是正则化限制下的最优解。对于 L2 正则化来说，限定区域是圆形，得到的解 w_1 或 w_2 为 0 的概率很小。对于 L1 正则化来说，限定区域是正方形，w^* 位于坐标顶点的概率很大，即 w_1 或 w_2 为 0，这从视觉和常识上是很容易理解的，所以 L1 正则化的解具有稀疏性。

总之，L2 正则化使模型的解偏向于范数较小的 W，通过限制 W 范数的大小实现对模型空间的限制，从而在一定程度上避免了过拟合。但是 L2 正则化不具有产生稀疏解的能力，L2 正则化得到的系数仍然需要依据数据中的所有特征才能计算预测结果，从计算量上来说并没有得到改观。相比而言，L1 正则化的优良性质是能产生稀疏解，导致 W 中的许多项变成 0。L2 正则化稀疏的解除了计算量上的问题，重要的是更具有可解释性，只会留下对模型有帮助的关键特征。

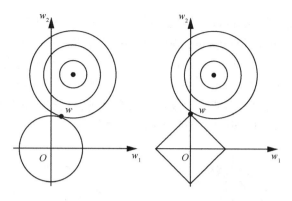

（a）L2正则化的解的分布　　　　（b）L1正则化的解的分布

图 3-37　L2 正则化和 L1 正则化的解的分布

（4）正则化系数

L1 正则化和 L2 正则化公式中都有一个参数 λ，即正则化系数，λ 起到了权衡训练样本误差和正则化项的作用。λ 越大，表示对参数 W 的惩罚越大，从而限制了 W 的大小，进一步减小模型过拟合。但是，如果 λ 过大，会造成所有 W 过小，甚至趋于 0，模型反而容易发生欠拟合；相反，λ 越小，则正则化的效果越小。考虑极端情况，当 λ 趋于 0 时，近似没有进行正则化，模型容易发生过拟合。

举个简单的例子，同一个模型，不同正则化系数 λ 对应的分类边界如图 3-38 所示。

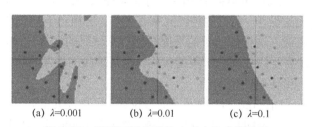

（a）$\lambda=0.001$　　　　（b）$\lambda=0.01$　　　　（c）$\lambda=0.1$

图 3-38　不同正则化系数 λ 对应的分类边界

由图 3-38 可以明显看出，λ 越大，正则化效果越明显，得到的分类边界就越平滑简单；而 λ 越小，正则化效果越弱，得到的分类边界就越复杂，模型越容易发生过拟合。

构建神经网络模型时，正则化系数 λ 没有固定的取值，一般选择几个不同的 λ，分别验证模型的准确率和性能，最后根据结果选择最佳的正则化系数 λ。

3. Dropout 正则化

L1 正则化和 L2 正则化适用于大部分机器学习算法及神经网络。本节将介绍另一种专门应用于神经网络的正则化方法——Dropout 正则化。

训练神经网络的时候会使用整个神经网络的所有神经元，但从正则化的角度来看，这样反而可能会带来过拟合的风险。Dropout 正则化，顾名思义，是指在深层神经网络的训练过程中，按照一定的概率将每层的神经元暂时从神经网络中丢弃。也就是说，每次训练时，每一层都有部分神经元不工作，这样可起到简化复杂神经网络模型的效果，避免发生过拟合，提高模型的泛化能力。

图 3-39（a）为应用 Dropout 正则化之前的神经网络；图 3-39（b）为应用了 Dropout 正则化的同一个神经网络。Dropout 正则化的传统方法是：在模型训练阶段，每层的所有神经元以概率 p 保留（Dropout 正则化的丢弃率为 $1-p$）。在模型测试阶段，保留所有神经元，但是每层神经元的输出激活值都要乘以 p。之所以乘上 p 是因为测试阶段保留了所有神经元，以保证测试阶段和训练阶段具有同样的输出期望。这样做需要对测试的代码进行更改并增加测试时的计算量，因此也影响测试的性能。

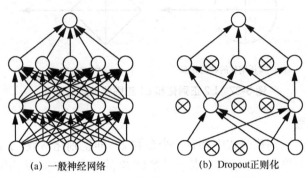

(a) 一般神经网络　　　　　　　(b) Dropout 正则化

图 3-39　一般神经网络与 Dropout 正则化

因此，现在更多地使用一种 Dropout 正则化方法，即 Inverted Dropout（反向随机失活）。它的具体做法是：在模型训练阶段，每层的所有神经元以概率 p 保留，然后原神经元的输出直接除以 p，以获得同样的期望值。在模型测试阶段，不需要进行 Dropout 正则化和随机删减神经元的操作，所有的神经元都在工作。这相当于把整个 Dropout 正则化操作都放在训练阶段完成，这样做的目的是提高模型测试时的运算速度，简化模型，并且，如果要改变 p 值，只需要修改训练阶段的代码，测试阶段的推断代码没有用到 p，不需要修改，从而降低了写错代码的概率。

举例说明 Inverted Dropout 的具体操作，假设第 1 层神经元的输出是 $\alpha^{[l]}$，保留神经元的概率 $p=0.8$，即该层有 20% 的神经元停止工作。经过 Dropout 正则化操作，随机删减 20% 的神经元，只保留 80% 的神经元。最后，对 $\alpha^{[l]}$ 按比例增大，即除以 p。相应的 Python 示例代码如下：

```
keep_prob = 0.8
dl = np.random.rand（al.shape[0],al.shape[1]） < keep_prob
al = np.multiply（al,dl）
al /= keep_prob
```

迭代训练过程中，每次迭代时，都会随机删除隐藏层一定数量的神经元；然后，在剩下的神经元上进行正向传播和反向传播，更新权重参数 W 和偏置参数 b。一般情况下，每次迭代训练都会随机选取各层不同的神经元，这样最大限度地保证了 Dropout 正则化的效果。

为什么 Dropout 正则化有防止过拟合的效果呢？从权重参数 W 的角度来看，对于某个神经元来说，某次训练时，它的某些输入被 Dropout 正则化过滤了。而在下一次训练时，又有某些不同的输入被过滤。经过多次训练，某些输入被过滤，某些输入被保留。这样，该神经元就不会因某个输入而受到非常大的影响，即影响被各个输入均匀化了。也就是说，一般不会出现某个输入权重 W 很大的情况。从效果来说，Dropout 正则化与 L2 正则化的效果是类似的，都是对权重参数 W 进行了"惩罚"，限制 W 过大。Dropout 正则化的过程如图 3-40 所示。

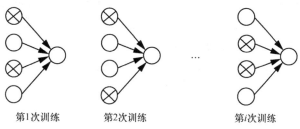

第1次训练　　第2次训练　　…　　第i次训练

图 3-40　Dropout 正则化的过程

从神经元角度来看，每次舍弃一定数量的隐藏层神经元，相当于在不同的神经网络上进行训练，这样就减少了各神经元之间的依赖性，使神经网络能学习到更加健壮、具有泛化能力的特征，能够有效减小过拟合。

使用 Dropout 正则化有以下几点实用的建议。

① 不同隐藏层的 Dropout 系数 keep_prob 可以不同。一般来说，神经元较多的隐藏层，keep_prob 可以设置得小一些，如 0.5；神经元较少的隐藏层，keep_prob 可以设置得大一些，如 0.8。

② 实际应用中，不建议对输入层进行 Dropout 正则化。如果输入层维度很大，可以设置 Dropout 正则化，但是 keep_prob 应设置得大一些，如 0.8、0.9。

③ 原则上来说，越容易出现过拟合的隐藏层，其 keep_prob 应设置得越小。通常可以使用交叉验证来选择 keep_prob 值的大小。

④ 对绘制的损失函数进行调试时，一般做法是将所有层的 keep_prob 全设置为 1 之后再绘制，即涵盖所有神经元，判断损失函数是否单调下降。下一次迭代训练时，再将 keep_prob 设置为其他值。也就是说，绘制损失函数时使用的是所有神经元。

3.7　强化学习

3.7.1　奖励驱动行为思想

强化学习是一种以目标为导向的机器学习方法，其主要思想是在与环境的不断交互和试错过程中，利用评价性的奖励信号优化决策。这种试错学习的模式源于行为主义心理学，是强化学习的主要基础之一。奖励驱动行为思想对强化学习的另一个关键影响是最优控制，最优控制借助了支撑该领域的数学形式，其中最显著的是动态规划。

在强化学习设置中，由机器学习算法控制的智能体在时间 t 时观察其环境的状态 s_t。

智能体通过在 s_t 状态下采取行为来与环境进行交互。当智能体采取行为时，环境和智能体将根据当前状态和所选行为转换到新状态 s_{t+1}。状态是对环境的充分统计，包括智能体采取最佳行为的所有必要信息。在最优控制文献中，状态和行为通常分别用 x_t 和 u_t 表示。

最佳行为顺序取决于环境提供的奖励。每当环境转换到新状态时，它也会向智能体提供标量奖励 r_{t+1} 反馈。智能体的目标是学习最大化预期收益的策略 π。智能体给定一个状态，一个策略返回一个要执行的行为，最佳策略是任何可以最大化环境的预期回报。在这方面，强化学习旨在解决与最优控制相同的问题。然而，强化学习所面临的挑战是智能体需要了解环境中的行为。每一次与环境的交互都会产生信息，智能体用它来更新知识。

3.7.2　强化学习的基本框架

图 3-41 为强化学习的基本框架。智能体包括智能体和环境。学习过程常用马尔可夫决策过程（Markov Decision Process，MDP）描述。智能体处于环境 E 中，状态空间为 S，其中每个状态 $s_t \in$ S（t 表示所处时刻）是智能体感知到的环境的描述；若根据当前时刻状态 s_t 执行了某个行为 $a_t \in$ A，则潜在的转移函数 P 将使环境从当前状态按某种概率转移到下一时刻状态 s_{t+1}；与此同时，环境会根据潜在的奖励函数 R 反馈给智能体一个奖励 r_t；智能体根据策略执行相应的行为 a_t，循环往复不断优化策略。

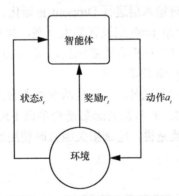

图 3-41　强化学习的基本框架

策略 π (s_t, a_t) 是智能体以试错的机制在与环境交互的过程中学习得到的。根据该策略，在状态 s_t 下就能得知要执行的行为 $a_t = $π (s_t)。策略的优劣取决于长期执行这一策略后得到的累计奖励。

3.7.3　强化学习算法

强化学习算法基本是针对离散状态和行为空间的马氏决策过程，即状态的值函数或者行为的值函数采用表格的形式存储和迭代计算。但实际工程中的许多优化决策问题都具有大规模或连续的状态和行为空间，因此表格型强化学习也存在类似动态规划的维数困难。为了克服这个困难，实现对连续状态和行为空间的马氏决策过程最优值函数和最优策略的逼近，必须研究强化学习的泛化方法，即利用有限的学习经验和记忆实现对一个大范围空间的有效知识获取和表示。

目前提出的强化学习泛化方法主要包括以下 3 种。

1．值函数逼近方法

随着神经网络的监督式学习方法如反向传播算法的广泛研究和应用，将神经网络的函数逼近能力用于强化学习的值函数逼近逐渐得到学术界的重视。研究人员在时域差值学习的研究中，利用递推最小二乘方法提出了 LS-TD（X）算法；在神经网络作为值函数逼近器的研究中，利用神经网络的时域差值学习实现了西洋棋的学习程序 TD-Gammon。

时间差分（Temporal-Difference，TD）算法结合了蒙特卡洛和动态规划两种方法，是一种无模型的强化学习算法。它利用每个行为的长期奖励来更新当前的值函数，主要用于预测问题。根据更新函数的不同可以得到不同的 TD 算法。TD 算法常用的迭代公式如下：

$$V(s_t) \leftarrow V(s_t) + \alpha[R_{t+1} + \gamma V(s_{t+1}) - V(s_t)] \tag{3-28}$$

式中，α 是学习效率；$V(s_t)$ 和 $V(s_{t+1})$ 是在 t 和 $t+1$ 时刻智能体与环境交互得到的估计状态值函数；R_{t+1} 是 $t+1$ 时刻的奖励值；γ 是折扣率；$V(s_t)$ 根据 $V(s_{t+1})$ 的值来更新。

2．策略空间逼近方法

与值函数逼近方法不同，策略空间逼近方法通过神经网络等函数逼近器直接在马尔可夫决策过程的策略空间搜索，但是策略空间逼近方法存在如何估计策略梯度的困难。

3．Q-Learning

Q-Learning 也是一种无模型的强化学习算法，在迭代过程中，Q-Learning 使用状态行为的奖励和 $Q(s,a)$ 作为估计函数，而不是值函数 $V(s)$。因此，智能体需要在学习过程中对每次迭代的每个行为进行分析，从而保证学习过程的收敛性。Q-Learning 的迭代公式如下：

$$Q(s_t, a_t) \leftarrow Q(s_t, a_t) + \alpha[R_{t+1} + \gamma \max_a Q(s_{t+1,\alpha}) - Q(s_t, \alpha_t)] \tag{3-29}$$

其中，$Q(s_t,a_t)$ 代表智能体在某一状态下采取某种行为得到的最佳折现奖励总和。

SARSA 是 Singh 等人提出的一种在线学习的 Q-Learning 算法。与 Q-Learning 不同的是，SARSA 以严格的 TD 算法实现行为值函数的迭代，即行为选择策略与值函数迭代是一致的，而 Q-Learning 中两者是相互独立的。它在一些学习控制问题的应用中被验证具有优于 Q-Learning 的性能。SARSA 的迭代公式如下：

$$Q(s_t, a_t) \leftarrow Q(s_t, a_t) + \alpha[R_{t+1} + \gamma Q(s_{t+1}, a_{t+1}) - Q(s_t, a_t)] \tag{3-30}$$

SARSA 是一种同时进行值函数和策略空间逼近的泛化方法。在此方法中，基本采用 Actor-Critic 的结构，即 Actor 网络实现对连续策略空间的逼近，Critic 网络实现对值函数的逼近。

Actor-Critic 学习算法对值函数与策略进行有效估计，Critic 使用 TD 算法来估计值函数，Actor 使用策略梯度估计方法进行梯度下降学习。我们可以在连续行为空间中运行

MDP 最优策略的 Actor-Critic 学习算法，其结构如图 3-42 所示。

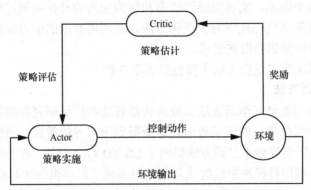

图 3-42　Actor-Critic 学习算法结构

3.8　本章小结

本章首先介绍了神经元与感知器模型，重点分析了用于神经网络训练的反向传播算法及神经网络的多种连接方式，探讨了深度神经网络与深度学习两者间的联系，然后针对深度网络学习，介绍了几种常用的激活函数和损失函数。了解人工神经网络的各种形式对理解深度学习具有很大的帮助，利用人工神经单元之间的各种网络连接模式构建不同类型的神经网络和深度网络，试图模拟大脑结构及其功能，有可能是实现机器智能的有效途径。虽然单个神经元的结构极其简单，且功能有限，但大量神经元构成的网络系统所能实现的行为却是极其多样的。

课后习题

1. 深度学习出现空前的繁荣，主要原因有（　　）。

A. 更多的数据　　　　　　　B. 更多的应用场景　　　　　　C. 计算力的提升

2. 什么是卷积？卷积的作用是什么？

3. RNN 的原理是什么？

4. 简述强化学习算法思想。

答案：1. A,B,C　　2. 见第三章　　3. 见第三章　　4. 见第三章

第 4 章
TensorFlow 机器学习框架

学习目标

◆ 熟知 TensorFlow 安装步骤;

◆ 了解 TensorFlow1.x 和 TensorFlow2.x 的区别;

◆ 掌握 TensorFlow 的基础语法;

◆ 熟练掌握 TensorFlow 基础案例方法。

TensorFlow 作为最流行的机器学习框架之一,具有对 Python 语言良好支持的特性,这有效地降低了机器学习开发的门槛,让更多的工程师能够以低成本投身到人工智能的浪潮中。TensorFlow 框架支持 CPU、GPU、Google TPU 等硬件环境,让机器学习能够便捷地移植到各种环境中。

本章将全面阐述 TensorFlow 机器学习框架的原理、概念,详细讲解线性回归、支持向量机、神经网络算法和无监督学习等常见的机器学习算法模型,并通过 TensorFlow 在自然语言文本处理、语音识别、图形识别和人脸识别等方面的应用来讲解 TensorFlow 的实际开发过程。

4.1　TensorFlow 2.x 安装

TensorFlow 2.0 GPU 版本的安装

1. TensorFlow 2.0 GPU 版本基础显卡要求和前置软件安装

配置一块 TensorFlow 2.0 GPU 版本的显卡，如图 4-1 所示，实际上，一块标准的 NVIDA 750Ti 显卡就能满足起步阶段的基本需求。

图 4-1　TensorFlow 2.0 GPU 版本的显卡

① 首先介绍版本，目前使用的 TensorFlow 2.0 的 NVIDA 运行库版本如下。

- CUDA 版本：10.0。
- CUDNN 版本：7.5.0。

NVIDA 运行库对应的版本一定要配合使用，建议不要改动，直接下载对应版本就可以。

相关人员可在 NAVDIA.DEVELOPER 官网上下载。下载界面如图 4-2 所示。直接下载 local 版本安装即可。

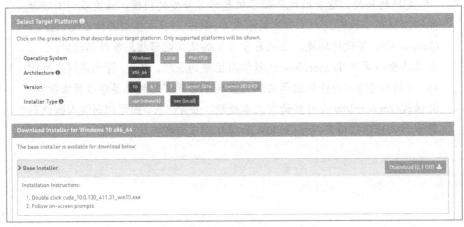

图 4-2　下载界面

② CUDA 下载后是一个.exe 文件，自行安装即可，不要修改其中的路径信息，完全使用默认路径安装。

③ 下载对应的 CUDNN 文件。相关人员可在 NAVDIA.DEVELOPER 官网上进行下载。CUDNN 的下载需要先注册一个用户名，之后直接进入下载 CUDNN 文件页面，如图 4-3 所示。

图 4-3　下载 CUDNN 文件页面

注意：不要选择错误的版本，此处选择 cuDNN Library for Windows 10。

④ 安装 CUDNN，下载的 CUDNN 文件是一个压缩文件，直接将其解压到 CUDA 安装目录即可，如图 4-4 所示。

图 4-4　CUDA 安装目录

⑤ 设置环境变量，将 CUDA 的运行路径加载到环境变量 path 中，如图 4-5 所示。

图 4-5　将 CUDA 的运行路径加载到环境变量 path 中

⑥ 完成 TensorFlow 2.0 GPU 版本的安装，只需运行一行简单的代码。

Pip install tensorflow-GPU-2.0.0b1

4.2　TensorFlow 1.x 与 TensorFlow 2.x 的差别

TensorFlow 1.x 与 2.x 之间的不同点，见表 4-1。

表 4-1　TensorFlow 1.x 与 TensorFlow 2.x 之间的不同点

序号	功能/API	TensorFlow2.x	TensorFlow1.x
1	Session	×	√
2	Placeholder	×	√
3	Graph	×	√
4	name_scope	×	√
5	Autograph	√	×
6	Keras	√	×
7	@tf.function	√	×
8	Eager Exection	√	×

声明：

TensorFlow2.x 中仍是 Graph 结构，只是在使用 2.x 开发时对开发者是不可见的；

TensorFlow2.x 中已不推荐使用 name_scope 管理变量，因为 2.0 已经自动对变量进行管理；

TensorFlow2.x 内置了 Keras，1.x 需要另行安装。

TensorFlow1.x 与 TensorFlow 2.x 之间的相同点。

TensorFlow2.x 保留了部分 1.x 的功能，共同的部分如下：

- Tensorboard；
- Estimator；
- 变量和张量；
- 模型；
- TFRecord；
- CPU 及 GPU 训练；
- TPU 训练。

4.3　TensorFlow 基础语法

4.3.1　TensorFlow 基础概念

1. BP 神经网络简介

在介绍 BP 神经网络之前，人工神经网络是必须提到的内容。人工神经网络的发展经历了大约半个世纪，从 20 世纪 40 年代初到 80 年代，神经网络的研究经历了几起几落的发展过程，如图 4-6 所示为人工神经网络研究的先驱们。

图 4-6　人工神经网络研究的先驱们

1943 年，心理学家麦克洛和数理逻辑学家皮兹在分析、总结神经元基本特性的基础上提出神经元的数学模型（McCulloch-Pitts 模型，简称 MP 模型），标志着神经网络研究的开始。由于受当时研究条件的限制，很多工作不能模拟，在一定程度上影响了 MP 模型的发展。尽管如此，MP 模型对后来的各种神经元模型及网络模型都有很大的启发作用，在 1949 年，唐纳德·赫布从心理学的角度提出了至今仍对神经网络理论有着重要影响的赫布法则。

1945 年，冯·诺依曼领导的设计小组试制成功存储程序式电子计算机，标志着电子计算机时代的开始。1948 年，他在研究工作中比较了人脑结构与存储程序式计算机的根本区别，提出了以简单神经元构成的再生自动机网络结构。但是，由于指令存储式计算机技术的发展非常迅速，迫使他放弃了神经网络的研究，继续投身于指令存储式计算机技术的研究，并在此领域作出了巨大贡献。虽然，冯·诺依曼的名字是与普通计算机联系在一起的，但他也是人工神经网络研究的先驱之一。

1958 年，罗森布拉特设计制作了"感知机"，它是一种多层的神经网络。这项工作首次把人工神经网络的研究从理论探讨付诸工程实践。感知机由简单的阈值性神经元组成，初步具备了学习、并行处理、分布存储等神经网络的一些基本特征，确立了从系统角度进行人工神经网络研究的基础。

1959 年，威德罗和霍夫提出了自适应线性元件（Adaptive Linear Neuron, Adaline）网络，这是一种连续取值的线性加权求和阈值网络。后来，在此基础上发展了非线性多层自适应网络。Widrow-Hoff 的技术被称为最小均方误差（Least Mean Square, LMS）学习规则。至此神经网络的发展进入了第一个高潮期。

的确，在有限范围内，感知机有较好的功能，并且收敛定理得到证明。单层感知机能够通过学习把线性可分的模式分开，但对像 3OR（异或）这样简单的非线性问题却无法求解，这让人们大失所望，甚至开始怀疑神经网络的价值和潜力。

1969 年，麻省理工学院著名的人工智能专家明斯基和派泊特，出版了颇有影响力的《Perceptron》一书，从数学上剖析了简单神经网络的功能和局限性，并且指出多层感知器还不能找到有效的计算方法。由于明斯基在学术界的地位和影响，其悲观的结论，被大多数人接受，加之当时以逻辑推理为研究基础的人工智能和数字计算机的辉煌成就，大大降低了人们对神经网络研究的热情。

19 世纪 30 年代末期，人工神经网络的研究进入低潮。尽管如此，神经网络的研究并未完全停下来，仍有不少学者在极其艰难的条件下致力于这一研究。1972 年，霍南（T.Kohonen）和安德逊不约而同地提出了具有联想记忆功能的新神经网络。1973 年，葛罗斯柏格与 G.A.Carpenter 提出了自适应共振理论（Adaptive Resonance Theory, ART），并在以后的若干年内发展了 ART1、ART2、ART3 这 3 个神经网络模型，为神经网络研究的发展奠定了理论基础。

进入 20 世纪 80 年代，特别是 80 年代末期，人们对神经网络的研究从复兴很快转入了新的热潮。这主要是因为经过十几年迅速发展，以逻辑符号处理为主的人工智能理论和冯·诺依曼计算机在处理视觉、听觉、形象思维、联想记忆等智能信息的问题上受到了挫折。而并行分布处理的神经网络本身的研究成果，使人们看到了新的希望。

1982 年，美国加州工学院的物理学家约翰·霍普菲尔德提出了 HNN（Hoppfield Neural Network，Hoppfield 神经网络）模型，并首次引入了网络能量函数概念，使网络稳定性研究有了明确的依据，其电子电路实现为神经计算机的研究奠定了基础，同时开拓了神经网络用于联想记忆和优化计算的新途径。

1983 年，K.Fukushima 等人提出了神经认知机网络理论；1985 年，D.H.Ackley、G.E.Hinton 和特伦斯·谢诺夫斯基（T.J.Sejnowski）将模拟退火概念移植到 Boltzmann 机模型的学习中，以保证网络能收敛到全局最小值。1983 年，鲁姆哈特（D.Rumelhart）和J.McCelland 等人提出了 PDP（Parallel Distributed Processing，并行分布式）理论，致力于认知微观结构的探索，同时发展了多层网络的 BP 算法，使 BP 网络成为目前应用最广泛的网络。

反向传播（Back Propagation，BP）的使用出现在 1985 年后，它的广泛使用是在 1983 年 D.Rumelhart 和 J.McCelland 所著的《Parallel Distributed Processing》出版以后。1987 年，T.Kohonen 提出了自组织映射（Self Organizing Map, SOM）。1987 年，美国电气与电子工程师协会（Institute of Electrical and Electronic Engineers，IEEE）在圣地亚哥召开了盛大规模的神经网络国际学术会议，国际神经网络学会（International Neural Networks Society，INNS）随之诞生。反向传播如图 4-7 所示。

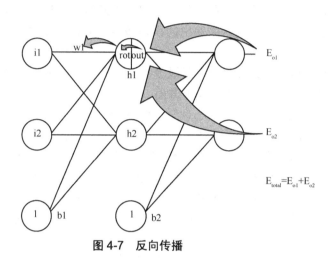

图 4-7　反向传播

1988 年，INNS 的正式杂志 Neural Networks 创刊。从 1988 年开始，INNS 和 IEEE 每年联合召开一次国际学术年会。1990 年，IEEE 神经网络会刊问世，各种期刊的神经网络特刊层出不穷，神经网络的理论研究和实际应用进入了蓬勃发展时期。

BP 神经网络是由 D.Rumelhart 和 J.McCelland 提出的，BP 神经网络是一种按误差反向传播算法训练的多层前馈网络，是目前应用最广泛的神经网络模型之一，如图 4-8 所示。

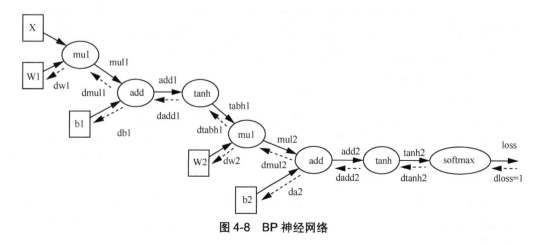

图 4-8　BP 神经网络

BP 算法的学习过程由信息的正向传播和误差的反向传播两个过程组成。

输入层：各神经元负责接收来自外界的输入信息，并传递给中间层各神经元。

中间层：是内部信息处理层，负责信息变换，根据信息变化能力的需求，中间层可以设计为单隐层或多隐层结构。

最后一个隐层：传递到输出层各神经元的信息，经过最后一个隐层的处理后，完成一次学习的正向传播处理过程，并由输出层向外界输出信息处理结果。

当实际输出与期望输出不符时，神经网络进入误差的反向传播阶段。误差通过输出层，按误差梯度下降的方式修正各层权值，并向隐层、输入层逐层反传。周而复始的信息正向传播和误差反向传播过程，是各层权值不断调整的过程，也是神经网络学习训练的过程，此过程一直进行到网络输出的误差减少到可以接受的程度或者预先设定的学习次数为止。

目前神经网络的研究方向和应用很多，反映了多学科交叉技术领域的特点。BP 神经网络主要的研究工作集中在以下几个方面。

生物原型研究。从生理学、心理学、解剖学、脑科学、病理学等生物科学方面研究神经细胞、神经网络、神经系统的生物原型结构及其功能机理。

建立理论模型。根据生物原型的研究，建立神经元、神经网络的理论模型。理论模型包括概念模型、知识模型、物理模型、化学模型、数学模型等。

网络模型与算法研究。在理论模型研究的基础上构建具体的神经网络模型，以实现计算机模拟或硬件的仿真，同时还包括网络学习算法的研究。这方面的工作称为技术模型研究。

人工神经网络应用系统。在网络模型与算法研究的基础上，利用人工神经网络组成实际应用系统。例如，完成某种信号处理或模式识别的功能、构建专家系统、制造机器人等。

2. BP 神经网络 2 个基础算法详解

在正式介绍 BP 神经网络之前，首先介绍 2 个非常重要的算法，最小二乘法和随机梯度下降算法。

最小二乘法是统计分析中最常用的逼近计算的一种算法，其交替计算使得最终结果尽可能地逼近真实结果。而随机梯度下降算法是充分利用 TensorFlow 框架的图运算特性的迭代和高效性，通过不停地判断和选择当前目标下的最优路径，达到最优的结果，从而提高大数据的计算效率。

（1）最小二乘法详解

最小二乘法是一种数学优化技术，也是一种机器学习常用算法。它通过最小化误差的平方和寻找数据的最佳函数匹配。利用最小二乘法可以简单地求得未知的数据，并使得这些数据与实际数据之间误差的平方和最小。最小二乘法还可用于曲线拟合及一些优化问题。最小二乘法原理如图 4-9 所示。

从图 4-9 可以看到，若干个点依次分布在向量空间中，如果希望找出一条直线和这些点达到最佳匹配，最简单的一个方法就是这些点到直线的值最小，即最小二乘法实现公式的值最小。

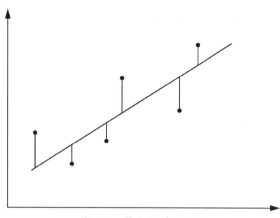

图 4-9　最小二乘法原理

$$f(x) = ax + b \tag{4-1}$$

$$\delta = \sum (f(x_i) - y_i)^2 \tag{4-2}$$

这里直接用的是真实值与计算值之间的差的平方和，这种差值称为"残差"。表达残差的方式有以下 3 种：

- ∞范数：残差绝对值的最大值 $\max\limits_{1 \le i \le m} |r_i|$ ，即所有数据点中残差距离的最大值。

- L1 范数：绝对残差和 $\sum_{i=1}^{m} |r_i|$ ，即所有数据点的残差距离之和。

- L2 范数：残差平方和 $\sum_{i=1}^{m} r_i^2$ ，即每个残差平方之后加起来称为残差平方和。

可以看到，所谓的最小二乘法就是 L2 范数的一个具体应用。通俗地说，就是看模型计算出的结果与真实值之间的相似性。

因此，最小二乘法可定义为：对于给定的数据 $(x_i, y_i)(i = 1, \cdots\cdots, m)$ ，在取定的假设空间 H 中，求解 $f(3) \in H$ ，使得残差 $\delta = \sum (f(x_i) - y_i)^2$ 的 L2 范数最小。

可能有同学会提出疑问，这里的 $f(3)$ 该如何表示。实际上函数 $f(3)$ 是一条多项式曲线：

$$f(x, w) = w_0 + w_0 x + w_0 x^2 + w_0 x^3 + \cdots + w_0 x^n \tag{4-3}$$

由上面的公式我们知道，所谓的最小二乘法就是找到一组权重 w ，使得 $\delta = \sum (f(x_i) - y_i)^2$ 最小。

最小二乘法的结果，可以通过数学上的微积分处理方法，对权值依次求偏导数，最后令偏导数为 0，求出极值点。

$$\frac{\partial f}{\partial w_0} = 2 \sum_1^m (w_0 + w_1 x_i - y_i) = 0$$

$$\frac{\partial f}{\partial w_1} = 2 \sum_1^m (w_0 + w_1 x_i - y_i) x_i = 0$$

$$\vdots$$

$$\frac{\partial f}{\partial w_n} = 2 \sum_1^m (w_0 + w_n x_i - y_i) x_i = 0$$

具体实现最小二乘法的代码如下所示：

```
import numpy as np
from matplotlib import pyplot as plt

A=np.array([[5],[4]])
C = np.array ([[4],[6]])
B=A.T.dot(C)
AA=np . linalg.inv (A.T.dot(A))
L=AA.dot(B)
P=A.dot(l)
3=np.linspace (-2,2,10)
3.shape=(1,10)
33=A.dot (3)
fig =plt.figure()

a3= fig.add_subplot(111)
a3.plot(33[0,:],33[1,:])
a3.plot (A[0],A[1],'ko')
a3.plot{C[0],P[0]1,[C1],P[1],'r-o'}
a3.plot{[0,C[0].[0,C[1]],"m-o"}
a3.a3vline(3=0 , color='black ')
a3.a3hlinef(y=0 ,color='black')
margin=0.1
a3.te3t{A[0] +margin, A[1]+margin, r"A",fontsize-20}
a3.te3t{C[0] +margin,C[1]+margin, r"C",fontsize-20}
a3.te3t{P[0] +margin, P[1] +margin, r"P",fontsize-20}
a3.te3t(O+margin, 0+margin, r"o" , fontsize-20)
a3.te3t(0+margin, 4+margin,   r"y", fontsize-20)
a3.te3t(4+margin,0+margin,   r"3" , fontsize=20)
plt.3ticks (np.arange(-2,3))
plt.yticks(np.arange(-2,3))
a3.a3is(' equal')

plt.show()
```

最小二乘法拟合曲线如图 4-10 所示。

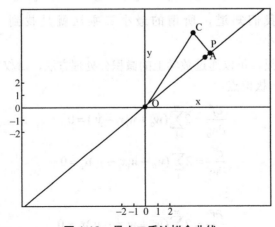

图 4-10　最小二乘法拟合曲线

（2）道士下山的故事——梯度下降算法

随机梯度下降算法的演示如图 4-11 所示。

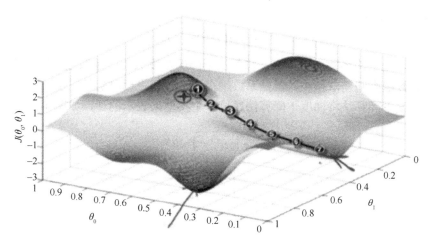

图 4-11　随机梯度下降算法的演示

为了便于理解，我们将其比喻成道士想要出去游玩的一座山。

设想道士有一天和道友一起到一座不太熟悉的山上玩，在兴趣盎然中很快登上了山顶。但是天空突然下起了雨。如果这时需要道士和其同来的道友用最快的速度下山，那么怎么办呢？

如果想以最快的速度下山，最快的办法就是顺着坡度最陡峭的地方走下去。但是由于不熟悉路，道士在下山的过程中，每走一段路程就需要停下来观望，从而继续选择最陡峭的下山路。这样一路走下来的话，可以在最短时间内走到山下。

图 4-11 所示的路线为：①→②→③→④→⑤→⑥→⑦。每个数字代表每次停顿的地点，这样只需要在每个停顿的地点选择最陡峭的下山路即可。

这就是道士下山的故事，随机梯度下降算法和这个类似。如果想要使用最快的下山方法，那么最简单的办法就是在下降一个梯度后，寻找一个当前获得的最大坡度继续下降。这就是随机梯度下降算法的原理。

从上面的例子可以看到，随机梯度下降算法就是不停地寻找某个节点中下降幅度最大的那个趋势进行迭代计算，直到将数据收缩到符合要求的范围为止。公式如下：

$$f(\theta) = \theta_0 x_0 + \theta_1 x_1 + \cdots + \theta_n x_n = \sum \theta_i x_i \tag{4-4}$$

在上一节介绍最小二乘法时，我们通过最小二乘法说明了直接求解最优化变量的方法，也介绍了在求解过程中的前提条件是计算值与实际值的偏差的平方最小。

但在随机梯度下降算法中，对于系数需要通过不停地求出当前位置下最优化的数据。本质就是不停地对系数 θ 求偏导数，公式如下：

$$\frac{\partial}{\partial\theta}f(\theta) = \frac{\partial}{\partial\theta}\frac{1}{2}\sum(f(\theta)-y_i)2 = (f(\theta)-y)x_i \tag{4-5}$$

公式中通过 θ 向着梯度下降的最快方向减少，推断出 θ 的最优解。

因此，随机梯度下降算法最终被归结为：通过迭代。计算特征值从而求出最合适的值。θ 求解的公式如下：

$$\theta = \theta - \alpha(f(\theta)-y_i)x_i \tag{4-6}$$

公式中 α 是下降系数，是用来计算每次下降的幅度大小。系数越大则每次计算中差值越大，系数越小则差值越小，但是系数越小计算时间将相对延长。

随机梯度下降算法将梯度下降算法通过一个模型来表示的话，如图 4-12 所示。

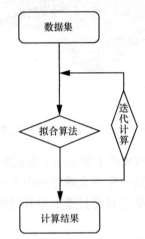

图 4-12　随机梯度下降算法过程

从图 4-12 中可以看出，实现随机梯度下降算法的关键是拟合算法的实现。而本例的拟合算法实现较为简单，通过不停地修正数据值从而达到数据的最优值。

随机梯度下降算法在神经网络，特别是机器学习中应用较广，但是由于其噪声较多，使得在计算过程中并不是都向着整体最优解的方向优化，往往可能只是一个局部最优解。因此，为了克服这些缺点，最好的办法就是增大数据量，不停地进行迭代处理，确保整体的方向是全局最优解，或者最优结果在全局最优解附近。

```
x=[(2,0,3), (1,0,3), (1,1,3),  (1,4,2), (1,2,4)]
y=[5, 6, 8, 10, 11]
epsilon= 0.002
alpha= 0.02
diff=[0,0]
ma3_itor =1000
error0=0
error1 =0
cnt =0
m = len (x)
theta0 =0
theta1 =0
```

```
theta2 =0

while True:
cnt t=1
for i in range (m):
diff[0]=(theta0* x[i][0] + thetal * x[i][1] + theta2* x[i][2])- y[i]
theta0 —= alpha * diff[0]*x[i][0]
theta1 —= alpha* diff[0]* x[i][1]
theta2 —= alpha * diff[0]*x[i][2]
error1 =0
for lp in range(len(x)):
    errorl = (y[lp]-(theta0 + thetal1* x[1p][1]+ theta2*x[1p][2]))**2/2
    if abs(error1 -error0) < epsilon:
            break
        else;
            error0 =error1
print ( "theta0 : %f, thetal :%f, theta2 :%f, errorl :%f "%(theta0，theta1,theta2,errorl)
print ( ' Done: theta0 : %f, thetal : %f,  theta2 : %f ' %(theta0，thetal, theta2))
print("迭代次数:%d" % cnt)
```

最终结果打印如图 4-13 所示。

```
theta0 : 0.100684,thetal : 1.564907,theta2: 1.92065, errorl : 0.56459
Done: theta0 : 0.100684, thetal: 1.564907, theta2 : 1.920652
迭代次数: 2118
```

图 4-13　最终结果打印

从结果来看，程序运算过程需要迭代 2118 次即可获得最优解。

3.　反馈神经网络反向传播算法介绍

反向传播算法是神经网络的核心与精髓，在神经网络算法中占有举足轻重的地位。

反向传播算法就是复合函数的链式求导法则的一个强大应用，而且实际的应用比起理论的推导强大得多。本节将主要介绍反向传播算法最简单模型的推导，虽然模型简单，但是这个模型是使反向传播算法应用最为广泛的基础。

（1）深度学习基础

机器学习在理论上可以看作是统计学在计算机科学上的一个应用。在统计学上，非常重要的内容就是拟合和预测，即基于以往的数据，建立光滑的曲线模型实现数据结果与数据变量的对应关系。

深度学习作为统计学的应用，同样是为了寻找结果与影响因素的一一对应关系。深度学习的样本点由狭义的 3 和 y 扩展到向量、矩阵等广义的对应点。深度学习由于数据复杂，对应关系模型的复杂度也随之增加，模型不能使用一个简单的函数表达。

数学上通过建立复杂的高次多元函数解决复杂模型拟合的问题，但是大多数都失败了，因为过于复杂的函数式无法进行求解，也就是其公式不可能获取。

基于前人的研究，科研工作人员发现可以通过神经网络来表示这样的一一对应关系，神经网络本质就是一个多元复合函数，通过增加神经网络的层次和神经单元，可以更好地表达函数的复合关系。

图 4-14 是多层神经网络的表达方式，与我们在前面 TensorFlow 中看到的神经网络模型类似。通过设置输入层、隐藏层与输出层可以形成一个多元函数以求解相关问题。

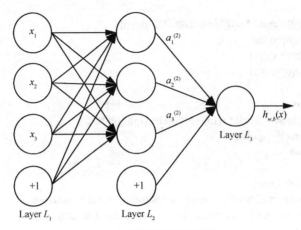

图 4-14　多层神经网络的表达方式

通过数学表达式将多层神经网络模型表达出来，公式如下：

$$a_1 = f(w_{11} \times x_1 + w_{12} \times x_2 + w_{13} \times x_3 + b_1) \tag{4-7}$$

$$a_2 = f(w_{21} \times x_1 + w_{22} \times x_2 + w_{23} \times x_3 + b_2) \tag{4-8}$$

$$a_3 = f(w_{31} \times x_1 + w_{32} \times x_2 + w_{33} \times x_3 + b_3) \tag{4-9}$$

$$h(x) = f(w_{11} \times a_1 + w_{12} \times a_2 + w_{13} \times a_3 + b_1) \tag{4-10}$$

其中 3 是输入数值，w 是相邻神经元之间的权重，也就是神经网络在训练过程中需要学习的参数。与线性回归类似，神经网络学习同样需要一个"损失函数"，即训练目标通过调整每个权重值 w 来使得损失函数最小。在讲解梯度下降算法的时候已经说过，如果权重过多或者指数过大，直接求解系数是不可能的，因此梯度下降算法是能够求解权重问题的比较好的方法。

（2）链式求导法则

在梯度下降算法的介绍中，没有对其背后的原理做出更为详细地介绍。实际上梯度下降算法就是链式术导法则的一个具体应用，如果把前面公式中损失函数以向量的形式表示为：

$$h(x) = f(w_{11}, w_{12}, w_{13}, w_{14}, \cdots, w_{ij}) \tag{4-11}$$

那么其梯度向量为：

$$\nabla h = \frac{\partial f}{\partial W_{11}} + \frac{\partial f}{\partial W_{12}} + \cdots + \frac{\partial f}{\partial W_{ij}} \tag{4-12}$$

可以看到，所谓的梯度向量就是求出函数在每个向量上的偏导数之和。这也是链式术导法则善于解决的问题。

下面以 $e = (a+b) \times (b+1)$，其中 $a = 2, b = 1$ 为例，计算其偏导数，如图 4-15 所示。

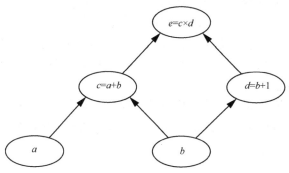

图 4-15 计算示意

为了求得最终值 e 对各个点的梯度，需要将各个点与 e 联系在一起，如期望求得 e 对输入点 a 的梯度，则只需要求得：

$$\frac{\partial e}{\partial a} = \frac{\partial e}{\partial c} \times \frac{\partial c}{\partial a} \tag{4-13}$$

这样就把 e 与 a 的梯度联系在一起，同理可得：

$$\frac{\partial e}{\partial b} = \frac{\partial e}{\partial c} \times \frac{\partial c}{\partial b} + \frac{\partial e}{\partial d} \times \frac{\partial d}{\partial b} \tag{4-14}$$

链式法则的应用，如图 4-16 所示。

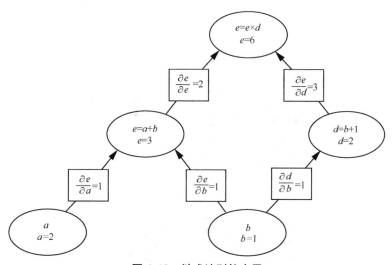

图 4-16 链式法则的应用

这样做的好处显而易见，求 e 对 a 的偏导数只要建立一个 e 到 a 的路径，图中经过 c，通过相关的求导链路就可以得到所需要的值。对于求 e 对 b 的偏导数，也只需要建立所

有 e 到 b 路径中的求导链路从而获得需要的值。

（3）反馈神经网络原理与公式推导

在求导过程中，如果拉长了求导过程或者增加了其中的单元，那么就会大大增加其中的计算量，即很多偏导数的求导过程会被反复地计算。因此在实际中对于权值达到几十万或者上百万的神经网络来说，这样的重复导致计算量很大。

同样是为了求得对权重的更新，反馈神经网络算法将训练误差 E 看作以权重向量每个元素为变量的高维函数，通过不断更新权重，寻找训练误差的最低点，按误差函数梯度下降的方向更新权值。

提示：反馈神经网络算法具体计算公式在本节后半部分进行推导。

首先求得反馈神经网络最后的输出层与真实值之间的差距，如图 4-17 所示。

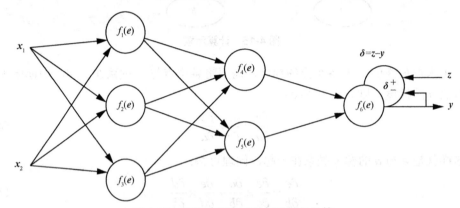

图 4-17　反馈神经网络最终误差的计算

以计算出的测量值与真实值为起点，反向传播到上一个节点，并计算出节点的误差值，如图 4-18 所示。

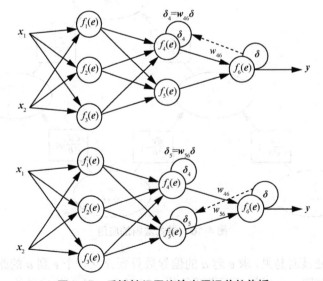

图 4-18　反馈神经网络输出层误差的传播

将计算出的节点误差重新设置为起点，依次向后传播误差，如图 4-19 所示。

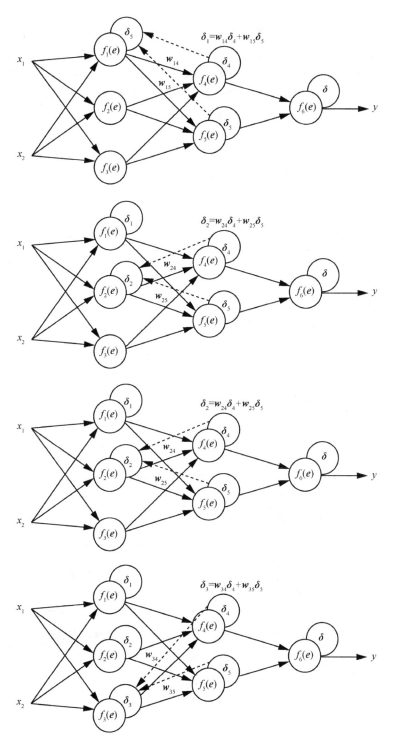

图 4-19　反馈神经网络隐藏层误差的计算

注意，对于隐藏层，误差并不是像输出层一样由单个节点确定，而是由多个节点确定，因此要求得所有误差值之和。

通俗地解释，一般情况下误差的产生是由于输入值与权重的计算产生了错误，而对于输入值来说，输入值往往是固定不变的，因此对于误差的调节，只需要对权重进行更新。而权重的更新又是以输入值与真实值的偏差为基础，当最终层的输出误差被反向一层层地传递回来后，每个节点被相应地分配适合其在神经网络地位中所担负的误差，即只需要更新其所需承担的误差量，如图 4-20 所示。

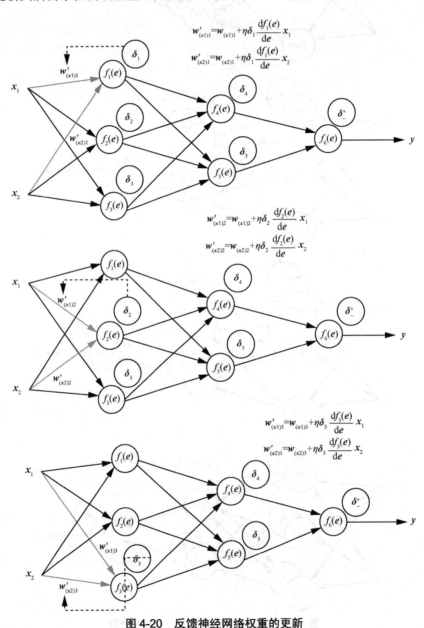

图 4-20　反馈神经网络权重的更新

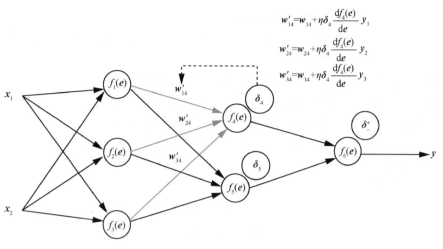

$$w'_{14}=w_{14}+\eta\delta_4\frac{\mathrm{d}f_4(e)}{\mathrm{d}e}\,y_1$$

$$w'_{24}=w_{24}+\eta\delta_4\frac{\mathrm{d}f_4(e)}{\mathrm{d}e}\,y_2$$

$$w'_{34}=w_{34}+\eta\delta_4\frac{\mathrm{d}f_4(e)}{\mathrm{d}e}\,y_3$$

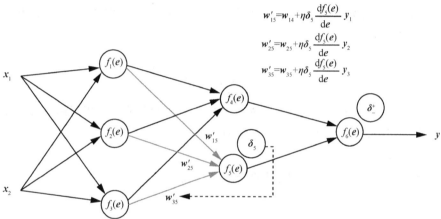

$$w'_{15}=w_{14}+\eta\delta_5\frac{\mathrm{d}f_5(e)}{\mathrm{d}e}\,y_1$$

$$w'_{25}=w_{25}+\eta\delta_5\frac{\mathrm{d}f_5(e)}{\mathrm{d}e}\,y_2$$

$$w'_{35}=w_{35}+\eta\delta_5\frac{\mathrm{d}f_5(e)}{\mathrm{d}e}\,y_3$$

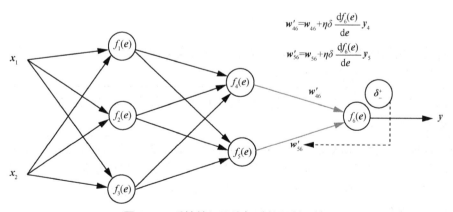

$$w'_{46}=w_{46}+\eta\delta\frac{\mathrm{d}f_6(e)}{\mathrm{d}e}\,y_4$$

$$w'_{56}=w_{56}+\eta\delta\frac{\mathrm{d}f_6(e)}{\mathrm{d}e}\,y_5$$

图 4-20　反馈神经网络权重的更新（续）

　　反馈神经网络的每一层需要维护输出对当前层的微分值，该微分值相当于被复用于之前每一层里权值的微分计算。因此空间复杂度没有变化，同时也没有重复计算，每一个微分值都在之后的迭代中使用。

下面介绍一下反馈神经网络算法公式的推导。

首先是反馈神经网络算法的分析，前面已经说过，对于反馈神经网络算法主要需要知道输出值与真实值之间的差值。

对输出层单元，误差项是真实值与模型计算值之间的差值。

对隐藏层单元，由于缺少直接的目标值来计算隐藏单元的误差，因此需要以间接的方式来计算隐藏层的误差项对受隐藏单元 h 影响的每一个单元的误差进行加权求和。

权值的更新，主要依靠学习速率，该权值对应的输入及单元的误差项。

1）前向传播算法

对于前向传播的值传递，隐藏层输出值定义如下：

$$a_h^{HI} = W_h^{HI} \times X_i \tag{4-15}$$

$$b_h^{HI} = f(a_h^{HI}) \tag{4-16}$$

其中 X_i 是当前节点的输入值，W_h^{HI} 是连接到此节点的权重，a_h^{HI} 是输出值。f 是当前阶段的激活函数，b_h^{HI} 为当前节点的输入值经过计算后被激活的值。对于输出层，定义如下：

$$a_k = \sum W_{hk} \times b_h^{HI} \tag{4-17}$$

其中 W_{hk} 为输入的权重，b_h^{HI} 为输入到输出节点的输入值。这里对所有输入值进行权重计算后求得和值，作为神经网络的最后输出值 a_k。

2）反向传播算法

与前向传播类似，首先需要定义两个值 δ_k 与 δ_h^{HI}：

$$\delta_k = \frac{\partial L}{\partial a_k} = (Y - T) \tag{4-18}$$

$$\delta_h^{HI} = \frac{\partial L}{\partial a_h^{HI}} \tag{4-19}$$

其中，δ_k 为输出层的误差项，其计算值为真实值与模型计算值之间的差值。Y 是计算值，T 是输出真实值。δ_h^{HI} 为输出层的误差。

> 提示：对于 δ_k 与 $\overline{\delta_h^{HI}}$ 来说，无论定义在哪个位置，都可以看作当前的输出值对于输入值的梯度计算。

通过前面的分析可以知道，所谓的反馈神经网络算法，就是逐层地将最终误差进行分解，即每一层只与下一层打交道，如图 4-21 所示。据此可以假设每一层均为输出层的前一个层级，通过计算前一个层级与输出层的误差得到权重的更新。

因此反馈神经网络计算公式定义为：

$$\delta_h^{HI} = \frac{\partial L}{\partial a_h^{HI}} = \frac{\partial L}{\partial b_h^{HI}} \times \frac{\partial b_h^{HI}}{\partial a_h^{HI}} = \frac{\partial L}{\partial b_h^{HI}} \times f'(a_h^{HI}) = \frac{\partial L}{\partial a_k} \times \frac{\partial a_k}{\partial b_h^{HI}} \times f'(a_h^{HI}) = \tag{4-20}$$

$$\delta_k \times \sum W_{hk} \times f'(a_h^{HI}) = \sum W_{hk} \times \delta_k \times f'(a_h^{HI})$$

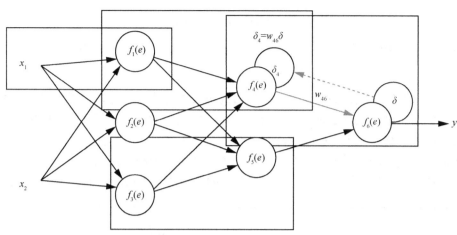

图 4-21　权重的逐层反向传导

前层输出值对误差的梯度可以通过下一层的误差与权重和输入值的梯度乘积获得。

公式 $\sum W_{hk} \times \delta_k \times f'(a_h^{HI})$ 中，δ_k 为输出层，可以通过 $\delta_k = \dfrac{\partial L}{\partial a_k} = (Y - T)$ 求得；而 δ_k 为非输

出层，可以使用逐层反馈的方式求得。

> 提示：对于 $\overline{\delta_k}$ 与 $\overline{\delta_h^{HI}}$ 来说，其计算结果都是当前的输出值对于输入值的梯度计算，
> 是权重更新过程中一个非常重要的数据计算内容。

或者换一种表述形式将前面公式表示为：

$$\delta^l = \sum W_{ij}^l \times \delta_j^{l+1} \times f'(a_i^l) \tag{4-21}$$

可以看到，通过更为泛化的公式，把当前层的输出对输入的梯度计算转化成求下一
个层级的梯度计算值。

3）权重的更新

反馈神经网络计算的目的是对权重的更新，因此与梯度下降算法类似，其更新可以
仿照梯度下降对权值的更新公式：

$$\theta = \theta - \alpha(f(\theta) - y_i)x_i \tag{4-22}$$

即：

$$W_{ji} = W_{ji} + \alpha \times \delta_j^l \times x_{ji} \tag{4-23}$$

$$b_{ji} = b_{ji} + \alpha \times \delta_j^l \tag{4-24}$$

其 ji 表示反向传播时对应的节点系数，通过对 δ_j^l 的计算，就可以更新对应的权重值。
W_{ji} 的计算公式如上所示。

对于没有推导的 b_{ji}，其推导过程与 W_{ij} 类似，但是在推导过程中输入值是被消去的。

4）反馈神经网络原理的激活函数

反馈神经网络的函数如下：

$$\delta^l = \sum W_{ij}^l \times \delta_j^{l+1} \times f'(a_i^l) \tag{4-25}$$

对于此公式中的 W_{ij}^l 和 δ_j^{l+1} 以及所需要计算的目标 δ^l 已经做了较为详尽地解释。但是对于 $f'(a_i^l)$，却一直没有做出介绍。

回到前面生物神经元的图示中，电信号通过神经元进行传递，由于神经元的突触强弱有一定的敏感度，也就是神经元只会对超过一定范围的信号进行反馈，即电信号必须大于某个阈值，神经元才会被激活，引起后续地传递。

在训练模型中同样需要设置神经元的阈值，即神经元被激活的频率，用于传递相应的信息，模型中这种能够确定当前神经元节点的函数称为"激活函数"，如图 4-22 所示。

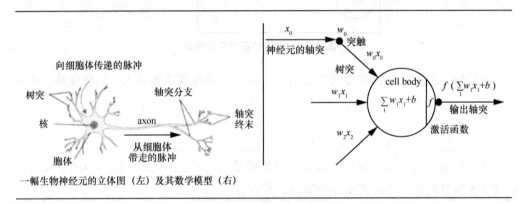

一幅生物神经元的立体图（左）及其数学模型（右）

图 4-22 激活函数示意

激活函数代表生物神经元接收到的信号强度，目前应用范围较广的是 Sigmoid 函数。Sigmoid 函数应用范围较广的原因是其在运行过程中只接受一个值，输出也是一个经过公式计算后的值，且输出值在 0～1。

$$y = \frac{1}{1 + e^{-x}} \tag{4-26}$$

Sigmoid 函数，如图 4-23 所示。

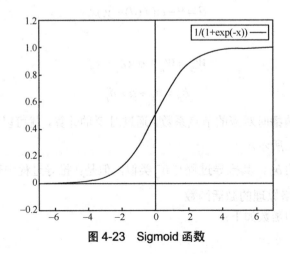

图 4-23 Sigmoid 函数

其导函数求法也较为简单，即：

$$y' = \frac{e^{-x}}{(1+e^{-x})^2} \qquad (4-27)$$

换一种表示方式为：

$$f(x)' = f(x) \times (1 - f(x)) \qquad (4-28)$$

Sigmoid 函数输入一个实数，之后将其压缩到 0～1 之间，对于较大值的负数被映射成 0，而较大值的正数被映射成 1。

Sigmoid 函数在神经网络模型中占据了很长一段时间的统治地位，然而目前 Sigmoid 函数已经不常使用，主要原因是其非常容易区域饱和，当输入非常大或者非常小时，其梯度区域 0 会造成在传播过程中产生接近于 0 的梯度。这样在后续的传播时会造成梯度消散的现象，因此并不适合现代的神经网络模型。

另外，近年来涌现出大量新的激活函数模型，如 Ma3out、Tanh 和 ReLU，这些模型都是为了解决传统的 Sigmoid 模型在更深程度的神经网络所产生的各种缺陷。

提示：Sigmoid 函数的具体使用和影响会在后文的 TensorFlow 实战中进行介绍。

4.3.2　第一个 TensorFlow 实例

tensor 介绍

TensorFlow 中，tensor 通常分为常量 tensor 与变量 tensor。常量 tensor 定义后值和维度不可变，变量 tensor 定义后值可变而维度不可变。

在神经网络中，变量 tensor 一般可作为存储权重和其他信息的矩阵，是可训练的数据类型。而常量 tensor 可作为存储超参数或其他结构信息的变量。

（1）创建 tensor

常量 tensor 的创建方式比较多，常见的有以下几种方式。

tf.constant()：创建常量 tensor。

tf.zeros(), tf.zeros_like(), tf.ones(),tf.ones_like()：创建全 0 或者全 1 的常量 tensor。

tf.fill()：创建自定义数值的 tensor。

tf.random：创建已知分布的 tensor。

创建常量 tensor 从 numpy，list 对象创建，再利用 tf.convert_to_tensor 转换为类型。

```
#tf.constant(value, dtype=None, shape=None, name='Const', verify_shape=False):
#    value：值；
#    dtype：数据类型；
#    shape：张量形状；
#    name：常量名称；
#    verify_shape：布尔值，用于验证值的形状，默认 False。verify_shape 为 True 的话表示检查 value 的形状
与 shape 是否相符，如果不符会报错。

# 创建 2x2 矩阵,值 1,2,3,4
const_a = tf.constant([[1, 2, 3, 4]],shape=[2,2], dtype=tf.float32)
```

```
        print(const_a)

        #查看常见属性
        print("常量 const_a 的数值为：", const_a.numpy())
        print("常量 const_a 的数据类型为：", const_a.dtype)
        print("常量 const_a 的形状为：", const_a.shape)
        print("常量 const_a 将被产生的设备名称为：", const_a.device)

        # tf.zeros(), tf.zeros_like(), tf.ones(),tf.ones_like()
        # 因为 tf.ones()，tf.ones_like()与 tf.zeros()，tf.zeros_like()的用法相似，因此下面只演示前者的使用方法。
        # 创建一个值为 0 的常量。
        #tf.zeros(shape, dtype=tf.float32, name=None):
        #      shape：张量形状；
        #      dtype：类型；
        #      name：名称。
        # 创建 2x3 矩阵，元素值均为 0
        zeros_b = tf.zeros(shape=[2, 3], dtype=tf.int32)
print(zeros_b)

        #根据输入张量创建一个值为 0 的张量，形状和输入张量相同。
        #tf.zeros_like(input_tensor, dtype=None, name=None, optimize=True):
        #      input_tensor：张量；
        #      dtype：类型；
        #      name：名称；
        #      optimize：优化。

        #示例
        zeros_like_c = tf.zeros_like(const_a)
        #查看生成数据
        Print(zeros_like_c.numpy())

        #创建一个张量，用一个具体值充满张量。
        #tf.fill(dims, value, name=None):
        #      dims：张量形状，同上述 shape；
        #      vlaue：张量数值；
        #      name：名称。
        # 2x3 矩阵，元素值均为为 8
        fill_d = tf.fill([3,3], 8)
        #查看数据
        print(fill_d.numpy())
```

#tf.random 用于产生具体分布的张量。该模块中常用的方法包括：tf.random.uniform()，tf.random.normal()和 tf.random.shuffle()等。下面演示 tf.random.normal()的用法。

```
        #创建一个符合正态分布的张量。
        #tf.random.normal(shape, mean=0.0, stddev=1.0,
        #dtype=tf.float32,seed=None,name=None):
        #      shape：数据形状；
        #      mean：高斯分布均值；
        #      stddev：高斯分布标准差；
```

```
#    dtype: 数据类型;
#    seed: 随机种子
#    name: 名称。

random_e = tf.random.normal([5,5],mean=0,stddev=1.0, seed = 1)
#查看创建数据
print(random_e.numpy())

#从 numpy, list 对象创建, 再利用 tf.convert_to_tensor 转换为类型。
#将给定制转换为张量。可利用这个函数将 python 的数据类型转换成 TensorFlow 可用的 tensor 数据类型。
#tf.convert_to_tensor(value,dtype=None,dtype_hint=None,name=None):
#    value: 需转换数值;
#    dtype: 张量数据类型;
#    dtype_hint: 返回张量的可选元素类型, 当 dtype 为 None 时使用。在某些情况下,
#调用者在 tf.convert_to_tensor 时可能没有考虑到 dtype, 因此 dtype_hint 可以用作为首选项。

#创建一个列表
list_f = [1,2,3,4,5,6]
#查看数据类型
print(type(list_f))
tensor_f = tf.convert_to_tensor(list_f, dtype=tf.float32)
print(tensor_f)
```

创建变量 tensor,TensorFlow 中, 变量通过 tf.Variable 类进行操作。tf.Variable 表示张量, 其值可以通过在其上运行算术运算更改。可读取和修改变量值。

```
# 创建变量, 只需提供初始值
var_1 = tf.Variable(tf.ones([2,3]))
print(var_1)
#变量数值读取
print("变量 var_1 的数值: ",var_1.read_value())
#变量赋值
var_value_1=[[1,2,3],[4,5,6]]
var_1.assign(var_value_1)
print("变量 var_1 赋值后的数值: ",var_1.read_value())
#变量加法
var_1.assign_add(tf.ones([2,3]))
print(var_1)
```

（2）tensor 切片与索引

```
#切片的方式主要有:
#    [start: end]: 从 tensor 的开始位置到结束位置的数据切片;
#    [start :end :step]或[::step]: 从 tensor 的开始位置到结束位置每隔 step 的数据
#    切片;
#    [::-1]:负数表示倒序切片;
#    '...': 任意长。
#创建一个 4 维 tensor。tensor 包含 4 张图片, 每张图片的大小为 100×100×3
tensor_h = tf.random.normal([4,100,100,3])
print(tensor_h)
#取出第一张图片
print(tensor_h[0,:,:,:])
```

```
#每两张图片取出一张切片
print(tensor_h[::2,...])
#倒序切片
print(tensor_h[::-1])


#索引的基本格式：a[d1][d2][d3]
#取出第一张图片第二个通道中在[20,40]位置的像素点
print(tensor_h[0][19][39][1])


#如果要提取的索引不连续的话，在 TensorFlow 中，常见的用法为 tf.gather 和 tf.gather_nd。
#在某一维度进行索引。
#tf.gather(params, indices,axis=None)：
#    params：输入张量；
#    indices：取出数据的索引；
#    axis：所取数据所在维度。
#取出 tensor_h（[4,100,100,3]）中，第 1，2，4 张图像。
indices = [0,1,3]
tf.gather(tensor_h,axis=0,indices=indices,batch_dims=1)


#tf.gather_nd 允许在多维上进行索引：tf.gather_nd(params,indices)：
#    params：输入张量；
#    indices：取出数据的索引，一般为多维列表。
#取出 tensot_h([4,100,100,3])中，第一张图像第一个维度中[1,1]的像素点；第二张图片第一像素点中[2,2]的像素点
indices = [[0,1,1,0],[1,2,2,0]]
tf.gather_nd(tensor_h,indices=indices)


#张量的维度变化
#维度查看
const_d_1 = tf.constant([[1, 2, 3, 4]],shape=[2,2], dtype=tf.float32)
#查看维度常用的 3 种方式
print(const_d_1.shape)
print(const_d_1.get_shape())
print(tf.shape(const_d_1))#输出为张量，其数值表示的是所查看张量维度大小
#可以看出.shape 和.get_shape()都是返回 TensorShape 类型对象，而 tf.shape(x)返回的是 Tensor 类型对象。


#维度重组
#tf.reshape(tensor,shape,name=None)：
#    tensor：输入张量；
#    shape：重组后张量的维度。


reshape_1 = tf.constant([[1,2,3],[4,5,6]])
print(reshape_1)
tf.reshape(reshape_1, (3,2))
# 维度增加
#tf.expand_dims(input,axis,name=None)：
#    input：输入张量；
#    axis：在第 axis 维度后增加一个维度。在输入 D 尺寸的情况下，轴必须在[-(D + 1),D]（含）范围内。负
数代表倒序。
```

```
#生成一个大小为 100×100×3 的张量来表示一张尺寸为 100×100 的三通道彩色图片
expand_sample_1 = tf.random.normal([100,100,3], seed=1)
print("原始数据尺寸：",expand_sample_1.shape)
print("在第一个维度前增加一个维度(axis=0)：",tf.expand_dims(expand_sample_1, axis=0).shape)
print("在第二个维度前增加一个维度(axis=1)：",tf.expand_dims(expand_sample_1, axis=1).shape)
print("在最后一个维度后增加一个维度(axis=-1)：",tf.expand_dims(expand_sample_1, axis=-1).shape)


#维度减少
#tf.squeeze(input,axis=None,name=None):
#    input：输入张量；
#    axis：axis=1，表示要删掉的为 1 的维度。
#生成一个大小为 100×100×3 的张量来表示一张尺寸为 100×100 的三通道彩色图片
squeeze_sample_1 = tf.random.normal([1,100,100,3])
print("原始数据尺寸：",squeeze_sample_1.shape)
squeezed_sample_1 = tf.squeeze(expand_sample_1)
print("维度压缩后的数据尺寸：",squeezed_sample_1.shape)


#转置
#tf.transpose(a,perm=None,conjugate=False,name='transpose'):
#    a：输入张量；
#    perm：张量的尺寸排列；一般用于高维数组的转置；
#    conjugate：表示复数转置；
#    name：名称。


#低维的转置问题比较简单，输入需转置张量调用 tf.transpose
trans_sample_1 = tf.constant([1,2,3,4,5,6],shape=[2,3])
print("原始数据尺寸：",trans_sample_1.shape)
transposed_sample_1 = tf.transpose(trans_sample_1)
print("转置后数据尺寸：",transposed_sample_1.shape)


#'''高维数据转置需要用到 perm 参数，perm 代表输入张量的维度排列。
#对于一个三维张量来说，其原始的维度排列为[0,1,2]（perm）分别代表高维数据的长宽高。
#通过改变 perm 中数值的排列，可以对数据的对应维度进行转置'''
#生成一个大小为 $×100×200×3 的张量来表示 4 张尺寸为 100×200 的三通道彩色图片
trans_sample_2 = tf.random.normal([4,100,200,3])
print("原始数据尺寸：",trans_sample_2.shape)
#对 4 张图像的长宽进行对调。原始 perm 为[0,1,2,3]，现变为[0,2,1,3]
transposed_sample_2 = tf.transpose(trans_sample_2,[0,2,1,3])
print("转置后数据尺寸：",transposed_sample_2.shape)


#广播（broadcast_to）
#利用把 broadcast_to 可以将小维度推广到大维度。
#tf.broadcast_to(input,shape,name=None):
#    input：输入张量；
#    shape：输出张量的尺寸。


broadcast_sample_1 = tf.constant([1,2,3,4,5,6])
print("原始数据：",broadcast_sample_1.numpy())
broadcasted_sample_1 = tf.broadcast_to(broadcast_sample_1,shape=[4,6])
```

```
print("广播后数据: ",broadcasted_sample_1.numpy())

#运算时，当两个数组的形状不同时，与 numpyy 一样，TensorFlow 将自动触发广播机制。
a = tf.constant([[ 0, 0, 0],
                 [10,10,10],
                 [20,20,20],
                 [30,30,30]])
b = tf.constant([1,2,3])
print(a + b)

#张量的算术运算
#算术运算符
#算术运算主要包括了: 加(tf.add)、减(tf.subtract)、乘(tf.multiply)、除(tf.divide)、取对数（tf.math.log）和指数
（tf.pow）等。
#因为调用比较简单，下面只演示一个加法例子。
a = tf.constant([[3, 5], [4, 8]])
b = tf.constant([[1, 6], [2, 9]])
print(tf.add(a, b))

#矩阵乘法运算
#矩阵乘法运算的实现通过调用 tf.matmul。
tf.matmul(a,b)

#张量的数据统计
#张量的数据统计主要包括:
#      tf.reduce_min/max/mean(): 求解最小值、最大值和均值函数；
#      tf.argmax()/tf.argmin(): 求最大、最小值位置；
#      tf.equal(): 逐个元素判断两个张量是否相等；
#      tf.unique(): 除去张量中的重复元素。
#      tf.nn.in_top_k(prediction, target, K):用于计算预测值和真实值是否相等，返回一个 bool 类型的张量。
#下面演示 tf.argmax()的用法:
#返回最大值所在的下标
#      tf.argmax(input,axis):
#      input: 输入张量；
#      axis: 按照 axis 维度，输出最大值。

argmax_sample_1 = tf.constant([[1,3,2],[2,5,8],[7,5,9]])
print("输入张量: ",argmax_sample_1.numpy())
max_sample_1 = tf.argmax(argmax_sample_1, axis=0)
max_sample_2 = tf.argmax(argmax_sample_1, axis=1)
print("按列寻找最大值的位置: ",max_sample_1.numpy())
print("按行寻找最大值的位置: ",max_sample_2.numpy())

#基于维度的算术操作
#TensorFlow 中，tf.reduce_*一系列操作等都造成张量维度的减少。这一系列操作都可以对一个张量在维度上
的元素进行操作，如按行求平均，求取张量中所有元素的乘积等。
#常用的包括: tf.reduce_sum(加法)、tf.reduce_prod（乘法）、tf.reduce_min（最小）、#tf.reduce_max（最大）、
tf.reduce_mean（均值）、tf.reduce_all（逻辑和）、tf.reduce_any
（逻辑或）和 tf.reduce_logsumexp（log(sum(exp))操作）等。
```

```
#这些操作的使用方法都相似，下面只演示 tf.reduce_sum 的操作案例。
#计算一个张量各个维度上元素的总和
#tf.reduce_sum(input_tensor, axis=None, keepdims=False,name=None):
#    input_tensor：输入张量；
#    axis：指定需要计算的轴，如果不指定，则计算所有元素的均值；
#    keepdims：是否降维度，设置为 True，输出的结果保持输入 tensor 的形状，设置为 False，输出结果会
降低维度；
#    name：操作名称。
reduce_sample_1 = tf.constant([1,2,3,4,5,6],shape=[2,3])
print("原始数据",reduce_sample_1.numpy())
print("计算张量中所有元素的和（axis=None）: ",tf.reduce_sum(reduce_sample_1,axis=None).numpy())
print("按列计算，分别计算各列的和（axis=0）: ",tf.reduce_sum(reduce_sample_1,axis=0).numpy())
print("按行计算，分别计算各行的和（axis=1）: ",tf.reduce_sum(reduce_sample_1,axis=1).numpy())


#张量的拼接与分割
#张量的拼接
#TensorFlow 中，张量拼接的操作主要包括：
#    tf.contact()：将向量按指定维度连起来，其余维度不变。
#    tf.stack() ：将一组 R 维张量变为 R+1 维张量，拼接前后维度变化。

#tf.concat(values, axis, name='concat'):
#    values：输入张量；
#    axis：指定拼接维度；
#    name：操作名称。

concat_sample_1 = tf.random.normal([4,100,100,3])
concat_sample_2 = tf.random.normal([40,100,100,3])
print("原始数据的尺寸分别为: ",concat_sample_1.shape,concat_sample_2.shape)
concated_sample_1 = tf.concat([concat_sample_1,concat_sample_2],axis=0)
print("拼接后数据的尺寸: ",concated_sample_1.shape)

#在原来矩阵基础上增加了一个维度，也是同样的道理，axis 决定维度增加的位置。
#tf.stack(values, axis=0, name='stack'):
#    values：输入张量；一组相同形状和数据类型的张量。
#    axis：指定拼接维度；
#    name：操作名称。

stack_sample_1 = tf.random.normal([100,100,3])
stack_sample_2 = tf.random.normal([100,100,3])
print("原始数据的尺寸分别为: ",stack_sample_1.shape, stack_sample_2.shape)
#拼接后维度增加。axis=0，则在第一个维度前增加维度。
stacked_sample_1 = tf.stack([stack_sample_1, stack_sample_2],axis=0)
print("拼接后数据的尺寸: ",stacked_sample_1.shape)


#张量的分割
#TensorFlow 中，张量分割的操作主要包括：
#    tf.unstack()：将张量按照特定维度分解。
#    tf.split()：将张量按照特定维度划分为指定的份数。
```

```
#与 tf.unstack()相比，tf.split()更佳灵活。
#tf.unstack(value,num=None,axis=0,name='unstack'):
#    value：输入张量；
#    num：表示输出含有 num 个元素的列表，num 必须和指定维度内元素的个数相等。通常可以忽略不写。
#    axis：指明根据数据的哪个维度进行分割；
#    name：操作名称。

#按照第一个维度对数据进行分解，分解后的数据以列表形式输出。
tf.unstack(stacked_sample_1,axis=0)

#tf.split(value, num_or_size_splits, axis=0):
#    value：输入张量；
#    num_or_size_splits：准备切成几份
#    axis：指明根据数据的哪个维度进行分割。

#tf.split()的分割方式有 2 种：
#1. 如果 num_or_size_splits 传入的是一个整数，那直接在 axis=D 这个维度上把张量平均切分成几个小张量。
#2. 如果 num_or_size_splits 传入的是一个向量，则在 axis=D 这个维度上把张量按照向量的元素值切分成几个
小张量。

import numpy as np
split_sample_1 = tf.random.normal([10,100,100,3])
print("原始数据的尺寸为：",split_sample_1.shape)
splited_sample_1 = tf.split(split_sample_1, num_or_size_splits=5,axis=0)
print("当 m_or_size_splits=10，分割后数据的尺寸为：",np.shape(splited_sample_1))
splited_sample_2 = tf.split(split_sample_1, num_or_size_splits=[3,5,2],axis=0)
print("当 num_or_size_splits=[3,5,2]，分割后数据的尺寸分别为：",
       np.shape(splited_sample_2[0]),
       np.shape(splited_sample_2[1]),
       np.shape(splited_sample_2[2]))

#张量排序
#TensorFlow 中，张量排序的操作主要包括以下几个。
#    tf.sort()：按照升序或者降序对张量进行排序，返回排序后的张量。
#    tf.argsort()：按照升序或者降序对张量进行排序,但返回的是索引。
#    tf.nn.top_k()：返回前 k 个最大值。
#tf.sort/argsort(input, direction, axis):
#    input：输入张量；
#    direction：排列顺序，可为 DESCENDING 降序或者 ASCENDING（升序）。
#默认为 ASCENDING（升序）；
#    axis：按照 axis 维度进行排序。默认 axis=-1 最后一个维度。

sort_sample_1 = tf.random.shuffle(tf.range(10))
print("输入张量：",sort_sample_1.numpy())
sorted_sample_1 = tf.sort(sort_sample_1, direction="ASCENDING")
print("升序排列后的张量：",sorted_sample_1.numpy())
sorted_sample_2 = tf.argsort(sort_sample_1,direction="ASCENDING")
print("升序排列后，元素的索引：",sorted_sample_2.numpy())
```

```
#tf.nn.top_k(input,K,sorted=TRUE):
#     input: 输入张量;
#     K: 需要输出的前 k 个值及其索引。
#     sorted:  sorted=TRUE 表示升序排列; sorted=FALSE 表示降序排列。
#返回 2 个张量:
#     values: 也就是每一行最大的 k 个数字
#     indices: 这里的下标是指输入张量的最后一个维度的下标

values, index = tf.nn.top_k(sort_sample_1,5)
print("输入张量: ",sort_sample_1.numpy())
print("升序排列后的前 5 个数值: ", values.numpy())
print("升序排列后的前 5 个数值的索引: ", index.numpy())
```

4.3.3　TensorFlow2.0 Eager Execution 模式

TensorFlow2.0 的 Eager Execution 模式是一种命令式编程,当你执行某个操作时,可以立即返回结果。而在 TensorFlow1.0 中一直是采用 Graph 模式,即先构建一个计算图,然后开启 Session,输入实际的数据后才真正执行,得到结果。Eager Execution 模式下,我们可以更容易 Debug 代码,但是代码的执行效率更低。下面我们在 Eager Execution 和 Graph 模式下,用 TensorFlow 实现简单的乘法,来对比 2 个模式的区别。

```
x = tf.ones((2, 2), dtype=tf.dtypes.float32)
y = tf.constant([[1, 2],
                 [3, 4]], dtype=tf.dtypes.float32)
z = tf.matmul(x, y)
print(z)
```

```
#在 TensorFlow 2.0 版本中使用 1.X 版本的语法,可以使用 2.0 中的 v1 兼容包来沿用 1.x 代码,并在代码中关
闭 eager 运算。
import TensorFlow.compat.v1 as tf
tf.disable_eager_execution()
#创建 Graph,定义计算图
a = tf.ones((2, 2), dtype=tf.dtypes.float32)
b = tf.constant([[1, 2],
                 [3, 4]], dtype=tf.dtypes.float32)
c = tf.matmul(a, b)
#开启绘画,运算后,才能取出数据。
with tf.Session() as sess:
    print(sess.run(c))
```

首先重启一下 kernel,使得 TensorFlow 恢复到 2.0 版本并打开 Eager Execution 模式。Eager Execution 模式的另一个优点是可以使用 Python 原生功能,比如下面的条件判断:

```
import TensorFlow as tf
thre_1 = tf.random.uniform([], 0, 1)
x = tf.reshape(tf.range(0, 4), [2, 2])
print(thre_1)
if thre_1.numpy() > 0.5:
```

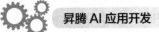

```
    y = tf.matmul(x, x)
else:
    y = tf.add(x, x)
```

这种动态控制流主要得益于 eager 执行得到 Tensor 可以取出 numpy 值，这避免了使用 Graph 模式下的 tf.cond 和 tf.while 等算子。

在 TensorFlow2.0 中有个 AutoGraph 概念，当使用 tf.function 装饰器注释函数时，可以像调用其他函数一样调用它。它将被编译成图，这意味着代码可以更高效地在 GPU 或 TPU 上运行。此时函数变成了一个 TensorFlow 中的 Operation。我们可以直接调用函数，输出返回值，但是函数内部是在 Graph 模式下执行的，无法直接查看中间变量数值。

```
@tf.function
def simple_nn_layer(w,x,b):
    print(b)
    return tf.nn.relu(tf.matmul(w, x)+b)
w = tf.random.uniform((3, 3))
x = tf.random.uniform((3, 3))
b = tf.constant(0.5, dtype='float32')
simple_nn_layer(w,x,b)
```

通过输出结果可知，无法直接查看函数内部 b 的数值，而返回值可以通过.numpy()查看。通过相同的操作（执行一层 lstm 计算），比较 Graph 和 Eager Execution 模式的性能。

```
#timeit 测量小段代码的执行时间
import timeit
#创建一个卷积层。
CNN_cell = tf.keras.layers.Conv2D(filters=100,kernel_size=2,strides=(1,1))

#利用@tf.function，将操作转化为 Graph。
@tf.function
def CNN_fn(image):
    return CNN_cell(image)

image = tf.zeros([100, 200, 200, 3])

#比较两者的执行时间
CNN_cell(image)
CNN_fn(image)
#调用 timeit.timeit，测量代码执行 10 次的时间
print("eager execution 模式下做一层 CNN 卷积层运算的时间:", timeit.timeit(lambda: CNN_cell(image), number=10))
    print("graph 模式下做一层 CNN 卷积层运算的时间:", timeit.timeit(lambda: CNN_fn(image), number=10))
```

通过比较，我们可以发现 Graph 模式下代码执行效率要高出许多。因此我们以后可以多尝试用@tf.function 功能，提高代码运行效率。

4.3.4　TensorFlow 常用模块介绍

在 TensorFlow 中有各种各样的模块供我们选择使用。如 tf.data：实现对数据集的操

作，包括从内存中直接读取数据集、读取 CSV 文件、读取 tfrecord 文件和数据增强等。
tf.image：实现对图像的操作，包括图像亮度变换、饱和度变换、图像尺寸变换、图像旋转和边缘检测等。tf.gfile：实现对文件的操作，包括文件的读写操作、文件重命名和文件夹操作等。tf.keras：用于构建和训练深度学习模型的高阶 API 及 tf.distributions 等。接下来我们举例说明。

1．模型堆叠 tf.keras.Sequential

```
#模型构建
#模型堆叠（tf.keras.Sequential）
#最常见的模型构建方法是层的堆叠，我们通常会使用 tf.keras.Sequential。
import TensorFlow.keras.layers as layers
model = tf.keras.Sequential()
model.add(layers.Dense(32, activation='relu'))
model.add(layers.Dense(32, activation='relu'))
model.add(layers.Dense(10, activation='softmax'))
```

2．函数式模型构建

函数式模型主要利用 tf.keras.Input 和 tf.keras.Model 构建，比 tf.keras.Sequential 模型要复杂，但是效果很好，可以同时/分阶段输入变量，分阶段输出数据。如果模型需要多于一个的输出，那么选择函数式模型。

模型堆叠（.Sequential）和函数式模型（Model）的比较：

tf.keras.Sequential 模型是层的简单堆叠，无法表示任意模型。使用 Model 函数式模型可以构建复杂的模型拓扑，如多输入模型、多输出模型、具有共享层的模型、具有非序列数据流的模型。

```
# 以上一层的输出作为下一层的输入
x = tf.keras.Input(shape=(32,))
h1 = layers.Dense(32, activation='relu')(x)
h2 = layers.Dense(32, activation='relu')(h1)
y = layers.Dense(10, activation='softmax')(h2)
model_sample_2 = tf.keras.models.Model(x, y)
#打印模型信息
model_sample_2.summary()
```

3．网络层构建 tf.keras.layers

tf.keras.layers 模块的主要作用是配置神经网络层。常用的类包括以下几种。

- tf.keras.layers.Dense：构建全连接层。
- tf.keras.layers.Conv2D：构建 2 维卷积层。
- tf.keras.layers.MaxPooling2D/AveragePooling2D：构建最大/平均池化层。
- tf.keras.layers.RNN：构建循环神经网络层。
- tf.keras.layers.LSTM/tf.keras.layers.LSTMCell：构建 LSTM 网络层/LSTM UNIT。
- tf.keras.layers.GRU/tf.keras.layers.GRUCell：构建 GRU 网络层/GRU UNIT。
- tf.keras.layers.Embedding：嵌入层将正整数（下标）转换为具有固定大小的向量，如[[4],[20]]→[[0.25,0.1],[0.6,-0.2]]。Embedding 层只能作为模型的第一层。
- tf.keras.layers.Dropout：构建 dropout 层等。

下面主要讲解 tf.keras.layers.Dense、tf.keras.layers.Conv2D、tf.keras.layers. MaxPooling2D/ AveragePooling2D 和 tf.keras.layers.LSTM/tf.keras.layers.LSTMCell。

tf.keras.layers 中主要的网络配置参数如下所示。

- activation：设置层的激活函数。默认情况下，系统不会应用任何激活函数。
- kernel_initializer 和 bias_initializer：创建层权重（核和偏置）的初始化方案。默认为"Glorot uniform"初始化器。
- kernel_regularizer 和 bias_regularizer：应用层权重（核和偏置）的正则化方案，如 L1 或 L2 正则化。默认情况下，系统不会应用正则化函数。

4. tf.keras.layers.Dense

tf.keras.layers.Dense 可配置的参数如下所示。

- units：神经元个数。
- activation：激活函数。
- use_bias：是否使用偏置项，默认为使用。
- kernel_initializer：创建层权重核的初始化方案。
- bias_initializer：创建层权重偏置的初始化方案。
- kernel_regularizer：应用层权重核的正则化方案。
- bias_regularizer：应用层权重偏置的正则化方案。
- activity_regularizer：施加在输出上的正则项，是 Regularizer 对象。
- kernel_constraint：施加在权重上的约束项。
- bias_constraint：施加在权重上的约束项。

```
#创建包含 32 个神经元的全连接层，其中的激活函数设置为 Sigmoid。
#activation 参数可以是函数名称字符串，如'sigmoid'；也可以是函数对象，如 tf.sigmoid。
layers.Dense(32, activation='sigmoid')
layers.Dense(32, activation=tf.sigmoid)

#设置 kernel_initializer 参数
layers.Dense(32, kernel_initializer=tf.keras.initializers.he_normal)
#设置 kernel_regularizer 为 L2 正则化
layers.Dense(32, kernel_regularizer=tf.keras.regularizers.l2(0.01))
```

5. tf.keras.layers.Conv2D

tf.keras.layers.Conv2D 可配置的参数如下所示。

- filters：卷积核的数目（即输出的维度）。
- kernel_size：卷积核的宽度和长度。
- strides：卷积的步长。
- padding：补 0 策略。
- padding="valid"代表只进行有效也卷积，即对边界数据不处理。padding="same"代表保留边界处的卷积结果，通常会导致输出 shape 与输入 shape 相同。
- activation：激活函数。
- data_format：数据格式，为"channels_first"或"channels_last"之一。以 128×128 的 RGB 图像为例，"channels_first"应将数据组织为（3,128,128），而"channels_last"

应将数据组织为（128,128,3）。Data-format 参数的默认值是～/.keras/keras.json 中设置的值，若从未设置过，则为 "channels_last"。

- 其他参数还包括：use_bias；kernel_initializer；bias_initializer；kernel_regularizer；bias_regularizer；activity_regularizer；kernel_constraints；bias_constraints。

```
layers.Conv2D(64,[1,1],2,padding='same',activation="relu")
```

6. tf.keras.layers.MaxPooling2D/AveragePooling2D

tf.keras.layers.MaxPooling2D/AveragePooling2D 可配置的参数，如下所示。

- pool_size：池化 kernel 的大小。如取矩阵（2，2）将使图片在两个维度上均变为原长的一半。Pool-size 为整数意为各个维度值都为该数字。
- strides：步长值。
- 其他参数还包括：padding；data_format。

```
layers.MaxPooling2D(pool_size=(2,2),strides=(2,1))
```

7. tf.keras.layers.LSTM/tf.keras.layers.LSTMCell

tf.keras.layers.LSTM/tf.keras.layers.LSTMCell 可配置的参数如下所示。

- units：输出维度。
- input_shape (timestep, input_dim),timestep 可以设为 None,input_dim 为输入数据维度。
- activation：激活函数。
- recurrent_activation：循环步施加的激活函数。
- return_sequences：等于 True 时，返回全部序列；等于 False 时，返回输出序列中的最后一个 cell 的输出。
- return_state：布尔值，除了输出之外是否返回最后一个状态。
- dropout：0～1 的浮点数，控制输入线性变换的神经元断开比例。
- recurrent_dropout：0～1 的浮点数，控制循环状态的线性变换的神经元断开比例。

```
import numpy as np
inputs = tf.keras.Input(shape=(3, 1))
lstm = layers.LSTM(1, return_sequences=True)(inputs)
model_lstm_1 = tf.keras.models.Model(inputs=inputs, outputs=lstm)

inputs = tf.keras.Input(shape=(3, 1))
lstm = layers.LSTM(1, return_sequences=False)(inputs)
model_lstm_2 = tf.keras.models.Model(inputs=inputs, outputs=lstm)

# t1, t2, t3 序列
data = [[[0.1],
    [0.2],
    [0.3]]]
print(data)
print("当 return_sequences=True 时的输出",model_lstm_1.predict(data))
print("当 return_sequences=False 时的输出",model_lstm_2.predict(data))
```

LSTMcell 是 LSTM 层的实现单元。

- LSTM 是一个 LSTM 网络层；

- LSTMCell 是一个单步的计算单元，即一个 LSTM UNIT。

```
#LSTM
tf.keras.layers.LSTM(16, return_sequences=True)

#LSTMCell
x = tf.keras.Input((None, 3))
y = layers.RNN(layers.LSTMCell(16))(x)
model_lstm_3= tf.keras.Model(x, y)
```

8. 模型编译，确定训练流程

构建好模型后，通过调用 compile，配置该模型的学习流程：compile(optimizer='rmsprop', loss=None, metrics=None, loss_weights=None)，其中参数如下。

- optimizer：优化器。
- loss：损失函数（或称目标函数、优化评分函数），是必选项。
- metrics：在训练和测试期间的模型评估标准，如 metrics = ['accuracy']。若模型指定不同的评估标准，需要传递一个字典，如 metrics = {'output_a': 'accuracy'}。
- loss_weights: 如果模型有多个任务输出，在优化全局 loss 时，需要给每个输出指定相应的权重。

```
model = tf.keras.Sequential()
model.add(layers.Dense(10, activation='softmax'))
#确定优化器、损失函数、模型评估方法（metrics）
model.compile(optimizer=tf.keras.optimizers.Adam(0.001),
              loss=tf.keras.losses.categorical_crossentropy,
              metrics=[tf.keras.metrics.categorical_accuracy])
```

9. 模型训练

fit(x=None, y=None, batch_size=None, epochs=1, verbose=1, callbacks=None, validation_split=0.0, validation_data=None, shuffle=True, class_weight=None, sample_weight=None, initial_epoch=0, steps_per_epoch=None, validation_steps=None)。

- x：输入训练数据。
- y：目标（标签）数据。
- batch_size：每次梯度更新的样本数。如果未指定，默认为 32。
- epochs：训练模型迭代轮次。
- verbose：日志显示模式，0，1 或 2。0 等于不显示，1 等于进度条，2 等于每轮显示一行。
- callbacks：在训练时使用的回调函数。
- validation_split：验证集与训练数据的比例。
- validation_data：验证集，这个参数会覆盖 validation_split。
- shuffle：是否在每轮迭代之前混洗数据。当 steps_per_epoch 非 None 时，这个参数无效。
- initial_epoch：开始训练的轮次，常用于恢复之前的训练权重。
- steps_per_epoch：steps_per_epoch = 数据集大小/batch_size。

- validation_steps：停止前要验证的总步数（批次样本），只有在指定了 steps_per_epoch 时才有用。

```
import numpy as np

train_x = np.random.random((1000, 36))
train_y = np.random.random((1000, 10))

val_x = np.random.random((200, 36))
val_y = np.random.random((200, 10))

model.fit(train_x, train_y, epochs=10, batch_size=100,
          validation_data=(val_x, val_y))
```

对于大型数据集可以使用 tf.data 构建训练输入。

```
dataset = tf.data.Dataset.from_tensor_slices((train_x, train_y))
dataset = dataset.batch(32)
dataset = dataset.repeat()
val_dataset = tf.data.Dataset.from_tensor_slices((val_x, val_y))
val_dataset = val_dataset.batch(32)
val_dataset = val_dataset.repeat()

model.fit(dataset, epochs=10, steps_per_epoch=30,
          validation_data=val_dataset, validation_steps=3)
```

10．回调函数

回调函数是传递给模型以自定义和扩展其在训练期间的行为的对象。我们可以编写自己的自定义回调，或使用 tf.keras.callbacks 中的内置回调函数，常用的内置回调函数如下。

tf.keras.callbacks.ModelCheckpoint：定期保存模型。

tf.keras.callbacks.LearningRateScheduler：动态更改学习率。

tf.keras.callbacks.EarlyStopping：提前终止。

tf.keras.callbacks.TensorBoard：使用 TensorBoard。

```
#超参数设置
Epochs = 10

#定义一个学习率动态设置函数
def lr_Scheduler(epoch):
    if epoch > 0.9 * Epochs:
        lr = 0.0001
    elif epoch > 0.5 * Epochs:
        lr = 0.001
    elif epoch > 0.25 * Epochs:
        lr = 0.01
    else:
        lr = 0.1

    print(lr)
    return lr
```

```
callbacks = [
    #早停:
    tf.keras.callbacks.EarlyStopping(
        #不再提升的关注指标
        monitor='val_loss',
        #不再提升的阈值
        min_delta=1e-2,
        #不再提升的轮次
        patience=2),

    #定期保存模型:
    tf.keras.callbacks.ModelCheckpoint(
        #模型路径
        filepath='testmodel_{epoch}.h5',
        #是否保存最佳模型
        save_best_only=True,
        #监控指标
        monitor='val_loss'),

    #动态更改学习率
    tf.keras.callbacks.LearningRateScheduler(lr_Scheduler),

    #使用 TensorBoard
    tf.keras.callbacks.TensorBoard(log_dir='./logs')
]
model.fit(train_x, train_y, batch_size=16, epochs=Epochs,
          callbacks=callbacks, validation_data=(val_x, val_y))
```

11. 评估与预测函数模型

评估和预测函数模型使用 tf.keras.Model.evaluate 和 tf.keras.Model.predict 方法。

```
# 模型评估
test_x = np.random.random((1000, 36))
test_y = np.random.random((1000, 10))
model.evaluate(test_x, test_y, batch_size=32)
# 模型预测
pre_x = np.random.random((10, 36))
result = model.predict(test_x,)
print(result)
```

12. 保存和恢复整个模型

```
import numpy as np
# 模型保存
model.save('./model/the_save_model.h5')
# 导入模型
new_model = tf.keras.models.load_model('./model/the_save_model.h5')
new_prediction = new_model.predict(test_x)
#np.testing.assert_allclose: 判断 2 个对象的近似程度是否超出了指定的容差限。若是，则抛出异常。
#atol: 指定的容差限
np.testing.assert_allclose(result, new_prediction, atol=1e-6) # 预测结果一样
```

模型保存后可以在对应的文件夹中找到对应的权重文件。

13．只保存和加载网络权重

若权重名后有.h5 或.keras，则保存为 HDF5 格式文件，否则默认为 TensorFlow Checkpoint 格式文件。

```
model.save_weights('./model/model_weights')
model.save_weights('./model/model_weights.h5')
#权重加载
model.load_weights('./model/model_weights')
model.load_weights('./model/model_weights.h5')
```

4.3.5　TensorFlow 模型应用

接下来我们通过手写数字识别任务，熟悉 TensorFlow2.0 中读取加载 mnist 手写数字数据集，利用简单的数学模型及高级 API 实现 softmax 回归模型，构建多层卷积网络，进行预测结果可视化。

Mnist 数据集来自美国国家标准与技术研究所（National Institute of Standards and Tech-nology，NIST）。mnist 是一个入门级的计算机视觉数据集，它包含各种手写数字图片，也包含每一张图片对应的标签。比如下面四张图片的标签分别是 5,0,4,1，如图 4-24 所示。

图 4-24　标签

Mnist 数据集由 250 个不同人手写的数字构成，人员中 50%是高中学生，50%来自人口普查局的工组人员。Mnist 数据集可在 http://yann.lecun.com/exdb/mnist/获取,包含 4 个部分。

① Training set images：train-images-idx3-ubyte.gz（9.9MB，解压后 47MB，包含 60000 个样本)。

② Training set labels：train-labels-idx1-ubyte.gz（29 KB，解压后 60KB，包含 60000 个标签)。

③ Test set images：t10k-images-idx3-ubyte.gz（1.6 MB, 解压后 7.8MB，包含 10000 个样本)。

④ Test set labels：t10k-labels-idx1-ubyte.gz（5KB, 解压后 10 KB，包含 10000 个标签)。

具体示例代码如下：

```
import os
import tensorflow as tf
from tensorflow import keras
from tensorflow.keras import layers, optimizers, datasets
from matplotlib import pyplot as plt
import numpy as np
```

```
(x_train_raw, y_train_raw), (x_test_raw, y_test_raw) = datasets.mnist.load_data()

print(y_train_raw[0])
print(x_train_raw.shape, y_train_raw.shape)
print(x_test_raw.shape, y_test_raw.shape)

#将分类标签变为 onehot 编码
num_classes = 10
y_train = keras.utils.to_categorical(y_train_raw, num_classes)
y_test = keras.utils.to_categorical(y_test_raw, num_classes)
print(y_train[0])
```

在 mnist 数据集中，images 是一个形状为[60000,28,28]的张量，第 1 个维度数字用来索引图片，第 2、3 个维度数字用来索引每张图片中的像素点。在此张量里的每一个元素，都表示某张图片里的某个像素的强度值，强度值介于 0～255。

标签数据是 "one-hot vectors"，一个 one-hot 向量除了某一位数字是 1 之外，其余各维度数字都是 0，如标签 1 可以表示为([0,1,0,0,0,0,0,0,0,0])，因此，labels 是一个[60000, 10]的数字矩阵。接下来，我们绘制前 9 张图片进行可视化展示，如图 4-25 所示。

```
plt.figure()
for i in range(9):
    plt.subplot(3,3,i+1)
    plt.imshow(x_train_raw[i])
    #plt.ylabel(y[i].numpy())
    plt.axis('off')
plt.show()
```

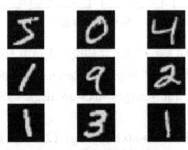

图 4-25　图片可视化展示

接着进行数据处理，因为我们构建的是全连接网络，所以输出应该是向量的形式，非现在图像的矩阵形式。因此我们需要把图像整理成向量，代码如下：

```
#将 28×28 的图像展开成 784×1 的向量
x_train = x_train_raw.reshape(60000, 784)
x_test = x_test_raw.reshape(10000, 784)
```

像素点的动态范围为 0～255。处理图形像素值时，我们通常会把图像像素点归一化到 0～1，代码如下：

```
#将图像像素值归一化
x_train = x_train.astype('float32')/255
x_test = x_test.astype('float32')/255
```

使用 DNN 构建网络，代码如下：

```
# 创建模型。模型包括 3 个全连接层和 2 个 RELU 激活函数
model = keras.Sequential([
    layers.Dense(512, activation='relu', input_dim = 784),
    layers.Dense(256, activation='relu'),
    layers.Dense(124, activation='relu'),
    layers.Dense(num_classes, activation='softmax')])

model.summary()
```

其中 layer.Dense()表示全连接层，activation 参数表示使用的激活函数。

编译 DNN 模型，代码如下：

```
Optimizer = optimizers.Adam(0.001)
model.compile(loss=keras.losses.categorical_crossentropy,
              optimizer=Optimizer,
              metrics=['accuracy'])
```

以上定义了模型的损失函数为"交叉熵"，优化算法为"Adam"梯度下降方法。

DNN 模型训练，代码如下：

```
# 使用 fit 方法使模型对训练数据拟合
#其中 epochs 表示批次，表示将全量的数据迭代 10 次。
model.fit(x_train, y_train,
          batch_size=128,
          epochs=10,
          verbose=1)
```

DNN 模型评估，代码如下：

```
score = model.evaluate(x_test, y_test, verbose=0)
print('Test loss:', score[0])
print('Test accuracy:', score[1])
```

之前用传统方法构建 CNN 网络，可以更清楚地了解内部的网络结构，但是代码量比较多，因此我们尝试用高级 API 构建网络，以简化构建网络的过程。

CNN 构建网络，代码如下：

```
import tensorflow as tf
from tensorflow import keras
import numpy as np

model=keras.Sequential() # 创建网络序列
## 添加第 1 层卷积层和池化层
model.add(keras.layers.Conv2D(filters=32,kernel_size = 5,strides = (1,1),
                padding = 'same',activation = tf.nn.relu,input_shape = (28,28,1)))
model.add(keras.layers.MaxPool2D(pool_size=(2,2), strides = (2,2), padding = 'valid'))
## 添加第 2 层卷积层和池化层
model.add(keras.layers.Conv2D(filters=64,kernel_size = 3,strides = (1,1),padding = 'same',activation = tf.nn.relu))
model.add(keras.layers.MaxPool2D(pool_size=(2,2), strides = (2,2), padding = 'valid'))
## 添加 dropout 层 以减少过拟合
model.add(keras.layers.Dropout(0.25))
model.add(keras.layers.Flatten())
## 添加 2 层全连接层
```

```
model.add(keras.layers.Dense(units=128,activation = tf.nn.relu))
model.add(keras.layers.Dropout(0.5))
model.add(keras.layers.Dense(units=10,activation = tf.nn.softmax))
```

以上网络中，我们利用 keras.layers 添加了 2 层卷积池化层，之后又添加了 dropout 层，防止过拟合，最后添加了两层全连接层。

CNN 网络编译和训练，代码如下：

```
# 将数据扩充维度，以适应 CNN 模型
X_train=x_train.reshape(60000,28,28,1)
X_test=x_test.reshape(10000,28,28,1)
model.compile(optimizer=tf.train.AdamOptimizer(),loss="categorical_crossentropy",metrics=['accuracy'])
model.fit(x=X_train,y=y_train,epochs=5,batch_size=128)
```

在训练时，网络训练数据只迭代了 5 次，可以再增加网络迭代次数，自行尝试看效果如何。

CNN 模型验证，代码如下：

```
test_loss,test_acc=model.evaluate(x=X_test,y=mnist.test.labels)
print("Test Accuracy %.2f"%test_acc)
```

CNN 模型保存，代码如下：

```
test_loss,test_acc=model.evaluate(x=X_test,y=y_test)
print("Test Accuracy %.2f"%test_acc)
```

预测结果可视化，加载 CNN 保存模型，代码如下：

```
from tensorflow.keras.models import load_model
new_model = load_model('./mnist_model/final_CNN_model.h5')
new_model.summary()
```

将预测结果可视化，代码如下：

```
#测试集输出结果可视化
import matplotlib.pyplot as plt
%matplotlib inline
def res_Visual(n):
    final_opt_a=new_model.predict_classes(X_test[0:n]) # 通过模型预测测试集
    fig, ax = plt.subplots(nrows=int(n/5),ncols=5 )
    ax = ax.flatten()
    print('前{}张图片预测结果为：'.format(n))
    for i in range(n):
        print(final_opt_a[i],end=',')
        if int((i+1)%5) ==0:
            print('\t')
        #图片可视化展示
        img = X_test[i].reshape((28,28)) #读取每行数据，格式为 Ndarry
        plt.axis("off")
        ax[i].imshow(img, cmap='Greys', interpolation='nearest')#可视化
        ax[i].axis("off")
    print('测试集前{}张图片为：'.format(n))
res_Visual(20)
```

前 20 张图片预测结果为：

$$7, \quad 2, \ 1, \ 0, \ 4,$$
$$1, \ 4, \ 9, \ 5, \ 9,$$
$$0, \ 6, \ 9, \ 0, \ 1,$$
$$5, \ 9, \ 7, \ 3, \ 4,$$

测试集前 20 张图片,如图 4-26 所示。

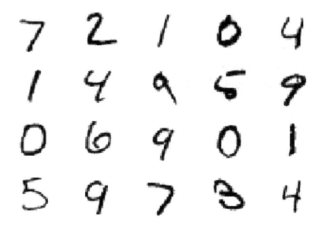

图 4-26　测试集前 20 张图片

4.4　TensorFlow 实操案例

本节的目的是让读者可以轻松通过案例深入 TensorFlow。首先理解 TensorFlow 的工作机制,然后一步步深入。本节前面通过简单的线性回归算法和聚类让大家熟悉框架,了解常量的定义,模型的生成及模型的保存等。后面的几个例子是让大家将所学知识融会贯通,用来解决实际案例。

4.4.1　TensorFlow 实现线性回归案例

代码如下:

```
import os
import tensorflow as tf
import numpy as np
import matplotlib.pyplot as plt
os.environ['TF_CPP_MIN_LOG_LEVEL'] = '2'
# 学习率
learning_rate = 0.01
# 迭代次数
training_steps = 1000
```

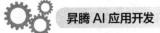

```
display_step = 50
# 训练数据
X = np.array([3.3,4.4,5.5,6.71,6.93,4.168,9.779,6.182,7.59,2.167,
              7.042,10.791,5.313,7.997,5.654,9.27,3.1])
Y = np.array([1.7,2.76,2.09,3.19,1.694,1.573,3.366,2.596,2.53,1.221,
              2.827,3.465,1.65,2.904,2.42,2.94,1.3])

#  取出数组 X 的长度
n_samples = X.shape[0]
# 随机初始化权重，偏置
W = tf.Variable(np.random.randn(), name="weight")
b = tf.Variable(np.random.randn(), name="bias")
# 线性回归(Wx+b)
def linear_regression(x):
    return W * x + b
# 均方差
def mean_square(y_pred,y_true):
    return tf.reduce_sum(tf.pow(y_pred - y_true, 2)) / (2 * n_samples)
# 随机梯度下降优化器
optimizer = tf.optimizers.SGD(learning_rate)
# 优化过程
def run_optimization():
    # 将计算封装在 GradientTape 中以实现自动微分
    with tf.GradientTape() as g:
        pred = linear_regression(X)
        loss = mean_square(pred, Y)
    # 计算梯度
    # print("loss is ", loss)
    gradients = g.gradient(loss, [W, b])
    # 按 gradients 更新 W 和 b
    optimizer.apply_gradients(zip(gradients, [W, b]))
# 针对给定训练步骤数开始训练
for step in range(1, training_steps + 1):
    # 运行优化以更新 W 和 b 值
    run_optimization()
    if step % display_step == 0:
        pred = linear_regression(X)
        loss = mean_square(pred, Y)
        print("step: %i, loss: %f, W: %f, b: %f" % (step, loss, W.numpy(), b.numpy()))
# 绘制图
plt.plot(X, Y, 'ro', label='Original data')
plt.plot(X, np.array(W * X + b), label='Fitted line')
plt.legend()
plt.show()
```

运行结果，如图 4-27、图 4-28 所示。

```
step: 200, loss: 0.082674, W: 0.294609, b: 0.494134
step: 250, loss: 0.082017, W: 0.292077, b: 0.512086
step: 300, loss: 0.081435, W: 0.289694, b: 0.528979
step: 350, loss: 0.080920, W: 0.287452, b: 0.544878
step: 400, loss: 0.080463, W: 0.285341, b: 0.559839
step: 450, loss: 0.080059, W: 0.283355, b: 0.573919
step: 500, loss: 0.079701, W: 0.281486, b: 0.587169
step: 550, loss: 0.079384, W: 0.279727, b: 0.599639
```

图 4-27　运行结果

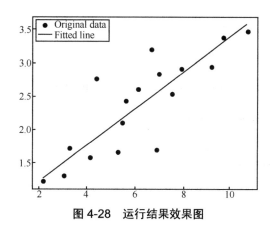

图 4-28　运行结果效果图

4.4.2　TensorFlow 实现 k-means 算法案例

代码如下：

```
import numpy as np
import matplotlib.pyplot as plt
import tensorflow as tf
import tensorflow.compat.v1 as tf
tf.disable_v2_behavior()
from sklearn import datasets
from scipy.spatial import cKDTree
from sklearn.decomposition import PCA
from sklearn.preprocessing import scale
from tensorflow.python.framework import ops
ops.reset_default_graph()
sess = tf.compat.v1.Session()
iris = datasets.load_iris()
num_pts = len(iris.data)
num_feats = len(iris.data[0])
# 设置 k-means 参数
# 有 3 种类型的鸢尾花，看看我们能否预测它们
k = 3
generations = 25
data_points = tf.Variable(iris.data)
cluster_labels = tf.Variable(tf.zeros([num_pts], dtype=tf.int64))
# 随机选择起点
```

```
rand_starts = np.array([[iris.data[np.random.choice(len(iris.data))] for _ in range(k)]])
centroids = tf.Variable(rand_starts)
# 为了计算每个数据点和每个质心之间的距离，我们将质心重复到(num_points) k 矩阵中。
centroid_matrix = tf.reshape(tf.tile(centroids, [num_pts, 1]), [num_pts, k, num_feats])
# 然后我们将数据点重塑为 k(3)次重复
point_matrix = tf.reshape(tf.tile(data_points, [1, k]), [num_pts, k, num_feats])
distances = tf.reduce_sum(tf.square(point_matrix - centroid_matrix), axis=2)
# 用 tf.argmin()找到它所属的组
centroid_group = tf.argmin(distances, 1)
# 找出群体平均值
def data_group_avg(group_ids, data):
    # 每组和
    sum_total = tf.unsorted_segment_sum(data, group_ids, 3)
    # 每组数
    num_total = tf.unsorted_segment_sum(tf.ones_like(data), group_ids, 3)
    # 计算平均
    avg_by_group = sum_total / num_total
    return (avg_by_group)
means = data_group_avg(centroid_group, data_points)
update = tf.group(centroids.assign(means),
cluster_labels.assign(centroid_group))
init = tf.global_variables_initializer()
sess.run(init)
for i in range(generations):
    print('Calculating gen {}, out of {}.'.format(i, generations))
    _, centroid_group_count = sess.run([update, centroid_group])
    group_count = []
    for ix in range(k):
        group_count.append(np.sum(centroid_group_count == ix))
    print('Group counts: {}'.format(group_count))[centers, assignments] = sess.run([centroids, cluster_labels])
# 找出哪个组分配对应于哪个组标签，首先，需要一个最常见的元素函数
def most_common(my_list):
    return (max(set(my_list), key=my_list.count))
label0 = most_common(list(assignments[0:50]))
label1 = most_common(list(assignments[50:100]))
label2 = most_common(list(assignments[100:150]))
group0_count = np.sum(assignments[0:50] == label0)
group1_count = np.sum(assignments[50:100] == label1)
group2_count = np.sum(assignments[100:150] == label2)
accuracy = (group0_count + group1_count + group2_count) / 150.
print('Accuracy: {:.2}'.format(accuracy))
# 同时绘制输出
# 首先使用 PCA 将 4 维数据转换为 2 维数据
pca_model = PCA(n_components=2)
reduced_data = pca_model.fit_transform(iris.data)
# 变换中心
reduced_centers = pca_model.transform(centers)
# 绘制网格的步长
h = .02
# 绘制决策边界。为此，我们将为每个对象分配一种颜色  x_min, x_max = reduced_data[:, 0].min() - 1, re-
duced_data[:, 0].max() + 1
```

```
y_min, y_max = reduced_data[:, 1].min() - 1, reduced_data[:, 1].max() + 1
xx, yy = np.meshgrid(np.arange(x_min, x_max, h), np.arange(y_min, y_max, h))
# 得到网格点的 k-means 分类
xx_pt = list(xx.ravel())
yy_pt = list(yy.ravel())
xy_pts = np.array([[x, y] for x, y in zip(xx_pt, yy_pt)])
mytree = cKDTree(reduced_centers)
dist, indexes = mytree.query(xy_pts)
# 将结果放入彩色图中
indexes = indexes.reshape(xx.shape)
plt.figure(1)
plt.clf()
plt.imshow(indexes, interpolation='nearest',
           extent=(xx.min(), xx.max(), yy.min(), yy.max()),
           cmap=plt.cm.Paired,
           aspect='auto', origin='lower')

# Plot each of the true iris data groups
symbols = ['o', '^', 'D']
label_name = ['Setosa', 'Versicolour', 'Virginica']
for i in range(3):
    temp_group = reduced_data[(i * 50):(50) * (i + 1)]
    plt.plot(temp_group[:, 0], temp_group[:, 1], symbols[i], markersize=10, label=label_name[i])
# 用白色 X 表示质心
plt.scatter(reduced_centers[:, 0], reduced_centers[:, 1],
            marker='x', s=169, linewidths=3,
            color='w', zorder=10)
plt.title('K-means clustering on Iris Dataset\n'
          'Centroids are marked with white cross')
plt.xlim(x_min, x_max)
plt.ylim(y_min, y_max)
plt.legend(loc='lower right')
plt.show()
```

运行结果，如图 4-29 所示。

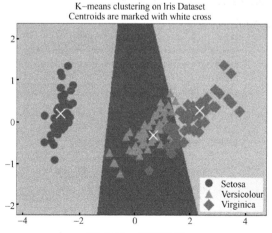

图 4-29　运行结果

4.4.3 TensorFlow mnist 数据集手写体识别案例

代码如下：

```
import tensorflow as tf
from tensorflow.examples.tutorials.mnist import input_data
# 获取数据
mnist = input_data.read_data_sets("C:/Users/Administrator/.spyder-py3/MNIST_data/", one_hot=True)
print('训练集信息：')
print(mnist.train.images.shape,mnist.train.labels.shape)
print('测试集信息：')
print(mnist.test.images.shape,mnist.test.labels.shape)
print('验证集信息：')
print(mnist.validation.images.shape,mnist.validation.labels.shape)
# 构建图
sess = tf.InteractiveSession()
x = tf.placeholder(tf.float32, [None, 784])
W = tf.Variable(tf.zeros([784,10]))
b = tf.Variable(tf.zeros([10]))
y = tf.nn.softmax(tf.matmul(x,W) + b)
y_ = tf.placeholder(tf.float32, [None,10])
cross_entropy = tf.reduce_mean(-tf.reduce_sum(y_ * tf.log(y),reduction_indices=[1]))
train_step = tf.train.GradientDescentOptimizer(0.5).minimize(cross_entropy)
# 进行训练
tf.global_variables_initializer().run()
for i in range(1000):
    batch_xs, batch_ys = mnist.train.next_batch(100)
    train_step.run({x: batch_xs, y_: batch_ys})
# 模型评估
correct_prediction = tf.equal(tf.argmax(y,1), tf.argmax(y_,1))
accuracy = tf.reduce_mean(tf.cast(correct_prediction, tf.float32))
print('MNIST 手写图片准确率：')
print(accuracy.eval({x: mnist.test.images, y_: mnist.test.labels}))
```

运行结果，如图 4-30 所示。

```
Please use alternatives such as official/mni
Extracting mnist\t10k-labels-idx1-ubyte.gz
训练集信息：
(55000, 784) (55000, 10)
测试集信息：
(10000, 784) (10000, 10)
验证集信息：
(5000, 784) (5000, 10)
```

```
2021-04-15 19:05:14.66139
MNIST手写图片准确率：
0.9134
```

图 4-30　运行结果

4.4.4　TensorFlow 实现简单神经网络

代码如下：

```python
import tensorflow as tf
import numpy as np
import matplotlib.pyplot as plt
#如果需要在 jupyter 跑，请加上%matplotlib atuo
# 记录损失，此处没用上，有兴趣可以试试输出损失曲线
class History(tf.keras.callbacks.Callback):
    def on_train_begin(self, logs={}):
        self.losses = []
    # 每 epoch 一次（即一次 feed batch，输出一个 loss）
    def on_epoch_end(self, epoch, logs={}):
        self.losses.append(logs.get('loss'))
# 自定义模拟函数
def function():
    x_data = np.linspace(-1, 1, 300)[:, np.newaxis]
    noise = np.random.normal(0, 0.05, x_data.shape)
    y_data = np.power(x_data, 3) + np.square(x_data) - 0.05 + noise
    return x_data, y_data
# 建立神经模型
def build_model():
    # 将输入的维度压缩成一个维度
    model = tf.keras.Sequential([
        tf.keras.layers.Flatten(input_shape=(1,)),
        # 1 个隐藏层，10 个 units，激活函数为 relu（实现非线性变换是因为 relu 能把#小于 0 部分消掉，实现矩阵的稀疏性）
        tf.keras.layers.Dense(30, activation='relu'),
        #这里屏蔽了，有需要可以自己加层数
        # tf.keras.layers.Dense(10, activation='relu'),
        tf.keras.layers.Dropout(0.2),    # 随机丢弃 0.2，防止过拟合
        tf.keras.layers.Dense(1)
    ])
    optimizer = tf.keras.optimizers.Adam(0.001)
    model.compile(optimizer=optimizer, loss="mse")
    return model
if __name__ == '__main__':
    x_data, y_data = function()
    # plt.plot(x_data, y_data)
    model = build_model()
    history = History()
    # plot the real data（画出真实图）
    fig = plt.figure()
    ax = fig.add_subplot(1, 1, 1)    # 画子图，（1，1，1）一行一列，第一个
ax.plot(x_data, y_data)
# 作用：打开交互模式，默认为阻塞，即 plt.show 后程序不能运行，则不能跑动态图
    plt.ion()
```

```
        plt.show()
        for i in range(200):
            model.fit(x_data, y_data, batch_size=150, epochs=5, callbacks=[history])
            if i % 2 == 0:
                try:
                    # 移除上一条曲线
                    ax.lines.remove(lines[0])
                except Exception:
                    pass
                y_pred = model.predict(x_data)
                lines = ax.plot(x_data, y_pred)
                plt.pause(1)
```

运行结果，如图 4-31 所示。

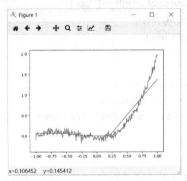

图 4-31　运行结果

4.4.5　TensorFlow 实现猫狗识别案例

代码如下：

```
import tensorflow as tf
from tensorflow.keras.models import Sequential
from tensorflow.keras.layers import Dense, Conv2D, Flatten, Dropout, MaxPooling2D
from tensorflow.keras.preprocessing.image import ImageDataGenerator
import os
import numpy as np
import matplotlib.pyplot as plt
#下载数据集，数据集来自 kaggle
_URL = 'https://storage.googleapis.com/mledu-datasets/cats_and_dogs_filtered.zip'
path_to_zip = tf.keras.utils.get_file('cats_and_dogs.zip', origin=_URL, extract=True)
PATH = os.path.join(os.path.dirname(path_to_zip), 'cats_and_dogs_filtered')
train_dir = os.path.join(PATH, 'train')
validation_dir = os.path.join(PATH, 'validation')
#为变量分配相应的路径
train_cats_dir = os.path.join(train_dir, 'cats')
train_dogs_dir = os.path.join(train_dir, 'dogs')
validation_cats_dir = os.path.join(validation_dir, 'cats')
```

```
validation_dogs_dir = os.path.join(validation_dir, 'dogs')
#查看数据集中的图片数量
num_cats_tr = len(os.listdir(train_cats_dir))
num_dogs_tr = len(os.listdir(train_dogs_dir))
num_cats_val = len(os.listdir(validation_cats_dir))
num_dogs_val = len(os.listdir(validation_dogs_dir))
total_train = num_cats_tr + num_dogs_tr
total_val = num_cats_val + num_dogs_val
print('total training cat images:', num_cats_tr)
print('total training dog images:', num_dogs_tr)
print('total validation cat images:', num_cats_val)
print('total validation dog images:', num_dogs_val)
print("--")
print("Total training images:", total_train)
print("Total validation images:", total_val)
#设置参数
batch_size = 128
epochs = 15
IMG_HEIGHT = 150
IMG_WIDTH = 150
# 归一化处理
train_image_generator = ImageDataGenerator(rescale=1./255)
validation_image_generator = ImageDataGenerator(rescale=1./255)
#
train_data_gen = train_image_generator.flow_from_directory(batch_size=batch_size,
directory=train_dir,
shuffle=True,
target_size=(IMG_HEIGHT, IMG_WIDTH),
class_mode='binary')
val_data_gen = validation_image_generator.flow_from_directory(batch_size=batch_size, directory= validation_dir,
target_size=(IMG_HEIGHT, IMG_WIDTH), class_mode='binary')
#搭建卷积神经网络
model = Sequential([
    Conv2D(16, 3, padding='same', activation='relu', input_shape=(IMG_HEIGHT, IMG_WIDTH ,3)),
    MaxPooling2D(),
    Conv2D(32, 3, padding='same', activation='relu'),
    MaxPooling2D(),
    Conv2D(64, 3, padding='same', activation='relu'),
    MaxPooling2D(),
    Flatten(),
    Dense(512, activation='relu'),
    Dense(1)
])

model.compile(optimizer='adam',
             loss=tf.keras.losses.BinaryCrossentropy(from_logits=True),
             metrics=['accuracy'])
model.summary()
#启动训练并可视化训练结果
```

```
history = model.fit_generator(
    train_data_gen,
    steps_per_epoch=total_train // batch_size,
    epochs=epochs,
    validation_data=val_data_gen,
    validation_steps=total_val // batch_size
)
acc = history.history['accuracy']
val_acc = history.history['val_accuracy']
loss=history.history['loss']
val_loss=history.history['val_loss']
epochs_range = range(epochs)
plt.figure(figsize=(15, 5))
plt.subplot(2, 1, 1)
plt.plot(epochs_range, acc)
plt.plot(epochs_range, val_acc)
plt.subplot(2, 1, 2)
plt.plot(epochs_range, loss)
plt.plot(epochs_range, val_loss)
plt.show()
```

运行结果，如图 4-32、图 4-33 所示。

```
Model: sequential
Layer (type)                 Output Shape              Param #
conv2d (Conv2D)              (None, 150, 150, 16)      448
max_pooling2d (MaxPooling2D) (None, 75, 75, 16)        0
conv2d_1 (Conv2D)            (None, 75, 75, 32)        4640
max_pooling2d_1 (MaxPooling2 (None, 37, 37, 32)        0
conv2d_2 (Conv2D)            (None, 37, 37, 64)        18496
max_pooling2d_2 (MaxPooling2 (None, 18, 18, 64)        0
flatten (Flatten)            (None, 20736)             0
dense (Dense)                (None, 512)               10617344
dense_1 (Dense)              (None, 1)                 513
Total params: 10,641,441
Trainable params: 10,641,441
Non-trainable params: 0
```

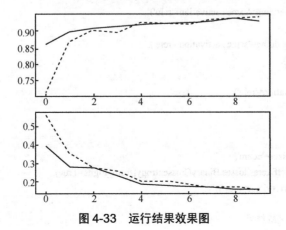

图 4-32 运行结果

图 4-33 运行结果效果图

4.4.6　TensorFlow 实现 RNN 空气污染案例

代码如下：

```
from tensorflow import keras
from tensorflow.keras import layers
import pandas as pd
import numpy as np
import matplotlib.pyplot as plt
data=pd.read_csv('Data/PRSA_data_2010.1.1-2014.12.31.csv')
#打印出所有
np.set_printoptions(threshold=np.inf)
pd.set_option('display.max_rows', None)
pd.set_option('display.max_columns', None)
#不换行
pd.set_option('display.width', 1000)
# print(data.info)
# print(data.info()) #所有信息包括总结归纳
# print(data.head()) #最基本实际的完整数据
# print(data.tail()) #最大记录数据
# print(data)
# print(data.columns)
# print(data['pm2.5'].isna) #打印对应属性数据实际值
# print(data['pm2.5'].isna()) #只确定对应属性有无（True-False）
# print(data['pm2.5'].isna().sum())
#处理行非常方便，iloc 对数据按位置进行索引
#前向填充：昨天的数据为空，今天/前天的数据填进去，这样就没有空值了
data=data.iloc[24:].fillna(method='ffill')   #取 24 个之后的数据
# print(data['pm2.5'].isna().sum()) #为 0
#cbwd 这个属性的值是"SE"，python 对象，需数值化
#No 年月日时是索引，不同一行需合并成一行，组成时间
import datetime
data_t=datetime.datetime(year=2010, month=1, day=2, hour=1) #2010-01-02 01:00:00
# print(data_t)
data['tm']=data.apply(lambda x: datetime.datetime(year=x['year'],
month=x['month'],
day=x['day'],
hour=x['hour']),
axis=1    #按行计算
)
# print(data.head())
data.drop(columns=['year','month','day','hour','No'],inplace=True)
#inplace=True 立即生效
# print(data.head())
#pandas 是处理中心数据最好的库
#把 tm 设置成索引
data=data.set_index('tm') #即放到最前面
#print(data.head())
```

```
# print(data.cbwd.unique()) #把对应属性所有的内容输出
#数字化独热编码
data=data.join(pd.get_dummies(data.cbwd))
# print(data.head())
del data['cbwd']
#把采样数据做成目标数（特征数据）
print(data.head())
#数据预处理-采样
data['pm2.5'][-1000:].plot()
plt.show()
data['TEMP'][-1000:].plot() #防止覆盖之后的图像
plt.show()
#1 000 次观测是多少天
# print(1000/24) #41.666666666666664
# print(len(data.columns)) #有 11 个特征
sequence_length= 5 * 24 #观测之前发生的 5 天 训练数据 train
delay=24 #预测未来一天 预测数据：24 小时之后
data_=[]
#一直采样到 seq_length+delay 倒数第 6 天=倒数第 7 天，隔了一天
for i in range(len(data) - sequence_length - delay):
        #依次做采样 6 天的数据
        data_.append(data.iloc[i:i + sequence_length + delay])
#分割特征数据和目标数据
# print(data_[0].shape) #(144, 11) 采样了 144 个观测数据，有 11 个特征
# 列表推导式，data_ 里面每一个是 df 提取 values 转换成 array
data_=np.array([df.values for df in data_])
# print(data_.shape) #(43656, 144, 11) 有 43 656 个数据序列，每个数据序列的观测长度是 144，每个数据序列
的观测特征值是 11
#乱序
np.random.shuffle(data_)
# print(5*24) #前面的 120 个数据是训练数据
#高维切片 [:一维,:二维，:三维] 3 个维度全要
# x=data_[:,:5*24,:]
x=data_[:,:-delay,:]
 y=data_[:,-1,0] #第一维全切，第二维切每个序列的最后一个值，不用冒号直接切-1，第三维要 pm2.5 的
第一个值
# print(data_) #对应的 label 是 data_第一列，是 pm2.5 特征值
# print(x.shape) #(43656, 120, 11) 特征数据，多变量序列
# print(y.shape) #(43656,) 目标 label
#划分训练数据和测试数据
#data_.shape[0] 就是 y.shape 的个数 43 656
split_boundary=int(data_.shape[0] * 0.8) #80%作为训练
train_x= x[:split_boundary] #split_b 之前的都作为训练数据
train_y= y[:split_boundary]#对应的 label 取其中 80%
test_x= x[split_boundary:] #split_b 之后的都作为测试数据
test_y= y[split_boundary:] #对应的 label 取其中 20%
# print(train_x.shape,train_y.shape)
# print(test_x.shape,test_y.shape)
#数据标准化：神经网络系统（映射）喜欢统一的数据取值范围
```

```
#均值为 1，方差为 1 000
#减均值，除方差 在训练过程中得到，不能在全部数据上去计算均值和方差来数据标准化，#因为我们不可能
生活在未来，不可能从现在直接预测未来
#做一个模型，把 test 数据参杂到计算 mean 和 std 方差当中，相当于"预知"未来数据的#mean 和方差
mean=train_x.mean(axis=0) #axis 轴，计算每一列的均值，三维的必须加上 axis=0
#演示
# df=pd.DataFrame({'a':[1,1,1],'b':[2,2,2]})
# print(df)
# print(df.mean())#计算每一列的均值
# print(df.mean(axis=0)) #axis=0 按列计算
std=train_x.std(axis=0)#方差
train_x=(train_x-mean)/std
test_x=(test_x-mean)/std
#数据集处理完毕
#神经网络的预处理时，不需要对 label 标准化，就是预测 pm2.5 的值，不需要标准化的值，#如果预测标准化
还需反向推导
#简单→复杂 先从随机森林的向量基慢慢优化
print(train_x.shape) #(34924, 120, 11) 第一维：个数，第二维：时间步，第三维：输入特征数量
#120 个小时的观测，每一次观测有 11 个特征，但不能被 Dense 层（全连接层）所接受，Dense 层需要的是二
维的形状（个数，数据）
batch_size=128
model=keras.Sequential()
#input_shape 只关注(34924, 120, 11)后面两维(扁平化)，
# 效果：失去时间的前后意义，使所有数据前后同时送进神经网络，神经网络就感知不到数据的变化了
#使用全连接层这样处理并不好，忽略 120 小时的变化趋势，而直接全部的去考虑，全部同时的去观察 120 个
输入数据
#所以要先进入 Flatten 层再进入 Dense 层
model.add(layers.Flatten(input_shape=(train_x.shape[1:])))
model.add(layers.Dense(32,activation='relu')) #隐藏层，32 个神经元，注意没有激活的神经元是没有预测能力的
model.add(layers.Dense(1)) #输出层 回归问题不需要激活，输出一个值，预测的 pm2.5 的值
#只有一个隐藏层一个输出层，运算速度应该很快
model.compile(optimizer='adam',
              loss='mse', #回归-均方差
              metrics=['mae']#回归-度量 平均绝对误差
              )
#训练数据
history=model.fit(train_x,train_y,
                  batch_size=batch_size,
                  epochs=50,
                  validation_data=(test_x,test_y))
#预测结果可视化
#dict_keys(['loss', 'mae', 'val_loss', 'val_mae']) mae 测试数据上的平均绝对误差
print(history.history.keys())
#mae 是损失值
plt.plot(history.epoch,history.history['val_mae'],c='r', label='Training loss') #x 轴，y 轴
plt.plot(history.epoch,history.history['mae'],c='g', label='Test loss')
plt.legend() #显示图例
plt.show() #训练和测试上的平均绝对误差
```

运行结果，如图 4-34～图 4-38 所示。

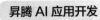

```
E:\anaconda3\envs\tensor37\python.exe G:/实验代码/tubotao/main.py
                pm2.5   DEWP  TEMP     PRES   Iws   Is  Ir  NE  NW  SE  cv
tm
2010-01-02 00:00:00   129.0   -16  -4.0   1020.0  1.79   0   0   0   0   1   0
2010-01-02 01:00:00   148.0   -15  -4.0   1020.0  2.68   0   0   0   0   1   0
2010-01-02 02:00:00   159.0   -11  -5.0   1021.0  3.57   0   0   0   0   1   0
2010-01-02 03:00:00   181.0    -7  -5.0   1022.0  5.36   1   0   0   0   1   0
2010-01-02 04:00:00   138.0    -7  -5.0   1022.0  6.25   2   0   0   0   1   0
```

图 4-34　数据处理结果

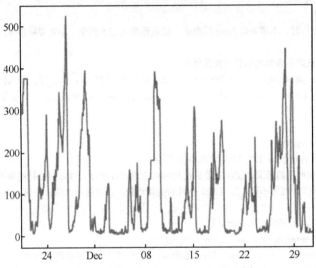

图 4-35　最后 1000 次 PM2.5 的变化

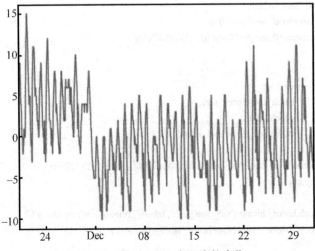

图 4-36　最后 1000 次温度的变化

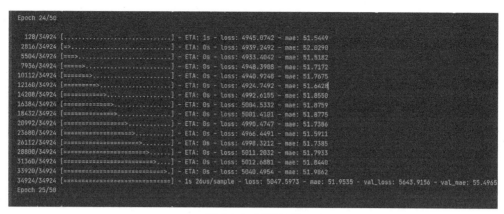

图 4-37 运行结果

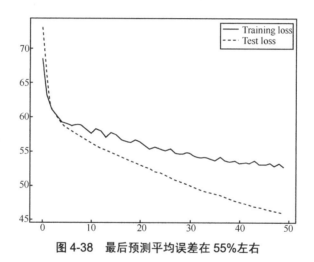

图 4-38 最后预测平均误差在 55% 左右

4.5 本章小结

本章主要以代码为主，详细介绍了常用的深度学习框架的特点、TensorFlow 的开发步骤、TensorFlow 的基本语法和常用模块的用法。

课后习题

1. TensorFlow 2 中，Eager Execution 模式默认开启。（   ）

A. TRUE   B. FALSE

2. 在用 tf.keras 的接构建网络模型时，关于 tf.keras.Model 与 tf.keras.Sequential 的说法错误的是？（   ）

A. tf.keras.Model 支持多输入的网络模型；tf.keras.Sequential 不支持多输入的网络模型。

B. tf.keras.Model 支持多输出的网络模型；tf.keras.Sequential 不支持多输出的网络模型。

C. 当网络中存在共享层时，更推荐使用 tf.keras.Model 构建模型。

D. 当网络中存在共享层时，更推荐使用 tf.keras.Sequential 构建模型。

答案：1.A 2.D

第 5 章
MindSpore 开发框架

学习目标

♦ 描述 MindSpore 是什么;

♦ 了解 MindSpore 的框架;

♦ 了解 MindSpore 的设计思路;

♦ 了解 MindSpore 的特点;

♦ 了解 MindSpore 的环境搭建与案例开发。

从计算机到互联网,再到人工智能,我们这代人从少年到中年,见证并参与了人类社会将科幻转变为现实的波澜科技盛宴。机器学习、虚拟现实与云计算,这些曾经仅仅掌控在尖端科学家手中的技术已经融入我们的生活,寻常百姓亦耳熟能详。在中国,巨大的市场产生了海量数据,华为在深度学习冲击各行各业的大潮中,使硬件、软件相辅相成,以昇腾芯片之惊人算力,推出 MindSpore AI 计算框架,借此释放硬件的全部潜能。

华为自主研发的 MindSpore AI 计算框架,支持目前所有主流深度学习框架中的模型,支持端-边-云全场景、全栈协同开发,可以适应所有的 AI 应用场景,极大地降低了开发门槛,显著减少了模型开发时间。MindSpore AI 计算框架对本地 AI 计算的支持,更是解决了业界最为关注的隐私安全保护问题。

"工欲善其事,必先利其器",在这个速度和执行力至关重要的时代,AI 开发者需要去繁就简,用最快的速度学会正确、有效地使用不同工具,解决工作中的实际问题,这也是本书的终极目标。与众多注重理论强调基础的深度学习教材不同,本书秉承"大道至简,实干为要"的理念,深入浅出地介绍了深度学习的基础知识和各种模型,通过大量经典实例讲授如何使用 MindSpore AI 计算框架在不同领域实现深度学习的理论和算法,结合昇腾芯片强大的算力,打造很多其他框架做不到的事情。希望本章的学习能够帮助每一位开发者得益于 MindSpore 的强大功能,为 AI 技术革命尽一己之力。

5.1 MindSpore 概述

MindSpore 是华为推出的新一代深度学习框架，是源于全产业的最佳实践，是最佳匹配昇腾处理器算力。MindSpore 支持端-边-云全场景灵活部署，开创全新的 AI 编程范式，降低 AI 开发门槛。2018 年华为全联接大会上提出了人工智能面临的十大挑战，其中提到 AI 开发训练时间少则数日多则数月，算力稀缺、昂贵且消耗大，仍然面临没有"人工"就没有"智能"等问题。AI 开发是一项需要高级技能的专家的工作，高技术门槛、高开发成本、长部署周期等问题阻碍了全产业 AI 开发者生态的发展。为了助力开发者与产业更加从容地应对这一系统级挑战，新一代 AI 框架 MindSpore 具有编程简单、端云协同、调试轻松、性能卓越、开源开放等特点，降低了 AI 开发门槛。

5.2 MindSpore 基础应用

5.2.1 加载数据集

在计算机视觉任务中，图像数据往往因为容量限制难以直接全部读入内存。MindSpore 提供的 mindspore.dataset 模块可以帮助用户构建数据集对象，分批次读取图像数据。同时，在各个数据集类中还内置了数据处理和数据增强算子，使得数据在训练过程中能够像经过 Pipeline 管道的水一样源源不断地流向训练系统，提升数据训练效果。

此外，MindSpore 还支持分布式场景数据加载，用户可以在加载数据集时指定分片数目。

下面，本书将以加载 MNIST 数据集[1]为例，演示如何使用 MindSpore 加载和处理图像数据。

1．准备

下载 MNIST 数据集的训练图像和标签并解压，存放在./MNIST 路径中，目录结构如下：

```
./datasets/MNIST_Data/
├── test
│   ├── t10k-images-idx3-ubyte
│   └── t10k-labels-idx1-ubyte
└── train
    ├── train-images-idx3-ubyte
    └── train-labels-idx1-ubyte
```

2．导入 mindspore.dataset 模块

```
import os
```

3. 配置运行信息

在正式编写代码前，需要了解 MindSpore 运行所需要的硬件、后端等基本信息。可以通过 context.set_context 来配置运行需要的信息。

导入 context 模块，配置运行需要的信息。

```
from mindspore import context
context.set_context(mode=context.GRAPH_MODE, device_target="CPU")
```

4. 数据处理

数据集对于训练非常重要，好的数据集可以有效提高训练精度和效率，在加载数据集前，通常会对数据集进行一些处理。

由于后面会采用 LeNet 这样的卷积神经网络对数据集进行训练，而采用 LeNet 网络训练数据时，对数据格式是有要求的，因此需要先查看数据集内的数据是什么样的，然后构造一个针对性的数据转换函数，将数据集数据转换成符合训练要求的数据形式。

执行如下代码，查看原始数据集数据。

```
import matplotlib.pyplot as plt
import matplotlib
import numpy as np
import mindspore.dataset as ds

#以下两行 代码表示 MINIST 数据集的测试集与数据集的根目录
train_data_path = "./datasets/MNIST_Data/train"
test_data_path = "./datasets/MNIST_Data/test"

mnist_ds = ds.MnistDataset(train_data_path)
print('The type of mnist_ds:', type(mnist_ds))
print("Number of pictures contained in the mnist_ds：", mnist_ds.get_dataset_size())
dic_ds = mnist_ds.create_dict_iterator()
item = next(dic_ds)
img = item["image"].asnumpy()
label = item["label"].asnumpy()

print("The item of mnist_ds:", item.keys())
print("Tensor of image in item:", img.shape)
print("The label of item:", label)

plt.imshow(np.squeeze(img))
plt.title("number:%s"% item["label"].asnumpy())
plt.show()
```

从上面的运行情况我们可以看到，训练数据集 train-images-idx3-ubyte 和 train-labels-idx1-ubyte 对应的是 6 万张图片和 6 万个数字标签，载入数据后经过 create_dict_iterator 转换成字典型的数据集，取其中的一个数据查看，这是一个 key 为 image 和 label 的字典，其中 image 的张量（高度 28，宽度 28，通道 1）和 label 对应图片的数字，如图 5-1 所示。

5. 定义数据集及数据操作

我们定义一个函数 create_dataset 来创建数据集。在这个函数中，我们定义好需要进行的数据增强和处理操作，如下所示。

① 定义数据集。

② 定义进行数据增强和处理所需要的参数。

③ 根据参数，生成对应的数据增强操作。

④ 使用 map 映射函数，将数据操作应用到数据集。

⑤ 对生成的数据集进行处理。

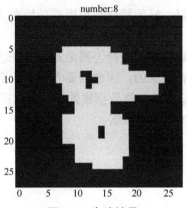

图 5-1　实验结果

```
import mindspore.dataset.vision.c_transforms as CV
import mindspore.dataset.transforms.c_transforms as C
from mindspore.dataset.vision import Inter
from mindspore import dtype as mstype

def create_dataset(data_path, batch_size=32, repeat_size=1,
                   num_parallel_workers=1):
    """
    创建数据集用于训练或测试

    Args:
        data_path (str): 数据根目录
        batch_size (int): 每组中数据记录的数量
        repeat_size (int): 复制数据记录的数量
        num_parallel_workers (int): 平行工作者的数量      """
    # define dataset
    mnist_ds = ds.MnistDataset(data_path)

    # define some parameters needed for data enhancement and rou
    #gh justification
    resize_height, resize_width = 32, 32
    rescale = 1.0 / 255.0
    shift = 0.0
    rescale_nml = 1 / 0.3081
    shift_nml = -1 * 0.1307 / 0.3081
```

```
# according to the parameters, generate the corresponding da
#ta enhancement method
resize_op = CV.Resize((resize_height, resize_width), interp
olation=Inter.LINEAR)
rescale_nml_op = CV.Rescale(rescale_nml, shift_nml)
rescale_op = CV.Rescale(rescale, shift)
hwc2chw_op = CV.HWC2CHW()
type_cast_op = C.TypeCast(mstype.int32)

# using map to apply operations to a dataset
mnist_ds = mnist_ds.map(operations=type_cast_op, input_colu
mns="label", num_parallel_workers=num_parallel_workers)
mnist_ds = mnist_ds.map(operations=resize_op, input_columns
="image", num_parallel_workers=num_parallel_workers)
mnist_ds = mnist_ds.map(operations=rescale_op, input_column
s="image", num_parallel_workers=num_parallel_workers)
mnist_ds = mnist_ds.map(operations=rescale_nml_op, input_co
lumns="image", num_parallel_workers=num_parallel_workers)
mnist_ds = mnist_ds.map(operations=hwc2chw_op, input_column
s="image", num_parallel_workers=num_parallel_workers)

# process the generated dataset
buffer_size = 10000
mnist_ds = mnist_ds.shuffle(buffer_size=buffer_size)
mnist_ds = mnist_ds.batch(batch_size, drop_remainder=True)
mnist_ds = mnist_ds.repeat(repeat_size)

return mnist_ds

ms_dataset = create_dataset(train_data_path)
print('Number of groups in the dataset:', ms_dataset.get_dataset_size())
```

5.2.2 定义网络

我们选择相对简单的 LeNet 网络。LeNet 网络不包括输入层的情况下，共有 7 层：2 个卷积层、2 个下采样层（池化层）、3 个全连接层。每层都包含不同数量的训练参数，如图 5-2 所示。

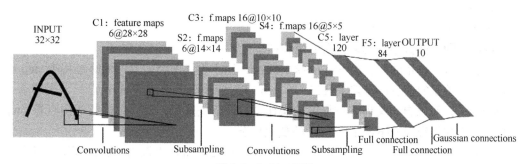

图 5-2 LeNet 网络

在构建 LeNet 网络前，我们对全连接层及卷积层采用 Normal 进行参数初始化。

MindSpore 支持 TruncatedNormal、Normal、Uniform 等多种参数初始化方法，具体可以参考 MindSpore API 的 mindspore.common.initializer 模块说明。

使用 MindSpore 定义神经网络需要继承 mindspore.nn.Cell，Cell 是所有神经网络（Conv2d 等）的基类。

神经网络的各层需要预先在 __init__ 方法中定义，然后通过定义 construct 方法来完成神经网络的前向构造，按照 LeNet 的网络结构，定义网络各层如下：

```python
import mindspore.nn as nn
from mindspore.common.initializer import Normal

class LeNet5(nn.Cell):
    """Lenet network structure."""
    # define the operator required
    def __init__(self, num_class=10, num_channel=1):
        super(LeNet5, self).__init__()
        self.conv1 = nn.Conv2d(num_channel, 6, 5, pad_mode='valid')
        self.conv2 = nn.Conv2d(6, 16, 5, pad_mode='valid')
        self.fc1 = nn.Dense(16 * 5 * 5, 120, weight_init=Normal(0.02))
        self.fc2 = nn.Dense(120, 84, weight_init=Normal(0.02))
        self.fc3 = nn.Dense(84, num_class, weight_init=Normal(0.02))
        self.relu = nn.ReLU()
        self.max_pool2d = nn.MaxPool2d(kernel_size=2, stride=2)
        self.flatten = nn.Flatten()

    # use the preceding operators to construct networks
    def construct(self, x):
        x = self.max_pool2d(self.relu(self.conv1(x)))
        x = self.max_pool2d(self.relu(self.conv2(x)))
        x = self.flatten(x)
        x = self.relu(self.fc1(x))
        x = self.relu(self.fc2(x))
        x = self.fc3(x)
        return x

network = LeNet5()
print("layer conv1:", network.conv1)
print("*"*40)
print("layer fc1:", network.fc1)
```

自定义回调函数收集模型的损失值和精度值。

自定义数据收集的回调类 StepLossAccInfo，用于收集两类信息：训练过程中 step 和 loss 值之间关系的信息；每训练 125 个 step 和对应模型 accuracy 的信息。该类继承了 Callback 类，可以自定义训练过程中的操作，等训练完成后，可将数据绘成图查看 step 与 loss 的变化情况及 step 与 accuracy 的变化情况。

以下代码会作为回调函数，在模型训练函数 model.train 中调用，验证模型阶段会将收集到的信息进行可视化展示。

```
from mindspore.train.callback import Callback
# custom callback functionclass StepLossAccInfo(Callback):
    def __init__(self, model, eval_dataset, steps_loss, steps_eval):
        self.model = model
        self.eval_dataset = eval_dataset
        self.steps_loss = steps_loss
        self.steps_eval = steps_eval

    def step_end(self, run_context):
        cb_params = run_context.original_args()
        cur_epoch = cb_params.cur_epoch_num
        cur_step = (cur_epoch-1)*1875 + cb_params.cur_step_num
        self.steps_loss["loss_value"].append(str(cb_params.net_outputs))
        self.steps_loss["step"].append(str(cur_step))
        if cur_step % 125 == 0:
            acc = self.model.eval(self.eval_dataset, dataset_sink_mode=False)
            self.steps_eval["step"].append(cur_step)
            self.steps_eval["acc"].append(acc["Accuracy"])
```

代码相关解释如下。

model：计算图模型 Model。

eval_dataset：验证数据集。

steps_loss：收集 step 和 loss 值之间的关系，数据格式{"step": [], "loss_value": []}。

steps_eval：收集 step 对应模型 accuracy 的信息，数据格式为{"step": [], "acc": []}。

5.2.3　保存模型

1．概述

在模型训练过程中，可以添加检查点(CheckPoint)用于保存模型的参数，以便执行推理及再训练使用。如果想继续在不同硬件平台上做推理，可通过网络和 CheckPoint 格式文件生成对应的 MindIR、AIR（Ascend Intermediate Representation）和 ONNX（Open Neural Network Exchange）格式文件。

MindIR：MindSpore 的一种基于图表示的函数式 IR，定义了可扩展的图结构及算子的 IR 表示，它消除了不同后端的模型差异。MindIR 可以把在 Ascend 910 上训练好的模型，在 Ascend 310、GPU 以 MindSpore Lite 端侧上执行推理。

CheckPoint：MindSpore 存储了所有训练参数值的二进制文件。CheckPoint 采用了 Google 的 Protocol Buffers 机制，具有良好的可扩展性。CheckPoint 的 protocol 格式定义在 mindspore/ccsrc/utils/checkpoint.proto 中。

AIR：类似 ONNX，是华为定义的针对机器学习所设计的开放式的文件格式，能更好地适配 Ascend AI 处理器。

ONNX：一种针对机器学习所设计的开放式的文件格式，用于存储训练好的模型。

以下通过示例来介绍保存 CheckPoint 格式文件和导出 MindIR、AIR 和 ONNX 格式文件的方法。

2. 保存 CheckPoint 格式文件

在模型训练过程中，使用 Callback 机制传入回调函数 ModelCheckpoint 对象，可以保存模型参数，生成 CheckPoint 格式文件。

通过 CheckpointConfig 对象可以设置 CheckPoint 的保存策略。保存的参数分为网络参数和优化器参数。

ModelCheckpoint 提供默认配置策略，方便用户快速上手。具体用法如下：

```
from mindspore.train.callback import Modelcheckpoint
ckpoint_cb = Modelcheckpoint()
model.train(epoch_num，dataset,callbacks=ckpoint_cb)
```

用户可以根据具体需求对 CheckPoint 策略进行配置。具体用法如下：

```
from mindspore.train.callback import ModelCheckpoint，checkpointconfig
config_ck = CheckpointConfig( save_checkpoint_steps=32，keep_checkpoint_max=10)
ckpoint_cb = ModelCheckpoint(prefix= 'resnet5e' , directory=None，config=config_ck)
model.train(epoch_num,dataset,callbacks=ckpoint_cb)
```

上述代码中，首先需要初始化一个 CheckpointConfig 类对象，用来设置保存策略。

save_checkpoint_steps 表示每隔多少个 step 保存一次。

keep_checkpoint_max 表示最多保留 CheckPoint 文件的数量。

prefix 表示生成 CheckPoint 文件的前缀名。

directory 表示存放文件的目录。

创建一个 ModelCheckpoint 对象把它传递给 model.train 方法，就可以在训练过程中使用 CheckPoint 功能了。

生成的 CheckPoint 文件如下：

```
resnet40-graph.meta    # 编译后的计算图
resnet50-1_32.ckpt     # CheckPoint 文件后缀名为'.ckpt'
resnet50-2_32.ckpt     # 文件的命名方式表示保存参数所有的 epoch 和 step 数
resnet50-3_32.ckpt     # 表示保存的是第 3 个 epoch 的第 32 个 step 的模型参数
……
```

如果用户使用相同的前缀名，运行多次训练脚本，可能会生成同名 CheckPoint 文件。MindSpore 为方便用户区分每次生成的文件，会在用户定义的前缀后添加"_"和数字。如果想要删除.ckpt 文件，需要同步删除.meta 文件。

例：resnet50_3-2_32.ckpt 表示运行第 3 次脚本生成的第 2 个 epoch 的第 32 个 step 的 CheckPoint 文件。

3. CheckPoint 配置策略

MindSpore 提供了两种保存 CheckPoint 策略：迭代策略和时间策略，可以通过创建 CheckpointConfig 对象设置相应策略。CheckpointConfig 中共有 4 个参数可以设置。

save_checkpoint_steps：表示每隔多少个 step 保存一个 CheckPoint 文件，默认值为 1。

save_checkpoint_seconds：表示每隔多少秒保存一个 CheckPoint 文件，默认值为 0。

keep_checkpoint_max：表示最多保存多少个 CheckPoint 文件，默认值为 5。

keep_checkpoint_per_n_minutes：表示每隔多少分钟保留一个 CheckPoint 文件，默认值为 0。

save_checkpoint_steps 和 keep_checkpoint_max 为迭代策略，根据训练迭代的次数进

行配置。 save_checkpoint_seconds 和 keep_checkpoint_per_n_minutes 为时间策略，根据训练的时长进行配置。

两种策略不能同时使用，迭代策略优先级高于时间策略，当同时设置时，只有迭代策略可以生效。当参数显示设置为 None 时，表示放弃该策略。在迭代策略脚本正常结束的情况下，会默认保存最后一个 step 的 CheckPoint 文件。

4．导出 MindIR 格式文件

如果想跨平台或硬件执行推理，可以通过网络定义和 CheckPoint 生成 MindIR 格式文件。MindSpore 当前支持基于静态图，且不包含控制流语义的推理网络导出。导出 MindIR 格式文件的代码样例如下：

```
import numpy as np
from mindspore import Tensor，export，load_checkpoint，load_param_into_net
Resnet = ResNet50()
load_checkpoint("resnet50-2_32.ckpt", net=resnet)
# 将参数加载到网络中
input = np.random .uniform(e.e, 1.0, size-[32，3，224，224]).astype(np.float32)
export(resnet，Tensor(input)，file_name='resnet50-2_32'，file_format= 'MINDIR')
```

说明：input 为 export 方法的入参，代表网络的输入，如果网络有多个输入，需要一同传进 export 方法。例如：export(network, Tensor(input1), Tensor(input2), file_name= 'network', file_format='MINDIR')。

导出的文件名称会自动添加".mindir"后缀。

5．导出 AIR 格式文件

如果想在昇腾 AI 处理器上执行推理，还可以通过网络定义和 CheckPoint 生成 AIR 格式文件。导出 AIR 格式文件的代码样例如下：

```
import numpy as np
from mindspore import Tensor，export，load_checkpoint，load_param_into_net
Resnet = ResNet50()
# 将参数加载到网络中
load_checkpoint("resnet58-2_32.ckpt", net=resnet)
input = np.random.uniform(e.0, 1.0, size-[32，3，224，224]).astype(np.float32)
export(resnet，Tensor(input)，file_name=' resnet5o-2_32'，file_format='AIR')
```

说明：input 为 export 方法的入参，代表网络的输入，如果网络有多个输入，需要一同传进 export 方法。例如：export (network, Tensor(input1), Tensor(input2), file_name= 'network', file_format='AIR')。

导出的文件名称会自动添加".air"后缀。

6．导出 ONNX 格式文件

有了 CheckPoint 文件后，如果想继续在昇腾 AI 处理器、GPU、CPU 等多种硬件上做推理，需要通过网络和 CheckPoint 生成对应的 ONNX 格式文件。导出 ONNX 格式文件的代码样例如下：

```
import numpy as np
from mindspore import Tensor，export，load_checkpoint，load_param_into_net
Resnet = ResNet50()
```

```
# 将参数加载到网络中
Load_checkpoint( "resnet50-2_32.ckpt" ,net=resnet)
input = np.random.uniform(0.0, 1.0,size=[32, 3, 224, 224]).astype(np.float32)
export(resnet, Tensor(input), file_name= 'resnet50-2_32',  file_format= 'ONNX ")
```

说明：input 为 export 方法的入参，代表网络的输入，如果网络有多个输入，需要一同传进 export 方法。例如：export(network, Tensor(input1), Tensor(input2), file_name= 'network', file_format='ONNX')。

导出的文件名称会自动添加 ".onnx" 后缀。

目前 ONNX 格式导出仅支持 ResNet 系列网络。

5.3 MindSpore 案例

5.3.1 使用 MindSpore 实现深度神经网络

AlexNet 是 2012 年 ImageNet 竞赛冠军获得者 Hinton（辛顿）和他的学生 Alex Krizhevsky 设计的卷积神经网络。AlexNet 将 LeNet 的思想发扬光大，把 CNN 的基本原理应用到了更深、更宽的网络中。

1. 各层参数说明

AlexNet 网络包括 8 层（不包含输入层），前 5 层是卷积层，后 3 层是全连接层，最终产生一个覆盖 1000 类标签的分布。

（1）Input 层——输入层

首先是数据 Input 层，输入层大小为 224×224×3。

（2）C1 层——卷积层 C1 层

详细信息如下。

① 输入：224×224×3。② 卷积核大小：11×11。③ 卷积核种类：96。

（3）C2 层——卷积层 C2 层

详细信息如下。

① 输入：27×27×96。② 卷积核大小：5×5。③ 卷积核种类：256。

（4）C3 层——卷积层 C3 层

详细信息如下。

① 输入：13×13×256。② 卷积核大小：3×3。③ 卷积核种类：384。

（5）C4 层——卷积层 C4 层

详细信息如下。

① 输入：13×13×384。② 卷积核大小：3×3。③ 卷积核种类：384。

（6）C5 层——卷积层 C5 层

详细信息如下。

① 输入：13×13×384。② 卷积核大小：3×3。③ 卷积核种类：256。

（7）F1 层——全连接层 F1 层

详细信息如下。

① 输入：6×6×256。② 输出：4096。

（8）F2 层——全连接层 F2 层

详细信息如下。

① 输入：4096。② 输出：4096。

（9）F3 层——全连接层 F3 层

详细信息如下。

① 输入：4096。② 输出：1000。

2．详细步骤

下面描述使用 AlexNet 网络训练和推理的详细步骤，并给出示例代码。

① 加载 MindSpore 模块导入 MindSpore API 和辅助模块，核心代码如下所示：

```
import mindspore as ms
ms.__version__
import mindspore.nn as nn
from mindspore.train import Model
from mindspore import context
context.set_context(mode=context.GRAPH_MODE, device_target="CPU")
```

② 导入数据集，使用 MindSpore 数据格式 API 创建 ImageNet 数据集。

```
import mindspore.dataset as dataset
import mindspore.dataset.vision.c_transforms as CV
import mindspore.dataset.transforms.c_transforms as C
from mindspore.dataset.vision import Inter
from mindspore.common import dtype as mstype
train_data_path = "./model_zoo/official/cv/lenet/DATA/train"
# 定义数据增强和处理所需参数
# mnist 数据集图像大小为 28 × 28
def train_dateset(data_path, batch_size=32, repeat_size=1, num_parallel_workers=1):
    mnist_ds = dataset.MnistDataset(data_path)
    resize_height, resize_width = 32, 32
    rescale = 1.0 / 255.0
    shift = 0.0
    rescale_nml = 1 / 0.3081
    shift_nml = -1 * 0.1307 / 0.3081

    # 根据参数，生成对应的数据增强操作
    # 对图像数据像素进行放大，适应 LeNet5 网络对输入数据 32 像素×32 像素的要求
    resize_op = CV.Resize((resize_height, resize_width),
    interpolation=Inter.LINEAR)
    # 对图像数据进行标准化、归一化操作，使得每个像素的数值大小在范围（0,1），
    #可以提升训练效率
    rescale_nml_op = CV.Rescale(rescale_nml, shift_nml)
    rescale_op = CV.Rescale(rescale, shift)
    # 对图像数据张量进行变换，张量形式由高×宽×通道（HWC）变为 MindSpore 对数
```

```
#据格式的要求：通道×高×宽（CHW）
hwc2chw_op = CV.HWC2CHW()
# 对数据集中 lable 数据增强操作：类型转化为 int32
type_cast_op = C.TypeCast(mstype.int32)

# 使用 map 映射函数，将数据操作应用到数据集
mnist_ds = mnist_ds.map(operations=type_cast_op, input_columns='label',
num_parallel_workers=num_parallel_workers)
mnist_ds = mnist_ds.map(operations=resize_op, input_columns='image',
num_parallel_workers=num_parallel_workers)
mnist_ds = mnist_ds.map(operations=rescale_op, input_columns='image',
num_parallel_workers=num_parallel_workers)
mnist_ds = mnist_ds.map(operations=rescale_nml_op, input_columns='image',
num_parallel_workers=num_parallel_workers)
mnist_ds = mnist_ds.map(operations=hwc2chw_op, input_columns='image',
num_parallel_workers=num_parallel_workers)

# shuffle、batch 操作，再进行 repeat 操作，保证 1 个 epoch 内数据不重复
buffer_size = 10000
# 随机将数据存放在可容纳 10 000 张图片地址的内存中进行混洗
mnist_ds = mnist_ds.shuffle(buffer_size=buffer_size)
# 从混洗的 10 000 张图片地址中抽取 32 张图片组成一个 batch
mnist_ds = mnist_ds.batch(batch_size, drop_remainder=True)
# 将 batch 数据进行复制增强
mnist_ds = mnist_ds.repeat(repeat_size)
return mnist_ds
datas = train_dateset(train_data_path)
print('mnist 数据集分组：', datas.get_dataset_size())
```

运行结果，如图 5-3 所示。

```
mnist数据集分组： 1875
```

图 5-3 运行结果

③ 定义 AlexNet 网络如下所示：

```
import mindspore.nn as nn
from mindspore.common.initializer import Normal # 参数初始化方法
from mindspore.train import Model
# 使用 MindSpore 定义神经网络需要继承 mindspore.nn.Cell，Cell 是所有神经网络（Conv2d 等）的基类。
# 神经网络的各层需要预先在 __init__ 方法中定义，然后通过定义 construct 方法来完成神经网络的前向构造，
按照 LeNet5 的网络结构
class LeNet5(nn.Cell):
    def __init__(self, num_class=10, num_channel=1):
        super(LeNet5, self).__init__()
        self.conv1 = nn.Conv2d(num_channel, 6, 5, pad_mode='valid')
        self.conv2 = nn.Conv2d(6, 16, 5, pad_mode='valid')
        self.fc1 = nn.Dense(16 * 5 * 5, 120, weight_init=Normal(0.02))
        self.fc2 = nn.Dense(120, 84, weight_init=Normal(0.02))
        self.fc3 = nn.Dense(84, num_class, weight_init=Normal(0.02))
```

```
        self.relu = nn.ReLU()
        self.max_pool2 = nn.MaxPool2d(kernel_size=2, stride=2)
        self.flatten = nn.Flatten()
    def construct(self, x):
        x = self.max_pool2(self.relu(self.conv1(x)))
        x = self.max_pool2(self.relu(self.conv2(x)))
        x = self.flatten(x)
        x = self.relu(self.fc1(x))
        x = self.relu(self.fc2(x))
        x = self.fc3(x)
        return x
```

④ 设置超参数并创建网络，设置 batch，epoch，classes 等超参数，导入数据集创建网络，定义损失函数和优化器。损失函数定义的是 SoftmaxCrossEntropyWithLogits，采用 Softmax 进行交叉熵计算。选取 Momentum 优化器，学习率设置为 0.1，动量设置为 0.9，核心代码如下所示。

```
from mindspore.train import Model
from mindspore.nn.loss import SoftmaxCrossEntropywithLogits
batch_ size = 32
1r = 0.01
momentum =0. 9
epoch_ _size = 1
repeat_size = 1
num classes = 10
#创建训练数据
ds_ train = create_ dateset(train_ data _path, batch_ _size, repeat_ size)
#引用构造好的网络
network = AlexNet (num_ _classes=num_ classes)
#定义优化器
net_ _opt = nn. Momentum(network.trainable_ params(), Ir, momentum)
#定义损失函数
net_ loss = SoftmaxCrossEntropyWithLogits (sparse=True, reduction= 'mean' )
```

⑤ 训练网络模型，把网络、损失函数和优化器传入模型中，调用 train( )方法即可开始训练，核心代码如下所示：

```
from mindspore.train.callback import TimeMonitor
# 定义模型
model = Model(network, net_loss, net_opt)
# 监控训练用时
time_cb = TimeMonitor(data_size=ds.get_dataset_size())
model.train(epoch_size, ds, callbacks=[time_cb])
```

运行结果，如图 5-4 所示。

```
Epoch time: 19854.720, per step time: 10.589
Epoch time: 17413.976, per step time: 9.287
```

图 5-4　运行结果

5.3.2 使用 MindSpore 实现 LSTM 的文本预测

实验总体流程：

① 预备工作；

② 定义网络；

③ 定义优化器和损失函数；

④ 使用网络训练数据，生成模型；

⑤ 得到模型之后，使用验证数据集，查看模型精度情况。

1. 配置参数

运行以下代码，配置训练所需参数。

```python
import argparse
from mindspore import context
from easydict import EasyDict as edict
# LSTM CONFIG
lstm_cfg = edict({
    'num_classes': 2,
    'learning_rate': 0.1,
    'momentum': 0.9,
    'num_epochs': 10,
    'batch_size': 64,
    'embed_size': 300,
    'num_hiddens': 100,
    'num_layers': 2,
    'bidirectional': True,
    'save_checkpoint_steps': 390,
    'keep_checkpoint_max': 10
})
cfg = lstm_cfg
parser = argparse.ArgumentParser(description='MindSpore LSTM Example')
parser.add_argument('--preprocess', type=str, default='false', choices=['true', 'false'],help='whether to preprocess data.')
parser.add_argument('--aclimdb_path', type=str, default="./datasets/aclImdb",
                    help='path where the dataset is stored.')
parser.add_argument('--glove_path', type=str, default="./datasets/glove",
                    help='path where the GloVe is stored.')
parser.add_argument('--preprocess_path', type=str, default="./preprocess",
                    help='path where the pre-process data is stored.')
parser.add_argument('--ckpt_path', type=str, default="./models/ckpt/nlp_application",help='the path to save the checkpoint file.')
parser.add_argument('--pre_trained', type=str, default=None,
help='the pretrained checkpoint file path.')
parser.add_argument('--device_target', type=str, default="GPU", choices=['GPU', 'CPU'], help='the target device to run, support "GPU", "CPU". Default: "GPU".')
args = parser.parse_args(['--device_target', 'GPU', '--preprocess', 'true'])
context.set_context(
        mode=context.GRAPH_MODE,
```

```
        save_graphs=False,
        device_target=args.device_target)
print("Current context loaded:\n        mode: {}\n        device_target: {}".format(context.get_context("mode"), con-
text.get_context("device_target")))
```

配置成功，如图 5-5 所示。

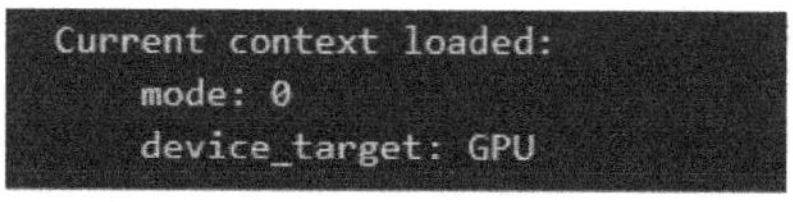

图 5-5　成功截图

安装 gensim 依赖包：!pip install gensim。

安装完成，如图 5-6 所示。

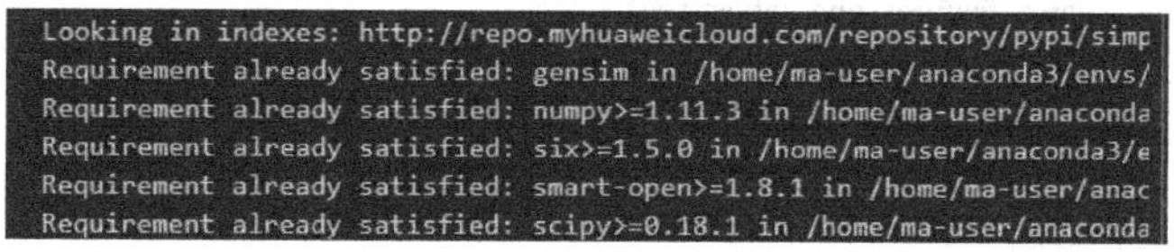

图 5-6　安装完成

2．数据处理

执行数据集预处理：定义 ImdbParser 类解析文本数据集，包括编码、分词、对齐、处理 GloVe 原始数据，使之能够适应网络结构。定义 convert_to_mindrecord 函数将数据集格式转换为 MindRecord 格式，便于 MindSpore 读取。函数_convert_to_mindrecord 中 weight.txt 为数据预处理后自动生成的 weight 参数信息文件。

调用 convert_to_mindrecord 函数执行数据集预处理。

代码如下：

```
import os
from itertools import chain
import numpy as np
import gensim
from mindspore.mindrecord import FileWriter
class ImdbParser():
    """
    parse aclImdb data to features and labels.
    sentence->tokenized->encoded->padding->features
    """
    def __init__(self, imdb_path, glove_path, embed_size=300):
        self.__segs = ['train', 'test']
        self.__label_dic = {'pos': 1, 'neg': 0}
        self.__imdb_path = imdb_path
        self.__glove_dim = embed_size
        self.__glove_file = os.path.join(glove_path, 'glove.6B.' + str(self.__glove_dim) + 'd.txt')

        # properties
```

```python
        self.__imdb_datas = {}
        self.__features = {}
        self.__labels = {}
        self.__vacab = {}
        self.__word2idx = {}
        self.__weight_np = {}
        self.__wvmodel = None
    def parse(self):
        """
        parse imdb data to memory
        """
        self.__wvmodel = gensim.models.KeyedVectors.load_word2vec_format(self.__glove_file)
        for seg in self.__segs:
            self.__parse_imdb_datas(seg)
            self.__parse_features_and_labels(seg)
            self.__gen_weight_np(seg)
    def __parse_imdb_datas(self, seg):
        """
        load data from txt
        """
        data_lists = []
        for label_name, label_id in self.__label_dic.items():
            sentence_dir = os.path.join(self.__imdb_path, seg, label_name)
            for file in os.listdir(sentence_dir):
                with open(os.path.join(sentence_dir, file), mode='r',
                    encoding='utf8') as f:
                    sentence = f.read().replace('\n', '')
                    data_lists.append([sentence, label_id])
        self.__imdb_datas[seg] = data_lists
    def __parse_features_and_labels(self, seg):
        """
        parse features and labels
        """
        features = []
        labels = []
        for sentence, label in self.__imdb_datas[seg]:
            features.append(sentence)
            labels.append(label)
        self.__features[seg] = features
        self.__labels[seg] = labels
        # update feature to tokenized
        self.__updata_features_to_tokenized(seg)
        # parse vacab
        self.__parse_vacab(seg)
        # encode feature
        self.__encode_features(seg)
        # padding feature
```

```
                self.__padding_features(seg)
        def __updata_features_to_tokenized(self, seg):
            tokenized_features = []
            for sentence in self.__features[seg]:
                tokenized_sentence = [word.lower() for word in sentence.split(" ")]
                tokenized_features.append(tokenized_sentence)
            self.__features[seg] = tokenized_features
        def __parse_vacab(self, seg):
            # vocab
            tokenized_features = self.__features[seg]
            vocab = set(chain(*tokenized_features))
            self.__vacab[seg] = vocab
            # word_to_idx: {'hello': 1, 'world':111, ... '<unk>': 0}
            word_to_idx = {word: i + 1 for i, word in enumerate(vocab)}
            word_to_idx['<unk>'] = 0
            self.__word2idx[seg] = word_to_idx
        def __encode_features(self, seg):
            """ encode word to index """
            word_to_idx = self.__word2idx['train']
            encoded_features = []
            for tokenized_sentence in self.__features[seg]:
                encoded_sentence = []
                for word in tokenized_sentence:
                    encoded_sentence.append(word_to_idx.get(word, 0))
                encoded_features.append(encoded_sentence)
            self.__features[seg] = encoded_features
        def __padding_features(self, seg, maxlen=500, pad=0):
            """ pad all features to the same length """
            padded_features = []
            for feature in self.__features[seg]:
                if len(feature) >= maxlen:
                    padded_feature = feature[:maxlen]
                else:
                    padded_feature = feature
                    while len(padded_feature) < maxlen:
                        padded_feature.append(pad)
                padded_features.append(padded_feature)
            self.__features[seg] = padded_features
        def __gen_weight_np(self, seg):
            """
            generate weight by gensim
            """
            weight_np = np.zeros((len(self.__word2idx[seg]), self.__glove_dim), dtype=np.float32)
            for word, idx in self.__word2idx[seg].items():
                if word not in self.__wvmodel:
                    continue
                word_vector = self.__wvmodel.get_vector(word)
```

```
                    weight_np[idx, :] = word_vector
            self.__weight_np[seg] = weight_np
        def get_datas(self, seg):
            """

            return features, labels, and weight
            """

            features = np.array(self.__features[seg]).astype(np.int32)
            labels = np.array(self.__labels[seg]).astype(np.int32)
            weight = np.array(self.__weight_np[seg])
            return features, labels, weight
    def convert_to_mindrecord(data_home, features, labels, weight_np=None, training=True):
        """

        convert imdb dataset to mindrecoed dataset
        """

        if weight_np is not None:
            np.savetxt(os.path.join(data_home, 'weight.txt'), weight_np)


        # write mindrecord
        schema_json = {"id": {"type": "int32"},
                       "label": {"type": "int32"},
                       "feature": {"type": "int32", "shape": [-1]}}

        data_dir = os.path.join(data_home, "aclImdb_train.mindrecord")
        if not training:
            data_dir = os.path.join(data_home, "aclImdb_test.mindrecord")

        def get_imdb_data(features, labels):
            data_list = []
            for i, (label, feature) in enumerate(zip(labels, features)):
                data_json = {"id": i,
                             "label": int(label),
                             "feature": feature.reshape(-1)}
                data_list.append(data_json)
            return data_list

        writer = FileWriter(data_dir, shard_num=4)
        data = get_imdb_data(features, labels)
        writer.add_schema(schema_json, "nlp_schema")
        writer.add_index(["id", "label"])
        writer.write_raw_data(data)
        writer.commit()


        def convert_to_mindrecord(embed_size, aclimdb_path, preprocess_path, glove_path):
            """

            convert imdb dataset to mindrecoed dataset
            """
```

```
parser = ImdbParser(aclimdb_path, glove_path, embed_size)
parser.parse()
if not os.path.exists(preprocess_path):
    print(f"preprocess path {preprocess_path} is not exist")
    os.makedirs(preprocess_path)
train_features, train_labels, train_weight_np = parser.get_datas('train')
_convert_to_mindrecord(preprocess_path, train_features, train_labels, t rain_weight_np)
test_features, test_labels, _ = parser.get_datas('test')
_convert_to_mindrecord(preprocess_path, test_features, test_labels, training=False)
if args.preprocess == "true":
    os.system("rm -f ./preprocess/aclImdb* weight*")
print("═══════════════ Starting Data Pre-processing ═══════════════")
convert_to_mindrecord(cfg.embed_size, args.aclimdb_path, args.preprocess_path, args.glove_path)
print("═══════════════════════ Successful ═══════════════════════")
```

运行结果，如图 5-7 所示。

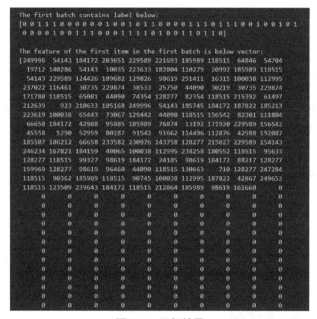

图 5-7　运行结果

3．定义网络

① 导入初始化网络所需模块。

② 定义需要单层 LSTM 小算子堆叠的设备类型。

③ 定义 lstm_default_state 函数来初始化网络参数及网络状态。

④ 定义 stack_lstm_default_state 函数来初始化小算子堆叠需要的初始化网络参数及网络状态。

⑤ 针对 CPU 场景，自定义单层 LSTM 小算子堆叠，来实现多层 LSTM 大算子功能。

⑥ 使用 Cell 方法，定义网络结构（SentimentNet 网络）。

⑦ 实例化 SentimentNet，创建网络，最后输出网络中加载的参数。

代码如下：

```python
import math
import numpy as np
from mindspore import Tensor, nn, context, Parameter, ParameterTuple
from mindspore.common.initializer import initializer
import mindspore.ops as ops
STACK_LSTM_DEVICE = ["CPU"]
# Initialize short-term memory (h) and long-term memory (c) to 0
def lstm_default_state(batch_size, hidden_size, num_layers, bidirectional):
    """init default input."""
    num_directions = 2 if bidirectional else 1
    h = Tensor(np.zeros((num_layers * num_directions, batch_size,
    hidden_size)).astype(np.float32))
    c = Tensor(np.zeros((num_layers * num_directions, batch_size,
    hidden_size)).astype(np.float32))
    return h, c
def stack_lstm_default_state(batch_size, hidden_size, num_layers, bidirectional):
    """init default input."""
    num_directions = 2 if bidirectional else 1

    h_list = c_list = []
    for _ in range(num_layers):
        h_list.append(Tensor(np.zeros((num_directions,batch_size,hidden_size)).astype(np.float32)))
        c_list.append(Tensor(np.zeros((num_directions, batch_size,hidden_size)).astype(np.float32)))
        h, c = tuple(h_list), tuple(c_list)
    return h, c
class StackLSTM(nn.Cell):
    """
    Stack multi-layers LSTM together.
    """

    def __init__(self,
                    input_size,
                    hidden_size,
                    num_layers=1,
                    has_bias=True,
                    batch_first=False,
                    dropout=0.0,
                    bidirectional=False):
        super(StackLSTM, self).__init__()
        self.num_layers = num_layers
        self.batch_first = batch_first
        self.transpose = ops.Transpose()
        # direction number
        num_directions = 2 if bidirectional else 1
        # input_size list
        input_size_list = [input_size]
        for i in range(num_layers - 1):
            input_size_list.append(hidden_size * num_directions)
```

```
            # layers
            layers = []
            for i in range(num_layers):
                layers.append(nn.LSTMCell(input_size=input_size_list[i],
                                          hidden_size=hidden_size,
                                          has_bias=has_bias,
                                          batch_first=batch_first,
                                          bidirectional=bidirectional,
                                          dropout=dropout))
            # weights
            weights = []
            for i in range(num_layers):
                # weight size
                weight_size = (input_size_list[i] + hidden_size) * num_directions * hidden_size * 4
                if has_bias:
                    bias_size = num_directions * hidden_size * 4
                    weight_size = weight_size + bias_size
                # numpy weight
                stdv = 1 / math.sqrt(hidden_size)
                w_np = np.random.uniform(-stdv, stdv, (weight_size, 1, 1)).astype(np.float32)
                # lstm weight
                weights.append(Parameter(initializer(Tensor(w_np), w_np.shape), name="weight" + str(i)))
            #
            self.lstms = layers
            self.weight = ParameterTuple(tuple(weights))
        def construct(self, x, hx):
            """construct"""
            if self.batch_first:
                x = self.transpose(x, (1, 0, 2))
            # stack lstm
            h, c = hx
            hn = cn = None
            for i in range(self.num_layers):
                x, hn, cn, _, _ = self.lstms[i](x, h[i], c[i], self.weight[i])
            if self.batch_first:
                x = self.transpose(x, (1, 0, 2))
            return x, (hn, cn)
class SentimentNet(nn.Cell):
    """Sentiment network structure."""
    def __init__(self,
                 vocab_size,
                 embed_size,
                 num_hiddens,
                 num_layers,
                 bidirectional,
                 num_classes,
                 weight,
                 batch_size):
        super(SentimentNet, self).__init__()
```

```python
            # Mapp words to vectors
            self.embedding = nn.Embedding(vocab_size,
                                            embed_size,
                                            embedding_table=weight)
            self.embedding.embedding_table.requires_grad = False
            self.trans = ops.Transpose()
            self.perm = (1, 0, 2)
            if context.get_context("device_target") in STACK_LSTM_DEVICE:
                # stack lstm by user
                self.encoder = StackLSTM(input_size=embed_size,
                                            hidden_size=num_hiddens,
                                            num_layers=num_layers,
                                            has_bias=True,
                                            bidirectional=bidirectional,
                                            dropout=0.0)
                self.h, self.c = stack_lstm_default_state(batch_size, num_hiddens, num_layers, bidirectional)
            else:
                # standard lstm
                self.encoder = nn.LSTM(input_size=embed_size,
                                            hidden_size=num_hiddens,
                                            num_layers=num_layers,
                                            has_bias=True,
                                            bidirectional=bidirectional,
                                            dropout=0.0)
                self.h, self.c = lstm_default_state(batch_size, num_hiddens, num_layers, bidirectional)
            self.concat = ops.Concat(1)
            if bidirectional:
                self.decoder = nn.Dense(num_hiddens * 4, num_classes)
            else:
                self.decoder = nn.Dense(num_hiddens * 2, num_classes)
        def construct(self, inputs):
            # input:  (64,500,300)
            embeddings = self.embedding(inputs)
            embeddings = self.trans(embeddings, self.perm)
            output, _ = self.encoder(embeddings, (self.h, self.c))
            # states[i] size(64,200)    -> encoding.size(64,400)
            encoding = self.concat((output[0], output[499]))
            outputs = self.decoder(encoding)
            return outputs
embedding_table = np.loadtxt(os.path.join(args.preprocess_path, "weight.txt")).astype(np.float32)
network = SentimentNet(vocab_size=embedding_table.shape[0],
                        embed_size=cfg.embed_size,
                        num_hiddens=cfg.num_hiddens,
                        num_layers=cfg.num_layers,
                        bidirectional=cfg.bidirectional,
                        num_classes=cfg.num_classes,
                        weight=Tensor(embedding_table),
                        batch_size=cfg.batch_size)
print(network.parameters_dict(recurse=True))
```

运行结果,如图 5-8 所示。

```
OrderedDict([('embedding.embedding_table', Parameter (name=embedding.embedding_table, value=Tensor(shape=[252193, 300], dtyp
[[ 0.00000000e+00,  0.00000000e+00,  0.00000000e+00 ...  0.00000000e+00,  0.00000000e+00,  0.00000000e+00],
 [ 0.00000000e+00,  0.00000000e+00,  0.00000000e+00 ...  0.00000000e+00,  0.00000000e+00,  0.00000000e+00],
 [ 0.00000000e+00,  0.00000000e+00,  0.00000000e+00 ...  0.00000000e+00,  0.00000000e+00,  0.00000000e+00],
 ...
 [ 0.00000000e+00,  0.00000000e+00,  0.00000000e+00 ...  0.00000000e+00,  0.00000000e+00,  0.00000000e+00],
 [-2.64310002e-01,  2.03539997e-01, -1.07670002e-01 ...  3.17510009e-01, -6.45749986e-01,  4.42129999e-01],
 [-2.82150000e-01,  2.53950000e-01,  3.94300014e-01 ...  1.75999999e-01,  7.86110014e-02, -7.89420009e-02]])), ('encoder.we
[[[-1.65955983e-02]],
 [[ 4.40648980e-02]],
 [[-9.99771282e-02]],
 ...
 [[-6.54547513e-02]],
 [[ 1.46641862e-02]],
 [[-2.03442890e-02]]])), ('decoder.weight', Parameter (name=decoder.weight, value=Tensor(shape=[2, 400], dtype=Float32, val
[[ 8.68825766e-04,  1.55616635e-02, -3.46743106e-03 ... -1.70452073e-02,  6.96127317e-05, -1.37791187e-02],
 [ 5.52378222e-03, -2.03212705e-02,  1.68735497e-02 ...  1.62047185e-02,  5.66494651e-03, -1.49743268e-02]])), ('decoder.bi
```

图 5-8　运行结果

4.训练并保存模型

运行以下代码,创建优化器和损失函数模型,加载训练数据集(ds_train)并配置好 CheckPoint 生成信息,然后使用 model.train 接口进行模型训练。根据输出我们可以看到 loss 值随着训练逐步降低,最后达 0.262 左右。

```
from mindspore import load_checkpoint, load_param_into_net
args.ckpt_path_saved = f'{args.ckpt_path}/lstm-{cfg.num_epochs}_390.ckpt'
print("================ Starting Testing ================")
ds_eval = lstm_create_dataset(args.preprocess_path, cfg.batch_size, training=False)
param_dict = load_checkpoint(args.ckpt_path_saved)
load_param_into_net(network, param_dict)
if args.device_target == "CPU":
    acc = model.eval(ds_eval, dataset_sink_mode=False)
else:
    acc = model.eval(ds_eval)
print("================ {} ================".format(acc))
```

运行结果,如图 5-9 所示。

```
============== Starting Testing ==============
============== {'acc': 0.8476362179487179} ==============
```

图 5-9　运行结果

5.训练结果评价

根据以上代码的输出我们可以看到,在经历了 10 轮 epoch 之后,使用验证的数据集 对文本的情感分析正确率在 85%左右,达到一个基本满意的结果。

5.4　本章小结

本章主要讲述华为 AI 开发框架 MindSpore。首先介绍 MindSpore 的结构以及设计思路, 接着通过 AI 开发框架的问题与难点,介绍 MindSpore 的特性。最后通过基于 MindSpore

的开发与应用来了解这一开发框架。

课后习题

1. 在 MindSpore 中，导入数据集使用的模块是什么？

答案：mindspore.dataset。

2. 在对神经网络训练之前，为什么要进行数据预处理？

答案：原始数据通常会存在不一致；重复；含噪声；维度高问题。数据预处理可以通过以下 4 种方法解决这些问题，提高训练效率。

数据清洗：数据清洗的目的不只是要消除错误、冗余和数据噪声，还要能将按不同的、不兼容的规则所得的各种数据集一致起来。

数据集成：将多个数据源中的数据合并，并存放到一个一致的数据存储（如数据仓库）中。这些数据源可能包括多个数据库、数据立方体或一般文件。

数据变换：找到数据的特征表示，用维度变换来减少有效变量的数目或找到数据的不变式，包括规格化、规约、切换和投影等操作。

数据规约：是在对发现任务和数据本身内容理解的基础上，寻找依赖于发现目标的表达数据的有用特征，以缩减数据模型，从而在尽可能保持数据原貌的前提下最大限度的精简数据量。数据规约主要有属性选择和数据抽样 2 个途径，分别针对数据库中的属性和记录。

第 6 章
Atlas 人工智能计算平台

学习目标

◆ 了解 AI 芯片的概览;

◆ 了解华为昇腾芯片的硬件和软件架构;

◆ 了解华为 Atlas 人工智能计算平台;

◆ 了解 Atlas 的行业应用。

随着深度学习在人工智能诸多领域的异军突起，从 CPU 到 GPU，再到各类专属领域的定制芯片，我们迎来了计算机体系的黄金时代。然而一款处理器芯片的研发周期，少则数年，多则数十年。在滚滚向前的时代大潮中，只有那些最耐得住寂寞，经得起诱惑的匠人，才能打造出计算机行业皇冠上最闪亮的明珠。

华为 Atlas 智能计算平台基于华为昇腾系列 AI 处理器和业界主流异构计算部件，通过模块、板卡、小站、一体机等丰富的产品形态，打造面向"端、边、云"的全场景 AI 基础设施方案，可广泛用于"平安城市、智慧交通、智慧医疗、AII 推理"等领域。

华为推出面向人工智能计算场景的昇腾 AI 处理器，是希望通过更强的算力、更低的功耗，为深度学习的各类应用场景铺平道路。但是"千里之行，始于足下"，昇腾的使命任重道远。对于一款高端处理器来说，生态圈的培养和用户编程习惯的养成可谓重中之重，也是决定该款产品生死存亡的关键。

6.1 AI 芯片概述

一般来说，AI 芯片被称为 AI 加速器或计算卡，即专门用于加速 AI 应用中的大量计算任务的模块。从广义范畴上讲，面向 AI 计算应用的芯片都可以称为 AI 芯片。除了以 GPU、FPGA、ASIC 为代表的基于传统芯片架构，对某类特定算法或者场景进行 AI 计算加速的 AI 加速芯片，还有比较前沿性的芯片，如类脑芯片、可重构通用 AI 芯片等。以 GPU、FPGA、ASIC 为代表的 AI 加速芯片，是目前可大规模商用的技术路线，是 AI 芯片的主战场。

AI 的三大关键基础要素是数据、算法和算力。随着云计算的广泛应用，特别是深度学习成为当前 AI 研究和运用的主流方式，AI 对于算力的要求快速提升。AI 的许多数据处理涉及矩阵乘法和加法。AI 算法，在图像识别等领域，常用的是 CNN；在语音识别、自然语言处理等领域，主要用的是 RNN。CNN、RNN 算法两类算法有所不同，但是，它们本质上都是矩阵或 Vector 的乘法、加法，然后配合一些除法、指数等算法。CPU 可以拿来执行 AI 算法，但因为内部有大量其他逻辑，而这些逻辑对于目前的 AI 算法是完全用不上的，所以造成 CPU 并不能达到最优的性价比。因此，具有海量并行计算能力、能够加速 AI 计算的 AI 芯片应运而生。

6.2 昇腾芯片硬件架构

6.2.1 昇腾 AI 处理器总览

昇腾 AI 处理器本质上是一个片上系统，如图 6-1 所示，主要应用在与图像、视频、语音、文字处理相关的场景。其主要的架构组成部件包括特制的计算单元、大容量的存储单元和相应的控制单元。昇腾 AI 处理器可划分为控制 CPU（Control CPU）、AI 计算引擎（包括 AI Core 和 AI CPU）、多层级的片上系统缓存或缓冲区、数字视觉预处理模块（Digital Vision Pre-Processing，DVPP）等。处理器可以采用 LPDDR4 高速主存控制器接口，价格较低。目前主流片上系统处理器的主存一般由 DDR（Double Data Rate，双倍速率内存）或 HBM （High Bandwidth Memory,高带宽存储器）构成，用来存放大量数据。HBM 相较于 DDR 存储带宽较高,是行业的发展方向。其他通用的外设接口模块包括 USB（Universal Serial Bus，通用串行总线）、磁盘、网卡、GPIO（General Purpose Input Output，通用输入/输出口）、I2C（Inter-Integrated Circuit）和电源管理接口等。

当昇腾 AI 处理器作为计算服务器的加速卡使用时，会通过 PCIe 总线接口和服务器其他单元实现数据互换。昇腾 AI 处理器的相关模块通过基于 CHI（Coherent Hub Interface）协议的片上环形总线相连，实现模块间的数据连接通路并保证数据的共享和一致性。

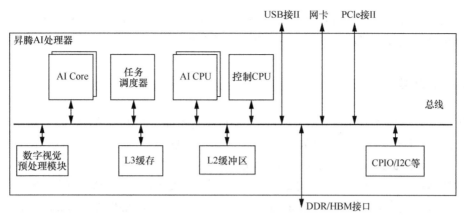

图 6-1 昇腾 AI 处理器逻辑图

昇腾 AI 处理器集成了多个 CPU 核心,每个核心都有独立的 L1 缓存区和 L2 缓存区,所有核心共享一个片上 L3 缓存区。集成的 CPU 核心按照功能可以划分为专用于控制处理器整体运行的控制 CPU 和专用于承担非矩阵类复杂计算的 AI CPU。两类任务占用的 CPU 核数可由软件根据系统实际运行情况动态分配。

除了 CPU,昇腾 AI 处理器真正的算力担当是采用了达芬奇架构的 AICore。这些 AI Core 通过特别设计的架构和电路实现了高通量、大算力和低功耗,特别适合处理深度学习中神经网络必需的常用计算,如矩阵相乘等。目前昇腾 AI 处理器能对整型数(INT8、INT4)或对浮点数(FP16)提供强大的乘加计算力。昇腾 AI 处理器采用了模块化的设计,可以很方便地通过叠加模块的方法提高后续芯片的计算力。

针对深度神经网络参数量大、中间值多的特点,昇腾 AI 处理器还特意为 AI 计算引擎配备了容量为 8MB 的片上缓冲区(L2 缓冲区),提供高带宽、低延迟、高效率的数据交换和访问。昇腾 AI 处理器能够快速访问所需的数据,对于提高神经网络算法的整体性能至关重要,同时将大量需要复用的中间数据缓存在片上对于降低系统整体功耗意义重大。为了能够实现计算任务在 AI Core 上的高效分配和调度,昇腾 AI 处理器还特意配备了一个专用 CPU 作为任务调度器(Task Scheduler ,TS)。专用 CPU 专门服务于 AI Core 和 AI CPU,不承担任何其他的事务和工作。

数字视觉预处理模块主要完成图像视频的编解码,支持 4K 分辨率的视频处理,支持 JPEG 和 PNG 等格式的图像处理。来自主机端存储器或网络的视频和图像数据,在进入昇腾 AI 处理器的计算引擎处理之前,需要生成满足处理要求的输入格式、分辨率等,因此需要调用数字视觉预处理模块进行预处理以满足格式和精度转换等要求。数字视觉预处理模块主要实现视频解码(Video Decoder,VDEC)、视频编码(Video Encoder,VENC)、JPEG 编解码(JPEG Decoder/Encoder ,JPEGD/E) 、PNG 解码((PNGDecoder,PNGD)和视觉预处理(Vision Pre-Processing Core,VPC)等功能。图像预处理可以完成对输入图像的上/下采样、裁剪、色调转换等多种操作。数字视觉预处理模块采用了专用定制电路的方式来实现高效率的图像处理功能,专用定制电路的方式是指对应于每一种不同的功能都会设计一个相应的硬件电路模块来完成计算工作。在数字视觉预处理模块收到图

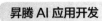

像视频处理任务后，会读取需要处理的图像视频数据并分发到内部对应的处理模块进行处理，待处理完成后将数据写回到内存中等待后续步骤。

6.2.2 达芬奇架构

不同于传统的支持通用计算的 CPU 和 GPU，也不同于专用于某种特定算法的专用芯片 ASIC，达芬奇架构本质上是为了适应某个特定领域中的常见应用和算法，通常称为特定域架构（Domain Specific Architecture，DSA）芯片。

昇腾 AI 处理器的计算核心主要由 AI Core 构成，AI Core 负责执行标量、向量和张量相关的计算密集型算子。AI Core 采用了达芬奇架构，其基本架构如图 6-2 所示，从控制上可以看成是一个相对简化的现代微处理器的基本架构。AI Core 包括矩阵计算单元、向量计算单元和标量计算单元 3 种基础计算资源。这 3 种计算单元分别对应了张量、向量和标量 3 种常见的计算模式，在实际的计算过程中这 3 种计算单元各司其职，形成了三条独立的执行流水线，在系统软件的统一调度下互相配合达到优化的计算效率。此外昇腾 AI 处理器在矩阵计算单元和向量计算单元内部还提供了不同精度、不同类型的计算模式。AI Core 中的矩阵计算单元目前可以支持 INT8 和 FP16 的计算；向量计算单元目前可以支持 FP16 和 FP32 及多种整型数的计算。

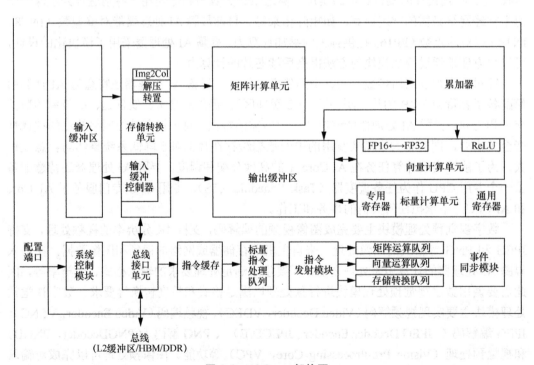

图 6-2　AI Core 架构图

为了配合 AI Core 中数据的传输和搬运，围绕着 3 种计算资源还分布式地设置了一系列的片上缓冲区，比如用来放置整体图像特征数据、网络参数及中间结果的输入缓冲区

（Input Buffer，IB）和输出缓冲区（Output Buffer，OB），及提供一些临时变量的高速寄存器单元，这些寄存器单元位于各个计算单元中。存储资源的设计架构和组织方式不尽相同，但目的都是为了更好地适应不同计算模式下格式、精度和数据排布的需求。存储资源和相关联的计算资源相连，或者和总线接口单元（Bus Interface Unit，BIU）相连，从而可以获得外部总线上的数据。

在 AI Core 中，输入缓冲区之后设置了一个存储转换单元（MemoryTransfer Unit，MTE）。这是达芬奇架构的特色之一，主要目的是为了以极高的效率实现数据格式的转换。如前面提到 GPU 要通过矩阵计算来实现卷积，首先要通过 Img2Col 的方法把输入的网络和特征数据重新以一定的格式排列起来。这一步在 GPU 中是通过软件来实现的，效率比较低。达芬奇架构采用了一个专用的存储转换单元来完成这一过程，将这一步完全固化在硬件电路中，可以在很短的时间内完成整个转置过程。由于类似转置的计算在深度神经网络中出现的极为频繁，这种定制化电路模块的设计可以提升 AI Core 的执行效率，从而能够实现不间断的卷积计算。

AI Core 中的控制单元主要包括系统控制模块、标量指令处理队列、指令发射模块、矩阵运算队列、向量运算队列、存储转换队列和事件同步模块。系统控制模块负责指挥和协调 AI Core 的整体运行模式、配置参数和实现功耗控制等。标量指令处理队列主要实现控制指令的译码。当指令被译码并通过指令发射模块顺次发射出去后，根据指令的不同类型，指令将会分别发送到矩阵运算队列、向量运算队列和存储转换队列。3 个队列中的指令依据先进先出的方式分别输出到矩阵计算单元、向量计算单元和存储转换单元进行相应的计算。不同的指令队列和计算资源构成了独立的流水线，可以并行执行以提高指令执行效率。如果指令执行过程中出现依赖关系或者有强制的时间先后顺序要求，则可以通过事件同步模块来调整和维护指令的执行顺序。事件同步模块完全由软件控制，在软件编写的过程中可以通过插入同步符的方式来指定每一条流水线的执行时序从而达到调整指令执行顺序的目的。

在 AI Core 中，存储单元为各个计算单元提供被转置过并符合要求的数据，计算单元将运算结果返回给存储单元，控制单元为计算单元和存储单元提供指令控制，三者相互协调合作完成计算任务。

6.3　昇腾芯片软件架构

为了使昇腾 AI 处理器发挥出极佳的性能，设计一套完善的软件解决方案是非常重要的。一个完整的软件栈包含计算资源和性能调优的运行框架及功能多样的配套工具。昇腾 AI 处理器的软件栈可以分为神经网络软件流、工具链及其他软件模块。

神经网络软件流主要包含了流程编排器、框架管理器、运行管理器、数字视觉预处理模块（DigitalVision Pre-Processing，DVPP）、张量加速引擎（Tensor Boost Engine,TBE）及任务调度器等功能模块。神经网络软件流主要用来完成神经网络模型的生成、加载和执行等功能。工具链主要为神经网络的实现过程提供辅助便利。

如图 6-3 所示，软件栈的主要组成部分在软件栈中的功能和作用相互依赖，软件栈承载着数据流、计算流和控制流。昇腾 AI 处理器的软件栈主要分为 4 个层次和一个辅助工具链。4 个层次分别为 L3 应用使能层、L2 执行框架层、L1 芯片使能层和 LO 计算资源层。工具链主要提供了工程管理、编译调测、流程编排、日志管理和性能分析等辅助能力。

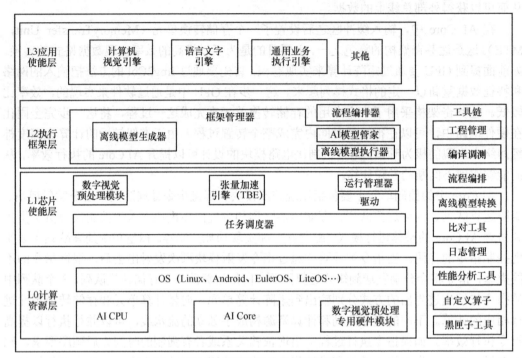

图 6-3　昇腾芯片软件架构图

1．L3 应用使能层

L3 应用使能层是应用级封装，主要是面向特定的应用领域，提供不同的处理算法，如通用业务执行引擎、计算机视觉引擎和语言文字引擎等。通用业务执行引擎提供通用的神经网络推理能力；计算机视觉引擎面向计算机视觉领域提供一些视频或图像处理的算法封装，专门用来处理计算机视觉领域的算法和应用；语言文字引擎面向语音及其他领域提供一些语音、文本等数据的基础处理算法封装等，可以根据具体应用场景提供语言文字处理功能。

在通用业务需求上，L3 应用使能层基于流程编排器定义对应的计算流程，然后由通用业务执行引擎来进行具体功能的实现。L3 应用使能层为各领域提供具有计算和处理能力的引擎，直接使用下一层 L2 执行框架层的框架调度能力，通过通用框架来生成相应的神经网络而实现具体的引擎功能。

2．L2 执行框架层

L2 执行框架层是框架调用能力和离线模型生成能力的封装。L3 应用使能层将具体领域应用的算法开发完成并封装成引擎后，L2 执行框架层会根据相关算法的特点进行适合深度学习框架的调用，如调用 Caffe 或 TensorFlow 框架来得到相应功能的神经网络，再通过框架管理器来生成离线模型。L2 执行框架层包含了框架管理器及流程编排器。

在 L2 执行框架层会使用到在线框架和离线框架这两类。在线框架使用主流的深度学习开源框架（如 Caffe、TensorFlow 等），通过离线模型转换和加载，使其能在昇腾 Al 处理器上进行加速运算。对于网络模型，在线框架主要提供网络模型的训练和推理能力，能够支持单卡、单机、多机等不同部署场景下的训练和推理的加速。除了常见的深度学习开源框架之外，L2 执行框架层还提供了华为公司自行研制的 MindSpore 深度学习框架，其功能类似于 TensorFlow，通过 MindSpore 框架产生的神经网络模型，可以直接运行在昇腾 AI 处理器上，而不需要进行硬件适配和转换。

对于昇腾 AI 处理器，神经网络支持在线生成和执行，同时通过离线框架提供神经网络的离线生成和执行能力，也就是说昇腾 AI 处理器可以在脱离深度学习框架下使得离线模型（Offline Model，OM）具有同样的能力（主要是推理能力）。框架管理器中包含了离线模型生成器（Offline Model Generator，OMG）、离线模型执行器（（Offline Model Executor，OME）和 Al 模型管家推理接口，支持模型的生成、加载、卸载和推理计算执行。

离线模型生成器主要负责将 Caffe 或 TensorFlow 框架下已经生成的模型文件和权重文件转换成离线模型文件，并可以在昇腾 AI 处理器上独立执行。离线模型执行器负责加载和卸载离线模型，并将加载成功的模型文件转换为可执行在昇腾 Al 处理器上的指令序列，完成执行前的程序编译工作。这些离线模型的加载和执行都需要流程编排器进行统筹。流程编排器向开发者提供用于深度学习计算的开发平台，开发平台包含计算资源、运行框架及相关配套工具等，让开发者可以便捷高效地编写在特定硬件设备上运行的人工智能应用程序，流程编排器负责对模型的生成、加载和运算的调度。在 L2 执行框架层将神经网络的原始模型转换成最终可以执行在昇腾 AI 处理器上运行的离线模型后，离线模型执行器将离线模型传送给 L1 芯片使能层进行任务分配。

3. L1 芯片使能层

L1 芯片使能层是离线模型通向昇腾 AI 处理器的桥梁。在收到 L2 执行框架层生成的离线模型后，针对不同的计算任务，L1 芯片使能层主要通过加速库给离线模型计算提供加速功能。L1 芯片使能层是最接近底层计算资源的一层，负责给硬件输出算子层面的任务。L1 芯片使能层主要包含数字视觉预处理模块、张量加速引擎、运行管理器、驱动及任务调度器。

在 L1 芯片使能层中，以芯片的张量加速引擎为核心，支持在线和离线模型的加速计算。张量加速引擎中包含了标准算子加速库，这些算子经过优化后具有良好的性能，可以同时运行管理器与 L2 执行框架层进行通信，提供标准算子加速库接口给 L2 执行框架层调用，让具体网络模型能找到优化后的、可执行的、可加速的算子进行功能上的最优实现。如果 L1 芯片使能层的标准算子加速库中无 L2 执行框架层所需的算子，这时可以通过张量加速引擎编写新的自定义算子来支持 L2 执行框架层的需要，因此张量加速引擎通过提供标准算子库和自定义算子的能力为 L2 执行框架层提供了功能完备的算子。

在张量加速引擎下面是任务调度器，张量加速引擎根据相应的算子生成具体的计算核函数后，任务调度器会根据具体任务类型处理和分发相应的计算核函数到 AI CPU 或者

AI Core 上，再通过驱动激活硬件执行。任务调度器本身运行在一个专属的 CPU 核上。

数字视觉预处理模块是一个面向图像、视频领域的多功能封装体。在遇到需要进行常见图像或视频预处理的场景时，该模块为上层提供了使用底层专用硬件的各种数据预处理能力。

4. LO 计算资源层

L0 计算资源层是昇腾 AI 处理器的硬件算力基础。在 L1 芯片使能层完成算子对应任务的分发后，具体计算任务的执行开始由 LO 计算资源层启动。LO 计算资源层包含了操作系统、AI CPU、AI Core 和数字视觉预处理模块。

AI Core 是昇腾 AI 处理器的算力核心，主要完成神经网络的矩阵相关计算。AI CPU 完成控制算子、标量和向量等通用计算。如果输入数据需要进行预处理操作，数字视觉预处理模块专用硬件模块会被激活并专门用来进行图像和视频数据的预处理执行，在特定场景下为 AI Core 提供满足计算需求的数据格式。AI Core 主要负责大算力的计算任务；AI CPU 负责较为复杂的计算和执行控制功能；数据视觉预处理模块完成数据预处理功能。操作系统的作用是使这三者紧密辅助，组成一个完善的硬件系统，为深度神经网络计算提供执行上的保障。

5. 工具链

工具链是一套支持昇腾 AI 处理器，并可以方便程序员进行开发的工具平台，工具链提供了自定义算子的开发、调试和网络移植、优化及分析功能。另外，在面向程序员的编程界面提供了一套可视化的 AI 引擎拖拽式编程服务，极大地降低了深度神经网络相关应用程序的开发门槛。

工具链包括工程管理、编译调测、流程编排、离线模型转换、比对工具、日志管理、性能分析工具、自定义算子及黑匣子工具等。因此，工具链为在昇腾 AI 处理器平台上的应用开发和执行提供了多层次和多功能的便捷服务。

6.4 Atlas 人工智能计算平台

6.4.1 基本介绍

华为 Atlas 人工智能计算平台基于华为昇腾系列 AI 处理器和业界主流异构计算部件，通过模块、板卡、小站、AI 服务器等丰富的产品形态，打造面向"端、边、云"的全场景 AI 基础设施方案，可广泛用于平安城市、智慧交通、智慧医疗、AI 推理等领域。

Atlas 人工智能计算平台包括 Atlas 200 AI 加速模块、Atlas 300 AI 加速卡、Atlas 200 DK 开发者套件、Atlas 500 智能小站、Atlas 800 AI 服务器等多款产品。这些产品可以应用于公共安全、运营商、金融、互联网、电力等行业。如 Atlas 200 AI 加速模块可以用于摄像头、无人机等终端，支持 16 路高清视频实时分析。

6.4.2　Atlas 产品代表

1．AI 加速模块

Atlas 200 DK 开发者套件（型号为 3000）如图 6-4 所示。

图 6-4　Atlas 200

Atlas 200 DK 开发者套件（型号为 3000）是一款高性能 AI 应用开发板，集成了昇腾 310 AI 处理器，方便用户快速开发、快速验证，可广泛应用于开发者方案验证、高校教育、科学研究等场景。

技术规格，如图 6-5 所示。

AI芯片	昇腾310
AI算力	22 TOPS INT8 16 TOPS INT8 8 TOPS INT8
内存规格	LPDDR4X，8 GB，总带宽51.2 GB/s
编解码能力	•支持H.264硬件解码，16路1080P 30 FPS (2路3840×2160 60 FPS) •支持H.265硬件解码，16路1080P 30 FPS (2路3840×2160 60 FPS) •支持H.264硬件编码，1路1080P 30 FPS •支持H.265硬件编码，1路1080P 30 FPS •JPEG解码能力1080P 256 FPS，编码能力1080P 64 FPS,最大分率: 8192×4320 •PNG解码能力1080P 24 FPS，最大分辨率：4096×2160
接口	•网络：1个GE RJ45 •USB：1个USB2.0/USB3.0 •Camera：2个15 pin raspberry pi相机连接器 •其他：1个40 pin IO连接器
电源	5~28 V DC，默认配置12 V/3 A适配器
功耗	典型功耗20W
工作环境温度	0℃~45℃
结构尺寸	137.8 mm×93.0 mm ×32.9 mm

图 6-5　技术规格

2．AI 加速卡

Atlas 300I 推理卡（型号为 3000/3010）如图 6-6 所示。

图 6-6　Atlas 300I　推理卡

　　Atlas 300I 推理卡（型号为 3000/3010）基于昇腾 310 AI 处理器，提供超强 AI 推理性能，单卡算力可达 88 TOPS INT8，支持 80 路高清视频实时分析，可广泛应用于智慧城市、智慧交通、智慧金融等场景。

　　技术规格，如图 6-7 所示。

形态	半高半长PCIe卡
AI芯片	昇腾310
AI算力	88 TOPS INT8
内存规格	LPDDR4X 32 GB,总带宽204.8 GB/s
编解码能力	• 支持H.264硬件解码，64路1080P 30 FPS (8路3840×2160 60 FPS) • 支持H.265硬件解码，64路1080P 30 FPS (8路3840×2160 60 FPS) • 支持H.264硬件编码，4路1080P 30 FPS • 支持H.265硬件编码，4路1080P 30 FPS • JPEG解码能力4×1080P 256 FPS，编码能力4×1080P 64 FPS，最大分辨率：8192×4320 • PNG解码能力4×1080P 48 FPS，最大分辨率：4096×2160
PCIe	PCIe x16 Gen3.0
功耗	最大67W
结构尺寸	169.5 mm × 68.9 mm
工作环境温度	0°~55℃ (320°F~+131°F)

图 6-7　技术规格

6.5　Atlas 的行业应用

6.5.1　华为 Atlas 构建输电设备物联网

　　2019 年，国家电网"两会"指出围绕"三型两网、世界一流"战略目标，加快泛在电力物联网建设。为电网安全经济运行，提高经营绩效，改善服务质量，以及培育发展战略新兴产业，提供强有力的数据资源支撑。输电设备物联网是泛在电力物联网的主要组成部分。

万物互联，状态全面感知：连接电网、能源客户、政府行政机构供应商，链接物—物、物—人、人—人。

人机交互、应用便捷灵活：支撑电网业务精益化管理，支撑战略新兴业务便捷灵活。

信息高效处理：信息加通信技术，推动数据分层次高效、安全、共享。

华为 Atlas 与智洋创新联合研发输电智能化解决方案，前端推理+云端训练，云边协同，构建智能的输电监控系统，加速实现昇腾 AI 处理器智慧应用。

1. 输电设备物联网的建设

随着电网规模的扩大和电压等级的提高，输电线路运维面临着抵御自然灾害能力不足、"三跨"隐患治理工作艰巨、老旧线路安全运行风险大和智能化、信息化水平有待提升等问题，这些问题对输电线路安全稳定运行造成极大考验。为解决上述问题，目前主要通过安装监拍装置实现远程在线监测，如图 6-8 所示，同时引入物联网、人工智能等先进技术，提高输电线路智能运维管理水平。

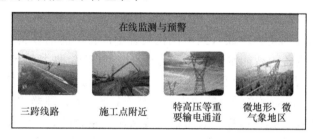

图 6-8 在线监测、智能巡检

当前的方案和面临的挑战。

① 监控空白期长，实时性不够：监拍装置一般拍照间隔较长，以 30 分钟/1 小时为主，难免存在监控空白期内发生隐患无法及时得知、难以保证电网安全运行等问题。而对易发生机械入侵、烟火、外飘物等隐患且对输电线路安全运行影响较大的特殊场景，需要快速预警，如缩短拍照间隔至 1 分钟，实时回传图片，系统整体功耗及回传带宽将提升约 30/60 倍，实现难度较大。

② 前端算法精度低：传统前端在线监测设备需要考虑到实际硬件算力水平和低功耗要求，使得前端算法受限于模型框架，精度较低，无法达到识别精度要求。

③ 优秀算法难共享：当前业界各厂家算法水平参差不齐，应用效果不一，部分优秀

算法受限于软硬件耦合，难以大规模推广。

在线监测 Atlas Inside 方案，如图 6-9 所示。

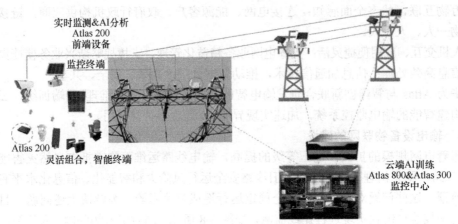

图 6-9　在线监测 Atlas Inside 方案

"两级筛选"，隐患识别更可靠，管理效率更高。

将 Atlas 200 AI 加速模块嵌入到可视化装置中，使得前端设备具备 AI 分析能力，大幅提升前端监测设备的智能水平。有效缩短监控空白期，做到输电线路实时在线监测分析，大大缓解回传通信的网络压力，降低整体设备的功耗，提升输电线路的安全水平。

监控中心新增 Atlas 深度学习解决方案及基于昇腾 AI 处理器的 AI 加速卡，不断对 AI 算法模型进行训练优化。监控中心将输电线路在线监测设备、无人机等收集的异常问题数据，作为云端或者数据中心的训练数据源。后端训练平台通过结合有效的新数据集对算法模型进行不断训练，创造出精确度更高的 AI 算法，再往前端设备进行推送，从而持续动态地提升整体系统的智能效果。

2．输电智能系统应用

基于昇腾 AI 处理器的 Atlas 200 AI 加速模块，其线路杆塔具备端侧智能分析能力，并可以与云端联动实时更新检测算法，彻底解放人工值守。Atlas 200 AI 加速模块将机械入侵、线路异物、鸟巢等风险信息及时回传到监控中心，提高运维人员工作效率至原来的 5 倍以上，有效保障了输电线路的安全稳定运行。

在电力行业，华为凭借领先的 ICT（Information Communications Technology，信息通信）技术，联合生态伙伴推出覆盖电力"发、输、变、配、用"的全环节智能业务方案，该方案服务于全球 Top20 电力公司中的 13 家，广泛应用于全球 73 个国家，190 多个电力客户。华为将持续助力智能电网和智慧电厂的建设，并致力于成为国家电网、南方电网、各大发电集团数字化转型的一站式 ICT 解决方案提供商和优选合作伙伴。

6.5.2　人工智能落地应用按下"加速键"

从科技战"疫"中的亮眼表现，到位列"新基建"七大领域之一，人工智能一直处在高光时刻。得益于智能语音、机器视觉等技术的不断成熟，以及与 5G、云计算、大数据等新技术的融合发展，人工智能正在从单一的技术输出转向综合解决方案应用。尤其是来自政策端和应用端的推进，人工智能在服务城市管理者，推动制造、医疗等行业转型中的价值日益凸显。

在人工智能落地各行业应用场景的过程中，计算平台扮演着"底座"的角色。为了给 AI 应用夯实底座，华为 Atlas 人工智能计算平台，通过构建包括芯片、芯片使能、训练和推理框架及应用使能在内的全堆栈方案，打造模块、板卡、小站、服务器、集群等丰富的产品形态，完成了面向端、边、云的全场景 AI 能力构建。

6.5.3 助力开发者

华为 Atlas 人工智能计算平台为行业数字化、智能化转型提供的"全栈全场景"，对于开发者开展不同 AI 应用场景下的创新，无疑是一大助力。在华为开发者大会 2020（Cloud）上，相关专家介绍了打造高密云侧 AI 推理方案的性能优化过程、云边协同支持高效边缘推理及极致低功耗端侧推理的开发经验。

截至目前，华为已与数十家伙伴合作，推动基于昇腾 AI 处理器的 Atlas 系列模块、板卡、小站、服务器地发展，并将 Atlas 人工智能计算平台在智慧交通、智慧电力、智慧金融、智慧城市、智能制造等数十个行业落地。华为 Atlas 人工智能计算平台让 AI 真正解决各行各业的实际问题，为企业和社会带来价值，也让全球 AI 产业和生态更加繁荣。

6.5.4 促进医疗行业

人工智能技术的应用，正在让越来越多的"治未病"成为可能。众所周知，眼底筛查是监测和预防高血压、高血脂、糖尿病等慢性疾病的重要手段。但受制于慢性疾病预防缺口大、基层医生水平差异大等因素，眼底筛查并不能得到广泛应用。在华为 Atlas 的帮助下，南开大学将 AI 技术与诊断指南、医学知识、医生经验相结合，切实辅助眼底筛查，大大节约了医疗资源，提高了诊疗效率，让慢性疾病筛查、预防与管理变得便捷高效。不仅在医疗行业如此，人工智能技术的应用，也已经成为超大规模城市治理应对挑战的利器。

6.5.5 优化城市交通

为了进一步解决交通出行中人、车、路的矛盾，深圳交管部门将传统的视频系统进行升级，以打通人、车的数据孤岛，实现路口交通信号灯的智能调节。基于华为 Atlas AI 服务器和 ISV 应用软件的一体化解决方案，深圳交警构筑了全市一朵视频云，实现了视频资源的池化，既保证了视频传输的实时性，又使得视频管理和分析能力大大提升。通过此举，深圳城市道路通行速度提高了 9%，高峰时期的拥堵时间减少了 15%。

同样是在深圳，深圳供电局已经将人工智能技术应用到输电线路的监测中。通过与华为携手，深圳供电局在边缘侧部署输电视频监控终端集成 Atlas 200 AI 加速模块、运行

AI 推理算法，实现了图像视频的就地分析，及时上传告警。以"系统智能分析为主、人工判断为辅"的崭新模式，使得原来需要 20 天才能完成的现场巡视工作，现在仅需 2 小时就可完成，巡检效率得到提升。

6.5.6　推动 AI 行业发展

越来越多的行业成功实现 AI 技术的应用，让华为与其合作伙伴信心大增。因此，在华为开发者大会 2020（Cloud）上，华为为了进一步推动人工智能技术在各个行业的落地，推出了一系列针对开发者和合作伙伴的重大举措，推动 AI 生态的持续健康发展。

在开发工具方面，华为推出的 Atlas 200 DK 开发者套件可以帮助开发者快速搭建开发环境，实现开发全场景部署。华为 Atlas 最新发布的高效算子开发工具 TBE（Tensor Boost Engine），预置了丰富的 API，支持不同类型用户自定义算子开发与调优，进而帮助不同行业的开发者和合作伙伴实现 AI 在不同应用场景的快速落地。同时，TBE 还可以实现软硬件深度协同优化，性能提升 10%。

6.6　本章小结

本章主要围绕华为昇腾 AI 进行介绍，聚焦 AI 芯片的介绍，昇腾芯片的硬件和软件架构及昇腾系列 AI 芯片全栈全场景解决方案。

<h2 style="text-align:center">课后习题</h2>

1. AI 芯片的基础要素是什么，其主要内容是什么？

答案：AI 芯片的三大关键基础要素是数据、算法和算力。数据是 AI 接收的信息主体，是算法执行的主要内容；算法用来解决单一问题的通用方法层，是 AI 芯片解决问题的步骤，如分类算法、聚类算法、回归算法、优化算法、降维算法、深度学习算法等。算力是 AI 芯片处理问题的效率，是芯片性能的表现。

2. 为什么要在达芬奇架构中加入存储转换单元？

答案：在 AI Core 中，输入缓冲区之后设置了一个存储转换单元。这是达芬奇架构的特色之一，主要目的是为了以极高的效率实现数据格式转换。如前面提到 GPU 要通过矩阵计算来实现卷积，首先要通过 Img2Col 的方法把输入的网络和特征数据重新以一定的格式排列起来。这一步在 GPU 中是通过软件来实现的，效率比较低。达芬奇架构采用了一个专用的存储转换单元来完成这一过程，将这一步完全固化在硬件电路中，可以在很短的时间内完成整个转置过程。由于类似转置的计算在深度神经网络中出现得极为频繁，这种定制化电路模块的设计可以提升 AI Core 的执行效率，从而能够实现不间断的卷积计算。

第 7 章

ModelArts 应用维护

学习目标

- ◆ 掌握华为 ModelArts 平台的使用方法；
- ◆ 了解 ModelArts 平台的强大功能。

人工智能已经有 70 多年的历史。经过多年的发展，人工智能技术已经在很多产品或商业场景中发挥了非常巨大的作用。但是，目前业界仍然缺乏对人工智能开发全流程的完整定义及相应的整套平台支撑，这极大地影响了人工智能商业化拓展时的效率和成本。为了加速人工智能面向各行业、各领域的应用，华为云推出一站式人工智能开发平台——ModelArts。本章将从"端到端"的角度，介绍人工智能应用开发全流程及如何基于 ModelArts 快速高效地开发人工智能应用。

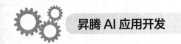

7.1 ModelArts 人工智能应用开发平台概述

人工智能作为下一阶段科学变革浪潮的新引擎,将渗透各行各业,助力传统行业实现跨越式升级,带来广阔的发展前景与良好的市场机遇。

人工智能是中国发展的主要推动力之一,作为人工智能生长动力的算法、算力及数据等都在快速发展。算法的迭代已从技术层面的创新到思维方式的转变。计算能力为技术变革奠定了基础。随着计算成本的不断下降及服务器越来越强大,人工智能技术应用越来越普遍。身处大数据时代,生活之中无处不在产生海量数据。

ModelArts 是面向 AI 开发者的一站式开发平台,ModelArts 提供海量数据预处理和半自动化标注、大规模分布式训练、自动化模型生成及端–边–云模型按需部署能力,帮助用户快速创建和部署模型,管理全周期 AI 工作流。其优势在于算法、算力及在各行各业中的应用。其中算法可以采用平台中已有的通用算法,大大缩短建立时间,同时降低了技术人员的入门门槛。算力可以根据按需方式租用 GPU 服务器,降低研究的前期投入。在教学实施应用中,介绍了人工智能应用开发全流程及其子流程,包括数据准备、算法选择和开发、模型训练、模型评估和调优、应用生成、应用评估和发布、应用维护;人工智能应用开发场景化实践中,介绍了企业级人工智能平台、面向复杂行业的自动化人工智能系统、基于端、边、云协同的人工智能平台及应用开发。在通过一整套工具链和方法传递,使得每个开发者都可以借助 ModelArts 平台在具体业务场景下更快、更高效、更低成本地开发出人工智能应用,从而更好地解决各行业各领域面临的实际问题,从教学实施角度上讲具有普适指导意义。

人工智能应用开发全流程解析大致包括开发态流程(对数据不断进行处理并得到人工智能应用的过程,每一步都会基于一定的处理逻辑对输入数据进行处理,得到输出数据,并产生模型或知识)、运行态流程(将人工智能应用部署起来使用的过程)。

根据处理操作所属范围的不同,可以将人工智能应用的开发流程分为:① 数据准备;② 算法选择与开发;③ 模型训练;④ 模型评估与调优;⑤ 应用生成与发布;⑥ 应用维护。

7.2 数据准备

数据准备阶段包含从原始数据集到形成最终数据集的所有操作,在大多数人工智能应用开发的过程中,数据准备不仅重要,而且工作量巨大。据调查,在很多机器学习项目的开发中,数据相关的工作量占据了 80%。

因此,完备的数据采集、数据处理、数据标注、数据分析和优化对系统尤为重要。ModelArts 在这方面提供了十分完备的数据管理功能,下面会详细介绍其中的重点部分。

7.2.1　数据采集

对于开发者而言，数据采集是开发人工智能应用时面临的首要问题。数据采集的内容涉及图像、视频、音频、结构化表格数据及环境信息等。数据采集是数据管理的起始环节，一般而言，数据越丰富，算法所达到的效果就越好。尤其对于深度学习而言，数据量越大，模型表现一般越好。

数据采集方法多种多样，通常需要根据实际场景来选择不同的采集方式。数据采集常见的几种方式有：①终端设备采集，如摄像头等，设备可以很方便地采集日常生活中的真实图像和视频；②网络数据采集，在合法合规的情况下，按照一定的规则，自动地抓取允许范围内的数据；③基于搜索的数据采集，如基于图像搜索方法，从已有的图像数据仓库中搜索出类似的图像，作为当前项目的数据来源之一。

当面向企业级业务时，数据采集就更加复杂，主要体现在以下几个方面。

①　数据来源具有分散性。对于企业级生产系统，通常有多方面的数据会对最终的人工智能决策产生影响。如对于销量预测而言，有多种类型的数据源，包括生产系统的数据、销售部门的数据、物流方面的数据、外部环境的数据、财务部门的数据等，我们需要对这些数据综合起来分析，才能对后续销量做出更准确的预测。此外，每一种类型的数据，也有多种来源。如对于某制造工厂，不同生产线上的多种传感器都会不停地采集数据，需要专用的软硬件系统进行数据采集。

②　数据存储具有多样性。数据可来自数据库、本地磁盘、存储服务器等，甚至可来自第三方存储系统或云存储服务。

③　数据天然具有多模态属性。在实际问题中，图像、语音、文本、表格等多种模态的数据源会同时存在。因此，在成本允许且项目需要的前提下，有必要对这些模态的数据进行采集和接入，以便于给数据分析和模型训练提供更丰富的"原材料"。

④　数据采集具有较强的业务相关性。在实际业务场景中，经常会有很多矛盾出现。例如，有些数据是应用开发者最想采集的，但是出于安全、成本等因素的考虑，业务方未必可以提供这些数据；而有些数据对模型没有太大作用，却比较容易采集。有些时候，甚至有必要额外定制一套数据采集方案和设备。因此，数据采集很大程度上会受到业务的影响。

由于数据的分散性、存储多样性、多模态属性、业务相关性，数据采集工作并不容易。很重要的一点是，应用开发者需要理解业务和具体场景，结合实际情况，才能够对采集哪些数据、怎么采集数据等问题做出更好的判断。面向企业系统，通常可以使用的数据采集方式也非常多，包括企业提供的采集工具、企业级消息系统等。当然，对于复杂行业，也可以将数据采集工作委托给第三方公司。

7.2.2　数据接入

对于已经采集好的数据，如果要进行大规模分析和建模，则需要将数据接入应用开

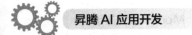

发平台上。数据的接入又分为批量接入和实时流接入。

在批量接入方面，华为 CDM（Cloud Data Migration，云数据迁移）服务可以一键式将数据在不同的存储之间做平滑迁移，如图 7-1 所示。

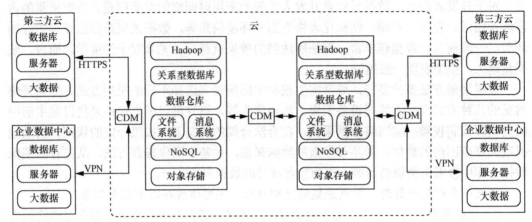

图 7-1　CDM 服务功能视图

CDM 支持的存储形式有：数据仓库、Hadoop 集群、对象存储、文件系统、关系型数据库、非关系型数据库、搜索服务、消息系统等。

对于数据库中已有数据，CDM 支持批量迁移表、文件，还支持同构数据库和异构数据库之间的整库迁移。在迁移能力方面，CDM 支持增量数据迁移、事务模式迁移、字段迁移。

在实时接入方面，华为云提供了 DIS（Data Ingestion Service，数据接入服务）可以一键式将数据流式迁移到云上。另外，华为云 DLI（Data Lake Insight，数据湖探索）服务可以对接不同的数据源，如 RDS（Relational Database Service，关系型数据库服务）、DWS（Data Warehouse Service，数据仓库服务）、DDS（Document Database Service，文档数据库服务）等，仅需安装一个 DLI Agent 插件并进行相关配置，即可将数据自动接入云上。

数据采集和接入后需要统一存储，并通过版本管理工具进行管理。根据存储的物理位置不同，数据存储可分为本地存储和云存储。OBS（Object Storage Service，对象存储服务），具备标准 RESTful API，可存储任意数量和形式的非结构化数据。OBS 通过可信云认证，支持服务端加密、VPC（Virtual Private Cloud，虚拟私有云）网络隔离、日志审计、细粒度权限控制，保障数据安全可信。

7.2.3　数据处理

当采集到数据时，数据集并不一定符合实际开发需要，往往还需要一系列的数据处理工作（如校验、转换、清洗、选择、增强等）。数据处理主要是为了让开发者在模型训练之前得到质量更高、更符合开发需要的数据集，从而提升模型的精度或降低训练的成本。

1．数据校验

数据校验指的是对数据的可用性进行判断和验证的过程。在数据采集过程中，有部分数据存在格式等问题无法被进一步处理。以图像识别为例，用户经常会从互联网中搜索一些图像用于训练，但是其质量难以保证，有可能图像的名称、后缀名都不满足训练算法的要求；也可能图像有部分损坏，导致无法解码、无法被算法处理；另外，人工采集的图像可能有重复，需要被去除。因此，数据校验非常重要，数据交换可以帮助人工智能应用开发者提前发现数据问题，有效防止由于数据的基本问题造成的算法精度下降或训练失败的现象发生。

另外，对于需要标注的数据，标注的格式可能有多种多样，即便是同样的标注格式，也难免有些字段出现错误。训练算法所支持的标注格式通常是有限的，而且容错性较差。因此，标注数据也需要被校验，从而提前发现标注问题。

ModelArts 数据处理模块提供数据校验功能。例如，对于图像数据，判断图像标注格式是否符合要求、图像分辨率大小是否满足算法设定的阈值、图像通道数是否满足算法要求、图像解码是否正常、图像后缀名是否满足规范等。建议人工智能应用开发者将数据及其标注进行充分校验后，将问题提前暴露，解决好基本的数据问题之后，再进入后续步骤。

2. 数据转换

数据转换是指对数据的大小、格式、特征等进行变换的过程，即对数据进行规范化处理。数据转换是为了使数据更适合算法选择和模型训练，使数据被更合理、充分地利用。例如，在医疗影像或地理遥感影像识别业务中，通常原始图像分辨率都非常高，需要做数据切片；在智能监控业务中，原始数据是视频，需要进行视频解码和抽帧，才能进行进一步的处理；图像、视频等数据通常有不同的格式，如图像有 JPEG、PNG 等格式，视频有 AVI、MP4 等格式，但是满足算法输入要求的格式总是有限的，这就需要对不同的格式进行转换。很多真实的业务场景中，数据往往是多种格式并存的，这时需要转换格式并进行必要的数据整理。

另外，对于视频数据来说，在数据标注或模型训练之前，往往需要进行抽帧才能满足需求。开发者可以使用 FFmpeg 等工具自行抽帧，也可以利用 ModelArts 提供的内置抽帧工具进行转换。

3. 数据清洗

数据清洗是指对数据进行去噪、纠错或补全的过程。对于结构化数据，需要对单个特征进行各类变换，包括但不限于以下几种。

① 离散化。针对特征取值为连续的场景，需要将其离散化，以增强模型的鲁棒性。

② 无量纲化。不同的特征通常有不同的物理含义，其取值范围也各不相同，为了保证特征之间的公平性，同时提升模型精度，通常需要对特征进行归一化、标准化、区间缩放等处理。

③ 缺失值补全。由于各种原因，某些样本的某些特征值可能会缺失，因此需要一些补全策略，如用该特征值下所有其他样本的均值补全该缺失值，也可以新增一些特征列来表示该特征是否缺失，还可以直接删除带有缺失值的样本。

④ 分布变换。理想的数据分布状态是正态分布，这也是很多算法期望的假设条件，但现实中很多数据分布不能满足这个基本假设，因此通常需要一些数学变换来改变数据

分布，如对数变换、指数变换、幂变换等。

⑤ 变量编码。通常需要对于一些非数值类的特征（如文字、字母等）进行量化编码，使其转换为可被算法处理的向量，常见的编码方法有 One-Hot、哑变量、频率编码等。

对于一些非结构化数据（图像、语音、文本等）而言，也需要及时去除脏数据。例如，在图像分类中，通常需要将不属于所需分类类别的图像去除，以免对标注、模型训练造成干扰。在文本处理中，针对不同的文本格式，需要采用不同的解析工具来完成关键文本信息的提取。下面以图像为例，介绍几个数据清洗的案例。

在某安全帽检测的案例中，基于无监督模型的方法，进行脏数据自动去除和关键数据保留，如图 7-2 所示，我们可以从 300 张原始图像（图 a）中得到 153 张质量较高的图像（图 b）。

（a）原始图像（清洗前）

（b）高质量图像（清洗后）

图 7-2　在某安全帽场景下数据清洗前后效果对比

如果数据集中其他类别的数据也都混杂进来，而且数量较多时，就需要采用基于无监督的自动分组算法对数据进行粗分类，提前清洗掉不需要的数据。如图 7-3 所示，在

"嫩芽"识别场景中，混杂了大量"花朵"和"儿童图画"数据，这些混杂的数据都需要提前清除。

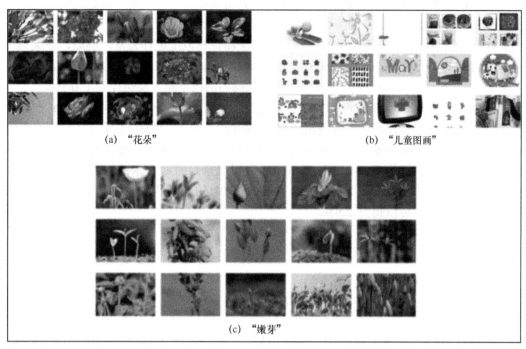

(a)"花朵"　　　　　　　　　(b)"儿童图画"

(c)"嫩芽"

图 7-3　"嫩芽"识别场景中的自动数据分组

另外，还可以根据数据特征分布对数据进行清洗。例如，对某自然场景的图像数据集做特征分析时，如图 7-4 所示，通过亮度特征的分布直方图可以看出，亮度值小于 150 的地方出现多处"毛刺"，根据实际情况判断这部分图像是由拍摄误差造成的。而如果推理阶段绝大部分的图像亮度值也都高于 150，那么就可以清除这些亮度值较低的图像，让后续的模型训练聚焦在亮度值大于 150 的范围。

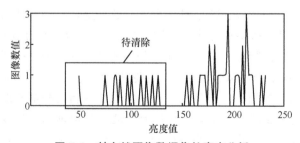

图 7-4　某自然图像数据集的亮度分析

4．数据选择

当需要考虑的数据特征维度较高时，需要使用降维方法，如 PCA（Principle Component Analysis，主成分分析）、t-SNE（t-distributed Stochastic Neighbor Embedding，t 分布随机近邻嵌入）等，将维度压缩到二维或三维，并将其可视化展示出来。此时开发者就可以观察到那些类内差距较大的图像，并进行合理地清洗。

有时需要通过数据选择减少标注量，并且尽可能维持精度不变，甚至还可以提升精度。例如，基于视频做模型训练时，通常需要先将视频截帧，然而距离越近的帧之间相似度越高，这些相似度过高的图像对于训练来说有些冗余，因此视频抽帧后都要按一定的采样率进行选择。针对图像数据，还可以基于图像相似度进行去重。例如，在某口罩识别的案例中，原始数据是 72 张带有口罩目标的图像，通过数据选择发现，只需要标注其中 18 张即可，在节约标注量 75% 的同时，训练后的模型精度反而提升了 0.3%。

另外，还可以通过学习和迭代的方式进行数据选择。Embedding-Ranking 框架是一个流行的数据选择框架，基于 Embedding-Ranking 框架的数据选择方法如图 7-5 所示。该数据选择方法主要包含 3 个步骤：特征提取、聚类排序、选择最优子集。在某车辆检测场景下，按照 Embedding-Ranking 框架对原始的 689 张图像进行自动选择，可抽取 90% 的高价值数据，节约标注量 10%，用 90% 的数据和全量原始数据相比发现，训练后的模型精度可以提升 2.9%。

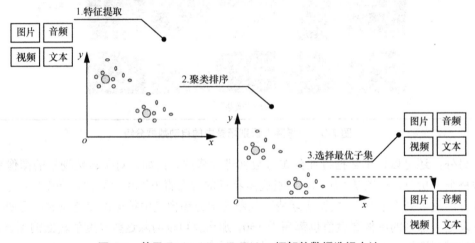

图 7-5　基于 Embedding-Ranking 框架的数据选择方法

对于结构化数据，还可以在特征维度上进行数据选择，即特征选择。有些特征选择也属于特征清洗的范畴。有多种方式可以做特征选择：①基于 Filter-based 的方法，选择与目标变量相关性最大的特征列，并确保这些特征之间尽量少一些冗余度，常用算法有 mRMR 等；②基于 Wrapper-based 的方法，主要采用启发式搜索、随机搜索等方法发现最优的特征子集，如从一个随机种子开始，不断尝试加入新的特征并洗掉无用的特征，最终找到使得模型精度最高的特征子集；③基于 Embedded-based 的方法，主要利用一些算法本身的特点和实现技巧来实现重要特征的筛选，如决策树模型中每个节点就代表一个特征，该模型的训练过程本身就是一种有效地特征选择的方法。还可以通过正则化等方式来约束训练过程以发现最重要的特征子集。

5．数据增强

与数据选择相反，数据增强通过缩放、裁剪、变换、合成等操作直接或间接地增加数据量，从而进一步提升模型的训练精度。结构化和非结构化数据都可以做数据增强。

不过由于近几年随着深度学习、计算机视觉、自然语言处理的迅速发展，非结构化数据的数据增强成了热门的研究对象。本节将主要以非结构化数据增强为例展开介绍。

依据训练方式可以将数据增强划分为离线数据增强和在线数据增强。离线数据增强是先进行数据增强，然后形成新的数据集版本再进行训练，而在线数据增强是指在训练过程中边进行数据增强边训练。离线数据增强和在线数据增强各有应用场合。当数据量较大时，一般采用在线数据增强；当数据量较少时，建议采用离线数据增强，以防止模型训练精度过低。

不管是离线数据增强还是在线数据增强，大部分的数据增强方法都是通用的。正确的数据增强方法应该不改变原数据的语义信息。例如，在图像识别中，对于图像执行随机擦除的增强操作，即将图像中某一小部分抠除，不会影响整个图像识别的结果。另外，使用有针对性的增强方法，可以让模型在某一维度的泛化能力更强。例如，在训练前可以针对每一幅图像扩充出一系列亮度不同的图像，使得训练后的模型对亮度变化更加鲁棒。

在计算机视觉领域，常用的图像类数据增强方法见表 7-1。类似的增强技术还有很多，数据增强本质上都是对数据进行尽可能多的扰动，但不改变数据的语义信息。

表 7-1　常用的图像类数据增强方法

方法		说明
空间几何变换	翻转	进行水平翻转和垂直翻转
	裁剪	裁剪感兴趣的图像区域，通常在训练时会采用随机裁剪的方法
	旋转	对图像进行一定角度的旋转操作
	缩放	采用插值或抽样方法对图像进行放大或缩小
	平移	将图像中所有像素向某个方向移动同一个偏移量
	仿射变换	同时对图像进行裁剪、旋转、转换、模式调整等多重操作
	分段仿射	在图像上放置一个规则的点网络，根据正态分布的样本数量移动这些点及周围的图像区域
像素和特征变换	随机噪声	加入高斯噪声、椒盐噪声等
	模糊	减少各像素点值的差异实现图像模糊及像素的平滑化
	锐化	对图像执行某一程度的锐化
	HSV 对比度变换	通过向 HSV 空间中的每个像素添加或减少 V 值，修改色调和饱和度实现对比转换
	RGB 颜色扰动	将图像从 RGB 颜色空间转换到另一颜色空间，增加或减少颜色参数后返回 RGB 颜色空间
	随机擦除	在图像上随机选取一块区域，随机地擦除图像信息
	灰度图	将图像从 RGB 颜色空间转换为灰度空间
	直方图均衡化	利用图像直方图对对比度进行调整
	直方图规定化	又称直方图匹配，是指使一幅图像的直方图变成规定形状的直方图而对图像进行变换的增强方法

表 7-1 常用的图像类数据增强方法（续）

方法		说明
样本合成	MixUp/CutOut/CutMix	基于邻域风险最小化（VRM）原则的数据增强方法，使用线性插值得到新样本数据
	SamplePairing	随机抽取两张图像，分别经过基础数据增强操作处理后，以像素取平均值的形式叠加合成一个新的样本，标签为原样本标签中的一种

推理数据和训练数据差别较大时，运行态效果就会变差。如果根据推理数据的风格，去采集类似的新数据，然后重新标注和训练，则数据增强成本很高。因此，需要考虑采用跨域迁移的数据增强方法。如图 7-6 所示，可以将新采集数据的风格迁移到已标注的老数据集上，并生成新的数据集，这种新的数据集无须标注就可以直接训练。因为新采集的数据和推理态数据之间相似度较高，所以重新训练后模型的推理效果就会有较大的提升。

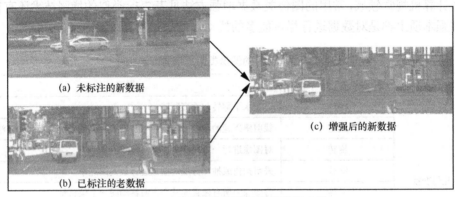

图 7-6 基于风格迁移的数据增强方法

类似地，在自然语言处理领域，也有很多数据增强方法，具体见表 7-2。自然语言处理领域的数据增强方法本质上与图像数据增强方法类似，都是确保增强前后数据的语义不发生变化。例如，在文本分类中，利用同义词替换文本中的部分词后，可以生成新的文本，由于文本类别没有发生变化，因此这是一种合理的数据增强方法。

表 7-2 自然语言处理领域数据增强方法

方法	说明	样例
同义词替换	随机选一些词并用它们的同义词来替换这些词	"我喜欢这部电影"替换为"我喜欢这个影片"
回译	用机器翻译把一段文字翻译成另一种语言，然后再翻译回来，回译的方法不仅有类似同义词替换的能力，还具有在保持原意的前提下增加或移除单词并重新组织句子的能力	"书写得如何了"先翻译为"How is the writing"再替换为"写作怎么样"
随机插入	随机选择一个单词，然后选择它的一个同义词插入原句子中的随机位置	"我喜欢吃苹果"替换为"我喜欢吃苹果水果"

表 7-2　自然语言处理领域数据增强方法（续）

方法	说明	样例
随机删除	随机删除句子中的单词	"我喜欢吃苹果"替换为"喜欢吃苹果"
随机交换	随机选择一对单词，交换位置	"小张喜欢小丽"替换为"小丽喜欢小张"
文档裁剪	将很长的文字裁剪为几个子集来实现数据增强，这样将获得更多的数据	"我喜欢这部电影，看完这部电影我的收获很多"替换为"我喜欢这部电影，我的收获很多"
生成对抗网络	与使用 GAN 生成图像类似，GAN 也可以被用来生成文本	NA
语法树结构替换	通过语法树结构精准地替换单词	"中午我吃了牛肉面"替换为"牛肉面中午被我吃了"

　　数据增强是提升模型效果的有效技术，但是当前的数据增强大部分是研究人员手工设计的，增强策略欠缺灵活性，针对不同的任务场景和数据集通常需要重新设计增强策略。目前流行的做法是将多个增强策略放入搜索空间，使用搜索算法找到最佳策略，使得神经网络在目标数据集上产生最高的准确度。目前数据增强方法也在向自动化方向演进，并且在一些开源数据和业务场景中取得成功。

　　此外，对于结构化数据而言，通常采用基于特征构建的方式，通过已有特征来组合生成新的特征以提升模型效果，这种方法属于广义的数据增强方法。

　　ModelArts 提供了一系列的数据增强方法，节省了开发增强算法的成本。开发者可以根据自身需要灵活地选择合适的增强方法，也可以由 ModelArts 自动选择增强方法。

6. 其他数据处理

　　还有一些其他数据处理操作，如数据脱敏等。数据脱敏是指在原始数据中去除关键敏感信息的过程。数据隐私信息的保护一直是备受关注的问题。同一份数据有可能被不同的人工智能应用开发者处理，因此数据的信息脱敏非常关键。例如，在医疗影像识别业务中，需要提前将原始影像数据中可能存在的病人名字或其他敏感信息过滤；在视频监控业务中，需要针对性地过滤一些敏感信息，如车牌信息、人脸信息等。

　　另外，由于人工智能应用开发流程包括模型训练、模型评估和最终应用部署之后的推理测试，因此很有必要将数据集切分为三部分：训练集、验证集、测试集。训练集用于模型的训练学习；验证集用于模型和应用的选择与调优；测试集用于评价最终发布的应用的效果。当数据集较小时，建议按照比例（如 60%、20%、20%）来切分数据；当数据集较大时，可以自行定义每个部分的比例或数量。

　　综上所述，数据校验可以保证数据基本的合法性；数据转换可以使数据满足模型训练的需求；数据清洗可以提高数据信噪比，进而提升模型训练的精度；数据选择可以降低数据的冗余度；数据增强可以扩充数据，从而提升模型训练的精度。其他数据处理方法也非常有必要，如数据脱敏可以保障隐私信息受到保护，数据切分可以保障后续开发阶段的正常进行。因此，数据处理是人工智能开发过程中必备的环节。

7.2.4 数据标注

大多数人工智能算法仍然依赖监督学习，因此数据标注十分必要。即便是近几年在自然语言处理和计算机视觉领域快速发展的无监督学习，也还是需要一部分标注信息才可以最终解决业务问题。通常，数据标注数量越多、质量越高，训练出来的模型效果也会越好。因此，在当前的人工智能商业项目中，数据标注非常重要。

1. 标注任务分类

数据的标注与其应用场景密切相关。常用的图像相关的标注任务包括但不限于图像分类标注、目标检测标注、图像分割标注、点云标注等。如图 7-7 所示，对于通用图像的标注任务，ModelArts 提供了基础的通用标注工具，如矩形框、多边形、圆形、点、线等。

图 7-7　ModelArts 图像类标注工具

常用的文本相关的标注任务包括但不限于文本分类标注、命名体识别标注、三元组标注、词法分析标注、机器翻译标注等。以文本分类标注和三元组标注为例，ModelArts 提供的标注工具如图 7-8 和图 7-9 所示。

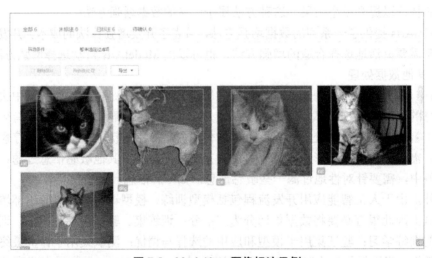

图 7-8　ModelArts 图像标注示例

人名　　　地点　　　　地点
张三出生在中国杭州，目前居住在北京　实体标签：地点　鼠标右击删除该标签！

图 7-9　ModelArts 三元组标注示例

现实场景中，标注往往非常复杂。有很多标注任务对于标注流程和标注工具有独特的要求。在证件类的 OCR（Optical Character Recognition，光学学符识别）场景中，需要先进行四点标注，然后经过透视变换将证件位置调整后，再标注文字块和文字类别。本质上，这种场景的标注流程是由其原始数据和训练算法共同决定的。算法人员需要根据业务背景、数据情况和已有算法能力综合评估之后，才能大致确定面向该业务背景的人工智能应用开发流程，然后根据流程来反推需要什么标注作为输入，进而确定好标注流程。

在与业务强相关的标注场景中，标注流程的确定就更加复杂，需要对业务有深刻的理解。例如，在某网站的评论分类场景，或者医疗影像的细胞分类场景中，首先需要理解该场景的具体业务类型，其次才可以定义如何对每个数据打标签。标注人员如果没有较强的业务知识或者缺乏专业指导，就不知道如何进行标注。另外，标注人员还需要正确定义标签的粒度。如果标签的粒度太粗，则分类算法的训练监督信息不够强；如果标签的粒度太细，则可能造成每个类别的样本量太少，对分类算法的训练有一定影响。因此，标签粒度的定义需要算法工程师和行业专业人员共同参与。由于行业数据标注的难度很高，人工智能在很多专业领域应用时，数据标签通常都是非常稀缺的资源。在此背景下，就需要平台提供智能化标注能力，以在一定程度上减少标注者的工作量。

2. 智能数据标注

深度学习一直都是"数据饥饿的"，为了达到更好的训练效果，需要大量人工标注的数据样本来训练模型。例如，ImageNet 图像数据集包含一百多万张图像。标注这些数据是一个枯燥乏味的过程，且需要耗费大量的人力成本。不同标注任务需要的标注成本也相差很大。例如，在图像分类任务中，标注一张图像不到 1s；而在图像分割任务中，标注一个物体的轮廓平均需要 30s 以上。为了减少标注消耗的时间同时降低标注的成本，ModelArts 在标注过程中加入了机器学习技术并为标注者提供了智能数据标注服务。

（1）基于主动学习的智能数据标注

机器学习问题中数据的冗余性无处不在。在现实场景中，每个数据所包含的信息量是不一样的，也就是说对于给定的某个算法，数据集中每个数据重要性不一样，对最终模型效果的贡献度也不一样。

如果标注者可以仅标注信息量较大的数据来训练模型，就可以取得与标注全部数据后训练的模型相差不大的精度。ModelArts 提供的基于主动学习的智能标注功能，可以自动为标注者挑选最具有信息量的数据，从而减少整体标注工作量。

基于主动学习的智能标注的具体流程，如图 7-10 所示。在标注任务开始时，标注者仅需标注少量的数据作为训练集来训练模型，然后用训练好的模型对未标注数据进行推理。主动学习策略根据当前这一轮的推理结果来选择下一轮需要人工标注的数据，标注者在标注完这些数据以后将其加入训练集中，依次循环，直到模型的效果达到用户的要求。ModelArts 主动学习算法包括监督模式和半监督模式。监督模式只使用用户已标注的数据进行训练；而半监督模式同时使用已标注数据和未标注数据，虽然半监督模式可以提升模型精度，但一般耗时较长。

（2）交互式智能标注

基于主动学习的智能标注服务可以选择出最有价值的数据让人标注，从而降低需要标注的数据量。另外，ModelArts 还提供了交互式智能标注服务来提高每个数据样本的标注效率和体验。

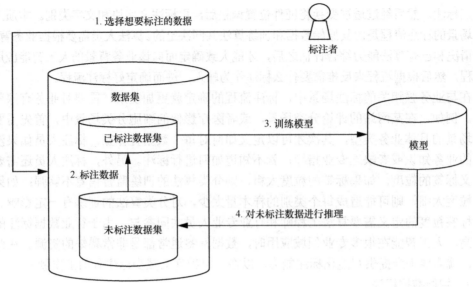

图 7-10　基于主动学习的智能标注流程

1）交互式目标检测标注

在目标检测任务中，标注目标是在图像中感兴趣的物体上画一个矩形框将目标物体框出来。常见的标注方法需要从物体的左上角开始拉一个矩形框到物体的右下角，得到一个较准确的矩形框，平均需要花费的时间为 3～5s。为了提高标注效率，ModelArts 可以自动为图像上的目标物体推荐一些候选矩形框。当标注者将鼠标移动到感兴趣的目标物体上时，标注页面会弹出对应的候选矩形框供标注者确认。

2）交互式分割标注

在图像分割任务中，标注目标是在图像中感兴趣的目标物体边界上画一个多边形框来得到物体的轮廓。常用的标注方法是人工在物体轮廓上单击生成十几到几十个点，并将这些点连接成闭合的多边形。与目标检测任务相比，在图像分割任务中，需要花费更多的时间来标注一个目标物体。为了加速标注过程，ModelArts 提供了一种快速简单的极点标注功能。具体来说，对于每个目标物体，标注者只需要单击目标物体轮廓的四个极点（上、下、左、右四个点），平台就会自动标注该物体的轮廓，这样可以极大地简化标注的操作。

3）交互式视频标注

在视频目标检测标注任务中，标注目标是在每帧图像中的目标物体上标注矩形框。传统的标注方法是将视频的每帧作为单独的图像，然后进行图像目标检测标注。对于帧率较大的视频，很短的一段视频中包含大量的视频帧，这会给上述视频标注方法带来很大的挑战。由于视频帧之间是高度连续的，因此与图像相比，视频具有非常大的冗余性。ModelArts 的交互式视频标注功能为标注者提供了高效的视频标注服务。当上传视频时，只需要标注第一帧图像，平台可以自动标注后续帧图像。如果用户在视频播放过程中发现某一帧的标注框不准确，可以单击"暂停"按钮来人为地修改这一帧的标注框，然后继续播放。此时标注系统会接收到这一反馈，并使得后续的智能标注更加精准。与逐帧标注的方法相比，交互式视频标注服务可以极大地降低视频标注的成本。

4）其他交互式智能标注

在自然语言处理等方向，都可以采用基于实时人机交互的方式进行智能标注。

数据在标注后还需要进行半自动化或自动化审核验证，以及时评估标注质量。如果涉及多人协同标注，就需要利用概率统计等方法将多人标注结果进行融合。

3. 数据标注元信息管理

数据标注之后，通常会有一些标注文件用于存储标注信息。对于数据集来说，标注信息本身是非常重要的元信息。此外，整个标注过程都会留下一系列元信息，如标注过程的完成方式（人工标注或智能标注）、标注时间、标注人员、标注用途（训练或评估等）。为了提供统一的数据标注元信息管理和更高效的数据存储，ModelArts 提供了 Manifest 文件，该文件支持图像、视频、声频等相关标注的元信息管理。

一般情况下，每个数据集版本都对应一个 Manifest 文件。以图像分类数据为例，Manifest 文件的内容格式如下。

```
{
    "source":"s3://path/to/image1.jpg",
    "usage":"TRAIN",
    "hard":"true",
    "hard-coefficient":0.8,
    "id":"0162005993f8065ef47eefb59dle4970",
    "annotation":[
        {
            "type" : "modelarts.image_classification",
            "name" : "cat",
            "property" : [
                "color" : "white",
                "kind" : "Persian cat"
            },
            "hard" : "true",
            "hard-coefficient" : 0.8,
            "annotated-by" : "human",
            "creation-time" : "2019-01-23 11:30:30"
        },
        {
            "type" : "modelarts.image_clessification",
            "name" : "animal",
            "annotated-by" : "modelarts.active-learning",
            "confidence" :0.8,
            "creation-time" : "2019-01-23 11:30:30"
        }],
    "inference-loc" : "/path/to/inference-output"
}
```

① source：必选字段，被标注对象的 URI（Uniform Resource Identifier，统一资源标识符），所支持的类型见表 7-3。

表 7-3 Manifest 文件中 source 字段所支持的 URI 类型

source 字段的类型	例子
OBS	"source": "obs://path-to-jpg"
HTTPS	"source":"https://path-to-jpg"
Content	"source":"content://I love machine learning"

② annotation：可选字段，若不给出，则表示未标注。annotation 值为一个对象列表，包括以下字段。

type：必选字段，标签类型。可选值为 image_classification、object_detection 等。

name：对于分类是必选字段，该值表示所标注的类别，对于其他类型为可选字段。

property：可选字段，包含标注的属性，如本例中猫有两个属性，颜色和品种。

hard：可选字段，表示是否是难例。True 表示该标注是难例，False 表示该标注不是难例。

annotated-by：可选字段，默认为 human。

creation-time：可选字段，创建该标注的时间。

confidence：可选字段，数值类型，范围 $0 \leqslant confidence \leqslant 1$，表示机器标注的置信度。

Manifest 文件可以直接保存简单的标注信息（如图像分类任务中的分类标签），也可以跟额外的标注文件进行关联。在图像目标检测任务中，Manifest 文件的内容格式如下。

```
{
    "source" : "s3: //path/to/imagel . jpg",
    "usage" : "TRAIN",
    "hard" : "true",
    "hard-coefficient" : 0.8,
    "annotation" : [
        {
            "type" : "modelarts/object_detecion",
            "annotation-loc" : "s3 ://path/to/anotationl . xml",
            "annotation-format" : "PASAL VOC",
            "annotated-by" : "human",
            "creation-time" : "2019-01-23 11:30:30"
        }]
}
```

其中，annotation-loc 字段用来关联当前数据所对应的标签文件。XML 是 PASCAL VOC 等开源数据集常用的一种保存标注结果的文件格式。不同数据集有不同的标注格式，这些格式之间也可以互相转换。

需要注意的是，Manifest 文件使用 UTF-8 编码，Manifest 处理程序需具备 UTF-8 处理能力。文本分类的 source 数值包含中文，其他字段不建议用中文。Manifest 文件使用 jsonlines 格式，一行记录一个 JSON 对象。

如果用户在用 ModelArts 标注之前就已经准备好数据及其标注文件，并且上传到 ModelArts 上做训练。那么有 2 种选择方式：①根据已有数据和标注文件生成 Manifest

文件便于 ModelArts 统一管理；②直接创建训练作业，仅需保证算法读取和解析数据格式的功能正常。由于模型训练会涉及多轮迭代和调参，期间需要不停对数据进行进一步分析和处理，因此建议采用第一种方式，便于后续版本迭代和维护。

除 Manifest 之外，开发者也经常用以下几种数据和标注组织格式来准备数据。在 ModelArts 中，这些格式统称为 RawData。

① 对于单标签图像分类（即每个图像只属于一个标签）任务，数据集的目录结构如下。

```
base_dir--------------------数据集所在的根目录
|- label_0------------分类名称
        |-0_0.jpg----------属于 label_0 类别的图像
        |-0_0.jpg
        ...
        |-0_x.jpg
|-label_m---------------分类名称
        |-m_0.jpg-------------属于 label_m 类别的图像
        |-m_0.jpg
        ...
        |-m_z.jpg
labels. txt (Optional)----可选，用于提供标签索引 ID 和标签名称的对应关系
```

进一步地，如果用户提供了 labels.txt，则其内容格式一般如下。

0: label_i

1: label_j

2: label_k

其中，label=0 对应的标签名称为 label_i，label=1 对应的标签名称为 label_j，以此类推。如果用户没有提供 labels.txt，则列举 base_dir 下所有文件夹的顺序为每一个标签名称赋值 ID。

② 对于多标签图像分类（即每个图像有一个或多个标签）任务，数据集的目录结构如下。

```
base_dir-----------------------数据集所在的根目录
        |- images --------------图像数据所在目录
                |- 0. jpg------------图像数据
                |- . jpg
                ...
                |- n. jpg
        |-labels---------------------标签数据所在目录
                |- 0. jpg. txt---------0. jpg 这张图像对应的标签信息
                |- 1. jpg. txt
                ...
                |- n. jpg. txt
        labels. txt----必不可少，用于提供标签索引 ID 和标签名称的对应关系
```

这种结构也可以支持单标签图像分类。标签信息所在文件（如 0.jpg.txt 等）指定了图像文件（如 0.jpg）拥有的所有标签，其格式如下。

label_i

label_j

...

label_m

此外，还要提供 labels.txt，文件内容需要满足如下格式。

0:label_i

1:label_j

2:label_k

...

③ 对于目标检测或图像分割任务，数据集的目录结构如下。

```
base_dir-----------------------数据集所在的根目录
    |-Images --------------图像数据所在目录
        |- 0. jpg------------图像数据
        |- . jpg
        ...
        |- n. jpg
    |-Annotations----------------------标签数据所在目录
        |- 0.xml---------0. jpg 这张图像对应的标签信息
        |- 1.xml
        ...
        |- n.xml
```

7.2.5 数据分析和优化

为了开发好人工智能应用，在数据准备阶段仅有以上环节是不够的，通常还需要对数据进行整体的统计分析及对单个数据进行细粒度分析诊断，之样才可以更深入地了解数据，及时发现更深层次的问题并进行优化。

1. 数据集特征分析和优化

特征分析的主要作用在于帮助开发者快速方便地了解数据集的特点，然后制订后续的优化和处理方案。数据集的特征分析可以融入项目开发的各个流程，如数据清洗、数据增强、模型训练、模型评估等。在前文提到的数据清洗过程中，就用到了基于特征分析的方法去除少量异常数据。以目标检测任务为例，ModelArts 特征分析模块支持的主要特征涵盖了分辨率、图像高宽比、图像亮度、图像饱和度、图像清晰度、图像色彩丰富度等常规图像特征及目标框个数、面积标准差、堆叠度等标注相关的特征，具体见表 7-4。

表 7-4 图像目标检测任务的数据特征分析方法

特征统计	含义	解释
分辨率	此处使用面积值作为统计值	可能存在偏移点，可以对偏移点进行调整操作或直接删除
图像高宽比	图像高度与图像宽度的比值	一般呈正态分布，用于比较训练集和真实场景数据集的差异

表 7-4 图像目标检测任务的数据特征分析方法（续）

特征统计	含义	解释
图像亮度	值越大代表观感上亮度越高	一般呈正态分布，可根据分布中心判断数据集整体偏亮还是偏暗，可根据使用场景调整，比如使用场景是夜晚，图像整体应该偏暗
图像饱和度	值越大表示图像整体色彩越容易分辨	一般呈正态分布，用于比较训练集和真实场景数据集的差异
清晰度	图像清晰程度，使用拉普拉斯算子计算所得，值越大代表边缘越清晰，图像整体越清晰	可根据使用场景判断清晰度是否满足需要。比如使用场景的数据采集来自高清摄像头，那么对应的清晰度需要高一些，可通过对数据集进行锐化或模糊操作或添加噪声，以对清晰度进行调整
图像色彩丰富度	图像的色彩丰富程度，值越大代表色彩越丰富	观感上的色彩丰富程度，一般用于比较训练集和真实场景数据集的差异
按单张图像中目标框个数，统计图像数量分布	单张图像中目标框的个数	对模型而言，一张图像的目标框个数越多越难检测，需要越多的这种数据用作训练
按单张图像中目标框的面积标准差，统计图像数量分布	当单张图像只有一个框时，标准差为 0，标准差的值越大，表示图像中目标框大小不一程度越高	对模型而言，一张图像中目标如果比较多且大小不一，是比较难检测的，可以根据场景添加数据用于训练
按目标框高度比，统计目标框数量的分布	目标框的高宽比	一般呈泊松分布，但与使用场景强相关，多用于比较训练集和验证集的差异，如训练集都是长方形框的情况下，验证集如果是接近正方形的框会有比较大影响
按目标框在整个图像的面积占比，统计目标框数量的分布	目标框的面积占整个图像面积的比例，值越大表示目标物体在图像中的占比越大	用于辅助模型超参的设置。一般目标物体大时，对于某些基于 Anchor 的算法而言，Anchor 的超参设置就需要调整
按目标框之间的堆叠度，统计目标框数量的分布	单个目标框与其他目标框重叠的部分，取值范围为 0~1，值越大表示被其他框覆盖得越多	主要用于判断待检测目标物体的堆叠程度，堆叠目标的检测难度较高，可根据实际使用需要添加数据集或不标注部分数据

如图 7-11 所示，用户可以自行选择版本。除可以查看单个数据集的特征统计外，ModelArts 还支持对比功能，如数据集不同版本之间的对比、训练集与验证集之间的对比等，如图 7-12 所示。数据集特征分析是数据分析诊断的有效工具。如果训练集和验证集之间分布差异较大，说明训练数据集上训练的模型在验证集上效果可能较差。通过追踪每个特征上 2 个数据集之间的差异，开发者可以对数据集差异情况有更好的理解并做出优化改进。例如，可以利用迁移学习来优化算法，使得模型可以自适应不同的数据分布情况。

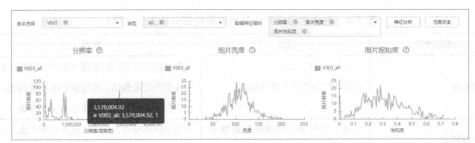

图 7-11　特征统计界面

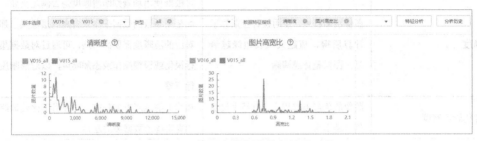

图 7-12　多版本数据的特征统计对比

　　在遥感影像识别领域，不同卫星、不同时间、不同季节拍摄的同一地点遥感图像会有很大区别。如果原图是中午拍摄的，目标图是傍晚拍摄的，原图的整体亮度要高于目标图。假设模型是基于类似目标图的数据集训练的，当使用原图进行评估或测试时，模型就会产生失准现象，如果在评估前对原图进行直方图规定化操作，将其 RGB 分布转换成类似目标图的形状和分布，模型的精度就会大幅提升。

　　上述是对一些显而易见的特征做的分析和归纳，我们还可以对高阶的特征做分析。可以先用深度神经网络模型提取特征，然后再降维展示，如图 7-13 所示。

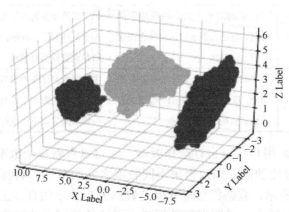

图 7-13　直方图规定化示意

　　从图 7-13 中可以看出，在特征的分布上，有一类数据（图中深灰色部分）实际包括了两个子类，因此模型训练时，被强行要求两种类别的数据归为同一类。实际上可能把一类拆分为两类来训练会比较合适。

2．细粒度数据诊断和优化

借助上述数据特征分析功能，可以看出数据集整体上的统计信息，对模型的调优提供了重要的诊断建议。然而，进行细粒度数据诊断和优化则会发现每个数据的问题，粒度更细。并且，可以将每个数据的重要性或者难例程度标记出来，然后给出相应的诊断和优化建议。ModelArts 可自动提供基于图像语义、数据特征及数据增强的细粒度数据诊断分析，并提供对应的指导建议，以帮助开发者聚焦难例数据的数据增强，从而更有效率地提高模型的精度。典型的诊断优化建议见表 7-5，开发者根据诊断建议可以做进一步针对性的数据增强。

表 7-5　自动生成的诊断优化建议

检测算法	原因	建议
异常检测	数据被预测为异常点	若该图像预测不正确，则判断是否为异常数据。若是异常数据则去除，否则重新标注数据，并基于图像语义做扩充
目标框统计	未识别出作何目标物体	若该图像不含有预期目标框，建议去除；若该图像含有预期目标框，建议重新标注数据，并基于图像语义做扩充
聚类	基于训练数据集的聚类结果和预测结果不一致	若该图像预测不正确，则判断是否为异常数据。若是异常数据则去除，否则重新标注数据，并基于图像语义做扩充
置信度	置信度偏低	若该图像预测不正确，则判断是否为异常数据。若是异常数据则去除，否则重新标注数据，并基于图像语义做扩充
图像相似性	预测结果和训练集同类别数据差异较大	若该图像预测不正确，则判断是否为异常数据。若是异常数据则去除，否则重新标注数据，并基于图像语义做扩充

7.3　算法选择与开发

人工智能技术包含多个领域，每个领域的算法都非常多，而且每年还有层出不穷的新算法出现。在开发一个人工智能应用之前，有必要结合具体业务场景和数据的可获取情况，快速锁定一些合适的算法，这样可以大大提升应用开发效率。

本节重点围绕几个常用的人工智能技术领域，介绍一些经验方法，辅助人工智能应用开发者选择合适的算法，在找到合适的算法之后，可以直接订阅 ModelArts 预置算法开始训练，也可以自行开发和调试算法代码，然后再训练。

7.3.1　基础层算法选择

对于应用开发者而言，平时接触最多的基础算法应该是机器学习（包括深度学习）和强化学习。下面将以这 2 个为重点展开介绍。

1．机器学习算法选择

常用的机器学习算法分为分类、聚类、时序预测、异常检测、关联分析、推荐等，如图 7-14 所示。下面将分别按照任务维度简要介绍一些常用的算法，旨在为开发者提供算法选择的参考。

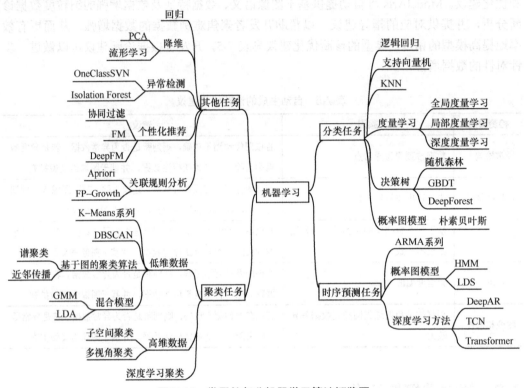

图 7-14　常用的部分机器学习算法概览图

在分类任务中，逻辑回归算法实现简单，经常被作为性能基线与其他算法比较。逻辑回归算法也可以看作是一层神经网络，由于其计算复杂度低，经常被拓展到更加复杂的问题上，如大规模推荐。而支持向量机擅长解决高维度非线性分类问题。支持向量机模型的计算复杂度是数据集的二次方，因此不适合处理大规模数据。逻辑回归、支持向量机在多分类场景下的应用需要依赖一些额外的技巧，如与集成学习相结合等。

最初的 KNN 算法不需要训练，它直接根据邻近的有标签数据的投票来对未知标签数据进行分类。然而，在实际应用中，由于数据样本的距离度量方式是不可知的，所以 KNN 算法需要在常用的几个距离度量方式中去选择并学习合适的度量方式，这时就需要训练。度量学习的目的是学习一个度量矩阵，使得在某度量方式下，数据中同类样本之间的距离尽可能减小，而不同类别样本之间的距离尽可能增大。常用的度量学习方法分为全局度量学习和局部度量学习。深度学习也可以与度量学习相结合，利用深度神经网络自适应学习特征表达，当数据量较多时，推荐使用深度度量学习。深度度量学习已经成功用于人脸识别等领域。

决策树通过递归划分样本特征空间并在每个得到的特征空间区域定义局部模型来做预测。决策树方法的优点是易于理解，数据预处理过程比较简单，同时在相对短的时间内就可以在大数据集上得到可行且效果良好的结果。决策树是非常基础的算法，可解释性强，但它缺点也比较明显，对连续性的特征比较难预测。当数据特征关联性比较强时，决策树的表现的不会太好。通常，决策树需要与集成学习方法一起使用，才会有较好的精度。随机森林、GBDT 等算法已经在工业界广泛使用。

由上可知，当处理的问题是二分类问题且数据集规模不大时，支持向量机是首选算法；如果支持向量机的效果不是很理想，则可能是因为该矩阵不能很好地度量样本之间的相似性，因此可以尝试度量学习算法。对于数据集比较大的情况，首先选择基于决策树的集成学习方法。当然，其他不同的模型也都可以与不同的集成学习策略（如 Bagging、Boosting、Stacking）相结合，进一步提升模型效果，但集成学习通常也会使模型更加复杂，增加训练和推理的计算成本。

聚类任务中最常用的算法是 K-means、基于图的聚类算法及混合模型。聚类任务存在两个问题：不同的初始中心点对最后聚类结果的影响非常大；聚类簇数量不容易提取判断。K-means++ 通过改进初始中心点的选择来改善 K-means 算法的聚类效果。基于密度的聚类算法，如 DBSCAN（Density Based Spatial Clustering of Applications with Nise）算法，不需要提前知道聚类簇数量。基于图的聚类算法有谱聚类和近邻传播。谱聚类利用相似度矩阵的特征向量进行聚类。近邻传播的基本思想是将数据样本点看作网络的节点，然后通过网络中各边的消息传递计算出各样本的聚类中心。与传统的聚类算法相比，近邻传播算法特别适合高维、多类数据的快速聚类，在聚类性能和效率方面都有大幅度的提升。基于混合模型的聚类方法则假设每组数据都可以通过一个模型来拟合，该方法的好处是最后的聚类结果会给出样本属于每个聚类簇的概率。常见的混合模型有 GMM（Gaussian Mixture Model，高斯混合模型）和 LDA（Latent Dirichlet Allocation，隐狄利克雷分布模型）。以上聚类算法在处理高维数据时会面临很多问题。为了解决这些问题，建议采用子空间聚类和多视角聚类的方法。由以上可知，在提前知道聚类簇的数量时，以上聚类算法都可适用，否则可选的算法只有 DBSCAN 和近邻传播；如果聚类结果需要知道样本属于每个聚类簇的概率，则选择基于混合模型的聚类方法；对于高维数据的聚类，子空间聚类和多视角聚类是首选方法。

时序预测任务中的传统算法有 ARMA 和 NARMA 等，随着机器学习和深度学习的发展，基于 SVM、神经网络等的方法也开始流行起来。近几年基于深度学习的时间序列预测主要以循环神经网络为主（如 DeepAR 等），其提高了多变量时间序列的精度，但是在大规模分布式并行方面时间序列预测有不少的挑战。基于 CNN 架构的时间卷积网络 TCN（Temporal Convolutional Nets）的计算复杂度更低，性能更好。另外，如果要解决长时间的序列预测问题，建议采用基于注意力机制的 Transformer 模型。

概率图模型通过在模型中引入隐变量，增强了模型的建模能力。混合高斯模型、隐马尔可夫模型、条件随机场都属于概率图模型。概率图模型可以用于分类、聚类、时序预测任务，如相关向量机和朴素贝叶斯可以用于分类任务；隐马尔可夫模型和线性动力系统可以对序列化数据进行建模；混合高斯模型常用于聚类任务。概率图模型可以为模型和预测结果提供概率解释。由于经典机器学习在实际应用过程中需要结合业务领域知识构建特征工程，这个过程中有很多手工工作，因此深度学习方法在不同任务的算法中使用深度多层神经网络从原始数据中学习更好的特征表示，取得了比原始算法更好的效果。传统决策树也可以与深度学习思想（不是深度神经网络）相结合，如 DeepForest。机器学习领域目前正在朝着 AutoML（Auto Mochine Learning，自动机器学习）的方向发展，很多著名的机器学习算法库（如 Scikit-learn）都演进出了自动版（如 Auto-sklearn）。

其他机器学习任务还包括关联规则分析、异常检测和个性化推荐等。关联规则分析常用的经典算法有 Apriori 算法和 FP-Growth（Frequent Pattern-Growth，频繁项增长）算法，后者在计算速度上更快。异常检测、新样本检测算法用于发现异常数据点的新的数据点，常用算法有 OneClassSVM、Local Outlier Factor 等。OneClassSVM 适用于数据量少的情况，对于高维度特征和非线性问题可以体现其优势。Local Outlier Factor 对数据分布的假设较弱，对于数据分布不满足假设的情况，建议使用这种算法。推荐场景下，一般都是高维稀疏数据，可以采用特征学习与逻辑回归相结合的方法，也可以尝试 FM（Factorization Machine，因式分解机）及其深度学习版本 DeepFM。

此外，还需要从数据标注量的角度来考虑采用哪些算法。有些场景下，标签数据是自动获取的。如销售量预估场景下，随着时间的推移，真实的销量结果会不断产生，可以用于时序模型的持续迭代。很多场景下，标注未必是准确的，如对于某网站的评论区文本分类问题，用户的反馈可能是带有不准确性的。还有很多时候，标注量严重不足，尤其在医疗等行业。针对这些问题，就需要采用半监督、弱监督学习方法。但是，半监督、弱监督也都代表的是学习策略，本质上还是要与每类算法（机器学习、计算机视觉、自然语言处理等）相结合才可以发挥作用。

2. 强化学习算法选择

在机器学习中，数据不同会导致算法表现不同。同样地，在强化学习中，由于目标环境的多样性，算法在不同环境中表现截然不同。另外，结合业务场景，开发者在其他维度（如算法输出动作的连续性或离散性、算法的学习效率等）上可能还有不同的要求。因此，选择合适的强化学习算法是一个很重要的工作。

根据环境是否由模型直接描述，强化学习算法可以分为 Model-Free 算法和 Model-Based 算法，如图 7-15 所示。Model-Based 算法包括 Dagger（Data Aggregation）、PILCO（Probabilistic Inference for Learning Control）、I2A（Imagination-Augmented Agents）、MBMF（Model-Based RL with Model-Free Fine-Tuning）、STEVE（STochastic Ensemble Value Expansion）、MB-MPO（Model-Based Meta Policy Optimization）、MuZero、AlphaZero、Expert Iteration 等。

当智能体所处环境是确定的，且开发者对环境建模感到并不困难时，建议开发者选择 Model-Based 算法。Model-Based 算法先从强化学习主体与环境交互得到的数据中通过监督学习的方式学习环境模型，然后基于学习到的环境模型进行策略优化。在环境简单、观测状态维度较低时，PILCO 可以显著提升采样效率，但由于其使用高斯过程回归模型对环境进行建模，模型复杂度随着状态维度指数增长，因此 PILCO 难以应用于复杂环境。STEVE 和 MB-MPO 使用模型集成的方式来表征模型的不确定性，能够有效地将模型推

广到高维状态空间。STEVE 使用值展开的方式将环境模型与 Model-Free 算法相结合，当
环境无法学习时能够退化为 Model-Free 算法。MB-MPO 利用元学习的方法在环境模型的
集成中学习到足够鲁棒的自适应策略，该方法的策略优化过程完全基于环境模型生成想
象样本，因此 MB-MPO 采样效率很高，但当环境难以建模时策略将无法学习。

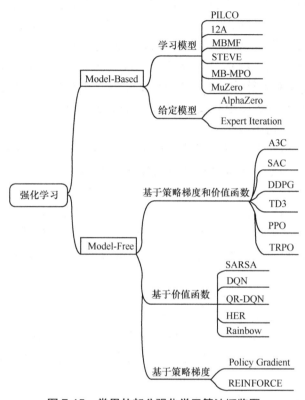

图 7-15　常用的部分强化学习算法概览图

Model-Based 算法适合对象环境相对简单明确、能够进行机理建模的系统，如机器人、
工业制造系统，这类算法在采样效率、收敛速度等关键性能上体现出了优势。而
Model-Free 算法则表现出更广泛的适应性，绝大部分环境不需要对算法进行适配，基本
上只要满足接口，就可以做到即插即用。因此，对于大多数环境，特别是复杂性较高、
难以建模的环境，如游戏、金融等，可以直接用 Model-Free 算法尝试。

在 Model-Free 算法中，根据动作取决于策略函数的输出，还是值函数输出的最大值，
可以分出策略梯度和价值函数拟合两大类算法。基于策略梯度的算法包括 REINFORCE、
PG（Policy Gradient），基于值函数拟合的算法主要包括 DQN 及其一系列衍生算法，如
QR-DQN（Quantile Regression DQN）、HER（Hindsight Experience Replay）、Raninbow 等。
A3C、SAC（Soft Actor-Critic）、DDPG（Deep Deterministic Policy Gradient）、TD3（Twin
Delayed DDPG）、TRPO（Trust Region Policy Optimization）、PPO（Proximal Policy Op-
timization）这些最近几年出现的算法都结合了策略梯度和价值函数拟合两类算法的优点，
同时学习价值函数和策略梯度函数。

DQN 等基于价值函数拟合的算法大多采用离轨策略，即采用单独的策略来更新价值函数，通常可以从历史积攒下来的样本经过采样后进行价值函数的更新。其优点是：①可以从人类示教样本中学习；②可以重用旧策略生成的经验；③可以同时使用多个策略进行采样；④可以使用随机策略采样来优化确定性策略。

然而，DQN 存在价值高估的固有缺陷。DQN 有一系列优化后的版本，其中 Rainbow 算法是 DQN 系列算法的集大成者，使用了各种 DQN 变体中的改进方法。Rainbow 算法相较于其他 DQN 系列算法，性能有显著提升，但正是由于使用了过多技巧，其单步训练时间较长。由于历史原因，DQN 系列多用于 Atari 等以图像作为状态输入的环境。需要注意的是，由于 DQN 系列算法属于基于价值函数拟合的方法，所以仅适用于动作空间离散的场景，即当动作空间维度很高或是连续时无法求解。另外，DQN 系列算法都是确定性策略方法，无法学习随机策略。

基于策略梯度的强化学习算法能够很好地解决连续动作空间问题。此外，这些算法大多采用在轨策略，且学习的策略都是随机策略，所以学习效率较低。正因如此，目前主流的策略梯度算法都会与值函数拟合算法相结合。当对算法的迭代步长非常敏感时，建议采用 TRPO 和 PPO。这两种算法都采用在轨策略，并且都同时适用于连续动作空间和离散动作空间的决策问题，输出随机策略。TRPO 需要求解约束优化问题，计算复杂。为解决这一问题，PPO 对 TRPO 进行一阶近似，使用裁剪或惩罚的方式限制了新旧策略间的分布差距。一般情况下，建议直接使用 PPO 即可。

上述策略梯度算法虽然能够解决高维动作空间问题，但它们产生的都是随机策略，即输入同一状态，输出的动作可能会不一样。在某些场景下，如果期望得到的是确定性动作，则建议使用 DDPG 算法，其最大特点是策略函数是一个确定性映射函数。由于确定性策略不再需要对动作空间进行积分，因此采样效率相较于其他方法都有提高，非常适合动作空间很大的情况。

此外，当强化学习中环境的奖励函数很难设计，或需要利用专家数据给一个较好的起点时，可以使用模仿学习、逆强化学习等方法；当环境奖励稀疏时，需要提升强化学习算法的探索能力，可以使用分布式架构、Reward Shaping 等方法以鼓励智能体去探索未知状态，也可以使用分层强化学习方法对任务进行分解。

7.3.2　应用层算法选择

对于应用开发者而言，计算机视觉和自然语言处理是最常见的 2 个应用层算法领域，下面将围绕这 2 个领域展开介绍。

1．计算机视觉算法选择

目前常用的几种计算机视觉任务（图像分类、目标检测、图像分割等）大多以深度学习为基础。常用的部分计算机视觉算法如图 7-16 所示，当开发者需要在时延和精度要求方面做出权衡时，可以考虑不同的深度神经网络架构设计；当开发者需要在数据量和学习效果方面做出权衡时，则可以考虑不同的学习方式，如半监督学习、弱监督学习等。

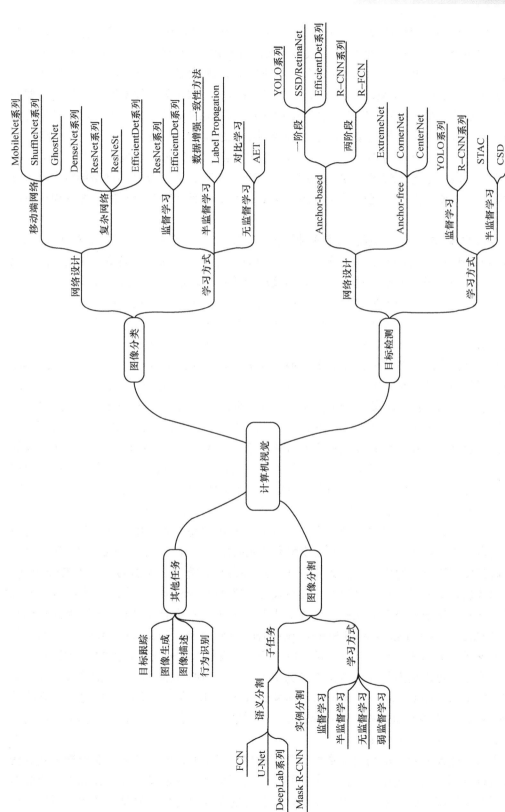

图 7-16　常用的部分计算机视觉算法概览图

深度卷积神经网络在发明之初就是用来解决图像分类问题的，现阶段深度学习与图像分类的结合愈加紧密，并且出现了很多经典的算法模型。2015 年之后，ResNet（Residual Network）也基本上成了很多业务场景下开发者快速尝试的标杆算法。后期出现的 DenseNet、Xception、ResNext、ResNeSt 等算法都以 ResNet 为对比对象。另外，典型的面向移动端的小型网络有 MobileNet、ShuffleNet、GhostNet 等，当开发者对于模型的推理时延要求较高时，需要直接采用小型神经网络进行训练；或者先训练一个大网络，再利用大网络产生的标签对小网络进行训练。随着神经网络结构搜索技术的不断演进，机器搜索出的网络结构 NASNet、AmoebaNet、EfficientNet 比人工设计的网络结构更好（要么精度更高，要么推理时延更低），其中 EfficientNet 是目前较为流行的一种卷积神经网络结构。

当数据集中含有大量无标签数据时，开发者可以选择基于对比学习或 AET（Auto-Encoding Transformation）等无监督学习方法得到一个预训练模型。最近一两年视觉无监督学习的发展非常迅速，已经非常接近全监督学习水平。当得到预训练模型后，就可以用少量有标签的数据在预训练模型上进行微调，这会大大减少算法对标注数据量的需求。另外，还可以选择相对成熟一些的半监督算法，如 Mixmatch、Remixmatch 及 Label Propagation 等，这些算法在标注量较少时可以获得不错的精度。

对于目标检测任务，算法可以分为 Anchor-Based 和 Anchor-Free 两种。Anchor-Based 算法需要额外设置一个超参数——Anchor，用以引导目标框的回归，Anchor-Based 算法主要可以分为两类：一阶段（One-Stage）算法和两阶段（Two-Stage）算法。一阶段算法使用回归的方式输出这个目标的边框和类别，常见算法有 SSD、RetinaNet、YOLO 系列、EfficientDet 等。其中，YOLO 系列不断进化，已经有 4 个版本。YOLOv4 在 YOLOv3 的基础上进一步大幅提高了模型的精度、降低了推理时延。EfficientDet 也充分利用了模型自动架构搜索带来的优势。常见的两阶段算法有 R-CNN 系列和 R-FCN 系列，由于二阶段算法引入了候选目标框提取网络，所以误检率一般比一阶段算法低一些。

Anchor-Free 方法将人体姿态估计中的关键点检测思想引入通用目标检测中，通过检测关键点来确定目标的位置，常见的模型有 CornerNe、CenterNet、ExtremeNet 等。对于推理时延要求比较高的场景，建议选择 One-Stage 算法，特别是 YOLOv4 和 EfficientDet；对于物体长宽比和尺寸变化比较大并且不太会设置 Anchor 的场景，建议选择 Anchor-Free 方法。此外，基于半监督算法的物体检测也开始出现，如基于数据增强一致性的目标检测算法 CSD（Consistency-based Semi-supervised learning for object Detection）。然而，与半监督图像分类算法相比，半监督目标检测还不够成熟，未来还有较大的改善空间。

图像分割可以根据具体任务主要分为语义分割、实例分割。语义分割的典型算法有 FCN（Fully Convolutional Network）、U-Net、DeepLab 系列。实例分割的代表算法是 Mask-RCNN。图像分割还有一种不常用的全景分割，是将前背景都进行实例分割，它可以看成实例分割的一种拓展。

半监督图像分割算法利用少量标注数据构建初级模型，然后在无标签数据上获取伪标签进行分割模型的优化。无监督分割算法利用可自动生成语义标注的计算机合成数据进行无监督训练。弱监督学习更加常用，即使有的图像上有目标框甚至图像级标签，也可以作为弱标注信息用来训练图像分割模型。

其他计算机视觉任务还包括目标跟踪、图像生成、图像描述和行为识别等。目标跟踪是利用摄像机在一段时间内定位移动的单个或多个目标的过程；图像生成顾名思义就是利用现有数据生成新数据的过程；图像描述旨在生成文字来描述图像内容；行为识别是视频分类的一种，根据一系列视频帧判断视频中目标的动作类别。

2. 自然语言处理算法选择

自然语言处理常见的任务包括文本分类、序列标注、机器翻译、文本摘要等，如图 7-17 所示。总体的算法选择策略是，当对精度要求更高时，建议采用"无监督预训练+Softmax"的方式；当对训练时间或推理时延要求更高时，建议采用传统的经典算法。

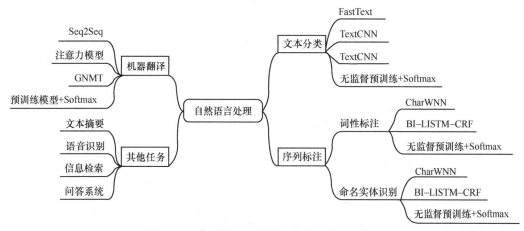

图 7-17　常用的部分自然语言处理算法概览图

文本分类任务中线性分类器是最常用的分类器。FastText 算法对句子中所有的词向量进行平均，然后连接一个 Softmax 层进行分类。由于只用到一层网络，FastText 算法的训练速度特别快。2014 年，Kim 提出 TextCNN 算法，该算法将卷积神经网络引入文本分类任务中。TextCNN 算法首先对每个句子进行 Padding 以保证模型的输入大小是固定值，然后利用卷积神经网络来提取句子中类似 N-Gram 的关键信息。不过，由于卷积神经网络中卷积核的大小是固定的，这导致 TextCNN 模型无法对更长的序列信息进行建模。与卷积神经网络相比，循环神经网络天生就是为处理序列化数据而设计的。TextRNN 利用双向循环神经网络替换 TextCNN 中的卷积神经网络结构以捕获变长且双向的 N-Gram 信息。卷积神经网络所有输入的单词是等同对待的，而循环神经网络中越靠后的单词对输出结果的影响越大，这与人类的阅读习惯不一致。人类在阅读时，句子中对语义影响最大的是中间的某几个单词。注意力机制模型用于解决这个问题。简单来说，注意力机制就是在卷积神经网络、循环神经网络等对文本序列进行建模的过程中加入的一个组件，它使得模型可以给每个单词赋予不同的权重。

在词性标注任务中，CharWNN 算法是一类经典算法，其通过卷积神经网络提取字符的嵌入表示，在得到每个单词的词向量和对应的字符向量之后，将其拼接在一起作为对应单词的最终词向量表示。BI-LSTM-CRF（Bidirectional-LSTM-Conditional Random Field）算法提出将双向长短记忆网络与条件随机场结合起来用于词性标注。这种算法可以通过长短记忆网络有效利用过去和未来的输入信息，同时通过条件随机场用于学习语句的标注信息。通过结合双向长短记忆网络和条件随机场的优势，BI-LSTM-CRF 模型极大地提升了词性标注的准确度。

在机器翻译方面，2014 年 Sutskever 等人提出的 Seq2Seq 模型首次实现了端到端的机器翻译。Seq2Seq 模型利用编码器-解码器框架，首先使用一个多层神经网络（LSTM 等）将原始句子"编码"为一个中间向量，然后再用类似的网络结构将该向量"解码"，还原出目标句子。对于长句子而言，Seq2Seq 模型将其压缩在一个固定长度的中间向量中，有可能会丢失一些前后跨度较大的语义信息，这时就需要使用注意力机制来优化模型。注意力机制通过学习联合对齐和翻译来扩展编码-解码器框架，并将其应用于多语言翻译任务中。

近几年自然语言处理的大量工作也在不断推进循环语言模型和编码器-解码器结构地发展。但是循环神经网络固有的顺序使得模型不能进行并行计算。这样一来，内存约束也限制了模型处理很长的序列。此外，注意力机制已经成为序列建模任务的一个组成部分，注意力机制经常与循环神经网络一起使用。2017 年出现的 Transformer 算法避开了这种难以并行化的循环结构，完全依赖注意力机制来描绘输入与输出序列之间的全局依赖关系。在这之后，基于 Transformer 结构的算法或神经网络，如 Transformer-Big、BERT 等，成为机器翻译任务的首选模型。

近几年，随着 Transformer、BERT、GPT-3、NEZHA 等无监督学习算法在自然语言处理方面的兴起，基本上所有自然语言处理任务的经典算法都被超越了。在无监督模型训练之前，首先需要准备大量的语料。以 BERT 为例，可以构造多种训练所需的目标函数，如让模型自动预测文本序列中被人为掩盖掉的词；让模型根据一段文本中的前一个句子预测下一个句子等。准备语料的过程是不需要任何标注信息的，因为无论是掩盖掉的词还是下一个句子，被预测的对象在原始语料中天然存在。当预训练结束之后，就可以基于预训练模型在其他任务上微调，如文本分类、序列标注、阅读理解等。例如，在文本分类任务中，输入的句子经过 BERT 进行编码后，将模型最后一层的第一个节点作为句子的向量表示，后边接一个 Softmax 层即可完成分类任务。在序列标注任务中，由于 BERT 采用了 Transformer 的结构，所以能够很好地融合上下文的信息。与 BI-LSTM-CRF 类似，将 BERT 的词向量与 CRF 层拼接可以完成序列标注的任务。因此，如果相比于训练时间和推理时延更在乎模型的精度，则在很多自然语言任务中都应该考虑基于无监督预训练和后期微调的方式；否则，可以适当考虑前面所提到的几种经典算法。

其他自然语言处理任务还包括文本摘要、信息检索和问答系统等。文本摘要通过识别文本内容将其缩减为简明精确的摘要；信息检索通过文本匹配、知识关联等技术搜索出最合适的信息，常见的应用是搜索引擎；问答系统自动将最优答案匹配到输入的问题，也会用到一部分信息检索相关的技术。可以预见的是，未来更多的自然语言处理任务都可能会依赖无监督预训练。

7.3.3　ModelArts 预置算法选择

ModelArts 预置算法是指 ModelArts 平台自带的算法，仅需提供数据即可自动训练。在采用预置算法训练之前，开发者仅需要按照规范准备好数据集，无须关心具体的训练代码及训练启动后镜像容器的上传、下载等其他工作。预置算法会自动将训练好的模型和 TensorBoard 日志文件上传到开发者定的 OBS 中供查看。

预置算法的性能和精度均经过专业调优，能给开发者提供很快的训练速度和很高的训练精度。对于不熟悉算法原理的人，或希望开箱即用的人，可以从 AI 市场订阅预置算法，并启动训练。预置算法在性能和精度方面，有以下主要特点。

① 对于一些相对成熟的任务，AI 市场上预置了很多华为自研的高精度算法（如 CAKD-EfficientNet、DeepFM、NEZHA 等）及其预训练模型。

② 预置算法在精度方面，预置了很多调优技巧和训练策略，如数据增强、数据平衡、标签平滑、SyncBN、蒸馏、增量训练等。

③ 预置算法结合软硬件优化，采用了多种技术手段实现训练加速。

④ 预置算法支持高阶能力（如弹性训练等），当训练资源丰富时可达原来的 10 倍以上的加速能力，并提供极致性价比。

预置算法在易用性方面，有以下特点。

① 自动分布式，只需要选择不同的规格和节点数，就可以自动运行单机单卡、单机多卡、多机多卡模式，且多节点加速比接近线性。

② 自动设备切换，只需要改动配置，无须修改代码即可将算法运行在其他设备（如 Ascend）上。

③ 支持多种数据格式读取。

④ 支持多种模型格式的同时导出。

⑤ 输出模型一键部署推理服务，无须额外开发推理代码。

总体而言，ModelArts 预置算法的性能比开源版本提升了 30%～100%，精度比开源版本提升了 0.5%～6%。ModelArts 预置算法提供了图像分类、目标检测、图像分割、声音分类、文本分类、推荐、时序预测、强化学习等几大方向的经典算法，下面将依次进行介绍。

① 图像分类算法。包括 ResNet 系列、Inception 系列、MobileNet 系列、EfficientNet 系列等，且部分算法支持使用 Ascend-910 训练设备和 Ascend-310 推理设备，部分算法还支持华为自研深度学习引擎 MindSpore。在图像分类算法中，resnet_v1_50 使用了大量的优化方案。在训练性能方面，当批大小为 256 时，模型在 V100 卡上训练时每秒处理的图像数量为 1220 张，在 P4 卡上处理单张图像的时间为 11ms。训练后的模型还可以自动转换成 OM 格式，并在 Ascend-310 上部署推理服务。Ascend-310 处理单张图像只需要 3.2ms。

② 目标检测算法。包括 Faster R-CNN 系列、SSD 系列（包括 RetinaNet）、YOLO 系列（YOLOv3、YOLOv4 及不同的 Backbone）、EfficientDet（以 EfficientNet 为 Backbone 的检测网络）。部分算法也支持 Ascend-910 训练设备、Ascend-310 推理设备、MindSpore

引擎。

③ 图像分割算法。当前支持 DeepLab 系列和 UNet。

④ 声音分类算法。当前支持华为自研的声音分类算法 Sound-DNN，可使用 Ascend-910 设备训练。

⑤ 文本分类算法。当前支持以 BERT、NEZHA（华为自研的自然语言预训练算法）为基础的中文文本分类算法。

⑥ 推荐算法。当前支持华为自研的深度因式分解机 DeepFM，可使用 Ascend-910 设备训练。DeepFM 模型结合了广度和深度模型的优点，联合训练 FM 模型和 DNN 模型，可同时学习低阶特征组合和高阶特征组合，从而能够学习各阶特征之间的组合关系。

⑦ 时序预测算法。支持基于经典机器学习和深度学习两大类主流时序预测算法，通过参数化的配置，可以选择不同的算法，如 ARIMA、LSTM 等，并输出可视化的预测结果。

⑧ 强化学习算法。支持多种主流的强化学习算法，如 DQN、PPO 等。针对强化学习环境接入困难的特点，提供了大量预置环境，如常用的 ClassicControl、Atari 等，均可以零代码调用，同时也提供连接自定义环境和自动训练的能力。

7.3.4 算法开发

当根据数据准备情况、业务要求、已有技术能力等各方面因素综合判断并选择好算法之后，开发者如果在 AI 市场没有找到匹配的预置算法，那就只能自行开发算法代码了。

1. 开发语言

对于人工智能应用开发者而言，如果要做算法开发，那么 Python 编程就是一项必备技能。Kaggle 对于机器学习、数据科学领域内的开发语言现状进行了调查与分析，结论是：Python 毫无疑问是该领域最常用的语言。63.1%的受访者选择 Python 作为其主要数据探索工具，24%的受访者依然认为 R 是当前数据分析场景中最有效率的工具，两者几乎占到了 90%。

Python 对于中小型的数据分析及模型构建工程比较适合，Python 生态工具非常丰富，特别适合初创团队。R 在偏研究类的数据分析及图表化展示方面比较有优势。Scala 和 Java 具备非常成熟的工程化套件，适合大型工程类开发。Julia 提供针对数据概念更为友好的语法、并行编程执行方式和运行速度。工业界的数据科学家们在工作中无论使用哪种编程语言，都要面临巨大的数据准备工作，很多时候也需要编写数据处理和分析的代码。因此，优秀的开发语言要能够覆盖项目开发全流程的各个环节，而不只是机器学习算法本身的开发。

Python 诞生于 20 世纪 80 年代，它的流行主要得益于机器学习、深度学习及数学统计等应用的兴起。Python 在开发效率及社交化传播上有明显的优势。

① Python 语言的语法较为简单、易于理解。

② 现在有很多优秀的开发工具支持 Python 开发，如 IDE（Integrated Development Environment，集成开发环境）、Jupyter Notebook 等著名的交互式编程环境。

2．开发库

每种类型的人工智能算法都有各自特点，难以用统一的库来完成所有人工智能算法的开发。下面将主要介绍目前常用的一些人工智能算法开发库。

（1）机器学习和深度学习开发库

TensorFlow 是由 Google 开发的人工智能计算框架，基于内部的 DistBelief 深度学习框架改进而来，并于 2015 年开源，是当前最受欢迎和最广泛采用的深度学习框架之一。TensorFlow 采用的基本数据存储单元称为张量，不同的张量通过一系列计算组成了一张图，形成了对机器学习算法的抽象。

起初，TensorFlow 复杂的接口和图定义及图运行分离的工作模式对于新手并不十分友好。后来 TensorFlow 社区提供了一些高层的接口，如早期的 Slim 框架预置了很多分类算法，并且提供了一套多卡和分布式的接口。另外，TensorFlow 社区中有非常丰富的算法库，如目标检测算法库等，TensorFlow 庞大的社区是 TensorFlow 的一大亮点。TensorFlow 还提供了 Estimator 接口，在 Estiamtor 中提供了简单易用的 Distributed Strategy 接口来支持多卡和分布式训练。TensorFlow 最初的定位不只是一个计算引擎，而是一个面向机器学习领域的编程语言，但对开发者的冲击过大，不够易用。后来 TensorFlow 的开发人员也意识到了问题所在，开始发布 TensorFlow 2.x 版本，去掉了以往先定义再执行的编程方式，提供更易用的命令式编程接口，便于开发和调试。

PyTorch 是当前在科研学术领域越来越流行的一种深度学习计算引擎，由 Facebook 团队开发并于 2017 年开源。PyTorch 的易用性让研究者可以快速实现和验证自己的想法，PyTorch 同时提供了简单易用的多卡和分布式训练接口 DataParallel 和 Distributed-DataParallel。PyTorch 的梯度通信直接使用底层 NCCL（Nvidia Collective Communiction Library，Nvidia 集合通信库）或者 Gloo 接口，让分布式通信性能也得到保障。PyTorch 官方和社区同时提供了大量的算法库，如 Torchvision 的 Models 库、OpenMMlab 的 MMDetection 库及 Facebook 的 Detectron 库。在易用性方面，PyTorch 略胜 TensorFlow，但是在稳定性、全流程完整性方面还是 TensorFlow 更胜一筹。

MindSpore 是华为自研的深度学习计算引擎，底层在支持高性能计算的同时，还在易用性上有很多独特之处，如支持自动分布式并行、自动微分、二阶优化等高级能力，使得算法工程师更加聚焦解决实际业务问题。ModelArts 也预置了很多 MindSpore 的算法库，并且可以一键式训练和部署。

Ray 是由美国加州大学伯克利分校开发的支持分布式任务调度的分布式机器学习框架，它支持异步多节点并行。Ray 最初主要面向强化学习的使用场景，后来也被用于超参搜索。与 TensorFlow、PyTorch、MindSpore 等不同的是，Ray 更侧重资源管理和任务管理，而非机器学习模型的计算。因此，Ray 可以与 TensorFlow、PyTorch、MindSpore 等联合使用。同时，Ray 也有自带的强化学习库 RLlib。

Scikit-learn 是基于 Python 语言的机器学习算法库，提供简单高效的数据挖掘和数据分析工具，并内置了各种常用的监督和无监督机器学习算法。

XGBoost 是专注 Boosting 类算法的机器学习算法库，因其优秀的设计和高效的训练速度而获得广泛的关注，在很多 AI 算法竞赛中得到非常广泛的应用。

（2）强化学习开发库

正如深度学习中的 TensorFlow 和 PyTorch 一样，在强化学习这个大领域中，也有许多算法库可被开发者使用。特别是 2016 年之后，在各个领域领先的高校、科研机构及在人工智能领域发力的大公司，都推出了自己的强化学习库（有时也称为强化学习平台）。

需要明确的是，主流的强化学习库一般都可集成 TensorFlow、PyTorch 等深度学习计算库。这些库提供模型的前后向计算等能力，而强化学习库专注提供算法、分布式调度等其他方面的能力。

Baselines 是 OpenAI 公司于 2017 年启动的一个开源项目，旨在为科研人员提供高质量的强化学习算法。作为强化学习在商业领域的先行者，OpenAI 为强化学习社区提供了很多非常有价值的开源项目，包括测试环境基准库 Gym 等。Baselines 作为算法库为强化学习的代码实现提供了非常有价值的参考。但由于 Baselines 架构层面的先天不足，对于分布式框架的支持并不好，因此也没有包含当前的高性能分布式强化学习训练算法。此外，Baselines 中不同的算法缺乏统一标准，导致编码风格迥异，易读性受到了一定的影响。

Coach 是 Intel 公司推出的一款开源强化学习项目，相比于 Baselines，Coach 在模块化和组件化的层面有很大的提升，Coach 将算法、模型、探索等模块都做了解耦，并且针对性地开发了分布式组件，还对云服务做了适配。在预置的仿真环境方面，除了基础的 Gym、Atari 等，Coach 还支持多个高阶的仿真环境，更加方便用户使用。

RLlib 是 Ray 框架上层的一个强化学习算法库。上文提到的 Ray 能够非常灵活地组建计算集群并进行多进程的任务调度，该能力非常适合进行强化学习的大规模分布式训练，对于 IMPALA 等算法非常友好。同时，RLlib 也提供了很多高级 API，允许用户进行模型、算法流程、环境等幅度较大的自定义。RLlib 的短板主要在于其极致工程化、模块化所带来的代码冗长。如基本的 DQN Agent，由于需要兼容 DQN 的多个变体，而在算法代码中加入了大量配置项和逻辑判断，造成算法可读性和修改性不佳，不适合在科研或算法研究中使用。

刑天是华为诺亚人工智能系统工程实验室自研的高性能分布式强化学习平台，针对强化学习 Learner-Worker 异构的架构，为用户提供了一个简单高效的分布式框架，方便用户在上面实现自己分布式算法，其支持多种异构的人工智能计算设备，分布式计算性能高。

（3）运筹优化主流求解器

作为运筹优化在产业落地的核心组件，运筹优化求解器已经经过了几十年的发展，经过了充分的竞争且相对成熟。针对在生产中实际需求的问题类型，运筹优化求解器分为支持整数规划（LP）求解器和混合整数规划（MILP）求解器。针对来源，运筹优化求解器分为商用求解器和开源求解器。

三大商用求解器 Cplex、Gurobi、FICO Xpress 均来自美国公司，经过 10 年以上的开发，对于线性规划、混合整数规划及部分非线性规划均有完整的支持，并且支持 C、C++、C#、Java、Python 等多种主流代码编写建模。其中，Gurobi 从 2018 年被权威基准测试评为最快的求解器。

开源求解器主要包括 SCIP、MIPCL 等。其中，SCIP 由德国 ZIB（Zuse Institute Berlin，柏林祖斯研究所）学术团队开发，在学术研究中使用最为广泛，求解速度也很快；MIPCL 也是最快的开源求解器之一，同时支持多线程并行，但受制于开源属性，其团队规模一般都不大，甚至由单人开发。

开源求解器在大规模问题的求解能力、稳定性、功能全面性、架构统一性等层面还需要加强。

3．交互式开发环境

人工智能开发环境，指的已经不仅仅是 IDE 及对应的开发库，还包括硬件资源的配置。人工智能开发可以分为两大类：①研究探索类，以快速验证、实现原型、教学等为目标，需要对实验进行解释和传播；②生产工程类，以软件工程化交付为目标，进行软件项目管理，需要较强的工程管理能力与问题调优、定位工具。这两大类开发者的目标差别非常明显，因此对于开发环境的诉求完全不同。研究探索类对于开发环境的诉求是：轻量、快速，能方便给别人解释和重现。通常来说，一个人工智能算法研究人员，可能需要在 MATLAB 上进行原型数据开发，然后在 IDE 中用高级语言进行算法代码开发与调试，再在数据分析工具上进行数据探索，在报表工具上进行数据可视化图表开发，最终将这些图表放到论文或胶片中进行展示。在一段时间后，人工智能算法研究人员又希望能够方便地更新之前工作流中的一些内容，然后重现实验，最终生成新的数据分析报告。生产工程类则需要践行软件工程生命周期的每个步骤，最终产出生产级的代码，这个过程包括代码的静态检查、代码版本管理、集成测试等。

在人工智能工程生产化过程中，以现代化的软件工程方法论为基础，通用的 IDE（如 VSCode、PyCharm 等）配搭对应的开发插件，再配搭云上人工智能计算资源，是比较合适的选择。在人工智能研究探索场景中，Jupyter Notebook 则能够在其各个阶段满足开发者诉求并覆盖关键点。另外，在云化场景下借助 Jupyter Notebook 云服务能进一步提升开发效率。

Jupyter 起始于 IPython 项目，IPython 最初是专注于 Python 的项目，但随着项目发展壮大，已经不仅仅局限于 Python 这一种编程语言了。按照 Jupyter 创始人的想法，最初的目标是做一个能直接支持 Julia（Ju）、Python（Py）及 R 三种科学运算语言的交互式计算工具平台，所以将平台命名为 Jupyter（Ju-Py-te-R）。现在，Jupyter 已经成为一个几乎支持所有语言，能够把代码、计算输出、解释文档、多媒体资源整合在一起的多功能科学运算平台。

这里需要提到的另外一个概念是"文学编程"。文学编程是一种由 Donald Knuth 提出的编程范式。这种范式强调用自然语言来解释程序逻辑。简单来说，文学编程的读者不是机器，而是人。从写出让机器读懂的代码，过渡到向人解说如何让机器实现开发者的想法，文学编程除了代码，更多的是叙述性的文字、图表等内容。文学编程中间可以穿插宏片段和传统的源代码，从中可以生成可编译的源代码。

如果我们将人工智能研究的全生命周期分解为个人探索、协作与分享、生产化运行环境、发表与教学等几个阶段，那么 Jupyter Notebook 可以很好地满足这些阶段的需求。ModelArts 内置的 Jupyter Notebook 界面，如图 7-18 所示。

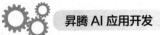

图 7-18　Jupyter Notebook 开发界面

（1）Jupyter Notebook 的优点

1）贯串整个人工智能开发和探索的生命周期

在实际的软件和算法开发过程中，上下文切换占用了大量的时间，特别是工具间的切换是影响效率的重要因素。而 Jupyter Notebook 将所有和软件编写有关的资源放在一起，当开发者打开 Jupyter Notebook，就可以看到相应的文档、图表、视频、代码及解释说明。Jupyter Notebook 只要看一个文件，就可以获得项目的所有信息。

2）交互式探索

Jupyter Notebook 不仅可以输出图像、视频、数学公式，而且可以呈现一些互动的可视化内容，如可以缩放的地图、可以旋转的三维模型。可视化内容、需要交互式插件来支持。针对大型的数据集或复杂的仿真算法，Jupyter Notebook 支持将其运行在远端集群（如云上资源）。

3）结果分享与快速重现

Jupyter Notebook 支持以网页的形式分享，GitHub 等开发者社区天然支持 Jupyter Notebook 展示，也可以通过 Nbviewer 分享 Jupyter Notebook 文档。Jupyter Notebook 还支持导出 HTML、Markdown、PDF 等多种格式的文档。开发者不仅可以在 Jupyter Notebook 上完成图表等可视化展示，而且可以将 Jupyter Notebook 附在论文或者报告中，便于对外交流。

4）可扩展与可定制

好的开发环境一定是可扩展和可定制的。Jupyter Notebook 上通过各种各样的插件和 Magic Command 允许开发者定制出自己的开发环境。Jupyter Notebook 的升级版——JupyterLab 在插件化可扩展方面的能力得到了进一步提升。

5）良好的生态

从 2017 年开始，很多顶级的计算机课程开始完全使用 Jupyter Notebook 作为工具，比如李飞飞的"计算机视觉与神经网络"，一些专业领域的人工智能应用开发教程也都采用 Jupyter Notebook。

（2）Jupyter Notebook 的缺点

首先，Jupyter Notebook 不是一个真正意义上的集成开发环境。如果开发者追求的是产品化代码开发，如代码格式、依赖管理、产品打包、单元测试等功能，那么 Jupyter Notebook 当前有一些插件可以做，但是相比重型 IDE，它的功能还是比较弱。在 Jupyter Notebook 中，目前都是基于单向顺序的方式实现代码单元执行，如果要非顺序执行，Jupyter Notebook 就会产生不可预期的效果。其次，在代码版本管理方面，由于 Jupyter Notebook 内容结构通过 JSON 的方式进行组织，所以内容结构一旦有冲突，很难进行冲突处理与合并。最后，Jypyter Notbeook 对于分布式调测、重型异步任务的支持不够友好。Jupyter Notebook 定义为研究类调试环境，一方面，对于分布式的训练可以通过单机多进程的方式进行模拟，另一方面，Jupyter Notebook 的架构并不适合运行非常大规模的训练作业。对于较大规模的人工智能应用产品化开发诉求，还是需要在 IDE 中进行工程化代码开发，并配搭测试逻辑，将任务部署在集群中进行批量运行。

（3）ModelArts 云上开发环境

ModelArts 云上开发环境服务，让人工智能应用开发者、数据科学家能够充分利用云端的计算资源快速获得可以进行人工智能探索的 Jupyter Notebook 实例。针对研究探索类场景，ModelArts 还提供 JupyterLab，方便与 Github 等知识社区对接，方便完成论文复现、可视化分析等操作；针对生产工程类开发场景，ModelArts 除了提供开发和部署平台，在 Jupyter Notebook 实例上还提供 WebIDE 的能力以支持生产级软件开发。

ModelArts 云上开发环境主要有以下特点。

1）即开即用

开发者在 ModelArts 页面创建 Jupyter Notebook 实例，根据自己的诉求配搭对应的计算和存储资源，一个实时可用的 Jupyter Notebook 实例几秒钟就可以创建完成，开发者可以直接通过本地浏览器进行访问，并按需使用，随时可以关闭。ModelArts 基础 CPU 版本是免费的，能满足大多数开发者编写代码和调试的诉求。另外，ModelArts 还提供了免费 AI 算力（包含 GPU、Ascend 设备）供开发者进行试用和体验。Jupyter Notebook 针对 GPU 驱动及 CUDA 开发库都进行了预先的配置和测试，保证在使用时顺畅、高效。Jupyter Notebook 自带免费的云上数据存储，开发者不用担心数据丢失的问题。

2）预置能力

ModelArts 内置的 Jupyter Notebook 为了提升开发效率，不仅完全继承了开源 Jupyter Notebook 的基础能力，而且在此基础上预置了多种 AI 计算引擎或开发库，并且安装了常用的工具与依赖库，包括 TensorFlow、PyTorch、MindSpore 在内的预置 AI 计算引擎或开发库在 Jupyter Notebook 中以多 Kernel 的方式呈现。开发者可以根据自己的需要进行引擎或库之间的切换，甚至在一个 Jupyter Notebook 实例中同时使用多种引擎或库。每个引擎或库安装在一个独立的 Conda 环境下，相互不受影响。

ModelArts 还在 Jupyter Notebook 中内置了 ModelArts Python SDK，实现常用的人工智能应用开发流程中各个环节的封装。开发者不仅可以通过 SDK 进行远程作业（如训练等）的提交和管理，而且还可以在 SDK 中进行本地推理部署和调测、分布式训练模拟等。

3）智能问答

在 ModelArts 开发环境中，平台对开发者常见的开发问题进行了积累与总结，通过交互的方式进行问题提示和处理，并在此基础上引入了问答机器人及 ModelArts 开发者社区，开发者可以对常见问题进行在线搜索。

4）社区与分享

AI 市场预置丰富、精致的学习案例，并且支持 Github 上优质的学习和实践资源的导入。

5）安全可信

ModelArts 所提供的开发环境，完全构建在华为云基础设施平台上，Model Arts 在网

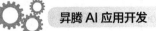

络、数据存储、计算安全等方面通过了主流合规性认证，并且针对所用到的操作系统、软件等都进行了安全加固以确保使用的安全可信。

7.3.5　ModelArts 云上云下协同开发

ModelArts 提供 PyCharm 插件、Python SDK，可以方便地实现云上和云下协同开发。

1. ModelArts PyCharm 插件

虽然 Jupyter Notebook 在交互式探索方面有明显的优势，但是对于生产工程类的开发，建议使用传统 IDE，如 PyCharm、VSCode 等工具，能更高效地完成代码的开发与调试。很多开发者也习惯于本地安装 PyCharm 进行 Python 算法开发，PyCharm 能够方便地进行断点调试、静态代码扫描、格式化、单元测试等，这些在 Jupyter Notebook 中都是比较难做到的。然而，本地开发的劣势是本地计算资源不足，导致开发环境难以共享，每个开发人员都需要自己的环境，多人协同开发时经常会有依赖的冲突、版本不一致等问题，效率低。

针对这类使用本地 IDE 的开发用户，ModelArts 提供了一个 PyCharm 插件，开发者可以将本地调试完成的代码，通过插件直接上传到 ModelArts 云上集群，通过云端丰富的计算资源来完成模型的训练和评估等操作。PyCharm 插件协助用户自动完成代码上传、训练作业提交及日志获取，用户只需要专注本地的代码开发即可。目前，PyCharm 插件支持 Windows、Linux 或 Mac 版本的 PyCharm，具体功能见表 7-6。

表 7-6　ModelArts PyCharm 插件支持的功能

支持的功能	说明	对应操作指导
模型训练	支持将本地开发的代码快速提交至 ModelArts 并自动创建训练作业，在训练作业运行期间获取训练日志并展示到本地	提交训练作业 查看训练作业详情 启动或停止训练作业 查看训练日志 提交不同名称的训练作业
部署上线	支持将训练好的模型快速部署上线为在线服务	部署上线
OBS 文件操作	上传本地文件或文件夹到 OBS，从 OBS 下载文件或文件夹到本地	OBS 文件上传与下载

2. ModelArts Python SDK

ModelArts 提供一套完整的 Python SDK，通过 SDK 可以直接对接 ModelArts 的功能完成集成。通过 ModelArts SDK，用户可以在任意 Python 开发环境中通过代码调用的方式与云上 ModelArts 进行交互，调用云端能力和计算资源。ModelArts 提供的 Python SDK 通过提供 Python 语义抽象，更方便地让用户在 ModelArts 中进行训练、部署、模型管理、流程编排。

ModelArts Notebook 提供了丰富的 SDK 使用样例和资料，让开发者快速掌握 SDK 的使用方式。下面是用 SDK 创建训练作业的示例代码，这段代码在 ModelArts Notebook 中可以直接被执行。

```
from modelarts. session import Session
from modelarts. estimator import Estimator
session = Session()
estimator = Estimator(
    modelarts_session=session,
    framework_type='PyTorch',                           #AI 引擎名称
    framework_version='PyTorch-1.0.0-python3.6',        #AI 引擎版本
    code_dir='/bucket/src/',                            #训练脚本目录
    boot_file='/bucket/src/pytorch_sentiment.py',       #训练启动脚本目录
    log_url='/bucket/log/',                             #训练日志目录
    hyperparameters=[
                    {"label" : "classes",
                    "value" : "10"},
                    {"label" : "0.001"}
                    ],
    output_path='/bucket/output/ ',                      #训练输出目录
    train_instance_type='modelarts. vm. gpu. p100',      #训练环境规格
    train_instance_count=1,                              #训练节点个数
    job_description='pytorch-sentiment with SDK')        #训练作业描述
job_instance=estimator. fit (inputs='/bucket/ data/ train/ ',wait=False,   job_name='my-training_job')
```

如果在本地执行，需要在 Session 对象初始化时配置华为云用户鉴权信息，通过定义 Estimator 对象将训练的配置项进行描述，最终通过 fit 方法将训练作业提交到 ModelArts 远程集群中执行。详细的参数信息可以在 ModelArts 的官方文档中找到。ModelArts Python SDK 封装了基本的云端资源请求操作，如权限校验、资源申请、数据读写等，以减少开发者工作量。

7.4 模型训练

随着深度学习等技术的发展，各类基础层和应用层算法可以与深度学习结合以进一步提升模型效果，因此本书的模型训练重点关注与深度学习相关的。模型训练是人工智能应用开发过程的核心环节。本节先介绍模型训练的基本过程，然后介绍如何基于预置算法、自定义算法、自定义镜像这 3 种方式进行模型训练，以满足不同开发者的需求。另外，本章还将重点介绍几个高阶功能，如端到端的训练加速、自动搜索、弹性训练和协同训练，为开发者提供更加极致的性价比，降低开发门槛，提升开发效率。

7.4.1 模型训练的基本过程

目前业界已有 TensorFlow、PyTorch、MindSpore 等开源的开发库，这些开发库为模

型训练提供了非常好的抽象——数据流图。但是由于部署环境及应用需求的不同，导致模型训练与数据源的交互方式不同，模型训练过程的细节也会不同，下面将展开介绍。

1. 基础概念

在介绍模型训练细节之前，需要先简单回顾模型训练过程的几个关键概念。

（1）模型参数

可以将机器学习或深度学习模型表达为 $f(X;\theta)$，其中 θ 指模型参数，X、分别为输入数据和预测值。对于监督学习而言，训练数据集中每一个输入数据 X 都有其真实对应的标签 y，模型训练的目的就是使于不断逼近 y，最终实现模型参数 θ 的收敛。以深度学习为例，模型参数 θ 主要指可被反向传播更新的值。

（2）优化

模型训练的本质是优化问题，被优化的目标是损失函数。以监督学习为例，损失函数就是 x 和 y 之间的某种度量函数，损失值越大说明模型效果越差。模型参数的优化过程是指在模型参数空间中通过不断迭代找到最优参数值。通常模型参数的空间很大（可能几百万维甚至更多）。训练过程采用 Mini-Batch 形式的 SGD 及其变种来完成模型参数优化，每次从训练数据中抽取一个固定批大小的小批量数据进行模型参数的梯度计算，更新一次即为一步或一次迭代。总的训练步数乘以批大小，再除以整个训练数据的个数，即为轮数，它表示在整个优化过程中模型重复利用数据集的次数。每次迭代中，模型参数的梯度值需要乘以一个系数即学习率（Learning Rate），才可以被用于模型更新。如果学习率过大，可能造成模型不收敛；如果学习率过小，可能使模型收敛速度变慢。

（3）泛化

在一份数据集上已经训练好的模型参数，在另一份数据集上预测或推理效果有可能会发生变化，这是一种常见的现象。如用白天采集的车辆数据训练了一个车辆识别模型，将其在另一份晚上采集的车辆数据集上做预测，预测误差比较大。在机器学习领域，用泛化来描述一个模型适应新数据集的能力。通常，模型在训练数据集上的误差称为训练误差或经验误差，在新的数据集上的预测误差称为泛化误差。如果一个模型的泛化性足够强，那就说明该模型具备了"举一反三"的能力。

（4）过拟合与欠拟合

模型训练过程可以看作曲线拟合的过程。如果模型对数据的拟合能力很弱以至于没有发现数据本质的规律，那么模型对数据预测的偏差就会很大；如果模型对每个数据点的预测都过于准确，以至于完全拟合了每个数据点，那么一旦出现数据的扰动，模型预测的方差就会比较大。这 2 种现象分别称为欠拟合和过拟合。模型训练最终的目的是要避免这两种现象，并达到最优状态。

（5）超参数

大多数算法是人工设计的，在设计的过程中本身就会引入一些预先定义的参数，如深度神经网络的层数等。另外，在模型训练或参数优化过程中，也需要涉及优化算法的一些预定义参数，如上述提到的批大小、学习率等。这些参数都可以统称为超参数。

2. 模型训练与数据源的交互

大多数人工智能应用的训练过程都涉及训练算法与数据源的交互，按照交互方式维度划分，可分为以下 2 种方式。

（1）批数据训练和流式数据训练

批数据训练是指读取离线静态的数据集并进行模型参数更新的训练方式。批数据训练是当前绝大部分人工智能应用采用的训练方式，即通过提前的数据清洗、标注、增强等流程准备好离线的数据集，再输入模型中进行训练。

流式数据训练是指不断读取流式数据并进行模型参数快速更新的训练方式。与批数据训练相比，流式数据训练所需数据量更小，模型更新更加频繁，能够快速适应环境变化。在流式数据训练下，数据处理和训练过程是动态耦合的，训练过程由人工或系统配置驱动，持续不断地滚动进行。流式数据训练和批数据训练并没有非常严格的界限，在某些场景下流式数据训练也可以看作迭代频率较高、批量较小的批数据训练。

如图 7-19 所示，批数据训练和流式数据训练在读取数据方面有很大不同。一般批数据训练从离线的存储系统中读取数据，而流式数据训练从实时流系统（如 Flink 等）的消息队列中获取实时数据。

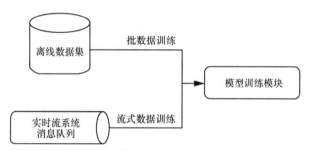

图 7-19 批数据训练和流式数据训练的数据读取方式

数据的读取和解析对模型训练的效率影响非常大。以批数据训练为例，数据读取不是简单地将数据从存储介质中取出，还需要考虑数据读取速度、数据传输的策略。当模型训练需要频繁读取大量小文件时，数据读取速度可能成为训练速度的一个瓶颈；同时，数据的切分和读取策略也会影响模型的精度。ModelArts 内置的高阶开发框架 MoXing 支持方便地读取各种数据集目录组织方式（如 Manifest、RawData），可以利用 mox.dmeta 模块实现数据元信息的快速获取。

（2）交互式训练

交互式训练是指训练算法与环境持续交互并在交互过程中产生"训练数据"的训练方式。强化学习的训练就属于交互式训练。强化学习算法或主体在训练过程中要不断地和环境交互以产生新的数据。强化学习算法与环境间的交互速度可能会成为训练速度的瓶颈。

交互式训练的模式分为 2 种：①环境以数字孪生的形式部署在训练集群内部，可以在集群内部实现交互式训练；②环境部署在训练集群外部，根据训练的主动方是算法还是环境，又可以分为主动训练模式和从动训练模式，分别如图 7-20（a）和图 7-20（b）所示。

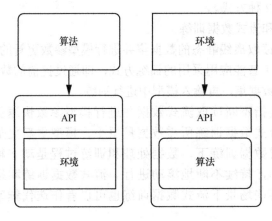

(a) 主动训练模式　　　(b) 从动训练模式

图 7-20　主动训练模式和从动训练模式对比图

OpenAI Gym 库最早提出 Gym 接口，也是当前强化学习主流的交互式训练标准，主要包括 init、step、reset 3 个接口，部分允许可视化的环境还包括 render 接口。Gym 接口是标准的主动训练模式接口，由算法驱动环境运行，环境只是一个被动的请求接收方。算法在计算出一次动作后，通过 step 命令发送给环境，再由环境返回相应的奖励、状态等数据。在算法计算动作的过程中，环境需要挂起等待。对于符合 Gym 接口的主动训练模式，其环境部署也可以有多种框架。强化学习最简单的做法是将环境和算法部署在同一物理节点中。这种做法主要应用于单进程训练或资源需求较少的多进程训练。在大集群训练中，强化学习一般需要更多的 CPU 来运行环境，这种情况可通过搭建异构集群的形式进行训练。

与主动训练模式相反，从动训练模式是一种由环境驱动算法的训练模式。在从动训练模式中环境占据主导权，环境通过获取动作的接口，从算法处获得当前这一步的动作，再将这一步之后的奖励和状态通过接口发送给算法。在这个过程中，环境是持续向前运行的，不需要等待。

从动训练模式适合以下几种情况：①环境本身是实时性环境，无法挂起等待算法；②环境并非是 Linux 常用运行环境，无法直接适配 Gym 接口标准；③环境本身由于各种原因，无法和算法运行在同一集群中。以上 3 种情况在真实场景中会经常遇到。ModelArts 支持启动 RL 算法实例，线下环境可通过从动训练模式调用。

（3）模型训练具体过程

如图 7-21 所示，在模型训练模块的每次迭代中，输入数据（通常为小批量数据）经过一系列算子的操作之后输出预置值，并与输入标签一起求出损失函数值。优化器的目标是通过不断更新模型参数来降低损失函数值。一般情况下，我们可以将算子之间传递的数据用张量表示，整个模型训练模块内部形成一个数据流图，通过不断迭代来驱动每个算子更新相应的参数，最终达到收敛效果。

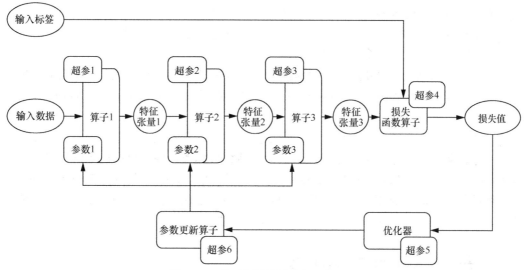

图 7-21　模型训练模块内部工作原理

在数据流图中，流动的数据用张量这种数据结构表示。以图像分类为例，每次训练迭代时的小批量数据可以用一个[N，H，W，C]形式的 4 维张量表示，其中 N 代表单次迭代所能并行计算的图像个数，即批大小，H 和 W 分别表示图像的高和宽，C 表示通道数。由于深度学习计算框架的流行，张量作为深度学习的主要数据结构，被广大开发者接受，并成为事实上的标准。

数据从离线系统、在线流系统或环境中读取内存后，需要进行在线数据预处理，然后才可以进入神经网络进行训练。与数据准备子流程的数据预处理不同，训练子流程的数据预处理是一个实时的动态过程。以图像分类为例，最典型的数据预处理步骤就是 Resize 操作，该操作将所有图像的宽和高进行归一化以满足模型的输入规格要求。在结构化数据中，对数据进行特征缩放或归一化是常用的数据预处理手段。强化学习也分为以图像为原始输入和以结构化数据为原始输入的情况，强化学习也需要进行相应的数据预处理。在强化学习中，如果有离散状态的输入，该状态会被默认映射为一个 One-Hot 向量；如果有更复杂的数据结构，则会被自动转换为向量。

在每次训练迭代过程中，除了模型本身的计算（如神经网络的前向计算、后向计算）之外，还涉及以下 2 个重要部分。

① 损失函数计算。目前，损失函数设计大部分仍依赖人工经验。如在图像目标检测场景中，用于描述目标框回归效果的均方误差损失函数及用于描述分类效果的交叉熵损失函数都是最常用的损失函数。对于强化学习，奖励函数也可以视为广义的损失函数中的一部分，奖励函数需要进行精确设计。很多时候损失函数会涉及很多超参数的调节，如为了避免过拟合，需要采用正则项对模型参数进行约束，那么正则项在整个损失函数中占的比例大小就是一个超参数。类似的超参数还有很多。

② 优化器计算。在深度学习时代，大部分模型优化问题是非凸的。因此优化器需要在保证收敛速度的情况下，降低落入局部最优点的概率。下面将介绍几种常见的优化器。

Momentum SGD：在 SGD 基础上，引入 Momentum 可以在梯度下降时引入惯性，不

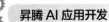

会造成梯度方向上的剧烈变化，减少振荡、加速收敛。

Adagrad：不需要手工调节学习率，而是让其自适应变化，不同参数的学习率不一样，其缺点是随着迭代次数增多，学习率会越来越小，最终收敛困难。

Adam：将动量并入梯度一阶矩的估计，对学习率变化的敏感度低，在学习率配置浮动的情况下也能正常收敛。Adam 也有很多其他版本，如加入参数衰减的 AdamW 及实现自适应控制方差的 RAdam 等。

模型训练需要设置停止条件，确保模型参数真正达到收敛之后才停止。最常见的是静态的停止条件，如根据训练迭代次数、损失函数目标值、精度目标值等阈值对训练过程进行控制，一旦达到设定的阈值则停止训练。另外，还可以采用早停法（Early Stopping），在训练过程中不断判断模型在验证集上的表现，如果发现验证集上的精度已经平稳或开始下降，则停止训练。这种早停法可以避免模型过拟合。

7.4.2 基于 ModelArts 的模型训练

根据训练准备工作复杂度的不同，ModelArts 的训练方式分为以下 3 种，如图 7-22 所示。

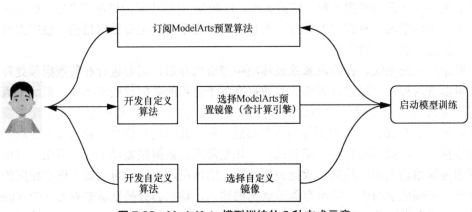

图 7-22 ModelArts 模型训练的 3 种方式示意

① 使用预置算法训练。ModelArts 已经预置了丰富的预置算法，开发者可以直接订阅并启动训练。这是最快的训练方式。

② 使用自定义算法训练。如果 ModelArts 预置算法不能满足开发者的需求，开发者可以基于开源的计算引擎或开发库的接口开发算法，也可以采用更高阶的开发框架接口开发算法，并选择所需镜像（镜像中已内置计算引擎）进行训练。

③ 使用自定义镜像训练。如果 ModelArts 的预置算法和预置镜像都不能满足开发者的需求，开发者可以自行基于 ModelArts 的基础镜像做自定义镜像，并启动训练。这是较为复杂的一种训练方式。

1．使用预置算法训练

ModelArts 提供了面向多种任务的、丰富的预置算法。目前，这些预置算法已经全部通过 AI 市场对外提供服务。开发者只需单击 ModelArts 左侧菜单栏的"AI 市场"菜单项，就可以跳转到 AI 市场，通过标签过滤或搜索获得 ModelArts 的各类算法。AI 市场中每个算法都有发布者，如果发布者为 ModelArts，则该算法属于 ModelArts 预置算法，如图 7-23 所示。开发者找到合适的算法后，就可以订阅该算法，然后基于该算法启动训练。

图 7-23　AI 市场的部分预置算法概览图

2．使用自定义算法训练

ModelArts 已经预置了一系列常用的 AI 计算引擎或开发库，如经典机器学习方面的 XGBoost、Scikit-learn、SparkMLlib 等，深度学习方面的 TensorFlow、PyTorch、Caffe、MXNet，强化学习方面的 Ray 及其他方面的专用引擎（如语音识别领域的 Kaldi）。开发者可以基于这些预置镜像进行上层算法开发，无须手工管理镜像。相对于预置算法，常用框架的训练灵活度更高，但常用框架需要用户有相应的开发能力。

为了降低开发难度，ModelArts 内置了高阶开发框架 MoXing，其逻辑架构如图 7-24 所示，底层仍对接基础的深度学习计算引擎或开发库，但上层做了多个基础模块的抽象和适配。MoXing 内置一系列可被复用的模块（如高性能优化器、数据读取和处理工具等），并提供高阶能力（如训练加速、超参搜索等）。基于 MoXing 的算法代码的主要特点如下。

① 同一套算法代码，仅需通过配置即可在单机单卡、单机多卡、多机多卡不同配置下训练。

② 同一套算法代码，仅需通过配置即可在不同的 AI 计算设备（Ascend 设备和 GPU 设备）之间切换。

③ 同一套算法代码，仅需通过配置即可按照训练、验证、预测等多种模式执行。

④ 可调用内置的基础算法、优化算法和各类工具库。

⑤ 支持自动训练停止和自动超参搜索，简化调参。

⑥ 分布式训练速度快，通过数据、计算、分布式并行、调参等多种方式加速训练。

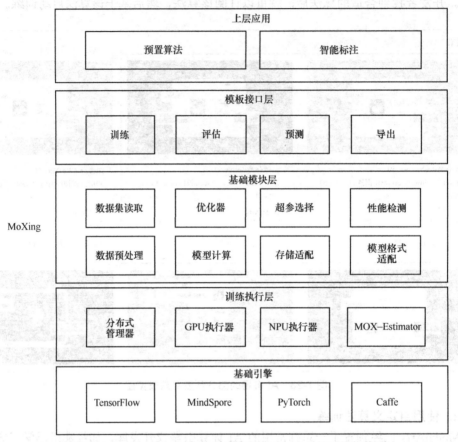

图 7-24　ModelArts 内置的 AI 开发框架 MoXing 的逻辑架构图

MoXing 对外提供一套 Template 接口，对于常用算法可以大幅减少算法代码开发工作量，其具体使用方式如下。

```
import sys
import tensorflow as tf
from tensorflow. exasples. tutorials. mnist import input_data
import moxing. tensorflow as mox

#超参定义
tf. flags. DEFINE_string('data_url','/tmp/mnist_input_data','Directory for storing input data')
tf. flage. DEFINE_string('train_url','/tmp/mnist_train_url','Directory for output logs')
flage= tf. flage. FLAGS
flags(sys. argv, known_only=True)


mnist=input_data. read_data_sets(flags. data_ url, one_hot=True)
```

```
def input_fn(mode):
    batch_size=100
    num_batches=mnist. train. num_examples // batch_size

    def gen():
        for _ in range(num_batches):
            yield mnist. train. next_batch(batch_size)
    ds=tf. data. Dataset. from_generator(gen,
                                Output_types=(tf. float32, tf. int64),
                                Output_shapes=(tf. TensorShape([None,784]),
                                                tf. TensorShape([None, 10])))
    ds=ds. repeat(5). shuffle(True)

    return ds

def model_fn(inputs, mode):
    x,y_ = inputs
    w=tf. get_variable(name='w', initializer=tf. zeros([784, 10]))
    b=tf. get_variable(name='b', initializer=tf. zeros([10]))
    y=tf. matmul (x,w)+b
    cross_entropy=tf. reduce_mean(
        tf. nn. softmax_cross_entorpy_with_logits(labels=y_, logits=y))

    return mox. ModelSpec(loss=cross_entropy. log_info={'loss' : cross_entropy})

def optimizer_fn():

    return tf. train.GradietntDescentOptimizer(0.5)

    mox. run(input_fn=input_fn,
            model_fn=model_fn,
            optimizer_fn=optimizer_fn,
            run_mode=mox.ModeKeys.TRAIN,
            log_dir=flage. train_url,
            auto_batch=False,
            max_number_of_steps=999999)
```

可以看出，通过简单的数据读取和处理函数（input_fn）、模型定义（model_fn）、优化器定义（optimizer_fn）、后处理定义（output_fn），然后用 mox.run 接口将所有模块流水线编排起来即可训练。同一套代码可以同时实现训练、评估和推理，区别在于 mox.ModeKeys 的设置。

当用户基于预置镜像和自定义算法代码启动一个训练作业时，训练服务会为用户的训练作业启动容器并分配相应的计算资源。该容器会将用户选择的数据集、依赖包等进行下载和安装，之后运行自定义的算法代码。训练结束后，平台会将生成的模型、其他文件（日志、TensorBoard 文件等）上传到用户选定的存储空间（如 OBS），供后续服务调用或用户下载。

在 ModelArts 中进行训练，可能会涉及多个存储系统，如 OBS、训练容器本地磁盘等。2 个系统之间进行交互传输需要通过调用 SDK 来完成。样例代码如下：

```
import moxing as mox
#从镜像容器本地上传到 OBS
mox.file.copy_parallel("/home/work/file.tar", "obs://xxx/xxx/file.tar")
#从 OBS 下载到镜像容器本地
mox.file.copy_parallel("obs://xxx/xxx/file.tar", "/home/work/file.tar")
```

另外，在训练过程中，有可能需要临时安装一些常用包，如 apt 包（ModelArts 内部容器镜像为 Ubuntu 系统）或 pip 包。开发者可以在算法代码目录中加入 apt-requirements.txt 和 pip-requirements.txt，ModelArts 会自动解析这 2 个文件并在训练前将这些包安装到预置镜像中。如果有离线的 whl 包需要安装，也可以放置在算法代码目录下，并在 pip-requirements.txt 中加入 whl 包名称。

假设用户需要运行的 Python 文件为 train.py，位于 OBS 桶路径 obs://user_bucket/training_job/code/下，如下所示：

```
obs://
|———user_bucket
    |———training_job
        |———code
        |———train. py
        |———apt-requirements. txt
        |———pip-requirements.txt
        |———numpy-1.15.4-cp36- cp36m-manylinux1_x86_64.wh1
```

其中，apt-requirements.txt 的示例如下：

```
wget
cmake
build-essential
curl
unzip
pip-requirements.txt 的示例如下：
alembic==0.8.6
bleach==1.4.3
click==6.6
numpy-1.15.4-cp36-cp36m-manylinux1_x86_64.whl
```

用户也可以通过自己的 Python 代码，在使用特定的库之前用 os.system 进行安装（不推荐），示例代码如下：

```
import os
os.system('pip install shapely')
from shapely.wkt import loads
```

3．使用自定义镜像训练

预置镜像支持用户安装自定义的 apt 包和 pip 包，预置镜像也可以看作一种轻度的定制镜像的方式。但是对于需要深度定制的开发者，当有其他定制化诉求时（如需要在镜像内编译并安装一个 C++的二进制程序），可以使用 ModelArs 提供的自定义镜像功能。

开发者可以通过 2 种方式进行自定义：①租用华为云 ECS（Elastic Cloud Server，

弹性云服务器）制作镜像，上传到 SWR（SoftWare Repository for Container，容器镜像服务）中；②用线下机器制作镜像，上传 tar 包到 SWR 服务上（注意此处自行上传的 tar 包大小不能超过 2GB）。需要明确的是，ModelArts 训练服务要求自定义镜像必须采用 ModelArts 提供的基础镜像，根据基础镜像内预置内容的不同，可选择用以下命令之一进行拉取。

```
docker pull swr. cn-north-1.myhuaweicloud.com/modelarts-job-dev-image/custom-cpu-base:1.3
docker pull swr. cn-north-1.myhuaweicloud.com/modelarts-job-dev-image/custom-gpu-cuda8-base:1.3
docker pull swr. cn-north-1.myhuaweicloud.com/modelarts-job-dev-image/custom-gpu-cuda9-base:1.3
docker pull swr. cn-north-1.myhuaweicloud.com/modelarts-job-dev-image/custom-gpu-cuda92-base:1.3
docker pull swr. cn-north-1.myhuaweicloud.com/modelarts-job-dev-image/custom-gpu-cuda9-inner-moxing-cp36:1.3
docker pull swr. cn-north-1.myhuaweicloud.com/modelarts-job-dev-image/custom-gpu-cuda8-inner-moxing-cp27:1.3
docker pull swr. cn-north-1.myhuaweicloud.com/modelarts-job-dev-image/custom-gpu-cuda9-inner-moxing-cp27:1.3
docker pull swr. cn-north-1.myhuaweicloud.com/modelarts-job-dev-image/custom-cpu-inner-moxing-cp27:1.3
```

拉取完成后，即可通过 docker 操作制作镜像。制作完成后，需要将镜像按以下规则重命名。

```
docker tag new_custom_image:version swr.cn-north-1.myhuaweicloud.com/ {your_user_id}/ new_ custom_image:version
```

完成重命名后，登录 SWR 服务，在"我的镜像"的"客户端上传"页面，生成临时 docker login 指令，将生成的指令复制到 ECS 中，通过 ECS 登录到 SWR 服务。之后上传镜像到 SWR，就能在 SWR 界面上看到刚上传的自定义镜像了。示例代码如下：

```
docker push swr.cn-north-1.myhuaweicloud.com/{your_user_id}/new_custom_image:version
```

上传成功后，在 ModelArts 创建算法或训练时，选择刚才在 SWR 上自定义镜像的地址，代码如下：

```
swr.cn-north-1.myhuaweicloud.com/{your_user_id}/new_custom_image:version
```

选择代码目录为 OBS 上存储自定义算法代码的目录，如 obs://user_bucket/ training_job/code/，在训练开始前，该代码会自动被下载到/home/work/user-job-dir/code 下。

使用以下命令即可配置基于自定义镜像的训练作业启动方式。

```
bash run_train.shpython/home/work/user-job-dir/code/train.py
```

7.4.3　端到端训练加速

以深度学习为例，模型训练的本质是数据与模型的计算。最近几年，数据和模型的不断增大给模型训练带来非常大的挑战。在数据方面，随着互联网的发展，可获取、可参与训练的数据量日益增多。如在计算机视觉领域，著名的开源数据集 ImageNet 的全量版本有约 1400 万张自然图像，涵盖了约 2 万个典型的类别。另外，无标签的数据更加广泛存在，随着无监督、弱监督技术的发展，越来越多的无标签、弱标签数据也被用在训练中，如 2018 年何恺明等人基于 10 亿张弱标签的 Instagram 图像完成了模型的预训练，提升了模型的效果。数据量的增加势必造成模型训练时间的增加。

在模型方面，随着深度学习等模型架构的设计日趋复杂，模型训练对计算量的需求也越来越高。据 OpenAI 统计，2012—2018 年，深度学习所需要的计算量每 3、4 个月就要翻一倍，这个速度已经远超 CPU 性能发展的速度。

目前针对大规模计算机视觉、自然语言处理等问题，模型训练的速度还是比较慢。如在 128 万张图像数据集（ImageNet 子集）上，用一颗 NVIDIA P100 型号的 GPU 训练 ResNet50 模型需要一周时间。如果用更大的数据和模型，训练时间会进一步增加。2020 年 6 月，OpenAI 发布了 GPT-3 模型，其包含 1750 亿个参数，算力需求超过我们常见的模型（ResNet、BERT 等）上千倍。因此，随着未来数据的增多及模型复杂性的加大，训练加速愈加重要。

ModelArts 内置了华为自研的 AI 开发框架 MoXing，MoXing 除了提供简洁的高阶编程 API，在性能加速方面也提供了很多优化能力。模型的训练加速是一个系统工程，它包含了数据、计算、通信和调参等多个环节。每一个环节都不能成为瓶颈，否则就会形成"水桶效应"。大部分 ModelArts 预置算法基于 MoXing 框架开发，具备非常好的加速能力。如果基于 ModelArts 预置 ResNet50 算法训练 ImageNet-1K 数据集（ImageNet 全量数据集的子集），使用 16 个节点（每个节点为 8 张 V100 卡）的情况下，可以在 2 分钟 43 秒完成收敛（达到 Top5 精度 93%以上）。下面将对每个环节的优化方式分别进行介绍。

1．数据侧加速

数据侧是影响模型训练的一个重要环节，具体包括数据读取、数据清洗、数据预处理等子环节。在当今算力急速提升的场景下，人工智能工程的瓶颈越来越多地体现在了数据读取上面。在简单使用 TensorFlow 的 feed_dict 进行数据读取时，CPU 数据读取和 GPU 计算通常是串行的，效率较低。而使用 TensorFlow 的 tf.data 模块可以将数据读取和 GPU 计算并行起来，提升整体效率，如图 7-25 所示。

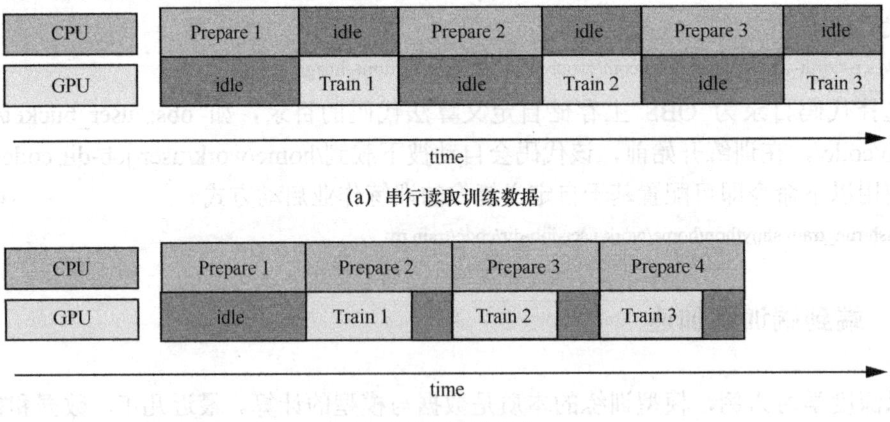

（a）串行读取训练数据

（b）并行读取训练数据

图 7-25　串行和并行读取训练数据的时间轴对比图

在 GPU 中做数据预处理。当数据读取的时间小于模型计算时间，数据读取不会成为瓶颈。如果在算法代码中调用 MoXing API，则在训练阶段 MoXing 会自动完成整个并行数据读取流水线的工作，并支持从 OBS 上高速读取数据，不让数据读取成为训练的瓶颈。

　　MoXing 在数据读取上的优化主要有以下几方面（以 TensorFlow 1.15 版本为例）。

　　（1）MoXing 高效的数据读取和预处理流水线

　　MoXing 支持将数据从磁盘并发读取到内存，并在内存中并发进行数据预处理。在 TensorFlow 的代码应用中，通常会使用 parallel_interleave 的方式并行地从磁盘读取数据，样例代码如下：

```
filenames=tf. data. Dataset. list_files("/path/to/data/train*.tfrecords")
dataset=filenames.apply(
        tf. data. experimental. parallel_interleave(
                lambda filename: tf. data. TFRecordDataset(filename),
                cycle_length=4))
```

　　这个 API 允许并发地从磁盘上读取 4 个 TFRecords 文件，提高数据从磁盘读入内存的效率。MoXing 除了支持使用 parallel_interleave 读取 TFRecords 外，还提供了更灵活的并发读取方案 AsyncRawGenerator，AsyncRawGenerator 支持自定义数据集读取，且直接访问 OBS 中的数据。样例代码如下：

```
import moxing. tensorflow as mox
data_files=mox. file. glob('obs://bucket/data/*.jpg')
g=mox. AsyncRawGenerator(data_files, num_epochs=1)
for file_name, file_content in g. generator( ):
    print(file_name)
```

　　AsyncRawGenerator 可以完美对接 TensorFlow 的 from_generator 方法，让用户可以更方便地获取自定义类型的数据，样例代码如下：

```
import tensorflow as tf
import moxing. tensorflow as mox
data_files=mox. file. glob('obs://bucket/data/*.jpg')
g=mox.AsyncRawGenerator(data_files, num_epochs=1, num_readers=32)
dataset=tf. data. Dataset. from_generator(g. generator,
                                output_types=g.output_types,
                                output_shapes=g. output_shapes)
name_t, content_t=dataset.make_one_shot_iterator ( ). get_nexe( )
with tf. train. MonitoredTrainingSession( ) as sess:
    for i in range(10):
        print(sess.run(name_t))
```

　　同时，MoXing 预置的数据读取和预处理 API 还集成了更多的高效读取功能，如 TensorFlow 的 map_and_batch（数据预处理和批组合）、prefetch（预取技术）等。

　　（2）基于私有线程池的数据预取

　　在 TensorFlow 中，可以使用 PrivateThreadPool 来保证数据读取时有足够的系统资源。在 TensorFlow 1.x 中建议使用 override_threadpool 和 PrivateThreadPool，在 TensorFlow 2.x 中建议使用 tf.data.experimental.ThreadingOptions()。

　　另外，可以使用 TensorFlow 的 GPU 预取功能将数据先预取到 GPU 显存，当 GPU 前向计算时，就不需要再等待从 CPU 内存复制数据了。在 TensorFlow 1.x 中，建议使用 MultiDeviceIterator，在 TensorFlow 2.x 中建议使用 tf.data.experimental.prefetch_to_device。

MoXing 的预置数据读取 API 已经实现了上述所有优化，用户不需要自己配置。MoXing 预置了如 mox.dmeta 的很多 API，可以直接用于读取原始数据。结合 MoXing 的 input_fn 和 model_fn 编程结构，短短几行代码就可以实现以上所有特性，让开发者可以更方便、更高效地读取数据。

（3）渐进缩放式训练

渐进缩放式（Progressive Resizing）训练最早由 FastAI(1)提出，旨在训练过程中分阶段地改变输入数据的大小，从而实现训练加速。以图像分类模型训练为例，在训练阶段前期，图像内部的细节不是很重要，因此可以先将图像缩小，到了后期，为了能够更好地区分类别之间的差异，则需要将图像放大。大部分图像分类算法（如 ResNet50）可以支持不同大小的图像输入。

以 ResNet50 算法为例，可以分为 3 个阶段来训练。每个阶段分别采用 3 种不同的图像大小：128×128 像素、224×224 像素、256×256 像素。通常第一阶段所用的训练迭代次数最多，且第一阶段中图像较小，可以对训练加速带来很大的帮助。

另外，在渐进缩放式训练中，还有一个重要的超参是 Min-Scale（最小裁剪尺度），这个参数表示使用随机裁剪预处理方法时，裁剪后的图像与原始图像面积的比例必须介于 Min-Scale 和 1 之间。这个参数限制了随机裁剪后图像大小的下限值，因此可以保证随机裁剪能在一定程度上保留图像的主要特征。如假设原始图像的大小为 250×200 像素，裁剪后的图像大小为 100×100 像素，则 Min-Scale 的值设置为 0.2。反过来，如果设置了 Min-Scale 参数为 0.08，那么裁剪后的图像面积至少要为 4000（例如 50×80 像素），最大为 50000（即 250×200 像素）。在训练的前期可以使用小的 Min-Scale 值，让模型尽可能地学习多样化的数据，加强模型的泛化性。在训练的后期逐渐增加 Min-Scale 值让模型的收敛更稳定。

在 MoXing 中，利用一段简单的 API 调用就可以使用渐进式训练，并且支持读取 TFRecords 格式的数据集。样例代码如下：

```
import numpy as np
inport tensorflow as tf
inport moxing. tensorflow as mox
meta=mox.PxogressiveImagenetMetadata(num_samples=1281167)
meta.add_strategy(base_dir='obs://bucket/data/ImageNet',file_pattern='train-*',
            stop_epoch=16, image_size=96, batch_size=256, min_scale=0.1)
meta.add_strategy(base_dir='obs://bucket/data/ImageNet',file_pattern='train-*',
            stop_epoch=31, image_size=128, batch_size=256, min_scale=0.4)
meta.add_strategy(base_dir='obs://bucket/data/ImageNet',file_pattern='train-*',
            stop_epoch=35, image_size=224, batch_size=256, min_scale=0.4)
meta.add_strategy(base_dir='obs://bucket/data/ImageNet',file_pattern='train-*',
            stop_epoch=36, image_size=256, batch_size=128, min_scale=0.7)
dataset=mox.ProgressiveImagenetDataset(meta)
images, labels=dataset. get(['image','label'])
with tf. train.MonitoredTrainingSession( )as sess:
```

```
for i in range(meta.max_steps):
        dataset.switch_dataset_fn(sess,i)
        image_shape=list(np.shape(sess.run(images)))
            print(image_shape)
```

（4）基于数据预处理的训练加速

模型训练的速度不仅与系统有关，且与算法有很大关系。如果数据处理能使模型用尽量少的迭代步数就可以达到期望的精度，则整体训练速度就会加快。MoXing 中内置的一些数据处理优化算法包括如下几点。

① 标签平滑。通过对数据的标签进行加权求和，将原始标签由极端的 One-Hot 形式（非 0 即 1）转化为较平滑的形式。这样可以减少真实样本标签的类别在计算损失函数时的权重，在一定程度上可以抑制过拟合。

② 数据增强。图像有很多数据增强方法，MoXing 内置了常见的 CutMix 等方法。

③ 类别均衡。尽量使每一步训练覆盖所有标签的样本，且每个标签样本数量一致。这在样本不均衡的情况下可以有效提升模型的精度。

④ OHEM（Online Hard Example Mining，在线难例挖掘）。OHEM 算法可以自动地选择难分辨样本，剔除部分简易样本来训练，帮助提升训练效率。

⑤ 自适应批大小。当用户数据集样本数量较小时，如果批大小的值接近数据集总样本数，会导致严重过拟合。MoXing 支持根据数据量自动调整批大小，在数据量很少的情况下可以有效防止过拟合。

还有一些其他优化操作，在此不一一列举，如果要使用这些优化操作，仅需配置相关的超参数即可。

2．计算侧加速

随着 AI 计算设备（GPU、Ascend 等）的发展，除了可以使用单精度浮点数（Float32，FP32）和双精度浮点数（Float64，FP64）做计算之外，还可以使用半精度浮点数（Float16，FP16）做计算。模型训练不同于科学计算，不需要特别高的精度，因此可以利用 FP16 来做训练。由于在很多较新的 AI 计算设备中 FP16 算力很强，因此可以考虑采用 FP16 做模型训练计算的加速。另外，在计算引擎层也需要对模型进行深度系统优化，可以对计算加速带来帮助。下面将主要介绍模型计算方面的 2 种主要加速方法，这些加速方法也在 ModelArts 预置算法和 MoXing 框架中有所体现。

（1）混合精度训练

采用 FP16 做模型计算有很多好处，首先，由于位宽占用变少，用 FP16 表达的模型在训练时占用的显存减少，这就允许开发者使用更大的批大小，通过更有效地利用 GPU 算力来提升训练速度；其次，模型训练中产生的梯度也为 FP16，这使得分布式并行训练时的通信量减少，可有效提升多机或多卡计算的加速比。然而，单纯地将训练中使用到的数据全部表达为 FP16 会导致模型精度的显著下降。这是由于不同精度浮点数的舍入误差（即真实值与计算机所表达的值之间的误差）是不同的。FP16 的舍入误差更大，不适合用来直接更新模型参数，以避免很小的参数更新量（学习率与参数梯度的乘积）被近似为 0。因此，有必要先将梯度从 FP16 转为 FP32，然后再更新到 FP32 版本的模型参数上，以确保很小的参数梯度值也能被更新上去。在下一轮迭代开始时，将 FP32 版本的模型参数先转换为 FP16，然后再开始计算。由于在整个模型的迭代计算中同时用到了 FP32 和 FP16，因此这种训练方法也叫作混合精度训练方法。

如果在计算模型参数的梯度时，梯度本身就非常小且已经超出 FP16 所能表示的浮点数范围，那么就需要先将损失函数值乘以一个损失尺度（Loss Scale）值，使求出的模型参数的梯度值不至于因过小而被忽略。混合精度训练的过程，如图 7-26 所示。

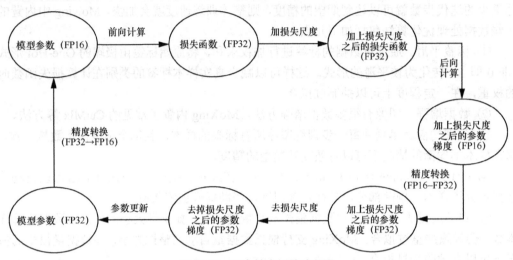

图 7-26　混合精度训练流程图

对于深度神经网络而言，主要的计算类型是矩阵乘法，矩阵乘法计算中涉及累加操作，这个累加操作在 FP16 类型下同样可能出现舍入误差的问题。因此乘法操作使用 FP16，而累加操作使用 FP32 可以进一步降低舍入误差带来的影响。

MoXing 提供了一个易用的 API 来帮助用户使用混合精度训练，该 API 可以联合 MoXing 的编程范式使用，也可以作为单独的功能用在开发者自定义的算法代码上。在 TensorFlow 中，如果每个算子输入的数据类型为 FP16，则该算子的计算会采用 FP16（BN 层较为特殊，它依然使用 FP32 计算）。在 with mox.var_scope（storage_dtype=tf.float32）作用域下的所有参数权重，都会以 FP32 的形式进行创建和存储，但是返回的变量类型依然为 FP16。相比 TensorFlow 自带的混合精度 API（tf.train.experimental. enable_mixed_ precision_graph_rewrite），用户使用 MoXing 的 API 可以更好地控制混合精度训练的范围，代码如下：

```
inport tensorflow as tf
import moxing.tensorflow as mox
with mox.var_scope(storage_dtype=tf.float32):
    a=tf.get_vaiable('a',shape=[ ], dtype=tf.float16)
print(a)
print(tf.global_variables( )[0])
```

如果将该作用域作用于整个神经网络，那么就可以将整个神经网络修改为混合精度训练，代码如下：

```
inport tensorflow as tf
import moxing.tensorflow as mox

x=tf. random_normal(shape=[32,224,224,3], dtype=tf.float32)
x_fp16=tf.cast(x,tf.float16)

with mox.var_scopestorage_dtype=tf.float32):

    resnet50=mox.get_model_fn('resnet_v1_50',
                              run_mode=mox.ModeKeys.TRAIN,
                              num_classes=1000,
                              batch_norm_fused=True)
    y,end_points=resnet50(x_fp16)
print(y)
print(tf.model_variables( ))
```

（2）图编译

很多 AI 计算引擎或开发库都提供图编译技术，用来加速训练的计算。以 TensorFlow 框架中的图编译技术 XLA（Accelerated Linear Algebra）为例，其重要优势是融合算子，减少复制和算子启动次数，从而提升性能。在 MoXing 中，仅需配置一个超参数（将 xla_compile 设置为 True），就可以很方便地启动 XLA 和混合精度训练。以 ResNet50 模型训练为例，当同时使用 XLA 和混合精度时，训练速度能提升至原来的 3 倍。

此外，还有一些其他的计算加速技术，如将模型量化到 int8 之后进行计算可进一步加速。不过对于大多数深度学习网络，需要重新对算法进行设计优化，并且底层计算设备和计算引擎需要能支持 int8 算子的高效计算。

3．分布式并行侧加速

不论是机器学习、深度学习还是强化学习，分布式训练都是常用的加速手段之一。当单机所提供的计算资源无法满足训练加速的需求时，就可以考虑使用更多的机器形成集群来进行计算，即采用分布式训练。由于计算扩展到了多台机器，就涉及网络通信效率问题，而网络通信的效率通常远低于单个机器内部的通信效率。因此，不能将机器个数无限扩展下去，否则通信代价会越来越大。

（1）分布式并行模式

分布式并行策略有以下几种经典模式。

① 数据并行。将训练数据分布到多机多卡上同时进行计算，并将每张卡上产生的模型参数的梯度聚合后再更新模型参数。

将数据切分到 K 张卡上时有 2 种选择：a. 每个卡上的批大小与单卡时相同，这样每个迭代聚合后的全局批大小是在单卡批大小基础上乘以卡数 K，同时，由于批大小会影响模型训练精度，通常需要调整学习率等参数以抵消批大小变大带来的影响；b. 每张卡上的批大小是在单卡的基础上除以 K，这样聚合后的全局批大小保持不变。这样做对于不涉及 BN（Batch Normalization，批归一化）算子的模型训练会产生精度影响，但对于包含 BN 算子的模型训练不会产生精度影响。这是因为 BN 算子用于计算前一层输出数据的平均值和方差，如果批大小较小，则不利于这 2 个统计量的计算。

② 模型并行。与数据并行正好相反，模型并行将模型切分到多个卡或多个机器上，而数据不需要被切分。对于大规模的深度学习模型或大规模的机器学习模型（如当特征维度上亿维时），内存或显存的消耗将非常大，因此必须将模型切分。模型并行也有多种切分方式，对于神经网络这种分层模型，如果按照分层切分，即每一层或每几层放在一个计算设备上，并在时间维度尽可能复用每个设备的算力以防止空闲，这种并行方式也叫作流水线并行。

③ 混合并行。由于数据并行会引起机器或卡之间同步模型参数，而模型并行会引起机器或卡之间同步中间数据，因此可以建立一个成本模型，给定一个机器学习或深度学习模型，计算出最优的分布式并行方式，有可能一部分用数据并行，另一部分用模型并行，这就是所谓的混合并行。如对于 CNN 而言（超大规模模型除外），卷积层的参数量少，但是计算消耗量大；全连接层的参数量大，但是计算相对较快。因此可以对 CNN 的卷积层部分用数据并行训练，而对其全连接层部分用模型并行训练。华为自研的深度学习计算引擎 MindSpore 支持自动生成最优分布式并行策略，可以对开发者屏蔽底层分布式训练细节。

（2）分布式系统架构

① 参数服务器架构。在此架构中，集群的节点分为 2 种角色：PS（Parameter Server，参数服务器）和 Worker（工作节点）。其中，Worker 负责读取数据和训练，并将本轮计算的参数梯度上传给 PS，而 PS 将从所有 Worker 搜集到的梯度值做融合，最后再下发给所有 Worker 进行下一轮迭代的计算。一般情况下，PS 会部署多个实例，每个实例负责维护一部分模型参数和梯度。在同构且稳定的集群中，PS 和 Worker 的个数通常是相等的。

PS 对模型参数更新方法分为同步更新、异步更新和半异步更新 3 种。同步更新要求所有的 Worker 之间严格同步，当前所有节点都同步完参数之后，才可以启动下一次迭代。异步更新则相反，每个 Worker 的参数更新不需要严格对齐，当训练集群中不同节点计算能力和通信能力有较大差异时，异步更新是比较有利的。另外，当每个 Worker 计算量天然就有较大差异时（如在自然语言处理中，不同 Worker 处理的句子长度不一样），也可以尝试异步更新。但是，有时候异步更新容易造成模型训练精度难以收敛。介于同步更新和异步更新之间的就是半异步更新，半异步更新可以起到一个折中的效果。

MoXing 在 TensorFlow 库的基础上额外开发了更多的分布式梯度更新模式，来适应不同带宽、不同模型的情况，且能够自动取最优解。如自动拆分大梯度，自动融合小梯度（如 BN 层的参数），使通信频次和单次通信量之间取得更好的平衡；将梯度进行压缩，以减少通信开销。

② Peer2Peer 架构。在此架构中，没有单独的参数服务器，每个 Worker 同时负责计算并与其他 Worker 同步。在传统的分布式计算中，AllReduce 是一种常见的集合通信模式，可以用于 Peer2Peer 架构。对于分布式训练而言，如果训练集群中所有节点同时充当 PS 和 Worker 的角色，且在一个训练进程内，那么就可以抽象为 Peer2Peer 架构。AllReduce 架构中最常使用的是 Ring-Based AllReduce 算法，这种算法将 AllReduce 过程拆解成一次 Scatter Reduce 和一次 All Gather 操作，如图 7-27 所示。

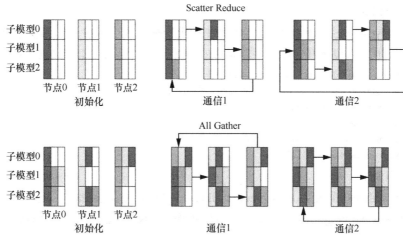

图 7-27　Scatter Reduce 和 All Gather 计算图解

在 Scatter Reduc 时，假设训练集群有 N 个节点，可以将所有节点构建成一个环状的通信链路，每个节点有确定的上游和下游节点。Scatter Reduc 操作首先将模型切成 N 个子模型，接下来在每次传输中，每个节点会向下游节点发送一个子模型所对应的梯度，并从上游节点接收另一个子模型对应的梯度，然后将其与本地所对应的梯度做一次累积求和。这样进行 N-1 轮后，每个节点都持有 $1/N$ 份的全局梯度。接下来在 AlC Gather 时，每个节点将各自的全局参数梯度传给下游节点，同样在完成 N–1 轮后，每个节点都具备了所有的全局梯度。将全局梯度叠加在模型参数上，就可以更新模型，然后开始下一次迭代了。

除了上层架构之外，分布式通信库也是提高训练速度的重要一环。常用的集合通信库有 NCCL、HCCL（Huawei Collective Communication Library，华为集合通信库）等。MoXing 支持从分布式架构到底层软硬件通信的全栈优化。以 ResNet50 预置算法为例，分布式加速的线性度见表 7-7，可以看出即使在 128 块 V100 的规模下，线性度依然能保证在 90% 以上。

表 7-7　多机多卡情况下 ResNet50 预置算法训练的分布式加速线性度

CPU（V100 型号）个数	FPS	分布式加速线性度
1	902.69	1.0000
4	3581.52	0.9919
8	7027.04	0.9731
16	13793.40	0.9550
32	27400.19	0.9486
64	54234.92	0.9388
128	108213.00	0.9365

（3）深度梯度压缩

除了分布式训练系统层面的优化之外，深度梯度压缩（Deep Gradient Compression，DGC）也是通信优化的一种方式，深度梯度压缩可每次仅提交少量的关键梯度，剩余的

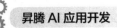
梯度进行本地累计。

当开发者使用 MoXing 的参数服务器架构进行分布式训练时，使用深度梯度压缩技术只需要简单地传入以下几个参数，就可以在原始代码的基础上开启深度梯度压缩技术。

```
--variable_update=distributed_replicated_dgc
--dgc_sparsity_strategy=0.75,0.9375,0.984375,0.996,0.999
--dgc_momentum_type=vanilla
--dgc_momentum=0.9
--dgc_momentum_factor_masking=True
--dgc_total_samples=1281167
```

参数说明如下。

variable_update：配置为 distributed_replicated_dgc 启用深度梯度压缩。

dgc_sparsity_strategy：深度梯度压缩占比策略，梯度稀疏度在前 5 个 epoch 由 75%逐渐上升到 99.9%。

dgc_momentum_type：深度梯度压缩 momentum 类型，有论文提出 2 种不同类型，即 Nesterov 和 Vanilla。

dgc_momentum：深度梯度压缩 momentum 的动量值。

dgc_momentum_factor_masking：是否使用论文中的 momentum_factor_masking 技术。

dgc_total_samples：训练数据集的总样本数量。

深度梯度压缩在分布式组网带宽有限的情况下，可以显著地提升分布式训练速度，且对精度的影响非常小。在使用深度梯度压缩后，当使用 4 个节点对 ResNet50 算法进行分布式训练时，性能测试结果如图 7-28 所示。在 10Gbit/s 带宽下，DGC 将分布式加速的线性度从 0.77 提升到 0.87；在 1Gbit/s 带宽下，DGC 将分布式加速的线性度从 0.48 提升到 0.867。可见在小带宽情况下，深度梯度压缩对分布式加速效果的提升更加显著。

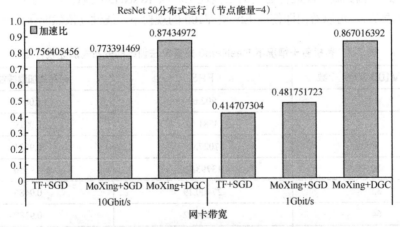

图 7-28　DGC 在不同带宽条件下带来的性能提升对比

同样，使用深度梯度压缩后，精度也基本不受影响。在用 ResNet50 训练 ImageNet 数据的情况下，使用 DGC 训练 100 个 epoch 仍然能够收敛到 Top1 精度 75%，如图 7-29（a）所示。梯度的压缩率随训练步数的变化曲线如图 7-29（b）所示，在前 5 个 epoch 之内压缩率由 75%逐渐上升到 99.9%。虽然 DGC 对通信压力起到了很大的缓解作用，但是由于引入了额外的计算（如梯度的压缩、排序等），会造成计算较慢。从端到端的结果看，在本示例的第 5 个 epoch 之后，加速效果有显著提升，这是因为第 5 个 epoch 之后梯度压缩对通信带来的帮助超过了其引入的额外计算量带来的负面作用。

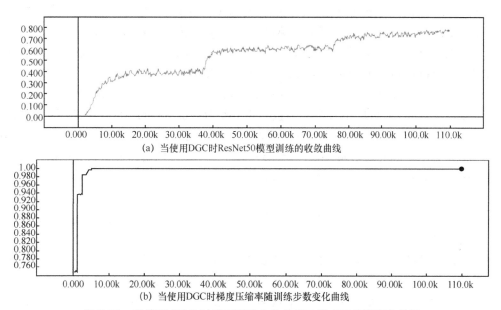

(a) 当使用DGC时ResNet50模型训练的收敛曲线

(b) 当使用DGC时梯度压缩率随训练步数变化曲线

图 7-29　当使用 DGC 时模型训练收敛效果及梯度压缩率变化效果

其实，在机器学习和深度学习等算法中，不仅数据的冗余性很高，模型参数和梯度的冗余性也很高。如果能够找到普适的模型参数和梯度压缩方法，将对模型训练加速带来非常大的帮助，同时也会降低对分布式软件系统和硬件系统的要求。

4．调参侧加速

除了数据预处理方面的优化技巧外，以上提到的训练加速策略主要偏向系统侧。模型在训练过程中其实有非常多的超参数需要调节，这些超参数会影响模型的收敛效果。模型训练的端到端加速一定是以达到期望精度为前提的。如果算法调参调不好，即使系统加速能力再强也无能为力。相反，如果调参调得好，使得训练收敛步数变少，那么再加上系统侧加速后，端到端的训练加速效果就会更好。

使用 MoXing 进行参数调整

下面将主要介绍与模型微调相关的参数调整策略及常用的学习率调整策略。

1）调整载入参数和冻结参数

以深度学习为例，加速模型训练的一个可行办法是从另一个任务的已有模型中迁移参数，前提是要满足在这 2 个任务中算法的网络结构（至少是特征提取部分的网络结构）是一致的，这样只需要对最终的分类或回归层进行修改即可。参数之所以可以迁移重用，是因为模型具备可以复用的特征提取能力。深度模型在不同层所提取特征的抽象程度不同，通常越浅层的特征越具备通用性，因此我们可以选择将浅层的参数冻结，只训练深层的参数。这样既可以加速训练过程，又可以防止已经训练好的特征提取能力在新任务

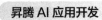

中不被破坏。具体要在哪一层开始冻结通常无法直接判断，需要通过尝试来得到冻结层的最佳选择。一个基本经验是：当前训练模型的数据与之前训练模型的数据较为相似时，可以冻结前面较多的层，仅微调输出层或包括输出层在内的最后几层。

MoXing-TensorFlow 提供以下参数，让用户可以控制参数载入和微调层级。

checkpoint_include_patterns/checkpoint_exclude_patterns：通过白名单或黑名单配置预训练模型 checkpoint（检查点）需要加载哪些层。如使用 ResNet50 加载 ImageNet 预训练模型在新的数据集上做微调时，可以选择将最后一层分类层以外的所有参数都加载（如可设置 checkpoint_include_patterns=logits，global_step）。

trainable_include_patterns/trainable_exclude_patterns：通过白名单或黑名单配置可以被训练的参数层。被 exclude 的参数即为被冻结的参数；被 include 的参数即为可微调的参数。当用户数据量小但是任务或数据间相似度高时，可以选择冻结除了分类层以外的所有层（如设置 trainable_include_patterns=logits），否则，可以选择冻结较浅的前几层（如设置 trainable_exclude_patterns=conv1，conv2）。

2）调整学习率

在模型训练过程中，学习率的调整至关重要，它会对模型收敛造成很大的影响。经典的学习率调整策略是使用分段函数，如在 ImageNet 分类数据训练时，会经常使用分段恒定的学习率调整策略，即每训练一定个数的 epoch 之后，学习率下降一个固定倍数。每次学习速率的降低都会带来一次损失函数值的骤降。随着越来越多的学习率策略出现，目前常用的学习率策略是 CosineDecay 策略。余弦函数的特点是在训练的初期和末期学习率的斜率小、变化小，在训练的中期斜率大、变化大。CosineDecay 策略已经在很多深度学习应用中展现出很好的收敛速度和精度。在 CosineDecay 策略中也可以加入重启机制，即每次 CosineDecay 完毕后，将学习率恢复到上一阶段余弦函数初始值的一半再进行一次 Decay。另外，通常 CosineDecay 策略可以配合 WarmUp 策略和 CoolDown 策略，来取得更好的收敛效果。WarmUp 策略是为了避免训练阶段前期学习率较大时训练不收敛的问题，它将学习率从一个较小的值慢慢提升到初始学习率。CoolDown 策略是指在训练末期将学习率固定在一个较小的值，从而保证收敛的稳定性。

分段学习率和 CosineDecay 学习率调整策略的对比，如图 7-30 所示。

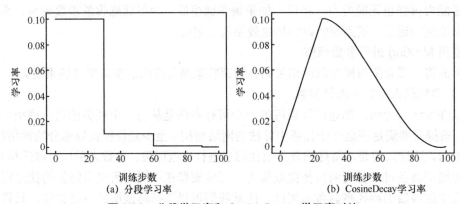

图 7-30　分段学习率和 CosineDecay 学习率对比

另外，大规模分布式训练通常采用特殊的优化器，如下所示。

① LARS（Layer-wise Adaptive Rate Scaling，分层自适应速率缩放）。在批大小很大的情况下，收敛精度随着批大小的增大而受到损失，使用 LARS 可以逐层调节学习率让梯度小的单元得到更大的学习率，而梯度大的单元适当减小学习率，最终保证模型的收敛性。

② LAMB（Layer-wise Adaptive Moments Optimizer for Batch Training，分层自适应矩批量训练优化器）：LAMB 将 LARS 中的 SGD 下降替换成了 Adam 下降，并且修正了参数衰减的计算公式。已经证明 LAMB 可以用于 BERT 等自然语言预训练模型的分布式加速。

```
import tensorflow as tf
import moxing.tensorflow as mox
import…

#主函数里首先会获取或配置一些基本变量：worker 节点的个数、元数据信息
#保存 summary 信息的步数，保存模型参数的步数、本地缓存路径、运行步数等 def main():
    #获取或配置些基本变量
    …
    #参数：run_mode:TRAIN or EVALUATE
    def input_fn( run_mode,** kwargs):
        #获取数据信息
        dataset= mox.get_dataset(…)
        image, label =dataset. get(['image','label'])
        #数据增强处理
        data_augmentation_fn =…
        label-=labels_offset
        #返回处理后的图像和标签
        return image, label


    # 参数：inputs:input_fn()的返回值
    def model_fn( inputs, run_mode ** kwargs):
        param_spec = kwargs['param_spec']
        #获取模型函数
        model_fn = mox.get_model_fn(…)
        #若存在'AuxLogits'层，则添加'AuxLogits'loss
        total_loss='AuxLogits'loss+'logits'loss+'regularization'loss
        #返回模型信息
        return mox. ModelSpec(loss=tota_loss, hooks = early_stopping_hook,…)


    #返回一个优化函数
    def optimizer_fn( ** kwargs)
        paran_spec = kwargs['param_spec']
        #配置学习率
        lr = config_lr()
        #支持'sgd','momentum'
        opt = mox.get_optimizer_fn('sgd'or'momentun')
        return opt

    #创建 param_spec,指定待搜索的超参数
    param_spec=mox.auto. ParamSpec(weight_decay, momentum, learning_rate, ....)
```

```
#创建 param_list_spec,指定待搜索的超参数的搜索范围
param_list_spec = mox.auto. ParamSpec(weight_decay=[xx, xx, xx], momentum=[xx, xx,xx],…)


# 使用 HyperSelector 自动选择超参
if FLAGS. hyper_selector:
    param_spec=mox.auto.search(
        input_fn = input_fn,
        batch_size=FLAGS.batch_size,
        model_fn = model_fn,
        optimizer_fn=optimizer_fn,
        auto_batch = FLAGS. auto_batch,
        select_by_eval = FLAGS. select_by_eval,
        total_steps=FLAGS.pre_train_epoch*num_train_epoch_steps,
        evaluation_total_steps=num_valid_epoch_steps,
        param_spec = param_spec,
        param_list_spec = param_list_spec)

    tf. logging.info("Best 1r % f, Best weight_decay % f, Best nonentum %f ",
            param_spec.learning_rate
            param_spec,weight_decay,
            param_spec. momentum)
    #运行模型
    mox, auto. run( input_fn = input_fn,
            modelfn = model_fn,
            optimizer_fn=optimizer_fn,
            param_spec = param_spec,
            batch_size= xxx,
            log_dir= xxx,
            run_mode = xxx,
            …)


if_name_**'_main_':
    main()
```

7.4.4　自动搜索

　　进行典型的模型训练流程及加速策略时，开发者必须选择合适的数据预处理方法，随后选择恰当的算法及优化策略。在做模型训练时，通常需要做大量的超参数优化以获得期望的精度。模型训练完成后，有时还需要将模型进行二次优化（如压缩模型大小）。开发者要通过这一套流程找到最终满意的模型参数，往往非常耗时、复杂，且对开发者的技能和经验要求也非常高。为了进一步降低人工调参的成本与门槛，学术界很早之前就提出了 AutoML 概念，并提出了 Bayesian Optimization 等经典的超参搜索算法。严格地说，现阶段的 AutoML 已经远远不止包括传统意义上的超参搜索，还包括整个训练过程的数据预处理和增强策略搜索、神经网络架构搜索（Neural Architecture Search，NAS）、模型优化策略搜索等。当然所有这些需要搜索的参数也可以被看作广义的超参数。

AutoML 算法通常包含搜索和评估两个过程。搜索过程中算法使用搜索器在巨大的搜索空间（待搜索变量所组成的参数取值空间）下找出可能满足要求的次优解，常用的搜索器一般有演化算法、蒙特卡洛搜索树、贝叶斯搜索器、强化学习等。评估过程则负责根据搜索出的备选方案进行模型训练，获取对应的评估指标，这一步通常耗时巨大，也催生了如共享权重、指标预测等加速技术。搜索与评估两个过程不断迭代，直到找到满足约束的解为止。

目前，AutoML 算法已经在图像分类、目标检测等场景中取得了比较大的成功。近期流行的高精度模型 EfficientNet、EfficientDet 就是通过 AutoML 算法搜索出来的。

1. AutoSearch 框架

虽然目前学术界 AutoML 领域百花齐放，各种研究成果层出不穷，但将 AutoML 落到实际的业务场景上，却是困难重重。AutoML 旨在代替算法专家，降低算法调优门槛与人力成本，但要在具体场景上应用起来会涉及搜索空间的设计与修改、业务代码对搜索空间的表达及 AutoML 算法针对搜索空间的重新定制，反倒增加了 AutoML 技术使用者的开发成本，这也是目前很少有通用的 AutoML 开发框架的原因。

当把一项 AutoML 算法应用在实际业务场景时，开发者需要识别哪些变量对最终目标至关重要，并针对业务场景定制一套搜索空间，随后需要仔细阅读算法论文和源代码（大部分的 AutoML 算法甚至并没有开源），然后针对自己的搜索空间修改或实现搜索算法，并在自己的业务代码中对该搜索空间进行表达和解释。最后开发者还需要一个分布式任务调度框架，将搜索任务规模化自动执行来缩短搜索的总时间（一个常规的 AutoML 搜索算法耗时通常在每小时几十到几千 GPU，甚至更多）。这一套流程冗长且门槛极高，与 AutoML 的理念背道而驰。

为了解决这一问题，真正让 AutoML 技术普惠大众，ModelArts 内置了自研的 AutoSearch 引擎，可以帮助开发者自动搜索数据增强策略、模型架构、优化器超参及模型压缩策略等，以最小的成本实现人工训练过程的自动化，如图 7-31 所示。在超参搜索方面，MoXing 的 HyperSelector 搜索速度很快，但是依赖于 MoXing 框架，而 AutoSearch 的超参搜索不限定开发者一定要基于 MoXing 框架开发，所以 AutoSearch 的超参搜索更加灵活，搜索算法也可适用于更多类型的超参。

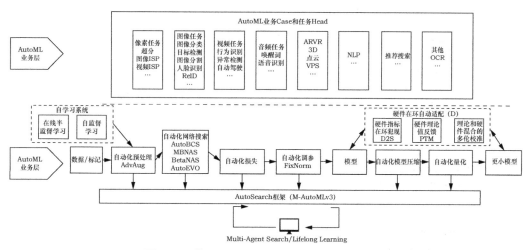

图 7-31 基于 AutoSearch 的 AutoML 开发流程

AutoSearch 针对常用网络（如 ResNet、MobileNet）设计了一套有效的预置搜索空间。AutoSearch 对搜索空间进行了抽象，可实现搜索算法与搜索空间的解耦，开发者无须写代码即可设计符合业务场景的搜索空间。如 AutoSearch 规定了搜索算法输出的网络结构编码中第一位代表网络总层数，那么开发者可以通过配置该位的取值范围，以控制搜索空间偏向于深层还是浅层网络；针对预置的搜索空间，AutoSearch 也同时预置了可解释的 API，允许用户对自己业务代码的最小化修改；此外，AutoSearch 还支持自动搜索任务高度并行化执行及可视化展示等特性。

AutoSearch 引擎的主要特点如下。

（1）易用性

对于初学、进阶、专业等不同层级的开发者，AutoSearch 提供了不同的使用方式，每一种都尽可能地做到简单、易用，同时又具备足够的灵活性。在最理想的情况下，开发者甚至不需要进行业务代码的修改，就能使用 AutoSearch 提供的自动搜索功能。

（2）先进性

除去已有的各种开源经典 AutoML 算法，AutoSearch 内置了业界领先的自研 AutoML 算法，这些算法都在商业场景上得到过充分的验证。

AdvAug 自动数据增强算法，采用对抗训练的思想生成数据预处理策略，搜索效率大幅提升，并可使 ResNet50 在 ImageNet 数据上的 Top1 精度从 77.1%提升至 80%。

BetaNAS 模型搜索算法，基于超网采样与选择性剪枝的思想，在 ImageNet 数据上的 Top1 精度可达到 79%。

MBNAS 模型搜索算法，基于精度和时延预测的思想，可以插件式地应用于不同的模型，低成本地在不同任务上迁移，高效搜索出最优模型。

通过以下配置，开发者可以指定以日志中的 accuracy 作为本次搜索所关注的核心指标。

```
general:
    gpu_per_instance:1
search_space:
    —parans:
        —type: Continuous_Param
          name: x
          start: 1
          stop: 4
          num: 2
        —type: Continuous_Param
          name: y
          start: 1
          stop: 4
          num: 2
    search_algorithm
        type: anneal_search
        max_concurrent: 2
        reward_attr: accuracy
        report_keys:
            —name: accuracy
              regex: (?<=accuracy=).+(?=;)
```

```
        save_model_count: 3
        num_samples: 6
        mode: max
    scheduler:
    type: FIFOScheduler
```

使用 AutoSearch 进行超参搜索，用户无须进行业务代码修改，不用维护多套代码，可以做到零成本迁移。目前已支持 FixNorm、TPE（Tree of Parzen Estimators）、Bayesian Optimization、AnnealOpt 等超参搜索算法，其中，FixNorm 通常在人工调优的基础上，还可以将精度提升 1%左右。

2．修改 3 行代码即可提升性能

AutoSearch 针对经典网络与常用场景，提供了预置的搜索空间及对应编码的解释能力（如将编码翻译成 TensorFlow 代码），用户在使用时无须自己设计搜索空间及编写结构编码的解释代码，仅需在配置中选择预置的搜索空间，并在代码中调用 AutoSearch 的 API，就可以完成对业务代码的改造，快速拥有 AutoML 能力，以此提升模型性能。

假设开发者已经有了一个类似 ResNet50 的分类算法用于训练，可按照以下方式修改代码，用 AutoSearch 预置的 ResNet50 替换原有算法，代码如下：

```
import autosearch
 from autosearch.client.nas.backbone.resnet import ResNet50
 #自定义的预处理代码
 logits = ResNet50(image_shaped_input, include_top=True, mode="train")
 #自定义的训练代码
```

随后选择预置的 ResNet50 搜索空间，其默认配置如下：

```
general:
    gpu_per_instance:1
search_space:
    builtin: ResNet50Lite
search_algorithm:
    type:grid_search
    reward_attr: accuracy
    report_keys:
        —name: accuracy
          regex: (?<=accuracy:).+(?=.)
scheduler:
    type: FIFOScheduler
```

最终搜索结果，如图 7-32 所示。

	reward_attr	accuracy	latency	net_code	操作
0	0.9929	0.9929	0.0391	resnet-50	下载日志
1	0.9928	0.9928	0.0382	1-1112-1111111...	下载日志
2	0.9923	0.9923	0.0296	1-11111121-12-1...	下载日志
3	0.9933	0.9933	0.0297	11-111112-112-1...	下载日志
4	0.9921	0.9921	0.019	1-1-111111112-1...	下载日志
5	0.993	0.993	0.0143	1-1-1-2112112	下载日志
6	0.9914	0.9914	0.0379	1-111211-111111...	下载日志
7	0.9913	0.9913	0.0435	1-1111111111-21...	下载日志
8	0.9921	0.9921	0.0534	1-111111111112-...	下载日志
9	0.9931	0.9931	0.0278	11-211-121-1111...	下载日志

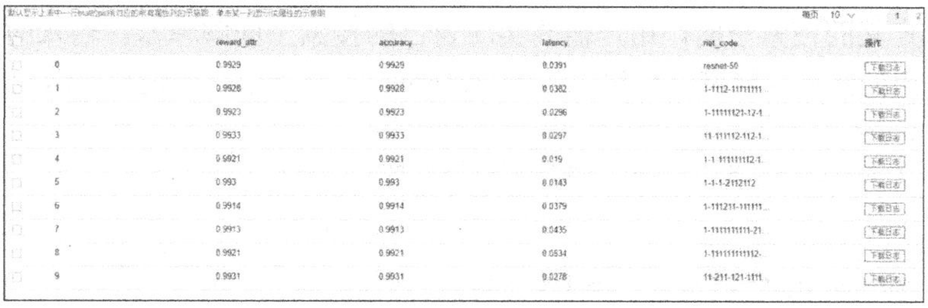

图 7-32　基于 AutoSearch 预置的 ResNet50 的搜索结果展示

从图 7-32 可以看到相比于原版的 ResNet50，AutoSearch 搜索得到的最优模型可以在精度持平甚至略胜一点的情况下将其推理速度提升至原版的 1 倍以上。

3．更灵活地使用 AutoML

对于追求极致精度与性能的开发者，需要针对业务场景与基准模型设计合适的搜索空间，这一步通常会涉及搜索算法本身的修改，因此门槛高、工作量大。但 AutoSearch 对不同算法的搜索空间进行了抽象，让用户既可以灵活地针对业务需求修改搜索空间，又不会因为过多、过难的开发工作而望而却步。

以 BCS（Block Connection Style 块连接）算法为例，AutoSearch 提供了针对网络层数和每层通道数的搜索空间，开发者可以针对该搜索空间下每个值的取值范围和变化步长进行调整，达到灵活调整搜索空间的目的。

开发者可以灵活配置 BCS 搜索空间（以 ResNet 为基础架构），配置如下：

```
general:
    gpu_per_instance: 8
search_space:
    -type: Discrete
     params:
    -name: coding_step
     values: [1, 1, 1, 1, 1, 1, 1, 1]
    -name: coding_min
     values: [0, 0, 1, 2, 1, 1, 1, 1]
    -name: coding_max
     values:[3, 5, 6, 6, 10, 10, 10, 10]
search_algorithm:
    type: Bcs_Generator
    reward_attr: acc
    batch_size:10 #At least 4, no smaller than 8 is recommended.
    init_pkl_url: None
    history_record_url: None
    acc_hreshold: 一1
    sample_method: GP
    search_space_class:autosearch.examples.bcs.check_validation
    search_space_kwargs:
        max_flops: 620000000
        sample_num: 10000
        ascending_dims: [0, 1, 2, 3]
scheduler:
    type:FIFOScheduler
```

针对自定义的搜索空间，用户需要实现自己的搜索空间解释器，输入的是神经网络编码，而输出的是该神经网络编码对应的 PyTorch 或 TensorFlow 模型，示例代码如下：

```
def resnetParser(
    coding =tuple([1, 2, 3, 4, 2, 2, 2, 2]), init_weight =True, num_classes=1000,
    ):
    layers = tuple(coding[ 4: ])
    channels = tuple([2* * i * 32 for i in coding[ :4 ]])
    model = ResNet(BasicBlock,
```

```
                    layers = layers,
                    channels = channels,
                    init_weight= init_weight,
                    num_classes=num_classes,)
        return model
```

目前 AutoSearch 中支持微调搜索空间能力的算法有 Adversarial-AutoAug、BCS、Evolution、MBNAS、FixNorm 等。

未来 AutoSearch 将与具体任务和领域进一步结合，利用领域任务的先验知识和基础算法的优化方法，进一步提升搜索效率，加快模型训练和产出。

7.5　模型评估与调优

模型训练后需要进入模型评估和调优阶段，以尽快发现模型的不足并进行优化。一般在学术界，模型评估主要是指对模型精度的评估，是从算法的角度考虑的。但在人工智能应用实际的开发过程中，虽然模型的精度非常重要，但是模型评估还要考虑其他指标的评估，包括性能、可解释性等。这些指标之间不是相互独立的，而是有一定的耦合关系。因此，模型评估和调优阶段，需要做很多平衡。

下面先介绍几个常用的关键指标。

1．精度

精度指模型输出与预期结果的匹配程度，可以是图像分类任务中的准确率、精确率、召回率、F1 值等，也可以是目标检测任务中的 mAP，或是语义分割任务中的平均交并比等。对于一些半监督学习问题或无监督学习问题，一般采用一致性指标或相似度指标来衡量模型输出是否符合预期。通常这些精度值越高，模型的能力越强。

2．性能

性能主要指模型的推理时延、吞吐量及模型对资源的消耗（如 AI 设备利用率、显存占用、内存占用、存储占用等）。这些指标按照业务场景的不同具有不同的重要性，通常需要实时推理的场景对于时延指标更加关注，而离线分析的场景则对吞吐量指标更加关注。

3．能耗

对于一些端侧设备或 IoT（Internet of Things，物联网）设备而言，计算资源和电源资源紧缺，所以能耗的评估非常重要。在底层软硬件相同的情况下，模型的复杂度是影响能耗的主要因素。

4．可解释性

可解释性可以帮助开发者更深入地理解并优化模型，在某些特定领域，如医疗、自动驾驶等，如果模型不可解释，一旦系统出错就难以分析根因，使得系统变为一个黑盒。

当然，人工智能应用还有其他特点，如公平性、鲁棒性等。由于人工智能应用的主要组成部分是模型，因此大部分人工智能应用的特点也可以看作模型的特点。总体看来，目前业界相对成熟的评估体系主要是针对精度和性能这两方面的，其他维度的评估体系还有待完善。因此，本章也主要聚焦模型的精度和性能两个指标。

如果模型的指标达到期望的要求，则可以进入测试和部署阶段；如果模型的指标没有达到期望的要求，则需进一步做根因分析并优化模型。根因分析非常复杂，可能涉及数据处理、模型结构设计、损失函数设计、超参调优等多方面，要求开发者有一定的问题定位和优化经验。为了降低模型调优的门槛，ModelArts 提供了模型评估与诊断服务，用以从多个方面对模型进行评估的同时，给出一系列不同的诊断建议，开发者可以根据建议不断迭代使模型达标。

简单来说，在 ModelArts 上使用模型评估功能，是在得到首次训练的模型之后。我们先将首次训练的模型推理结果、原始图像和真实标签送入模型评估模块中，评估模块会从数据、模型两个方面对模型的综合能力（包括精度、性能、对抗性和可解释性）进行综合评估，最终针对可能存在的问题输出一些改进模型能力的诊断建议。开发者在这些建议的帮助下，通过迭代使模型达标，并最终部署成能实际应用的推理服务。

此外，ModelArts 内置了 moxing.model_analysis 模块，该模块包含了常用的评估指标计算接口、诊断建议接口。开发者还可以基于此模块自定义其他所需评估的指标。

7.5.1　模型评估

模型评估用来评测模型的好坏。模型评估是模型开发过程不可或缺的一部分。它有助于发现表达数据的最佳模型和所选模型将来工作的性能。

1. 精度评估

精度指标的多样性和重要性是开发者比较容易忽略的。很多人认为模型的好坏可以通过准确率这一个指标来判断。但在不同的应用场景中，精度的要求是有侧重的。如在图像内容审核任务中更加看重的是某些关键类别的召回率，那么在实际的模型优化中，需要更加关注召回率而非准确率。开发者通过调节各个精度指标之间的平衡点，可以更好地满足业务的需求。因此本节将系统地梳理几个经典任务的精度评估指标，便于根据具体业务进行细粒度分析。

（1）精度评估指标计算

下面以图像分类、目标检测、图像语义分类这 3 种常见的视觉任务为例，介绍精度评估指标的计算方法。

1）图像分类模型的精度评估指标计算

与其他分类模型一样，图像分类模型的精度评估指标包括混淆矩阵、准确率、召回率、精确率、F1 值、ROC 曲线、P-R 曲线等。

混淆矩阵：混淆矩阵是所有分类算法模型评估的基础，它展示了模型的推理结果和真实值的对应关系。如某 4 分类模型的混淆矩阵见表 7-8，其中每一行表示推理结果为某类别的真实类别分布，每一列表示某真实类别的推理类别分布。以 A 类为例，推理结果为 A 的样本有 72 个（按行将 4 个数 56、5、11、0 相加），真实类别为 A 的样本有 71 个（按列将 4 个数 56、5、9、1 相加）。

表 7-8　混淆矩阵示例

推理类别/真实类别	A	B	C	D
A	56	5	11	0
B	5	83	0	26
C	9	0	28	2
D	1	3	6	47

另外还需要定义几个核心概念：TP（True Positives，真阳性样本数）、FP（False Positives，假阳性样本数）、FN（False Negatives，假阴性样本数）、TN（True Negatives，真阴性样本数），具体定义见表 7-9。在上述示例中，以 A 类为例（将其看作正类，将其他 3 个类别看作负类），TP 为 56，FP 为 16（即混淆矩阵第一行 5、11、0 的和），FN 为 15（即混淆矩阵第一列 5、9、1 的和），TN 为 195（即混淆矩阵中除了第一行、第一列之外其他值的和）。这 4 个值都是与某个类别强相关的，在多分类问题中，每个类别的这几个值都不一样。

表 7-9　TP、FP、FN、TN 的定义

名称	定义
TP	被正确地推理为正类别的样本个数
FP	被错误地推理为正类别的样本个数
FN	被错误地推理为负类别的样本个数
TN	被正确地推理为负类别的样本个数

准确率（Accuracy，ACC）：最常用、最经典的评估指标之一，表示对于某一类别（将该类别看作正类，将其他类别看作负类），推理结果正确的样本所占的比例。计算公式为：

$$ACC = \frac{TP + TN}{TP + TN + FP + FN} \tag{7-1}$$

错误率（Error Rate，ERR）：与准确率定义相反，表示对于某一类别而言，分类错误的样本所占的比例。计算公式为：

$$ERR = \frac{FP + FN}{TP + TN + FP + FN} = 1 - ACC \tag{7-2}$$

精确率（Precision，P）：对于某一类别而言，被推理为正类别的样本中确实为正类别的样本的比例。计算公式为：

$$P = \frac{TP}{TP + FP} \tag{7-3}$$

召回率（Recall，R）：对于某一类别而言，在所有的正样本中，被推理为正样本的比例。计算公式为：

$$R = \frac{TP}{TP + FN} \tag{7-4}$$

当出现一些异常情况（如分类样本严重不均衡）时，需要分别分析每个类别的每个指标，而不能看单一指标。如对于某个 3 分类任务，假设共有 10000 个样本，其中 A 样本 9800 个，B 样本 100 个，C 样本 100 个。在极端情况下，即便分类模型将所有样本预测为 A，也会得到 98%的准确率。在这种情况下，分类的精确率、召回率就比准确率更有价值。要全面评估模型的性能，必须同时检查精确率和召回率。遗憾的是，精确率和召回率往往是此消彼长。通常使用 F1 值（F1-Score）作为指标，评价精确率和召回率的综合效果，其计算公式为：

$$F1=\frac{2 \cdot P \cdot R}{P+R} \tag{7-5}$$

综合评价精确率和召回率的另一种方法是 ROC（Receiver Operating Characteristic Curve，受试者工作特征曲线），又称为感受性曲线（Sensitivity Curve）。ROC 反映了在不同阈值（如模型的分类置信度等）下某类别的召回率随着该类别下 FPR（False Positive Rate，假阳性率）指标变化的关系。ROC 越接近左上角，表示该分类器的性能越好。通常可以通过计算 ROC 下的面积（Area Under Curve，AUC）来评价模型的优劣，当 AUC 值为 1 时，分类器性能达到最理想状态。

与 ROC 类似，对于某一类别，P-R 曲线是指不同阈值下 Precision 值随 Recall 值变化的曲线，如图 7-33 所示。分类器的优劣，通常可以根据曲线下方的面积大小来进行判断，但更常用的是平衡点或 F1 值。平衡点是当 P=R 时该曲线上对应的点，平衡点处对应的 P 或 R 越大，说明分类器的性能越好。同样，F1 值越大，也可以认为该分类器的精度越高。

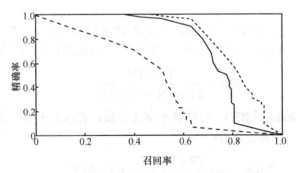

图 7-33 P-R 曲线

以上指标都是针对每个类别单独计算的，即每个类别都有对应的准确率、精确率、召回率，要对模型做出总体评价，需要算出所有类别综合之后的总体指标。求总体指标的方法有两种：宏平均和微平均。宏平均通过计算各个类对应的指标的算术平均获得；微平均先综合每个类别的 TP、FP、TN、FN 的值，然后再重新计算以上各个指标。

前面介绍的评估指标均可以通过 MoXing 提供的接口直接调用计算。

```
import moxing.model_analysis as ma
#准确率
acc_metric= ma.api.MODEL_ANALYSIS_MANAGER.get_op_by_name('inage_classification')('acc')
```

```
#传入推理结果和标签值进行计算，以 acc 为例,其他指标类似
pred_list =[
    [0.1,0.8, 0.1, 0.0],
    [0.1, 0.05, 0.8, 0.05],
    [0.7,0.1,  0.1,0.1],
    [0.2,0.15, 0.05, 0.6]
]
label_list=[1,3,0,2]
acc= acc_metric(pred_list, label_list)
print(acc['zh-cn']['value'])
#打印{'准确率': 0.5}
```

2）目标检测模型的精度评估指标计算

目标检测模型需要对每一个输出目标框的位置和类别做出综合的评价，精确率、召回率、P-R 曲线等在分类中提到的指标这里也同样会用到，不再赘述。目标检测任务中最经典的评估方法就是计算平均精度均值（mean Average Precision，mAP），mAP 的定义经常出现在 PASCAL Visual Objects Classes（VOC）等各类竞赛中，其定义为所有类别的平均精确率（Average Precision，AP）的均值。在计算 mAP 之前，必须先计算每一目标类别的 AP。如图 7-34 所示，通过计算预测目标框与真值目标框之间的交并比（Intersection over Union，IoU）是否大于既定的阈值，可以确定真实目标框是否被检测出来。常用的指标 AP50 是指 IoU 阈值为 0.5 时的 AP，AP75 是指 IoU 阈值为 0.75 时的 AP。

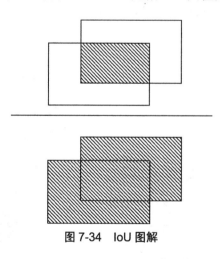

图 7-34　IoU 图解

如果某一预测的目标框偏离真实目标框太远，则说明真实目标框没有被检测出来。通过 IoU 阈值的选择和对预测目标框的判定及预测目标框分类情况的判定，开发者可以计算出每个类别相应的 TP、TN、FP、FN，进而计算出 Precision 值和 Recall 值，然后进行 AP 的计算。

对于每个类别的 AP 计算，VOC 竞赛组在 2007 年提出采用如下算法。对于每个类别先规定 11 个 Recall 阈值：0、0.1、0.2、……、0.9、1，在每个 Recall 阈值下都可以得到一个最大的 Precision 值，每个类的 AP 即为这 11 个 Precision 值的平均值。2010 年之后，VOC 竞赛组采用一种自适应性更好的计算方法：假设每个类别的 N 个被检测出来的样本

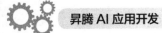
中有 M 个正例，那么会得到 M 个 Recall 阈值（$1/M$、$2/M$、……、M/M），对于每个阈值，可以计算出当 Recall 大于该阈值时的最大 Precision 值，然后对这 M 个 Precision 值取平均值即得到最终的 AP 值。在某水果目标检测示例中，ModelArts 模型评估对 mAP 和 AP 的计算结果，如图 7-35 所示。

平均精度均值 ⑦			
类别标签	apple	banana	orange
平均精度	0.7325	0.4409	0.8122
名称		值	
平均精度均值		0.6619	

图 7-35　某水果目标检测示例中每个类的 AP 及所有类的 mAP 指标展示

在分类任务中，混淆矩阵描述了模型推理结果与标签的对应关系，开发者通过混淆矩阵就可以评价模型的精度表现。但是在目标检测任务中，模型的精度不仅包含类别标签的准确性，还包括目标框位置的准确性，只有当目标框位置和分类类别都正确的时候，才认为模型做出了准确的预测。ModelArts 模型评估页面，会自动将错误的预测结果展示出来，并详细展示出 3 类错误原因：①位置误差（位置偏差），表示类别检测是正确的，但预测目标框和真实目标框之间的 IoU 值小于既定阈值，或同一目标被检测出了 2 次（如一个目标的整体和局部同时被检测出来）；②类别误检，预测目标框准确，但分类错误，如将猫识别成了狗；③背景误检，将背景误检成目标。在某安全帽目标检测场景中，同时出现了这 3 种错误，如图 7-36 所示。

(a) 背景误检和类别误检示意　　　　　　　(b) 位置误差示意

图 7-36　某安全帽检测场景下的 3 类错误示意

ModelArts 模型评估支持将相同错误类型的个数统计出来，绘制成饼图。以上述安全帽检测为例，其 3 类错误的统计结果如图 7-37 所示，对于蓝色安全帽（类别为"blue"），类别误检占大多数；而对于黄色安全帽（类别为"yellow"），背景误检占大多数。针对每种错误类型，可以深入分析原因并找到优化方法。

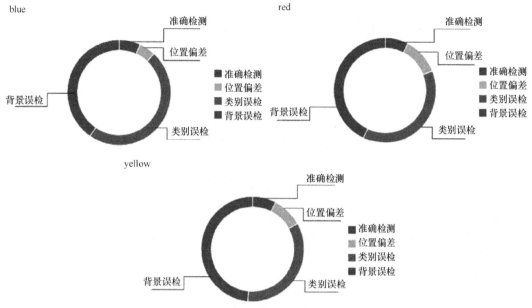

图 7-37　不同错误类型的细粒度分析视图

MoXing 中提供的上述 2 个评估指标的接口如下：

```
import moxing.model_analysis as ma
#平均精度均值 ma.api.MODEL_ANALYSIS_MANAGER.get_op_by_name('image_object_detection')('map')
#误检分析  ma.api.MODEL_ANALYSIS_MANAGER.get_op_by_name('image_object_detection') ('fp_analyse')
```

此外，MoXing 还提供其他任务（如图像分割、文本分类等）的一键式模型精度指标计算，在此不一一展开。

（2）基于敏感度分析的模型评估

常用的模型评估方法基于上述各类指标做计算和统计。如果要做到更细粒度的评估，就需要根据一定策略将用于模型评估的数据集拆分为子数据集，然后在子数据集上做模型评估，从而发现模型评估的指标受哪些因素影响较大，这种模型评估方法叫作基于敏感度分析的模型评估。

图像等常见的数据类型的很多特征可以被用作统计分析。因此，我们可以根据这些特征将用于评估的数据集拆分为不同的子集。

以图像的亮度特征为例，将亮度最低的 0%～20%，偏低的 20%～40%，中等的 40%～60%，偏高的 60%～80%，最高的 80%～100%的图像分别筛选出来，将其组成 5 个数据子集，如图 7-38 所示。然后在这 5 个子集上进行评估指标的计算，如在目标检测任务中，可以计算每个子集中每个类的 F1 值，再计算每个类在不同特征子集下的评估指标标准差，从而确定这个特征对哪个类的识别影响较大。亮度对"red"类别的识别影响最大，因此可以考虑将该类别的数据在亮度方向上做一定的数据增强，以增加模型对于"red"类别的数据亮度变化的鲁棒性。此外还可以看出，在一定程度上随着亮度的增加，识别效果越来越好，但过高的亮度会对识别带来负作用。

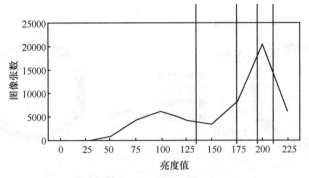

图 7-38　数据集亮度值维度的分布统计

除了分析图像原有的特征，我们还可以分析基于标注的特征，如在目标检测任务中，标注框的面积、标注框内物体被覆盖的程度、标注框的宽高比、标注框内的图像饱和度等。

2．性能评估

在实际场景中除了模型的精度指标，还有一项非常重要的指标——性能。模型在实际部署中需要考虑的因素非常复杂，包括资源限制、推理速度要求等。因此要在开发阶段提前识别和评估，在保证模型精度的前提下，尽可能提升模型的性能指标。

（1）性能评估指标计算

常用的模型性能指标有 FPS（Frames Per Second）、资源消耗、FLOPs。

FPS：模型每秒能处理的数据量。FPS 是对模型推理速度的直接反映。一些开发者通常会认为模型参数量越大计算的 FPS 就应该越小，其实模型参数量的大小和 FPS 之间并没有必然的因果关系。如对于卷积层而言，虽然其参数量小于全连接层，但是其计算量却大于全连接层。FPS 受模型计算算子的性能、算子种类和算子个数等方面的影响较大。

资源消耗：模型占用的内存、显存、网络、存储等方面的资源。如果部署时采用 GPU 做计算，则必须考虑模型对显存的占用。由于部署应用后需要长期占用内存或显存，因此要保证资源足够并保证其他方面的需求如数据的临时存储及模型计算过程中的中间结果的存储。

FLOPs：每秒浮点运算次数。FLOPs 用于描述模型所需的浮点数处理次数，是衡量模型复杂度的一个主要指标。

（2）性能评估方法

ModelArts 集成了适用于 TensorFlow 等常用引擎对应模型的性能评估功能，可以统计模型中各个算子的耗时、参数量等信息，开发者可以依据评估结果分析性能瓶颈，从而采取针对性的优化措施。

MoXing 中 get_computational_performance_info 用于记录模型运行时的信息，默认 MoXing 中提供了两个接口来完成计算性能的分析，分别是 get_computational_performance_info，用于记录模型运行时的信息，默认存储在当前目录；get_profile_info_from_file，用于精炼和汇总运行时记录的信息，生成一个包含性能指标信息的字典。以 TensorFlow 训练的 ResNet50 模型为例，调用 MoXing 提供的接口快速生成性能指标的代码如下：

```
import json
import os

import matplotlib.pyplot as plt
import numpy as np

import tensorflow as tf
from noxing.model_analysis.profiler.tensorflow.profiler_api import (
    get_profile_info_from_file,
    get_computational_performance_ihfo

MODEL_TMP_PATH ='.. /tf_cls_model'
IMG_SHAPE =(1, 224, 224, 3)

def TFProfileGenerate():
    config = tf.ConfigProto()
    config. gpu_options.allow growth=True
    config. gpu_options.visible_device_list='0'
    ing_list = [np.random.rand(*IMG_SHAPB) for_in range(10)]
    with tf. Session(graph = tf.Graph(), config =config) as sess:
        meta_graph_def =tf.saved_model.loader. load(
            sess,[tf.saved_model.tag_constants.SERVING], MODEL_TMP_PATH)
        signature =neta graph_def.signature_def

        signature_key = 'predict_object'
        input_key= 'images'
        output_key= 'logits'
        x_tensor_name=signature[ signature_key].inputs[input_key].name
        y_tensor_name=signature[ signature_key].outputs[output_key].name
        get_computational_performance_info(img_list, sess, x_tensor_name, y_tensor_name)
    res =get_profile_info_from_file(file_path='./)
    return res

profile_res=TFProfileGenerate()
```

3．其他维度的评估

（1）对抗性评估

模型的对抗性评估使用对抗样本作为模型输入，评价模型输出是否产生巨大变化。对抗样本就是向原始样本中添加一些难以察觉的噪声。模型添加这些噪声后不会影响人类的识别，但是很容易欺骗机器学习模型，使其做出与正确结果完全不同的判定。对抗样本的存在导致模型的脆弱性，成为模型在许多关键的安全环境中的主要风险之一。以图像为例，生成对抗样本的方法总结见表 7-10。

表 7-10　生成对抗样本（图像类）的方法总结

大类别	类别	方法	描述
生成样本	伪造样本	假阴性	生成一个正例，但被攻击模型误分类为反例
		假阳性	生成一个反例，但被攻击模型误分类为正例
	信息量	白盒	生成对抗样本时，可以完全访问正在攻击的模型的结构和参数，包括训练数据、模型结构、超参数情况、激活函数、模型权重等
		黑盒	生成对抗样本时，不能访问模型，只能访问被攻击模型的输出（标签和置信度）
	攻击目标	有目标	生成的对抗样本被模型误分类为某个指定类别
		无目标	生成的对抗样本识别结果和原标注无关，即只要攻击成功就好
	攻击频率	单步	只需一次优化即可生成对抗样本
		迭代	需要多次迭代优化生成对抗样本
添加扰动	扰动范围	普适性	对整个数据集训练一个通用的扰动
		个体性	对于每个输入的原始数据添加不同的扰动
	扰动约束	优化扰动	通过优化，尽可能获得最小扰动
		约束扰动	添加扰动满足约束条件
		无约束扰动	无任何约束添加扰动
	扰动尺寸	逐像素	对每个像素添加扰动
		区域	对局部像素添加扰动

常见的具体方法有：①FGSM（Fast Gradient Sign Method，快速梯度符号法），使用反向传播算法计算噪声，将噪声和原始样本合成为对抗样本；②BIM（Basic Iterative Method，基本迭代法），小步迭代的攻击方法，在每一次迭代中对原始图像进行很小的改变，经过多次迭代后获得对抗样本。如果模型在对抗评估中表现较差，而且模型用于安全性要求较高的环境下，那么开发者就需要考虑在训练时加入防御对抗样本的方法。

MoXing 提供了针对待评估模型的对抗样本生成接口，并可直接计算出模型鲁棒性、图像质量相关指标，如图 7-39 所示。其中，PSNR 值代表对抗样本的信噪比，SSIM 值表示对抗样本与原图的结构相似性。

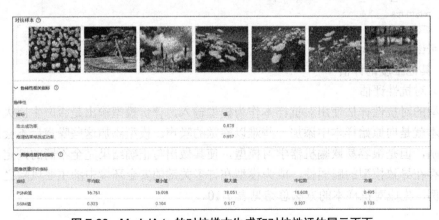

图 7-39　ModelArts 的对抗样本生成和对抗性评估展示页面

（2）可解释性评估

在机器学习的众多算法中，有些模型是比较容易解释的，如线性回归、决策树。线性回归拟合了输入样本与输出目标的线性关系，解释起来很简单，输入的某个特征出现一定的变化，都可线性反映在输出结果中。决策树明确给出了模型预测时所依赖决策树中每个节点所对应的特征，这使得解释决策树如何预测非常简单。但是很多深度学习模型就很难解释，如深度神经网络。深度神经网络内部连接关系的权重完全依赖数据驱动，没有完备的理论依据，可解释性差。当前研究的主要焦点是预测输出值与输入数据的关联性，根据关联关系找出一些解释性结论。

1）类激活热力图

以卷积神经网络为例，卷积层输出的特征映射其实和原图是存在一定的空间对应关系的。把最后一层卷积输出的特征图经过简单处理并映射到原始图像上，就得到了类激活热力图，如图 7-40 所示，类激活热力图有助于让开发者了解图像的哪一部分让卷积神经网络做出了最终的分类决策，特别是在分类错误的情况下可以辅助开发者分析错误原因。类激活热力图可以定位图像中的特定目标。生成类激活热力图的常用算法有 CAM（Class Activate Map）、Grad-CAM（Gradient-Class Activate Map）和 Grad-CAM++。

图 7-40　类激活热力图

CAM 指的是经过模型参数加权的特征图集重叠而成的一个特征图，这种方法计算简单，易于实现，但是不适用于没有全局平均池化层的网络。Grad-CAM 使用进入最后梯度信息来度量神经元对最终决策输出的重要性，这个方法非常通用，能够用来对深度神经网络任意层的输出特征进行可视化。Grad-CAM++在 Grad-CAM 的基础上做了进一步优化，主要的变动是在对应某个分类的特征映射的敏感度表示中加入了 ReLU 和权重梯度。

MoXing 提供了基于 TensorFlow 引擎的 Grad-CAM++接口 moxing.model_ analysis.heat_map.gradcam_plus.heat_map。使用该接口在某花卉分类数据集上生成热力图，如图 7-41 所示。从图中可以看出，模型确实学到了不同类型的花的核心特点，特点主要集中在花蕊部分，但如果图像中花蕊部分较小，模型容易出错（如第 2 行第 3 列的热力图所示）。

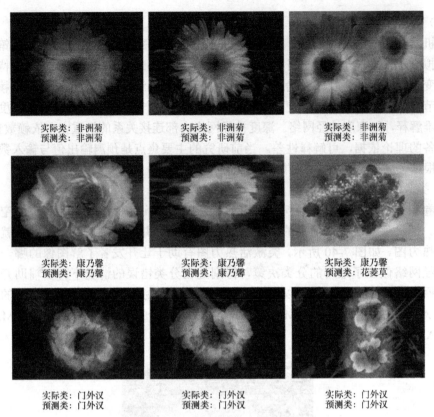

实际类：非洲菊	实际类：非洲菊	实际类：非洲菊
预测类：非洲菊	预测类：非洲菊	预测类：非洲菊
实际类：康乃馨	实际类：康乃馨	实际类：康乃馨
预测类：康乃馨	预测类：康乃馨	预测类：花菱草
实际类：门外汉	实际类：门外汉	实际类：门外汉
预测类：门外汉	预测类：门外汉	预测类：门外汉

图 7-41　花卉分类数据集上生成热力图

2）"模型解释"工具 SHAP

SHAP（SHapley Additive exPlanation）是一个开源的模型解释工具。此工具通过计算 SHAP 值来解释每个特征对结果的影响。特征的 SHAP 值是该特征在所有特征序列中的平均边际贡献。SHAP 工具使用的该方法有两大特性：①收益一致性，特征作用越大，重要度越高，与模型变化无关；②收益可加性，特征重要性和模型预测值可以通过特征贡献线性组合或叠加。

在 SHAP 工具中，评估模型可解释的方法与模型本身解耦。模型预测与 SHAP 值解释是两个并行的流程，如图 7-42 所示。SHAP 工具的优点是解释的方式直观、易于理解，可以适用于绝大多数机器学习模型，缺点是计算速度慢。

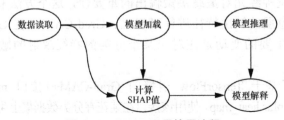

图 7-42　SHAP 工具使用流程

4．基于 ModelArts 的模型评估

ModelArts 模型评估可以针对不同类型任务，自动计算相应的评估指标，且支持敏感度分析并给出优化建议。ModelArts 模型评估使得开发者可以全面了解模型对不同数据特征的适应性，对模型调优做到有的放矢。

ModelArts 创建模型评估作业的页面，如图 7-43 所示。在这个页面中，开发者需要选择待评估的模型、数据及评估代码。评估代码的功能是实现批量推理逻辑，生成推理结果，并调用 MoXing 提供的存储接口 tmp_save 将推理结果存储下来。如果模型是通过预置算法生成的，评估代码会自动生成；如果模型是自定义的训练算法，那么需要开发者开发评估代码，可参考以下样例代码。

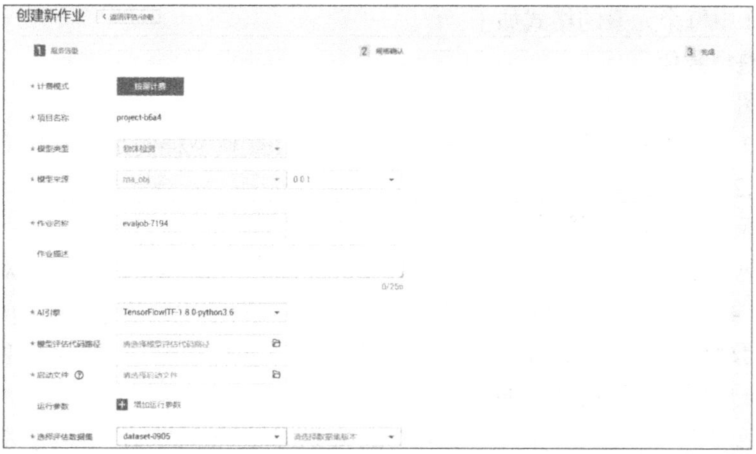

图 7-43　ModelArts 创建模型评估作业的页面

```python
from moxing.model_analysis.api import tmp_save
def evaluation( ):
    #读取数据，获取图像、标签和存储位置列表，以及标签序号、名称映射字典
    file_name_list=…
    img_list…
    labe_list…
    label_map_dict =…

    #数据预处理
    img_list =pre_process( ing_list)

    #模型加载并推理
    model. load_pretrained( )
    output = model.run(img_list)

    #后处理并整理推理结果
    pred_list = post_process(output)
    #按格式要求调用 tmp_save 接口保存推理输出数据
    task_type ='image_classification'
    tmp_save(task_type = task_type,
```

```
                    pred_list = pred_list,
                    label_list=label_list.
                    name_list =file_name_list,
                    label_map_dict=json.dumps(label_map_diet))

        if _name_=="_main_":
            evaluation( )
```

tmp_save 接口的参数 pred_list 与 label_list 有一定的格式要求，对于图像分类任务，pred_list 中每个元素的格式如下。

类型：一维 NumPy Ndarray 对象，长度为分类类别个数，每个值用浮点数表示。

含义：图像在各个类别上的置信度。

label_list 中每个元素的格式如下。

类型：整型数值。

含义：图像的标签分类。

如果有 2 张图像和 3 个待分类类别，那么 pred_list 典型样例是[[0.87，0.11，0.02]，[0.1，0.7，0.2]]，label_list 的典型样例是[0, 2]。

对于目标检测任务，pred_list 中每个元素的格式如下。

类型：包含 3 个元素的 Python List，每个元素均为 NumPy 的 Ndarray 对象，形状分别为（num，4）、（num，）、（num，），其中 num 为某张图像中预测目标框的个数。

含义：[预测目标框的坐标，预测目标框类别，预测目标框对应的类别置信度]。

label_list 中每个元素的格式如下。

类型：包含 2 个元素的 Python List，每个元素均为 NumPy 的 Ndarray 对象，形状分别为（num，4）、（num，），其中 num 为某张图像中真实目标框的个数。

含义：[真实目标框的坐标，真实目标框的类别]。

如果有 2 张图像，且每张图像分别被预测出 1 个和 2 个目标框，则 pred_list 的样例是[[[[142，172，182，206]]，[1]，[0.8]]，[[[184，100，231，147]，[43，252，84，290]]，[3，3]，[0.8，0.7]]]。label_list 与 pred_list 的典型样例类似，只是不需要目标框的类别置信度信息。

每个评估作业在运行结束后将产生一个评估结果。以安全帽检测的模型评估为例，评估结果包含了错误结果的列表、数据集的样本类别统计、常规的目标检测指标 mAP、P-R 曲线、不同参数阈值下的指标变化。另外，在高级评估结果中还包含假阳性分析、假阴性分析、数据特征敏感度分析及相应的优化建议。

模型训练或推理过程中经常会遇到各种问题：如模型精度低，无法在真实场景中正常识别物体；训练好的模型由于计算量太大无法部署在移动设备上。针对这些问题，ModelArts 从不同方面提供了诊断信息和优化建议，以帮助开发者快速调优模型。

7.5.2　精度诊断优化

常见的精度问题有欠拟合、过拟合。欠拟合发生的原因一般为模型复杂度过低，表达能力不强，用于训练的数据特征过少，解决欠拟合的方法主要是增加模型复杂度；过拟合通常发生在模型较为复杂、数据较为简单的场景中，解决过拟合的方法有数据增强、在模型中添加正则项、降低模型复杂度等。

在模型训练的过程中还会遇到千变万化的问题，不同的任务类型、不同的模型结构、不同的数据都会带来各种不同的问题，针对同一个问题，又存在适应不同场景的优化方案。

常规优化的方案有：①针对数据方面的优化；②针对模型参数调节方面的优化；③针对模型设计方面的优化。接下来会从这 3 个优化方向，分别挑选一些典型案例进行说明。在真实的模型精度调优过程中，需要及时、准确地定位问题，并根据实际场景灵活选择合适的优化方案。

1．针对数据的诊断优化

数据方面的优化是最直接的。下面将从敏感度分析的角度，为开发者提供快速定位数据问题的诊断建议和优化方向。

（1）基于敏感度分析的重训练

增加数据是提升模型泛化能力的常用手段，但在大多数任务中，面临着数据难采集、标注成本高等难题。针对这些难题，开发者通常利用图像的语义不变性，在图像的某些特征上做一些变换，自动扩增数据集。那么在哪些特征上做何种程度的增强是一个核心问题。可以采用基于数据特征的敏感度分析方法来识别这个问题，在确定数据增强的方向之后，启动重训练来优化模型。

（2）基于敏感度分析的预处理选择

基于敏感度分析不仅可以为模型重训练提供优化建议，还可以为推理时的预处理提供诊断建议。通常推理态，需要在推理请求的输入接入后做一定的前处理，如数据增强等。

2．针对超参的诊断优化

开发者通过超参调优可以提升模型训练精度，训练时常用的超参数有很多，如学习率、批大小等，这些通用的参数出现在各类人工智能算法的绝大多数领域中。下面以目标检测为例，介绍几个关键的超参数诊断和优化建议。

（1）算法预置的超参优化

有很多超参是与算法原理强相关的，如在目标检测任务中，Anchor 是预定义的目标参考框，在大部分 Anchor-Based 目标检测模型训练前，需要设定 Anchor 的长宽比和大小范围，依次生成大量候选的目标参考框。如果针对数据统计信息自动生成最优的 Anchor 超参，则会对最终的训练精度带来较大的提升。使用聚类方法获得初始 Anchor 是业界常用的方法。特别地，针对小目标检测、目标框长宽比不均衡等场景，使用 Ahchor 聚类可以有效降低背景和类别误检。

（2）损失函数的权重优化

在目标检测中，分类部分的损失函数值和目标框位置对应的损失函数值之间存在严重的不均衡，有时会相差 2 个数量级。如果只是简单相加，很容易忽略某个损失值，从而影响模型收敛。

（3）最优阈值的选择优化

模型的各类精度指标不仅与类别有关，而且与一些阈值有关，如置信度阈值、IoU 阈值等。在模型评估时需要找到精度指标最高时所对应的阈值，作为推理阶段阈值设置时的参考。

3. 针对模型设计的诊断优化

随着深度学习技术在各个人工智能技术领域的渗透，模型结构越复杂，可调节的部分就越多。模型结构涉及损失函数的设计、针对尺度数据的多特征图融合设计、后处理算子的设计等方面。这些模型结构的设计可以通过 AutoML 来完成，但即便是 AutoML 也需要依赖人工定义的搜索空间。搜索空间的定义需要与具体领域和具体任务相结合。下面以目标检测为例，介绍常见问题和诊断优化建议。

（1）正负类不均衡的优化

在目标检测算法中会产生大量的候选框，但是真实的目标框往往是比较少的，背景样本（假的目标框）要远远多于前景样本（真实的目标框）。这种不均衡会导致前景样本所对应的损失值很容易被淹没，模型无法学到前景样本的信息。针对这一问题，业界通常采用 FL（Focal-Loss）函数自适应调节样本的权重，这样既能缓解前景样本不均衡的问题，又能控制难易分类样本的权重，使得模型训练的针对性更强。FL 在交叉熵损失函数的基础上添加了系数 a 来控制前景样本和背景样本对损失函数的影响，并添加了调制系数 r 来扩大难识别的样本对损失函数的贡献。其计算公式如下：

$$FL = -a(1-p)^r \ln(p) \tag{7-6}$$

其中，p 是模型预测结果的置信度。当预测正确时，p 值越高，$(1-p)^r$ 的值越小，产生的损失函数值越小；当预测错误时，则正好相反。因此预测错误的样本对于模型的优化起到更大的作用。

FL 除了可以用在目标检测任务，还可以用于常规的分类任务。下面以某工业质检场景为例，介绍 FL 对模型带来的提升效果。对于一般的工业流水线而言，良品率是非常高的，这就造成需要被检测出来的次品样本数远少于合格的样本数。

如果出现样本极度不均衡场景，在不换算法的情况下使用 FL 后测试结果见表 7-11。从表中可以看出，所有指标均有提升。此外还有其他针对样本（目标框）不均衡的优化方法，如 DR-Loss（Distributional Ranking Loss，分布排序损失）、Balanced-L1-Loss 等。

表 7-11 添加 FL 前后训练结果的对比

模型	损失函数	整体准确率	合格样本召回率	次品样本召回率
ResNet18	添加 FL 之前	91.7%	93.89%	96.22%
ResNet18	添加 FL 之后	96.36%	98.97%	96.47%

（2）多尺度问题的优化

在目标检测任务中，由于被拍摄目标离摄像头等设备的距离远近不一，因此一张图像上可能存在不同尺寸的目标。在基于深度神经网络的目标检测算法中，如果目标本身尺寸很小，其特征可能在神经网络不断抽取特征的过程中逐步消失。为了解决这个问题，一个简单的做法是提高输入图像的分辨率，使小目标的特征最终能呈现在提取的特征中，但是这种方法会浪费计算和存储资源。FPN（Feature Pyramid Network，特征金字塔网络）通过网络结构的优化，可以有效缓解这个问题。

FPN 的模型结构如图 7-44 所示，将左侧自底向上的神经网络的每一层特征图都经过横向连接，然后再与相邻的低分辨率特征图相融合。

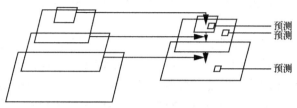

图 7-44　FPN 模型结构示意

FPN 方法虽然做到了多级别特征提取，但是特征的上采样增加了计算量。2018 年出现的 STDN（Scale-Transferrable Detection Network，规模可迁移检测网络）模型可以在取得较高准确率的同时降低计算量，其网络结构如图 7-45 所示。

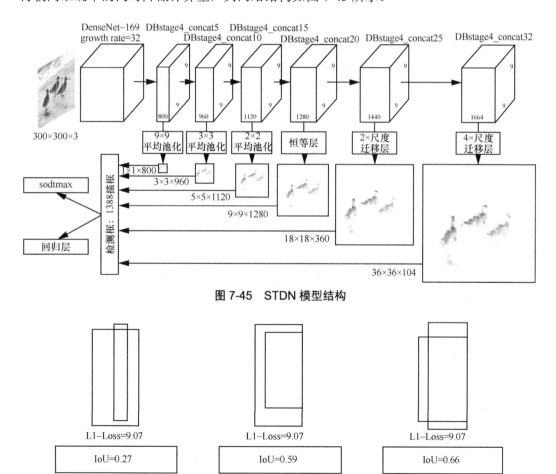

图 7-45　STDN 模型结构

图 7-46　相同 L1-Loss 对应不同的 IoU 值

当出现多尺度问题时，ModelArts 会建议使用对多尺度问题处理较好的算法进行重新训练。

（3）损失函数的优化

在目标检测任务中经常会遇到这样一个问题，目标框的回归损失值虽然很小，但是预测出的目标框与真实框的偏差依旧很大，这是因为目标框位置回归损失值的优化和 IoU 的优化不是完全等价的，同一个损失值可能对应不同的 IoU 值，如图 7-46 所示。

如果使用 1-IoU 值作为损失函数来优化模型，需要解决两个问题：①当预测目标框与真实目标框没有重叠时，IoU 值始终为 0 且无法优化；②对于同一 IoU 值而言，预测目标框和真实目标框之间重叠的情况可能多种多样。GIoU（Generalized IoU）引入了包含预测目标框和真实目标框的最小闭包概念，图 7-47 中的矩形 C 是刚好包含 A（预测目标框）和 B（真实目标框）的最小闭包。

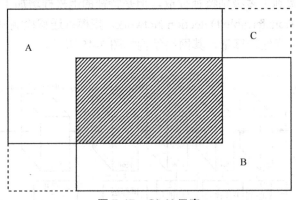

图 7-47　GIoU 示意

GIoU 及其损失函数 GIoU-Loss 的计算方法为：

$$GIoU = \frac{A \cap B}{A \cup B} - \frac{C - A \cup B}{C}$$

$$GIoU\text{-}Loss = 1 - GIoU$$

GIoU-Loss 在保留了 IoU 原始性质的同时还能解决上述两个问题。此外，还有很多其他的目标回归损失函数计算方法，如 DIoU 将目标框与 Anchor 之间的距离、重叠率、尺度都整合在一起，使得检测模型在训练的时候，目标回归变得更加稳定。

ModelArts 预置算法已经内置了各类 IoU 损失函数的计算，开发者可按以下方式调用。

```
def model_fn(inputs, mode, iou_type):
    ...
    #inputs 为检测算法输入，包括 images 和标注的 box,iou_type 表示 IoU loss 的种类
    images, target_boxes =inputs
    pre_boxes = Detection_models(images)
    if iou_type=="iou":
        box_loss =iou_loss(pre_boxes, target_boxes)
    elif iou_type== "giou":
        box_loss=giou_loss(pre_boxes, target_boxes)
```

```
elif iou_type=="diou":
        box_loss=diou_loss(pre_boxes, target_boxes)
total_loss= cls_loss +box_loss
```

（4）后处理的优化

在目标检测任务中，通常对于每个真实目标框，目标检测模型都会预测出很多个目标框，这些目标框之间的 IoU 值往往非常大，因此需要过滤并选择分类置信度最高的目标框作为最后的检测结果。非极大值抑制（Non Maximum Suppression，NMS）就是为了解决上述问题的一种后处理操作，其处理流程如下，其中，B 表示模型预测出的候选框及其置信度。

```
输入：B={(Bi，Si)}_(i=1 to N)，其中 Si 是 Bi 的得分；D= φ
Step 1      B 中选择最大得分框 M
Step 2      将 M 及得分添加到 D 中，同时在 B 中删掉 M 及其得分
Step 3      for Bi in B:
                if IoU(M, Bi)>= NMS_threshold
                    在 B 中去掉 Bi 及其得分
                end if
            end for
Step 4   重复 Step1~3，直至 B= φ
输出: D
```

但是，如果在图像中，天然存在很多有重叠的真实目标（如密集人群中行人相互遮挡的情况）时，这种传统的 NMS 算法会将正确的检测结果也过滤掉，造成很多漏检。最近出现的一些算法如（DIoU-NMS 等）可以有效缓解这个问题。

DIoU-NMS 算法基于 DIoU 来进行候选目标框的筛选。DIoU-NMS 最大的优点在于从几何角度出发，将预测框中心点的位置关系考虑进来，这样对于一些具有遮挡的目标框可以有效地做出判断。此外，还有一些其他 NMS 后处理算子可用于缓解目标框重叠问题，如 Soft-NMS 等。ModelArts 预置算法已经内置了 Soft-NMS 和 DIoU-NMS，当出现目标框重叠问题时，开发者根据 ModelArts 诊断建议直接进行模型优化。如果开发者需要自定义算法，则可以参考以下方式进行相应的 NMS 算子调用。

```
def generate_detections(cls_outputs, box_outputs, num_classes, nms_type):
    ...
    #对每个类进行相关的 NMS,cls_outputs 表示模型推理的类别输出
    # box_outputs 表示模型推理的目标框输出
    # num_classes 表示总的类别数
    #nms_type 表示 NMS 类型
    scores= sigmoid(cls_outputs)
    for c in range(num_classes):
        ...
        boxes_cls = boxes[c, :]
        scores_cls= scores[c]
        if nms_type== 'diou_nms'
            top_detections_cls =diou_nms(boxes_cls, scores_cls)
        elif nms_type=='soft nms'
            top_detections_cls =soft_nms(boxes_cls, scores_cls)
```

7.6　应用生成与发布

模型评估和诊断优化之后，就可以进入应用生成、评估和发布子流程了。首先，应用需要能够被方便地生成；其次，与模型评估一样，人工智能应用也需要评估，以确保端到端的推理效果；最后，根据业务需求选择合适的部署方式，发布人工智能应用。部署形态与业务方的场景需求强相关。如业务方可能希望的是一个及时响应的在线服务，也可能希望的是一个对时延敏感度不高、需要长时间运行、一次可以处理一批数据的异步批量服务，甚至有可能希望的是一个能嵌入其他数据平台中进行使用的服务，如以 UDF（User Defined Function，用户自定义函数）的方式嵌入大数据处理的全流程之中，在数据处理过程中就对相关数据执行推理操作。另外，在部署和发布时，还需要根据底层硬件资源的实际情况考虑合适的部署形态。

7.6.1　应用管理

通常模型的一些元信息包括模型的输入输出规范、推理引擎类型等参数及推理计算软件库（可选）等，都没有包含在模型文件中。因此，单一的模型无法被直接部署，而是需要将模型文件和元信息组织为一个应用才可以被直接管理和部署，这就是 ModelArts 的应用管理所提供的主要功能。此外，ModelArts 应用管理中还提供了应用版本管理能力，对历史上的应用进行增、删、改、查，保存了应用名称、版本号、状态、模型来源、创建时间、描述等元信息。

1．模型格式转换

当前业界的人工智能计算引擎或开发库非常多，而且这些引擎之间是无法直接兼容的，不同的引擎训练出来的模型，部署成推理服务时还需要绑定特定的推理引擎，这就使开发者很难在多引擎之间直接共享模型。同时，业界主流的 AI 计算设备提供厂商也试图提供硬件特定的优化方案，如英伟达的 TensorRT、华为的 Ascend 推理引擎。但是目前这些方案都对模型有一套特定的约束和规范，为了能根据业务需求灵活地选择计算引擎和硬件，需要相应的工具进行模型格式的转换。

在转换之前，开发者需要考虑几个因素：①所需部署的芯片类型；②被转换的模型类型和目标模型类型；③是否在转换过程中采用模型量化做压缩。ModelArts 支持的模型转换如图 7-48 所示。对于 TensorRT、MindSpore、TFLite 推理引擎，还支持基于 8bit 量化的模型压缩。

不同的转换需求需要开发者输入不同的转换参数，为了简化模型转换的使用，ModelArts 提供了大量模型转换模板，模型转换模板预置了一些常用的参数，方便开发者一键式转换模型格式。

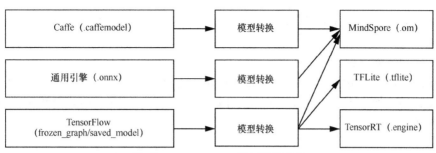

图 7-48 ModelArts 模型转换种类

2. 简单应用生成

经过模型的格式转换之后，就可以导入模型并生成应用。对于单模型应用而言，应用的生成较为简单，仅需提供满足一定规范的模型包即可。开发者需要将训练产出或格式转换之后的模型文件、推理脚本和配置文件以一个约定的一形式放在模型包目录下，一次性地导入应用管理中即可生成应用。以 TensorFlow 为例，模型包结构的示例如下：

```
OBS 桶/目录名
——OCr
    |——model
    |    |——<<自定义 Python 包>>
    |    |——saved_model.pb
    |    |——variables
    |    |    |——variables.index
    |    |    |——variables.data- 00000- of - 00001
    |    |——config.json
    |    |——customize_service.py
```

在该示例中，model 目录下的文件比较容易理解，saved_model.pb 和 variables 目录是利用 TensorFlow 引擎训练后保存的模型；config.json 是应用管理中要用到的模型配置文件，该文件描述模型用途、推理计算引擎、模型精度、推理代码依赖包以及模型对外接口；customize_service.py 则用来定义前后处理逻辑的自定义脚本。对模型包下面文件更详细的解释见表 7-12。

表 7-12 模型文件说明

文件名称	描述
model	必选：固定子目录名称，用于放置模型相关文件
自定义 Python 包	可选：用户自有的 Python 包，在模型推理代码中可以直接引用
saved_model.pb	必选：protocol buffer 格式文件，包含该模型的图描述
variables	对*.pb 模型主文件而言必选；固定子目录名称，包含模型的权重偏差等信息
variable.index	必选
variable.data-00000-of-00001	必选
config.json	必选：模型配置文件，文件名称固定为 config.json，只允许放置一个
customize_serviec.py	可选：模型推理代码，文件名称固定为 customize_service.py，只允许放置一个

下面对其中较为特殊的模型配置文件 config.json 和自定义脚本 customize_service.py 展开介绍。

（1）模型配置文件

ModelArts 目前的配置文件 config.json 包含的内容见表 7-13。用户将模型训练完之后，仅需要修改该文件，就可以快速地在 ModelArts 上针对不同引擎、不同模型算法场景来部署推理服务。

表 7-13　推理配置文件 config.json 的内容描述

名称	描述
模型算法类型	模型算法（model type），表明该模型的用途，由模型开发者填写，以便使用者理解该模型的用途，可选 image_classification（图像分类）、object_detection（物体检测）、predict_analysis（预测分析）及开发者自定义的算法
推理引擎类型	模型 AI 引擎，表明模型使用的计算框架，可选的框架有 TensorFlow、MXNet、Spark_MLlib、Caffe、Scikit_Learn、XGBoost、Image、PyTorch 等
运行环境	模型运行时环境 runtime，可选值与模型算法类型（model type）相关
模型文件位置	华为云容器镜像服务（Soft Ware Repository for Container，SWR）镜像模板地址。当使用"从 OBS 中选择"的导入方式导入自定义镜像模型（Image 类型）时，swr_location 必填，swr_location 为 docker 镜像在 SWR 上的模板地址，表示直接使用 SWR 的 docker 镜像发布模型。对于 Image 类型的模型建议使用"从容器镜像中选择"的导入方式导入
模型精度描述	模型的精度信息，包括平均数、召回率、精确率、准确率等
对外 API 信息	描述模型部置成服务后，可对外提供的 API 描述
依赖的包	推理代码及模型依赖的包，模型开发者需要提供包名、安装方式、片本约束。客户自定义镜像模型一般不支持安装依赖包
健康探针信息	推理服务的健康接口配置信息

编写模型配置文件 config.json 需要一定的理解成本和调试成本。对于常见的推理配置，ModelArts 提供了模型的导入模板。使用模型的导入模板可以更方便、快捷地导入模型，而不需要手工编写 config.json 配置文件。简单来说，导入模板就是将 AI 计算引擎（推理态）及模型配置模板化，每种模板对应一种具体的 AI 计算引擎和一种推理模式。开发者借助模板可以快速导入模型。

ModelArts 提供了大量的模板用于模型导入。如使用通用模板导入时，用户需要根据模型功能或业务场景重新选择合适的输入输出模式，如预置图像处理模式、预置物体检测模式、预置预测分析模式、未定义模式等对于预置物体检测模式，要求用户通过 HTTP 发送 POST 请求，采用 multipart/form-data 内容类型，以 key 为 images，type 为 file 的格式输入待处理图像，推理结果则会以 JSON 格式返回。

（2）自定义脚本

在推理态真正进入模型计算之前，通常需要经过数据预处理（如图像预处理等），模型计算完成之后，也需要将模型输出的数据（通常为张量表示）转换为所需要返回给调用方的结果，因此还需要进行后处理计算。这些前后处理相关的脚本称为 customize_service.py，该脚本需要满足一些约束条件。如果开发者需要自定义，则自定义的 Python 代码必须继承自 BaseService 类，不同 AI 计算引擎所对应的 BaseService 及导入语句都各不相同，具体见表 7-14。

表 7-14 不同类型的 AI 计算引擎对应的 BaseService 类及导入语句

模型类型	父类	导入语句
TensorFlow	TfServingBaseService	from model_service, tfserving_model_service import TfServingBaseService
MXNet	MXNetBaseService	from mms, model_service, mxnet_model_service import MXNetBaseService
PyTorch	PTServingBaseService	from model_service, pytorch_model_service import PTServingBaseService
Pyspark	SparkServingBaseService	from model_service, spark_model_service import SparkServingBaseService
Caffe	CaffeBaseService	from model_service, caffe_ model_service import CaffeBaseService
XGBoost	XgSklServiceBaseService	from model_service, python_ model_service import XgSklServiceBaseService

开发者可以重写的方法见表 7-15。通常，开发者可以选择重写 _preprocess 和 _postprocess 方法，分别实现自定义的预处理和后处理。

表 7-15 重写方法说明

方法名	说明
init(self, model_name, model_path)	初始化方法，该方法内加载模型及标签等（PyTorch 和 Caffe 类型模型必须重写，以实现模型加载逻辑）
_preprocess(self, data)	预处理方法，在模型推理计算前调用，用于将原始推理请求的数据转换为模型期望的输入数据
_inference(self, data)	实际推理请求方法（不建议重写，重写后会覆盖 ModelArts 内置的推理过程，运行自定义的推理逻辑）
_postprocess(self, data)	后处理方法，在模型推理计算完之后调用，用于将模型输出转换为推理请求的输出

以基于 TensorFlow 计算引擎的目标检测应用为例，其自定义脚本样例如下：

```
import numpy as np
from PIL import Image
from model_service.tfserving_model_service import TfServingBaseService
class ObjectDetectionService(TfServingBaseService):
    def _preprocess(self, data):
        #预处理中处理用户 HTTPS 接口输入匹配模型输入
        #对应上述训练部分的模型输入为{"images": <array>}
        preprocessed_data ={}
        #对输入格式进行迭代
        for k, v in data.items( ):
            for file_name, file_content in v.items( ):
                image = Image.open(file_content)
                image = np.asarray(image, dtype = np.float32)
```

```
                    #对传入数据进行 batch 处理，返回 numpy.array
                    image= image[ np. newaxis, :, :, :]
                    preprocessed _data[k] = image
            return preprocessed_data

            #inference 调用父类处理接口
            #对应检测模型输出为{"detection_classes":<array>,
            #"detection _scores": <array>, "detection _boxes":<array>}
            #后处理中处理模型输出为 HTTPS 的接口输出
        def _postprocess(self, data);
            detection_classes = data['detection_classes'][0]
            detection_scores=data[ 'detection_scores'][0]
            detection_boxes=data['detection_boxes'][0]
            picked_classes, picked_boxes, picked_score = nms(detection_classes,
                                                    detection_scores,
                                                    detection_boxes)
            result_return['detection_classes'] =picked_classes
            result_return['detection boxes'] = picked_boxes
            result_return[ 'detection_scores'] = picked_score
            return result_return
```

3．基于编排的应用生成

在实际业务场景中，一个人工智能应用可能会包含多个模型，这些模型需要相互配合才能共同完成推理。这就需要基于多模型编排来生成应用。多模型的编排和组合也有不同的分类和实现方式，从编排复杂度上可以分为基于线性流水线的编排和基于有向无环图（Directed Acyclic Graph，DAG）的编排，分别如图 7-49（a）和图 7-49（b）所示。广义的编排对象不仅包括模型，还包括其他第三方服务、前后处理脚本等。

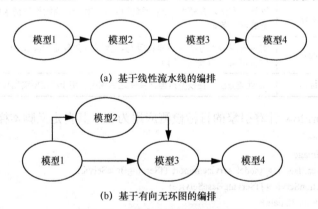

(a) 基于线性流水线的编排

(b) 基于有向无环图的编排

图 7-49　推理态多模型编排流程

（1）AIFlow 框架

AIFlow 是 ModelArts 内置的支持推理态应用快速编排和开发的框架，它提供了简化的多模型推理编排接口，开发者通过使用 ModelArts 的 AI 市场中基本的推理单元，能完成推理态应用的快速开发，并通过资源调度和任务调度功能确保 AI 应用在推理时能充分利用硬件资源，且支持 GPU、Ascend 等多样性算力的加速。AIFlow 框架具有以下主要特点。

1）高性能

计算机系统常用的流水线并行可使数据读写、预处理、模型计算充分并行，并支持多算子级别的并行执行；在资源调度方面实现精细化管理，统一管理显存、内存、线程等资源，实现数据零复制、线程动态调节；深度融合 AI 计算引擎，支持异构 AI 计算设备（GPU、Ascend）与主机 CPU 协同计算，充分利用多元算力；此外，还支持多算子、多模型的融合及高性能预处理算子。

2）全场景

支持端-边-云协同的分布式部署及统一的总线连接和数据无缝交换；支持图像、视频、语音、文本等各类型人工智能应用；框架本身可以轻量化部署，根据部署环境动态裁剪依赖库。

3）全自动

实现面向端-边-云全流程的推理性能监控及应用、计算图、算子的全栈性能监控；支持性能瓶颈分析和自动优化及端-边-云负载自动均衡；支持性能跟踪，跟踪推理各个步骤的耗时，并提供优化方向。

4）易开发

开发效率高，具备丰富的算子库，支持应用编排式开发及图形化编排开发接口，简化业务的开发流程；支持多种业务场景、模型类型，并支持 Python、C++、Java 接口。

5）可扩展

支持自定义新硬件和新的计算引擎，支持自定义算子插件。

（2）基于 AIFlow 的编排

AIFlow 内部的图结构采用的是 Graphviz 格式的图描述语言,使用 Graphviz 格式的图语言可以很容易描述推理的流程。Graphviz 采用 DOT 语法，专门用于描述图的绘制和关系。下面是 Graphviz 格式的图描述语言的一个简单示例。

```
digraph G {
    Hello->World
}
```

对应的输出图像如图 7-50 所示。

图 7-50 Graphviz 输出图像

AIFlow 的图结构包含顶点（Node）和边（Edge）。AIFlow 的每个执行模块用顶点表示，如 HTTPServer（HTTP 服务器）是一个顶点，每个顶点可以配置功能和执行的设备；AIFlow 顶点之间的数据流向用边表示，如 A→B 表示将顶点 A 的数据输出给顶点 B。

使用 AIFlow 来描述图 7-51 所示的业务图关系，代码如下。

```
digraph demo {
        httpserver [type = flowunit, name= httpserver];        //定义顶点
        json[ type = flowunit, name =json];                     //定义顶点
        httpserver - > json;                                    //描述数据关系
}
```

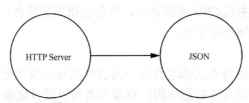

图 7-51　AIFlow 业务图关系

其中，关键参数如下。

Type：表示模块类型，Flowunit 表示执行单元，对应的还有 Input、Output、Condition 类模块。

Name：表示模块名称，表示执行此功能的模块组件，如 HTTPServer、JSON。

Device：表示执行设备类型，如 CPU、GPU、Ascend。

（3）基于 AIFlow 的 OCR 业务编排

下面以 OCR 业务为例，介绍 AIFlow 的使用流程，如图 7-52 所示。开发者在训练完一个 OCR 模型之后，在客户端使用 HTTP 请求调用 OCR 推理服务，推理过程主要包括以下几个步骤。

接收请求：服务端接收到 RESTful 请求，对 JSON 进行解析，并获取需要推理的图像。

预处理：对原始图像进行预处理，调整图像大小，进行四点定位和文字块裁剪。

文字推理：对预处理的图像进行 OCR 模型计算。

返回结果：推理后将结果进行 JSON 编码，并使用 HTTP 响应。

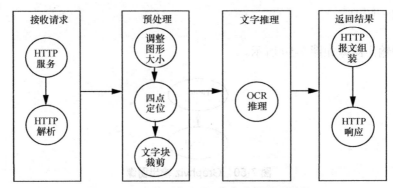

图 7-52　AIFlow 在 OCR 业务上的推理流程

首先，从 AIFlow 提供的功能流单元中找到满足业务要求的功能组件，见表 7-16。

表 7-16　功能组件介绍

名称	介绍
HttpServer	流单元，用于请求接收模块
Resize	流单元，用于 Resize 图像
ImageRect	用于对图像进行剪切
FourPointer	四点定位推理模块，模型市场中的一个模型，输出图像位置信息
OCR	OCR 识别推理模块，模型市场中的一个模型
HttpResponse	流单元，HTTP 回应模块

然后按照业务需求，结合 AIFlow 的处理模块和推理模块画出数据流程图，如图 7-53 所示。

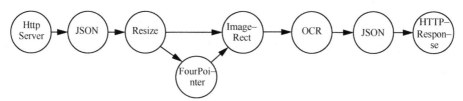

图 7-53　基于 AIFlow 的 OCR 推理业务数据流程

使用 AIFlow 的编排语法进行编排，其编排逻辑的定义如下：

```
digraph OCR (
    //定义处理顶点及其功能
    httpserer[ type = flowunit, flowunit = httpserver, device = cpu, listen=0.0.0.0:80
    json_parser[ type = flowunit, flowunit= json, device =cpu]
    inage_resize[ type = flowunit, flowunit = resize, device= cpu]
    image_rect[ type = flowunit, flowunit = ImageRect, device= cpu]
    four_point[type = flowunit, flowunit = FourPointer, device= GPU]
    ocr[ type = flowunit, flowunit=ocr,device = GPU]
    json_construct[ type = flowunit, flowunit= json, device=cpu]
    httpresponse[ type = flowunit, flowunit = HttpResponse, device =cpu]
    //配置图关系
    httpserver-> json_parser -> image_resize
    image_resize-> four_point-> image_rect
    image_resize-> image_rect
    image_rect->OCR-> json_construct — > httpresponse
}
```

完成上述业务编排后，将上述文件写入 AIFlow 服务进程的配置文件中，服务重启后即可生效。由此可以看出开发者仅需通过简单的配置即可描述业务逻辑，无须关注底层编排实现，使用更加简便。

4．应用评估

一个人工智能应用需要经过配置和简单的开发之后，才可以将模型、算子或脚本、配置文件等内容打包生成一个人工智能应用。在正式部署和发布该应用之前，仍然需要评估和诊断，以确保应用的各类指标（精度、性能等）能够达到业务方的期望。如果应用没有达到业务方的期望，则需要进一步返回到数据准备、算法选择和开发、模型训练、

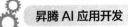

模型评估和调优等子流程中，进行进一步迭代优化；如果应用已经达到业务方的期望，则可以进入应用部署和发布环节。

7.6.2 应用部署和发布

应用部署时需要考虑部署服务的调用形态，按照调用形态的不同，应用部署可以分为在线服务、异步服务和批量服务等；按照部署资源的位置不同，应用部署又可分为云上服务、边缘服务及离线 SDK；按照部署资源的需求不同，可以将应用部署在不同规格的硬件集群上，下面将重点介绍其中一些主要的部署形态。

1．部署类型

（1）在线推理服务

在线推理服务能够同步地、实时地响应客户端请求，并将推理结果返回客户端，如图 7-54 所示。在线推理服务通常会启动一个或多个常驻实例，开发者可根据流量来控制实例个数及其所占资源规格。通常在线服务的响应时间很短，非常适合需要实时响应的人工智能应用形态。

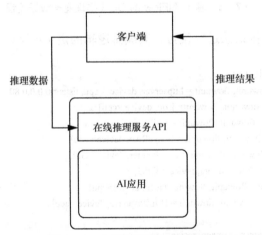

图 7-54　在线推理服务调用示意

（2）异步推理服务

异步推理服务通常以异步调用的方式将推理结果返回客户端。推理服务器在接收到推理请求后，将推理任务立即返回客户端，说明请求已接收成功，并继续执行该推理任务的计算。客户端和推理服务端都可以无阻塞地去执行其他操作。当推理任务计算完成后，推理服务端会将该任务的执行结果记录下来。客户端可以以轮询的方式来获取推理结果，也可以注册回调函数，让服务端完成推理任务后及时为客户端返回结果。

（3）批量推理服务

在线推理服务适合于快速单次调用的场景，而有时候需要推理的数据规模比较大、推理时间长，在线推理服务很难在很短的时间内完成，这种情况就需要采用批量推理服务。批量推理服务类似启动一个或多个后台任务，该任务对输入的一批数据进行推理，并将结果输出到约定的存储空间中。

由于批量任务需要处理的数据量大，所以会对输入数据进行拆分，并启动多个实例分别处理这些已拆分的任务，从而提高推理执行的并发度。

批量推理服务的输入可拆分成很多小的调用，拆分方法有多种，平台可以根据输入数据的不同进行推理输入数据的拆分。然后平台根据拆分的数量及启动批量服务时约定的最大实例数来启动合适的实例，并将这些拆分后的数据发送给不同的实例，从而完成批量数据的推理，如图 7-55 所示。

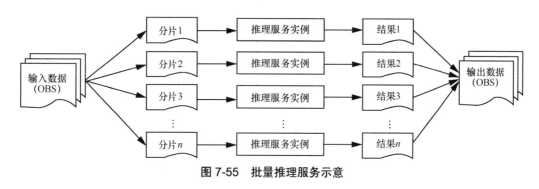

图 7-55　批量推理服务示意

（4）边缘推理服务

边缘推理服务是将推理服务部署在边缘的硬件上（包含客户数据中心节点上或边缘的专属硬件上）。上述的在线推理服务、异步推理服务、批量推理服务都可以在云端或边缘进行部署。由于边缘硬件的类型及运算能力差别很大，所以对部署到边缘的模型服务需要更加丰富的硬件适配能力。为了适配，模型通常需要有更丰富的模型转换、模型压缩等能力，以及与不同硬件、操作系统集成的能力。

为了将模型运行在边缘节点上，可以选用由网络直接下发或离线下载的方式。使用网络直接下发可以在云上进行集中运维、管理，能保证推理服务及时升级。而离线下载的方式通常适用于网络连接受限的场景。

在有大量视频监控的场景下，用户基于网络带宽成本、硬件成本及推理性能等方面的考虑，倾向于使用边缘推理服务。边缘推理服务的应用前景广泛，且可以与公有云协同进行推理，适用于更加复杂的应用场景。

2．部署管理

为了保证推理服务的可靠性、可扩展性等系统能力，通常需要在应用实例的基础管理能力上，增加高级管理能力，下面将介绍几个关键能力。

（1）集群部署

采用集群化多实例部署，不仅可以同时响应更多的推理请求，而且还可以在一定程度上保证推理服务高可用。集群部署需要有流量分发的功能，将用户推理的客户端请求分发给每一个推理服务的实例。

人工智能应用推理服务与传统软件应用服务不同。传统软件应用服务通常处理高并发、低时延的小负载，如页面的请求。在这种场景下，应用服务将不同用户的请求或同一用户的不同请求分流到各个实例即可。而人工智能应用推理服务通常都是重负载，且

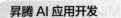

有特殊硬件方面的限制。在这种场景下，需要对每一个推理请求进行跟踪和排队。但不同请求的处理时长不同，如果推理请求过多，则后端的推理服务实例很容易超时，或造成大量请求排队。因此，人工智能应用推理服务需要在任务调度、资源调度、队列管理、负载分摊机制方面做大量优化，如图 7-56 所示。

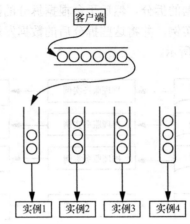

图 7-56　不同推理服务实例之间的负载策略示意

如果针对不同的推理服务采用不同的队列来管理推理请求，那么队列之间需要保证互相隔离，避免服务本身的问题导致别的服务的调用异常，整体架构如图 7-57 所示。

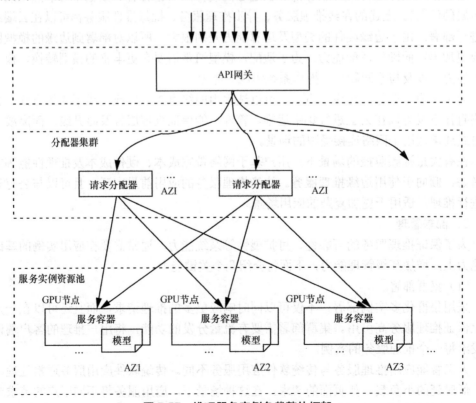

图 7-57　推理服务实例负载整体框架

请求分配器负责完成用户推理请求的流量分发，具体的推理服务流量分配策略在此组件内实现。请求分配器通常通过微服务的发现机制来发现服务的具体地址，将推理服务的注册机制内置到平台中。发现机制要求每个推理服务的实例都提供一个 PING（探测）接口，如果这个接口的调用结果正常（通常使用 HTTP 200 返回码），则 ModelArts 认为该推理服务已经可用，就会将用户推理请求流量分发到该推理服务实例上。按照这种机制，一个推理服务启动的过程如图 7-58 所示。

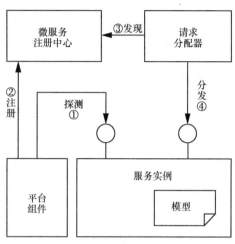

图 7-58　推理服务启动过程示意

ModelArts 平台组件会不断地探测推理服务的实例是否已经启动完毕，如果实例已经启动成功，则注册到推理微服务注册中心；如果实例在约定的时间内未启动成功，则进入异常处理环节。由于不同推理服务实例的启动时间不同，因此探测时间间隔是可以独立配置的，如果不配置则取默认值。当请求分配器监听到所有的注册成功推理微服务实例的信息后，就可以获取推理服务的调用地址。当请求分配器接收到推理请求后，按照分发策略将流量分配到后端可用推理服务实例上。上述启动过程需确保如果某个推理服务的实例没有启动完毕，则不会有推理服务请求发送到该实例。

（2）滚动升级

当应用的版本发生变化后，就需要对当前生产环境内运行的推理服务进行升级。为了保证升级期间推理服务的连续性，通常采用滚动的方式来进行。滚动升级方案是指每次选取一个或一批节点，在这些节点上将新版应用启动起来，然后将流量切换到新版应用所对应的节点上。一直持续这个过程，逐步地将旧版应用全部升级为新版本。这种滚动升级方案过程中，总是有可以提供服务的实例存在，所以对用户的推理业务来说没有影响，滚动升级过程如图 7-59 所示。

需要注意的是，在新旧版本的切换过程中，平台要在保证新版本的推理应用可用时，再将流量导入。在停止旧版应用所在实例时，要确保流量能在服务停止过程中平滑地切换，不能将请求发送给已经停止的实例，同时又要保证正在处理过程中的请求不出现意外强行终止的情况。

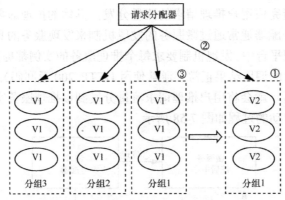

图 7-59 推理服务的滚动升级过程示意

　　滚动升级的过程是自动化的过程，对于用户来说是不感知的，每次选取响应的升级参数后，系统会自动一批批地执行升级过程直到全部升级完毕。滚动过程中如果出现错误，对应的处理方式有多种，如自动回滚、保持错误状态告警并等待人工处理等。另外，滚动过程中系统是处于中间状态的，请求可能是新版本处理，也可能是旧版本处理，因此需要注意不同应用的版本兼容性。

　　滚动升级过程中没有对流量进行精确的控制，由系统根据版本推理服务实例数量进行流量分发。滚动升级一旦启动就会一直滚动到结束，非常适合快速升级上线的场景。如果推理服务需要进一步的流控，需要采用灰度发布功能。

　　（3）灰度发布

　　灰度发布可以让开发者对流量及推理服务版本达到精确的控制。开发者在部署推理服务时可以同时部署多个不同的版本，并且保证每个版本的推理服务的实例数都不同。推理服务请求分发器按照不同的比例将分发请求发送到不同版本的应用上，如图 7-60 所示。

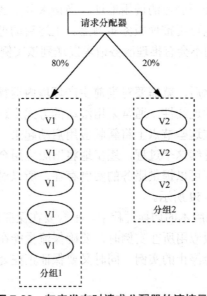

图 7-60 灰度发布时请求分配器的流控示意

灰度发布通常适合用户将推理的新版本首次发布到生产环境中，在新版本完成充分验证后，再进行全部的版本升级。灰度发布首先部署一个新版本的推理服务，验证完成后，拨出少量流量到新版本进行实际测试，经过一段时间运行，确保没有风险之后，再将剩余实例的推理服务也逐步升级为新版本。灰度发布的过程大体分为 3 个阶段：验证、试运行、全量升级。对于用户来说，这 3 个阶段都可设置卡点条件，满足条件才可进入下一个阶段，所以灰度发布风险较低。在进行推理服务的灰度发布时，新版本和旧版本的资源规模保持一致，验证完成后一次性进行流量切换的特殊灰度发布形式称为蓝绿发布。蓝绿发布的特点是资源消耗大，切换逻辑清晰简单。在灰度发布的第 3 阶段，确定新版本为主版本后，可以使用滚动升级的方式自动将全部旧版本的人工智能推理服务实例升级为新版本。

推理服务进行灰度发布的特点是过程可控、流量比例可控、发布升级过程可逐步进行，因此可确保整体的风险可控，但是相对滚动升级，其操作更加复杂。

（4）A/B 测试

A/B 测试是按照推理流量进行精准分配，从而对不同的推理服务版本进行测试的一种发布形式，A/B 测试属于灰度发布的一种常用形式。A/B 测试将流量分配到不同版本的人工智能推理服务后，经过一段时间，对推理请求的执行情况及推理结果进行进一步的统计和分析，再进行推理服务版本的最终选择。

A/B 测试强调的是测试，即对推理结果的统计和分析。A/B 测试首先需要对请求的数据进行分组（分桶），并针对每一种分组进行详细的数据统计，然后按照分组进行数据请求及结果统计，如图 7-61 所示。最后对这些分组的统计结果进行比较，为版本选择提供可量化的依据。

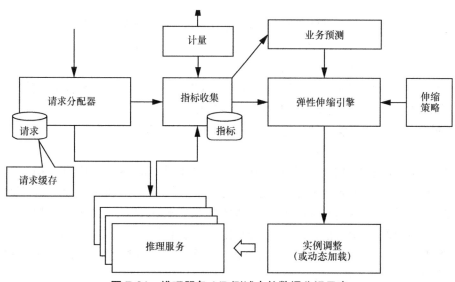

图 7-61 推理服务 A/B 测试中的数据分组示意

（5）弹性推理

所部署推理服务实例的数量需要动态适配请求的流量大小，这样才能确保在流量大时推理请求能够被及时响应，而在流量小时又不浪费资源。ModelArts 允许开发者提前定义弹性伸缩策略，根据采集到的推理业务指标和技术指标等数据，对推理服务的实例数量及资源进行及时动态调整。

弹性推理服务的闭环流程如图 7-62 所示，闭环流程包括以下几个步骤。

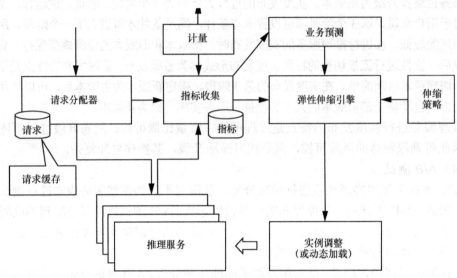

图 7-62　弹性推理服务闭环流程

① 部署弹性推理服务，并设置伸缩策略，该伸缩策略会下发给请求分配器。

② 请求分配器会分发请求流量到推理服务实例，推理服务实例所在的节点上的平台组件也收到指标收集策略。

③ 请求分配器和节点上的平台组件会收集需要的伸缩指标，主动上报给指标收集组件。指标收集器收集到请求指标、硬件的使用指标等，并将这些指标汇总后主动报给弹性伸缩引擎及业务预测引擎。

④ 弹性伸缩引擎会根据实际汇总指标进行伸缩策略的匹配，并结合用户推理业务预测的指令数据进行弹性伸缩条件的判断和指令发放。

⑤ 推理服务实例调整模块动态伸缩推理服务的实例数量。

（6）动态加载

当推理服务加载的应用长时间没有被用户请求调用时，会被标记为低优先级。当高优先级的应用需要加载而计算资源紧张时，会卸载低优先级的模型，以保证高优先级模型能够被加载。卸载的模型只会从内存中卸载，下次加载时如果本地容器中已经存在模型，则直接加载。本地容器的模型也会按照最近、最少使用原则进行存储空间的定期清理。

如果所有动态加载服务的资源都很紧张，则会进入弹性过程，扩展新的服务实例和资源，以适应用户业务的增长。

（7）服务监控

推理服务启动运行后，需要对其运行状况进行监控，以便及时地了解推理业务的运行情况、推理服务的健康情况、资源的消耗情况及其他指标。这些监控数据可以用图表的方式进行展示，并可将历史数据统计后输出成报告供业务运行状态分析使用。服务监控也是应用维护阶段所依赖的关键环节。

3. 应用测试和使用

开发者成功部署推理服务之后，需要进行测试或试用。无论是在线服务、批量服务还是边缘服务，开发者主要通过 API 的方式对推理服务进行调用，为了方便开发者编写客户端代码，可以屏蔽服务调用的细节，还可以使用 SDK 的方式使用服务。如果开发者只是进行简单测试，也可以使用前台页面。

应用测试的主要目的是：①功能测试，判断所部署的服务是否正常，推理流程是否正常；②性能测试，对所部署的推理服务进行一些性能测试，并得到不同负载情况下的性能指标，性能指标可用于部署参数的选择、弹性伸缩的策略指导；③精度测试，用以评价应用在真实场景下的效果，并反馈给开发者。

进行性能测试时，ModelArts 提供灵活的负载加压策略、并发策略等配置参数，系统可按照配置参数进行连续的压力调整，并且连续的测试结果会保存到测试结论中。该结论可以自定义命名以便快速检索。此外，测试结论也可以输出成报表。

开发者在对推理服务进行充分测试后，就可以将应用投入实际生产中使用。推理服务使用的方式与发布或部署方式密切相关。如果应用被发布为云服务或边缘服务，则可以通过 RESTful、RPC（Remote Procedure Call，远程过程调用）等方式进行调用；如果应用被发布为 SDK，则客户端需要将其嵌入合适的应用中，应用也可以在客户端侧作为一个独立的应用层进程运行，让客户端通过 RPC 方式调用或直接使用，如图 7-63 所示。

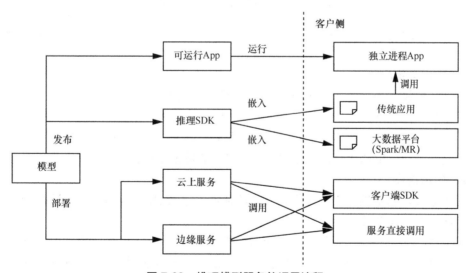

图 7-63 推理模型服务的调用流程

7.7 应用维护

在软件工程中，软件维护是一个非常重要的环节，在整个软件的生命周期中的作用很大。维护除了要不断满足用户对于新功能和性能等方面的要求，还需要及时地适应外部环境（如第三方依赖等）的变化。与传统软件类应用相比，人工智能应用的维护就更加复杂。

由于目前人工智能应用大多基于概率统计，人工智能应用部署后随着推理数据特征分布的变化，推理的精度就会发生变化。在机器学习中，这种现象称为"概念漂移"。因此，人工智能应用的维护需要更加及时，并根据数据的变化不断更迭模型和应用，才能保证应用推理效果。应用维护的基本流程如图 7-64 所示。

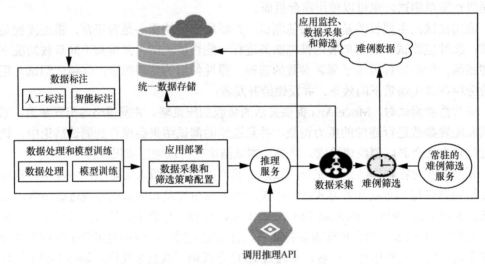

图 7-64　人工智能应用维护的基本流程

人工智能应用维护是连接开发态和运行态的重要环节。ModelArts 应用维护主要体现在以下两个方面。

1．数据采集和筛选

在用户授权的情况下，ModelArts 可以对推理结果进行监控，同时对推理数据及其结果进行采集，并可以按照一定策略（如定期）执行数据采集作业。为防止数据采集过多，引起后续应用迭代耗时过多的问题，用户可以在数据采集之后进一步筛选数据。根据筛选结果重新进行应用迭代时，仅需关注少量有用的数据即可。

2．应用迭代

应用迭代是基于推理采集和筛选之后的数据，重新启动二次开发的过程。下面分别介绍二次开发的几个关键步骤。

① 数据更新和标注。数据更新是应用维护流程的重要环节，当采集的数据量较小时，可以将数据采集后直接导入数据集中；当采集的数据量较多时，为了更快地实现应用迭代，可以将采集筛选后的数据导入数据集中，并重新处理和标注。

② 模型再训练。相比于开发流程的模型训练，维护阶段的模型训练可以获取更多的数据信息，如上一个应用在某个数据集下的推理效果，这些数据信息给模型训练精度的调优提供了更多的启发，可以利用这些数据信息来制定策略、优化模型。如对于推理错误较多的某个类别，应适当增加该类别的数据，或深入分析以发现其他可能的原因，让模型能够更好地对该类别做出预测。

③ 应用评估和更新。将新训练后的模型打包为一个新的应用，如果在测试之后效果比之前的版本好，则可以申请上线。另外，对于云上推理服务，ModelArts 支持灰度发布。灰度发布可以同时监控新老版本的表现，通过新老版本的表现来进行流量切换。

下面主要围绕以上 2 个方面介绍应用维护的过程。

7.7.1　数据采集和筛选

数据采集比较简单，只需要按照指定的策略将推理态数据自动采集即可。但是有时数据量会很多，尤其在自动驾驶等场景中，每天都有大量的图像和视频数据产生，这时就需要进一步筛选出关键数据。关键数据大多是推理效果较差的数据，所以也称为"难例"。因此，数据筛选服务也叫作难例筛选（或难例挖掘）服务。难例数据有可能是新增类别的数据，也可能是属于已有类别但推理效果不好的数据，可能是通过其他方式可提升模型迭代效果的数据。

ModelArts 内置了难例筛选框架，集成了很多难例筛选相关的算法，如聚类、降维、异常检测等，并且支持多算法融合编排。一般情况下，难例筛选无须人工参与，ModelArts 预置的难例筛选算法都可以实现自动化训练和超参调整。

1．自动难例筛选

难例筛选算法跟模型的任务强相关。本节重点围绕计算视觉的常用任务（图像分类、目标检测等）介绍难例筛选算法。难例筛选分为两种形态——在线难例筛选和离线难例筛选。OHEM（Online Hard Example Mining，在线难例挖掘）是一种在线难例筛选算法，将难例筛选过程与模型训练过程绑定。在线难例筛选有 2 个缺点：①在线难例筛选仅能在模型训练过程中生成难例，且由于其与训练过程耦合，如果训练算法代码是自定义的，则需要开发者自行添加 OHEM 等模块，才能使用在线难例筛选；②在线难例筛选仅通过训练过程中训练数据的损失值来判断是否为难例，评判维度单一。与在线难例筛选相比，离线难例筛选的方法更加多变，常用方法如下。

（1）基于时序一致性的难例筛选算法

当所采集的数据为连续数据时，可利用连续数据之间的相似性进行难例筛选。如对于视频数据，若连续多帧的推理结果也是连续的，则证明推理结果是正确的；若连续多帧的推理结果不相同，则证明有一些推理结果是错误的。因此难例筛选算法需要对数据的连续性进行自动判断，以获取数据中的连续性片段，然后采用上述原则获取难例。这种难例筛选算法称为基于时序一致性的难例筛选算法。

基于时序一致性的难例筛选算法需要保证输入数据是连续的。对于视频流数据，可以采用经典的光流估计算法用来估计视频帧之间的差别大小，进而判断抽帧之后的图像之间是否具有连续性。对于目标检测场景，还可以进行更细粒度的优化（如判断每张图像中关键目标的连续性），且能够追踪到每一个漏检和误检的目标框。对于视频的连续帧数据，常常还需要引入运动估计，以避免将所有帧都判断为非连续。对于视频数据中突然出现或突然消失的目标需要重点关注。

以基于视频流的人车目标检测场景的难例筛选为例，在第 k 帧图像中，右侧突然出现一个被错误标记为"person"类别的目标框，基于时序一致性算法可自动判定其为误检目标框；如图 7-65 所示，在第 k 帧图像中，右侧有一个真实类别为"car"的目标没有检测出来，基于时序一致性算法可自动判定其为漏检目标框。

(a) 第 $k-1$ 帧　　　　　　(b) 第 k 帧　　　　　　(c) 第 $k+1$ 帧

图 7-65　某人车检测场景下的漏检目标框的自动发现

（2）基于置信度的难例筛选算法

对于分类问题，很多机器学习和深度学习模型都会对每个类别输出一个置信度。我们可以根据置信度大小来判断当前数据成为难例的可能性。若置信度低于某一阈值，则可判定为难例。另外，可以将类别之间置信度值的差异作为难例筛选的标准，模型对于多个类别输出的置信度差别不大，说明该模型容易将该数据在多个类别之间混淆。

基于置信度的难例筛选方法比较简单，计算复杂度低，适合于快速发现难例。以目标检测场景为例，基于置信度的难例筛选方法通常可以发现误检的目标框，但是无法直接发现漏检的目标框。

如图 7-66 所示，左侧门店旁边挂的衣服也被误检为行人，并且置信度偏低，因此可将该图像标记为难例。但是基于置信度的难例算法在复杂场景下的精度一般，如图 7-66 左下角所示，仍有一些被误检为行人的目标框的置信度非常高。

图 7-66　基于置信度的难例筛选算法在行人识别中的应用

（3）基于数据特征统计分布的难例筛选算法

数据集的特征统计分布是用于加深开发者对数据理解的有效工具。在模型训练和评估阶段，需要尽可能保证训练集、验证集的统计分布一致，以确保训练后的模型在验证集上也具有很好的效果。因此，对于推理态的数据集，也需要对其特征的统计分布进行分析，将与训练集特征统计分布差别较大的数据筛选出来作为难例。另外，将不同特征用于难例筛选时，权重也可以不同，可以基于人工反馈的结果进行学习调整。

以某蛋糕识别场景为例，如图 7-67 所示，该难例筛选算法分为 3 个步骤：①在某个维度下对待筛选数据进行特征（以亮度为例）值的计算；②将该特征值与训练数据集的特征统计分布做对比，观察其是否与大多数数据的特征一致；③如果不一致则判断其为难例，如果一致则不做筛选。

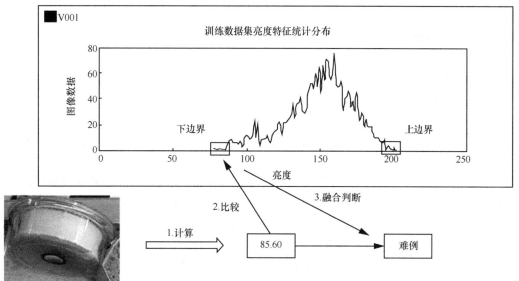

图 7-67　基于数据特征统计分布的难例筛选算法

（4）基于异常检测的难例筛选算法

异常检测算法是机器学习领域一类特殊的算法，用于发现数据中离群点或新奇点。基于数据特征统计分布的难例筛选算法需要一个前置条件，即能够对数据进行抽象特征的提取，这种算法也可以看作是一种简单的异常检测算法。但是当抽象特征提取较难或提取的特征很难解释且维度较高时，基于数据特征统计分布的难例筛选算法就不适用。因此，就需要通过异常检测算法从非抽象的特征空间中自动挖掘出异常数据（即难例）。

（5）基于图像相似度的难例筛选算法

与图像检索和排序类似，基于图像相似度的难例筛选算法直接利用推理数据和训练数据的相似性来简单判断该推理结果是否正确，进而发现难例。图像相似度的计算方法有很多，如基于预训练好的 CNN 模型提取特征。基于图像相似度的难例筛选算法根据预置的一些距离（如马氏距离、欧式距离等）计算方法来判断图像相似度，与训练数据越不相似的数据，成为难例的可能性就越大。

2．人工难例反馈

由于难例筛选算法通常是无监督或弱监督的，因此全自动化的难例筛选难度很高。所以，对于一些推理不准确的数据，可以通过人工反馈直接进行收集。可以在调用推理服务的同时，人工将当前数据的难例情况实时反馈到云上，也可以先本地积累然后批量上传并重新训练。

某些场景下，人工反馈难例是间接完成的。如在自动驾驶场景中，司机在大多数情况下不需要干预自动驾驶系统，但当自动驾驶系统出错时需要及时进行纠正。如当系统对某些路段的车道线识别不准时，可能引起不正确的变道操作，这时司机就会通过调整方向盘使其按照正确路线行驶。司机的这种干预可以作为对自动驾驶系统的反馈。自动驾驶系统会自动记录下当前路况的数据，并将这些数据作为难例数据回传到开发态进行进一步迭代。该场景中，司机其实并未直接进行难例反馈，难例筛选和反馈是由系统自动完成的。

7.7.2 应用迭代

应用迭代优化主要包含以下 2 个方面。

（1）从数据上提升应用迭代效果

当推理态数据经过采集、筛选之后，我们可以进一步做处理和分析。ModelArts 支持针对难例数据的推荐和数据增强，最终对用户的数据集进行补充，进一步提升模型精度。

（2）从算法和模型角度提升应用迭代效果

模型训练过程和评估调优过程涉及的内容非常多，可以根据实际场景从模型迁移（修正模型、扩展模型）、模型替换、多模型集成等多个角度综合提升模型性能，最终将模型打包为应用以增强迭代后的效果。

1. 基于数据的应用迭代优化

最简单的模型维护方式是添加数据，或在此基础上做进一步数据增强，以进一步提升模型迭代的精度。

基于数据的应用迭代优化流程如图 7-68 所示。为了避免模型在新数据上发生拟合，通常都需要将新老数据合并在一起做增量训练。

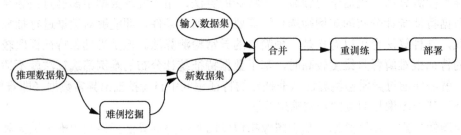

图 7-68　基于数据的应用迭代优化流程

（1）简单重训练

在实际业务场景中，应用维护是一个长期的过程，伴随着不断的数据采集和模型重训练。如按照每周、每个月进行重训练，或累计数据至一定量时进行定期的重训练。另外，针对一些对时间比较敏感的场景，可以对新数据做一些加权。如对于时序预测场景，近期数据对模型影响比较大，在训练时可以加大这些数据所占的权重，这样对模型迭代更有益。同理，基于难例的重训练也可以采用数据加权的方式。

（2）难例增强

为了进一步提升应用迭代的效果，需要在数据采集和难例筛选的基础上做进一步的难例数据增强。开发者可以利用数据特征统计分析工具对难例数据和训练数据做统计对比，从而在某些特征维度上使得训练数据的特征统计分布向难例数据靠近。另外，还可以采用细粒度数据诊断和优化方法，ModelArts 可以在对每个数据进行难例判定的同时给出相应的诊断建议，开发者可以根据诊断建议进行进一步的数据增强，以提升模型精度。

此外，筛选出的难例数据需要经过人工确认才可以被认为是真正的难例。在此过程中，人工确认就是一种对难例筛选系统的反馈动作。后台难例筛选算法会根据反馈信号进行自动学习，并使得后续的难例筛选越来越准。

2．基于算法和模型的应用迭代优化

除了在数据部分做优化，还可以在模型方面做出改进。根据改进工作量的大小，优化可以分为 3 个层次。

（1）模型迁移

迁移学习是人工智能界研究多年的一个领域。当推理数据和训练数据之间差异较大时，可以采用迁移学习的方式实现模型在推理数据下效果的提升。迁移学习覆盖的算法范围很广，如基于模型参数的迁移算法、基于领域自适应的迁移算法、基于数据特征的迁移算法等。推理数据和训练数据可能来源于不同的时间段、不同的采集设备和不同的采集地点，这些差异性都需要在模型迁移过程中充分考虑。在推理数据与训练数据差别不大的情况下，可以考虑这种轻量化模型迁移方法；当差别较大时，则需要考虑更复杂的模型迁移方法，如基于 GAN 的迁移学习等。

在模型迁移过程中，需要对模型参数进行新一轮调优。

（2）模型重开发

如果当前模型无法满足推理要求（包括精度或性能等指标），则需要重新开发模型。模型重开发除了包含重新进行数据集采集和筛选外，还包含相应算法的选择、模型的训练、评估和调优等。模型重开发通常是由业务方需求的变化引起的，如需要更高的精度、需要识别其他场景、需要更低的推理时延。如果在重新开发模型时，对于算法的选择不好把握，则可以采用 AutoML 技术，将算法的选择、设计和训练交给 ModelArts 完成。开发者仅需专注业务代码，指定搜索空间和搜索目标，即可得到最优模型。

（3）模型集成

除了以上两种方式，我们还可以使用集成学习方法进一步提升应用迭代的效果。在机器学习中，很多模型训练之后都具有不同程度的偏差或方差。集成学习可以通过组合多个模型的方式得到一个偏差更小、方差更小的综合模型。

集成学习分为 3 种：Bagging、Boosting 和 Stacking。Bagging 将原始数据通过有放回的抽样方法采样多份，然后对每一份数据进行一个模型的训练，在推理态使用多个模型推理并将其结果汇聚，通过投票的方式得到最终结果。Boosting 是指在训练过程中，不断地根据推理效果对每个数据样本的权重做出改变，使得模型效果更佳，且对训练得到的多个模型进行集成。典型的集成学习方法有 AdaBoost（Adaptive Boosting）及其进化版 GBDT（Gradient Boosting Decision Tree，梯度提升迭代决策树）等。Stacking 是指先训练多个不同的模型，然后把各个模型的输出作为新的训练数据集，用来训练最终模型。

集成学习虽然会提升模型训练精度，但也带来了额外的训练和推理的计算开销，需要视具体情况而定。

7.7.3　基于 ModelArts 的应用维护

下面以智能小车为例，介绍如何利用 ModelArts 进行快速的应用维护。

1. 前期准备

假设有一个项目需要给智能小车提供智能识别停车位的能力，以使其完成任务后可以自动停车。对此，我们可以考虑在智能小车上安装摄像头，通过实时图像识别功能来辅助智能小车自动停车。

首先，创建一个数据集，导入所采集的训练数据如图 7-69 所示。在该数据集中，使用矩形框和"parking"标签对停车位目标进行标注。

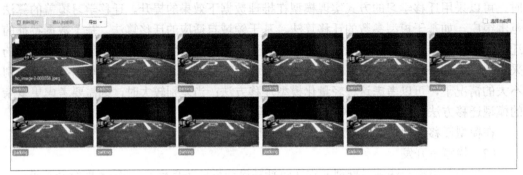

图 7-69　用于识别停车位的训练数据集

标注完成后，可以单击"版本管理"中的"发布"按钮，等待系统生成可用于训练的数据集版本，如图 7-70 所示。

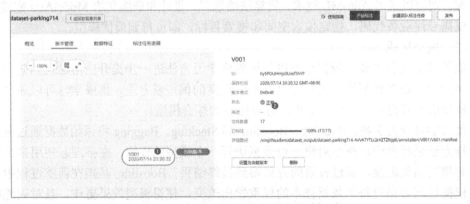

图 7-70　用于识别停车位的训练数据集版本生成页面图

从 AI 市场中选择 Faster R-CNN 预置算法，订阅后启动训练作业，然后等待模型自动训练完毕，通过模型评估和调优后，发布停车位识别应用，并部署为在线推理服务。这一系列功能都可以依托 ModelArts 一键式模型上线功能完成，如图 7-71 所示。

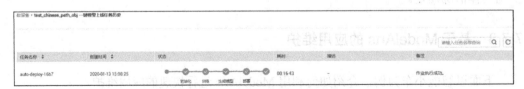

图 7-71　用于识别停车位的一键式模型上线

2．自动难例筛选

在应用部署时开启数据采集功能，如图 7-72 所示，采用全量采集，每隔一天保存一次。

图 7-72　开启数据采集功能的界面视图

紧接着完成难例筛选的配置，并开启难例筛选功能，如图 7-73 所示。在该示例中，按样本量来做难例筛选，即当样本量每达到一定阈值时就启动难例筛选。

图 7-73　难例筛选配置的界面视图

在真实场景使用时，可以发现智能小车将非停车位的目标（如斑马线）也误检为停车位，如图 7-74 所示。

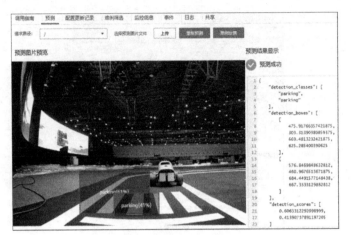

图 7-74　推理测试的界面视图

多次推理后会积攒一些推理数据，当满足图 7-75 所示的难例筛选配置条件时，就会触发自动难例筛选，并将筛选后的数据保存在指定数据集下。

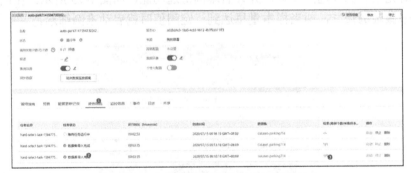

图 7-75　自动难例筛选的界面视图

3．难例数据确认

单击难例任务对应的数据集，就可以跳转到数据集待确认页面，在待确认页面进行难例确认。由于难例数据大多是斑马线，因此可以新增一个斑马线（crossing）标签，并对难例数据中斑马线目标进行标注，如图 7-76 所示。

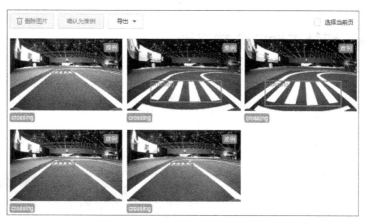

图 7-76 筛选后的难例数据预览

在下一次模型训练前，仍需要先发布新的数据集版本，如图 7-77 所示。此版本的数据包含 parking 和 crossing 2 个标签。

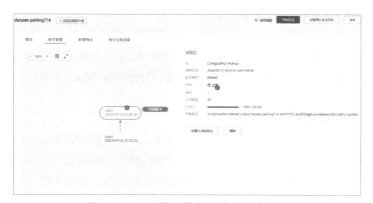

图 7-77 训练数据集新版本的生成页面

4．应用迭代和测试

再次重复一键式模型上线功能，对应用进行迭代。等待新版本的应用部署成功后，可以用真实数据再次进行测试，如图 7-78 所示，该应用不会再将斑马线误认为停车位。

图 7-78 应用更新后推理测试的界面视图

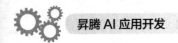

7.8 案例：智慧工地安全帽识别

在工地监控中，安全帽的佩带检测是一项安全要求。本节以安全帽识别技能为例，介绍端到端的开发流程。

HiLens 技能开发流程如图 7-79 所示。

图 7-79　HiLens 技能开发流程

在开发之前，需要满足如下前置条件。

① 已注册华为云账户并实名认证。

② 华为 OBS（Open Broadcaster Software，开放广播软件）中至少有一个桶。

③ 拥有华为 HiLens 设备，且 HiLens 设备已注册至华为云账户中；HiLens 固件已升级到最新版本；HiLens 设备与一台 HDMI（High Definition Multimedia Interface，高清多媒体接口）显示器相连。

1. 模型导入与转换

首先，将 ModelArts 训练好的模型、Ascend 310 芯片所需的 AIPP（AI Preprocessing）配置文件传入 OBS；然后在管理控制台左侧导航栏中选择"技能开发"中的"模型管理"，单击"导入模型"后，选择原始模型路径及必要的模型转换模板，如图 7-80 所示。在此案例中，需要将在 TensorFlow 引擎上训练好的模型转换为 Ascend 310 可运行的模型格式。

图 7-80　HiLens 模型导入示例

2．技能创建

首先，在管理控制台左侧导航栏中选择"技能开发"中的"技能管理"，并在技能管理界面中单击"新建技能"，进入创建技能页面，然后指定待部署设备的芯片类型、操作系统类型等信息。在创建技能时需要指定一个 index.py 脚本用来实现技能推理时所需要的前处理、后处理等逻辑，如图 7-81 所示。

图 7-81　技能创建时页面示例

开发者还可以为技能添加两个运行时配置，分别为后台服务器地址"output_url"、IPC（Internet Protocol Camera，网络监控摄像头）的告警间隔时间"duration"（注意：该配置的配置对象设为视频，即该配置只作用于某一路视频），如图 7-82 所示。运行时配置将以JSON 格式发送到设备端，可单击"预览 JSON 格式"查看具体内容。

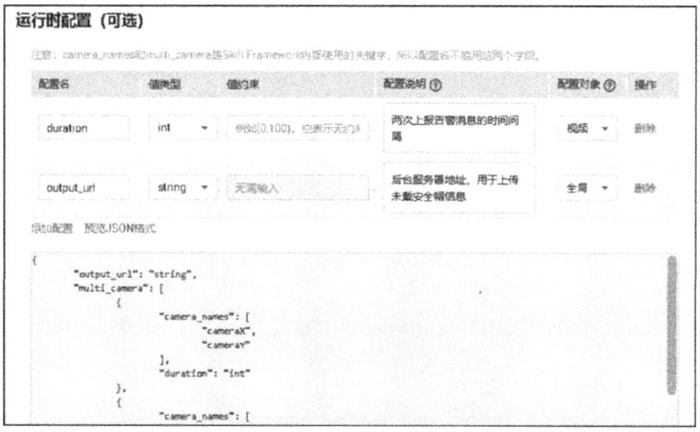

图 7-82　技能运行时配置的页面示例

完成技能创建和运行时配置后，就可以在"技能管理"页面看到创建好的安全帽检测技能。单击右侧的"部署"按钮，在弹出的窗口中选择要部署的设备名称，然后等待一段时间，技能将被自动部署到设备上。

3. 技能配置

为了更好地管理和查看端侧设备的推理效果，开发者可以自行配置相应的数据存储位置，用于采集端侧数据。在 HiLens 管理控制台左侧导航栏中选择"设备管理"，单击上述安全帽技能所部署的设备，进入设备管理页面，然后修改"数据存储位置"对应的地址，如图 7-83 所示。配置成功后，技能在使用过程中的推理数据和推理结果可自动保存到该存储位置。

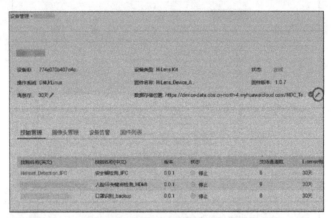

图 7-83　端侧设备对应的数据存储位置的配置页面示例

单击"技能管理"右侧的"摄像头管理"，进入摄像头配置页面，可以添加多个 IPC。每个 IPC 需要设置不同的名称，此名称可以在代码中直接引用，也可以在后面运行时的配置中使用。

为了更及时地获得端侧设备推理的结果，需要配置消息订阅。首先单击安全帽技能右侧的"运行时配置"，单击"技能消息"页面中的"设置技能主题"按钮；然后添加"no_helmet"消息主题，并将其设置为当前技能的消息主题，如图 7-84 所示。

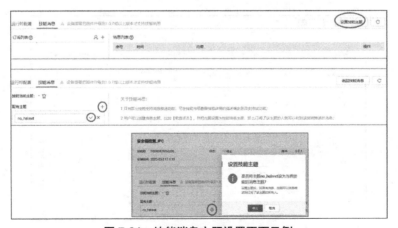

图 7-84　技能消息主题设置页面示例

设置完技能消息主题后，还需要设置消息接收方式，如图 7-85 所示，在"技能消息"页面中单击"订阅列表"后的"+"按钮，添加消息接收对象，如接收人姓名、接收方式、手机号码或邮箱地址等信息。

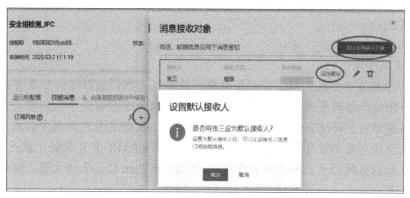

图 7-85　技能消息接收对象设置页面示例

4．效果验证

回到技能的"运行时配置"页面，单击"执行配置"按钮，技能将会启动。技能开始前的一段视频会被录制下来，并上传到之前配置的数据存储路径中。如果摄像头检测到未戴安全帽的人，则消息订阅者会收到相应的提醒短信或邮件。

7.9　本章小结

本章主要围绕人工智能平台 ModelArts 和人工智能应用开发流程，介绍基本概念、关键模块，以及一些基础模型训练和算法，最后使用案例来让大家体会 ModelArts 的强大功能。旨在通过一整套工具链和方法传递，使得读者都可以借助 ModelArts 平台在具体业务场景下更快、更高效、更低成本地开发出人工智能应用，从而更好地解决各行业各领域面临的实际问题。

课后习题

1．数据准备有哪几个步骤，试简述。

答：

① 数据采集；② 数据准备；③ 数据处理；④ 数据标注；⑤ 数据分析和优化。

2．算法选择上有哪几种，试述其优缺点。

答：

（1）强化学习算法

强化学习算法主要分为两大类：基于值的算法（Value-Based）和基于策略的算法

（Policy-Based）。

典型的强化学习应用优点是可以解决序列行动的决策优化问题，且不需要标注数据，但是要构建奖励的反馈机制，目前通常用仿真环境提供。缺点是：深度强化学习采样效率低，且强化学习通常需要奖励，但是奖励函数设计困难，也很难设计可避免局部最优的奖励函数。

（2）机器学习算法

1）朴素贝叶斯

朴素贝叶斯属于生成式模型，比较简单，只需做一堆计数即可。如果有条件独立性假设（一个比较严格的条件），朴素贝叶斯分类器的收敛速度将快于判别模型，只需要较少的训练数据即可。即使 NB 条件独立假设不成立，NB 分类器在实践中仍然表现得很出色。它的主要缺点是不能学习特征间的相互作用，用 mRMR 中 R 来讲，就是特征冗余。引用一个比较经典的例子，如虽然你喜欢 Brad Pitt 和 Tom Cruise 的电影，但是模型不能学习出你不喜欢他们在一起演的电影。

优点：朴素贝叶斯模型发源于古典数学理论，有着坚实的数学基础及稳定的分类效率；对大数量训练和查询具有较高的速度。即使使用超大规模的训练集，针对每个项目通常也只会有相对较少的特征数，并且对项目的训练和分类也仅仅是特征概率的数学运算而已；对小规模的数据表现很好，能够处理多分类任务，适合增量式训练（即可以实时地对新增的样本进行训练）。

缺点：对缺失数据不太敏感，算法也比较简单，常用于文本分类。

2）逻辑回归

逻辑回归属于判别式模型，同时伴有很多模型正则化的方法（L0、L1、L2、etc）与决策树、SVM 相比，有不错的概率解释，可以轻松利用新数据来更新模型。如果需要一个概率架构也可以使用逻辑回归。

3）线性回归

线性回归是用于回归的，其基本思想是用梯度下降法对最小二乘法形式的误差函数进行优化。

优点：实现简单，计算简单。

缺点：不能拟合非线性数据。

4）最近邻算法——KNN

KNN 即最近邻算法，其主要过程为：

- 计算训练样本和测试样本中每个样本点的距离（常见的距离度量有欧式距离、马氏距离等）；
- 对上面所有的距离值进行排序（升序）；
- 选前 k 个最小距离的样本；
- 根据这 k 个样本的标签进行投票，得到最后的分类类别。

如何选择一个最佳的 K 值，取决于数据。一般情况下，在分类时较大的 K 值能够减小噪声的影响，但会使类别之间的界限变得模糊。较好的 K 值可通过各种启发式技术来获取。另外噪声和非相关性特征向量的存在会使 K 近邻算法的准确性减小。

近邻算法具有较强的一致性结果，随着数据趋于无限，算法保证错误率不会超过贝叶斯算法错误率的两倍。对于一些好的 K 值，K 近邻保证错误率不会超过贝叶斯理论误差率。

优点：理论成熟，思想简单，既可以用来做分类也可以用来做回归，KNN 是一种在线技术，新数据可以直接加入数据集而不必进行重新训练。

缺点：样本不平衡问题（即有些类别的样本数量很多，而其他样本的数量很少），效果差。k 值大小没有选择理论最优，往往是结合 K 折交叉验证得到最优 k 值。

5）决策树

决策树的一大优势是易于解释。决策树可以毫无压力地处理特征间的交互关系且是非参数化的，因此不必担心异常值或数据是否线性可分，决策树训练快速且可调，无须像支持向量机那样调一大堆参数，所以在以前一直都很受欢迎。

优点：决策树易于理解和解释，可以可视化分析，容易提取出规则。

缺点：容易发生过拟合（随机森林可以很大程度上减少过拟合）；容易忽略数据集中属性的相互关联。

6）AdaBoost

AdaBoost 是一种加和模型，每个模型都是基于上一次模型的错误率建立的，过分关注分类错误的样本，对正确分类的样本减少关注度，逐次迭代后，可以得到一个相对较好的模型。Adaboosting 算法是一种典型的 Boosting 算法，其加和理论的优势可以使用 Hoeffding 不等式进行解释。

7）支持向量机

支持向量机是一个经久不衰的算法，具有高准确率，为避免过拟合提供了很好的理论保证，就算数据在原特征空间线性不可分，只要给一个合适的核函数，模型就能运行得很好。在超高维的文本分类问题中支持向量机特别受欢迎。可惜支持向量机内存消耗大，难以解释，运行和调参也有些繁杂。

优点：可以解决高维问题，即大型特征空间。

缺点：对于核函数的高维映射解释力不强，尤其是径向基函数；常规支持向量机只支持二分类；对缺失数据敏感。

8）人工神经网络

人工神经网络（Artificial Neural Network，ANN）是 20 世纪 80 年代人工智能领域兴起的研究热点。它从信息处理角度对人脑神经元网络进行抽象，并建立某种简单模型，按不同的连接方式组成不同的网络。在工程与学术界常被简称为神经网络或类神经网络。神经网络是一种运算模型，由大量的节点（或称神经元）之间相联构成。每个节点代表一种特定的输出函数，这种函数称为激励函数。每两个节点间的连接都代表一个对于通过该连接信号的加权值，我们称之为权重，这相当于人工神经网络的记忆。网络的输出则依据网络的连接方式，权重值随激励函数的不同而不同。网络自身通常是对自然界某种算法或者函数的逼近，是对一种逻辑策略的表达。

优点：分类的准确度高；并行分布处理能力强，分布存储及学习能力强；对噪声神经有较强的鲁棒性和容错能力；具备联想记忆的功能，能充分逼近复杂的非线性关系。

缺点: 神经网络需要大量的参数, 如网络拓扑结构、权值和阈值的初始值; 不能观察中间的黑盒过程, 输出结果难以解释, 会影响到结果的可信度和可接受程度; 学习时间过长, 有可能陷入局部极小值, 甚至可能达不到学习的目的。

3. 混淆矩阵的定义

答案: 混淆矩阵也称误差矩阵, 是表示精度评价的一种标准格式, 用 n 行 n 列的矩阵形式来表示。具体评价指标有总体精度、制图精度、用户精度等, 这些精度指标从不同的侧面反映了图像分类的精度。在人工智能中, 混淆矩阵是可视化工具, 用于监督学习, 在无监督学习中一般叫作匹配矩阵。在图像精度评价中, 混淆矩阵主要用于比较分类结果和实际测得值, 可以把分类结果的精度显示在一个混淆矩阵里面。混淆矩阵是通过将每个实测像元的位置和分类与分类图像中的相应位置和分类相比较计算的。

4. 如何选择合适的精度评估标准?

答案:

(1) 分类指标

样本中存在 2 种标签: 样本真实标签和模型预测标签。根据这 2 种标签可以得到一个混淆矩阵: 每一行代表样本的真实类别, 数据总数表示该类别的样本总数; 每一列代表样本的预测类别, 数据总数表示该类别的样本总数。分类模型的评价指标主要基于混淆矩阵。

(2) 混淆矩阵

二分类问题中对应混淆矩阵:

		预测标签	
		1	0
真实标签	1	TP	FN
	0	FP	TN

True Positive (TP): 样本真实类别为正, 预测类别也为正。
False Negative (FN): 样本真实类别为正, 预测类别也为负。
False Positive (FP): 样本真实类别为负, 预测类别也为正。
True Negative (TN): 样本真实类别为负, 预测类别也为负。

(3) 正确率

正确率是用来表示模型预测正确的样本比例。

$$\text{Accuracy} = \frac{\text{TP} + \text{TN}}{\text{TN} + \text{FN} + \text{TP} + \text{FP}}$$

(4) 精度和召回率

精度和召回率是比正确率更好的性能评价指标, 是对某个类别的评价。

精度: (查准率) 是指正确预测的正样本占所有预测为正样本的比例。

$$\text{Precision} = \frac{\text{TP}}{\text{TP} + \text{FP}}$$

召回率: (查全率) 又称灵敏度、命中率, 是指正样本中被正确预测的比例。

$$Recall = \frac{TP}{TP + FN}$$

（5）F1 值

精度和召回率是负相关的，高精度往往对应高召回率。

F 值是综合考虑精度和召回率的一个指标。

$$F_{\beta} = (1 + \beta)\frac{Precision \times Recall}{\beta^2 \times Precision + Recall}$$

其中，β 为正数，其作用是调整精度和召回率的权重。β 越大，召回率的权重越大；β 越小，精度的权重越大。当 β 为 1 时，F_{β} 为 F1 值，精度和召回率权值一样。

（6）ROC 与 AUC

ROC 曲线和 AUC 是一个从整体上评价二分类模型优劣的指标，其中 AUC 是 ROC 曲线与其横轴之间的面积。AUC 值越大说明模型越好。

ROC 曲线通过真阳率和假阳率 2 个指标进行绘制：真阳率是真实标签为正样本里预测标签也为正样本的比例，用 TPR 表示。假阳率是真实标签为负样本里预测标签为正样本的比例，用 FPR 表示。

第 8 章

人工智能应用开发流程

学习目标

- ◆ 了解人工智能应用开发流程;
- ◆ 了解人工智能应用开发流程的利弊;
- ◆ 了解人工智能应用开发流程所需成本。

通过前面章节可以看出,基于简单模板的人工智能应用开发非常简单。但是,为了更灵活地开发人工智能应用,需要深入开发流程的每个开发环节。本章将重点介绍人工智能应用开发全流程及各个子流程内部的核心模块,然后针对目前人工智能应用开发流程的各种复杂性权衡策略及成本模型展开详细讨论。

8.1 人工智能应用开发流程解析

人工智能应用开发流程大致包括开发态流程和运行态流程。开发态流程是对数据源不断进行处理并得到人工智能应用的过程；而运行态流程相对简单，主要是将人工智能应用部署使用的过程。当人工智能应用在运行态推理效果不好时，需要将推理数据返回给开发态进行进一步迭代调优。

在开发态流程中，每个步骤都会基于一定的处理逻辑对输入数据进行处理，并得到输出数据（中间结果或最终结果），同时也可能会产生模型、知识或其他一些可能的元信息文件。在处理过程中，可能会接收外部输入（如用户的输入、配置、其他外部环境的输入等）。每个处理步骤的处理逻辑可以是平台内置的处理逻辑，也可以是开发者自定义的处理逻辑。当数据源经过一系列处理后，会得到最终的结果数据。在这一系列的处理步骤中，可能会出现反复，当我们对某个处理步骤输出的数据不满意时，可以重新修正输入数据或处理逻辑。

上述一系列的处理步骤结束后，处理过程中间所产生的一些模型、知识或配置可以编排成一个人工智能应用。这个人工智能应用就是开发态输出的主要成果。紧接着，应用就进入运行态流程，将人工智能应用部署为云上的一个推理服务实例，或打包为一个SDK，业务客户端就可以调用其接口，发送请求并得到推理结果。同时，平台在被用户授权的情况下，可以对推理数据和结果进行监测，一旦发现问题，可以将推理数据重新接入开发态的数据源，进行下一步迭代开发，并生成新的人工智能应用。由此可见，人工智能应用的开发流程是一个持续迭代且不断优化的过程，如图 8-1 所示。

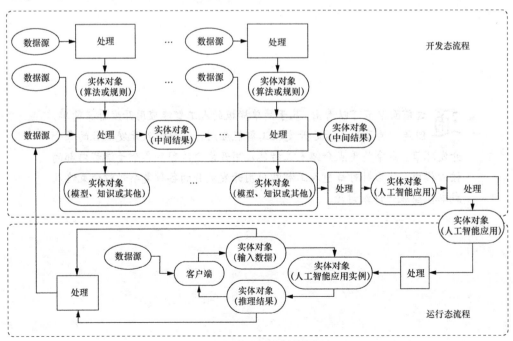

图 8-1　人工智能应用开发流程

从抽象的角度看，图 8-1 所表达的是一个数据流图，该数据流图有几个常用的核心抽象概念。

数据源：数据源指人工智能应用开发过程的主要输入数据，可以是原始的文件类型的数据，也可以是来自某个远程服务的数据流，还可以是人工输入的信息。数据源的存储方式多种多样，可以是对象存储，也可以是大数据系统，还可以是客户的业务系统等。

处理：处理指人工智能应用开发流程中的每个具体环节，根据输入数据和处理逻辑得到输出数据。常用的处理操作包括但不限于数据标注、模型训练、性能监测等。每个操作都有执行历史，保证过程可溯源。

实体对象：实体对象指每个处理环节之间流动的数据内容，数据集、算法或规则、模型或知识应用都是典型的实体对象。

以某证件类 OCR 开发全流程为例，开发全流程如图 8-2 所示。可以看出，该流程基

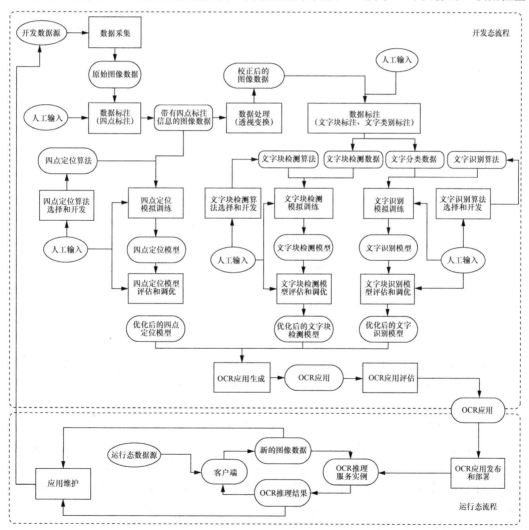

图 8-2 某证件类 OCR 开发全流程视图

本满足图 8-1 中的各类抽象。在该 OCR 开发全流程中，需要通过数据采集模块获取原始数据(即证件类的原始图像)，考虑到证件类图像中证件位置可能倾斜，因此需要首先对证件的四个顶点进行标注，将图像中证件位置矫正，然后再进行数据处理。紧接着，一方面，可以继续标注证件图像中文字框和文字类别，用于文字框检测和文字识别模型的训练；另一方面，可以根据证件四个顶点的标注信息训练四点标注模型。当矫正、文字框检测和文字识别模型分别训练完成后，可以通过编排生成一个 OCR 应用，并经过评估后部署使用。在运行态如果有推理不好的数据，则需要通过应用维护模块将其返回开发态进行进一步迭代和优化。在上述流程中，数据源包括开发态数据源、运行态数据源、人工输入（如算法编写、数据标注信息、训练超参配置、模型评估检查等输入信息）；处理包括数据采集、数据标注、数据处理、算法选择和开发、模型训练、模型评估和调优、应用生成、应用评估、应用发布和部署、应用维护；实体对象包括数据集、算法、模型、最终生成的应用。

整体而言，如果解决方案已经确定，那么如图 8-3 所示，根据处理操作所属范围的不同，可以将人工智能应用的开发流程分为：①数据准备子流程（包含数据采集、数据处理、数据标注等）；②算法选择和开发子流程；③模型训练子流程；④模型评估和调优子流程；⑤应用生成、评估和发布子流程；⑥应用维护子流程。由于应用维护子流程会涉及运行态数据回流到开发态，因此这几个子流程之间就形成了一个人工智能闭环。下面将分别介绍这几个子流程。

图 8-3　人工智能应用开发流程所包含的几个主要子流程

8.1.1　数据准备子流程

数据准备子流程如图 8-4 所示。在开发人工智能应用之前，应该指定一个数据源，可以通过离线上传或在线流式读取的方式将数据采集并接入人工智能应用开发平台。

将采集的数据存储之后，紧接着就要进行数据处理。大多数情况下，原始数据都是非常杂乱的，有些是结构化数据，有些是非结构化数据。在模型训练前，需要对数据进行校验、清洗、选择、增强等处理。如果数据处理充分，在模型训练时可以减少很多麻烦。通过一些数据增强、数据精炼等方法，还可以进一步提升模型训练效果。不仅在模型训练中需要数据，在模型评估、应用评估等阶段也是需要数据，而且通常需要将数据进行切分处理，以满足不同阶段的需求。由于数据通常都是比较敏感的，因此在数据处理中还需要考虑隐私保护等问题。

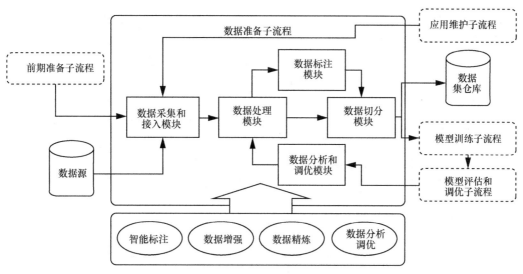

图 8-4　数据准备子流程

由于目前常用的很多人工智能算法都会用到机器学习算法，而目前大多数机器学习算法又强依赖于数据标签，因此数据标注是人工智能应用开发一个很重要的环节。由于手工标注非常耗时，且成本高昂，因此人工智能应用开发平台通常具备智能标注能力，以减少手工标注工作量。

如果要深入发现数据问题，则需要进行数据分析和调优，数据分析和调优需要一定的业务领域经验和分析技巧。当数据量较小时，可以利用人工对每一个数据进行查看和分析；当数据量较大或数据本身分析难度较高时，往往需要借助统计工具对原始数据进行分析。如对于结构化数据，可以分析每一列特征的直方图；对于非结构化数据，可以分析其原始数据（如图像像素值）的分布范围，也可以分析其经过结构化信息抽取之后的直方图；对于高维数据，还可以采用 PCA 等降维方法，将数据映射到二维或三维空间，便于可视化分析。通过数据分析，可能会发现很多潜在的问题，可以对这些问题有针对性地做优化。

8.1.2　算法选择和开发子流程

对于每个领域而言，每年都不断有新的算法出现，尤其是深度学习领域，新算法出现的频率更高。如图 8-5 所示，开发者需要根据数据准备子流程中数据的情况、所要完成的任务及其业务场景来综合考虑如何选择最合适的算法。人工智能应用开发平台内置的很多主流算法库可以被直接订阅使用，这大大简化了人工智能应用开发者的工作量。当然，开发者也可以根据具体需求对某个算法进行深入分析，并自行开发。

人工智能应用开发平台提供常用的算法开发环境，如 Jupyter Notebook、VSCode、PyCharm 等，便于开发者编写和调试代码。如果开发者本地有 PyCharm 等环境，可以通过插件将训练作业提交到云上，实现端-云协同开发。算法开发调试后被封装为一个算法对象，可以利用封装好的算法对象和准备好的数据进行模型训练并得到相应的模型。

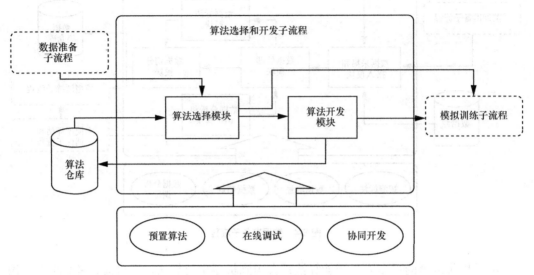

图 8-5　算法选择和开发子流程

8.1.3　模型训练子流程

当前人工智能模型对算力消耗越来越大，其中模型训练是一个很消耗算力的环节，模型训练子流程如图 8-6 所示。模型训练子流程首先需要从数据集仓库读取训练进程内部数据，然后进行数据预处理（如在线数据增强等）。模型训练模块执行具体的模型迭代计算，输出模型，进入模型评估和调优子流程。

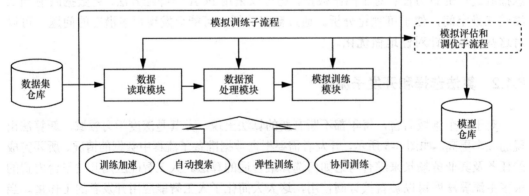

图 8-6　模型训练子流程

为了提升模型性能，模型训练子流程内部的多个模块（数据读取模块、数据预处理模块、模型训练模块）需要被流水线并行起来，且采用一些其他加速方法，如混合精度、图编译优化、分布式并行加速、调参优化等。除训练加速外，人工智能应用开发还有一个核心痛点是模型调优。为了减少基于经验的人工调优，可以使用模型评估和调优子流程，根据机器诊断建议进行调优，也可以将调优流程自动化。另外，在公有云上可以通过弹性训练、协同训练来实现模型训练成本的进一步降低。

8.1.4　模型评估和调优子流程

人工智能应用开发全流程的每个处理步骤都可能会产生一个或多个模型、知识或其他内容（如配置项、脚本等）。模型一般分为 2 种：一种是参数化模型，另一种是非参数化模型。大多数参数化模型的参数是用一定的算法逻辑不断处理输入数据而生成的，因此这些模型更容易受到数据变化的影响。不同的数据集训练得到的参数化模型可能会有很大的不同。因此，模型的评估就显得更为必要。

如前面章节所述，AI 模型具有多方面的特点（如性能、精度、鲁棒性等），因此模型评估比较复杂。开发者需要对每个模型进行评估，才能够知道其是否满足要求。

模型评估需要加载评估数据集，并进行模型预测结果的计算，如图 8-7 所示。

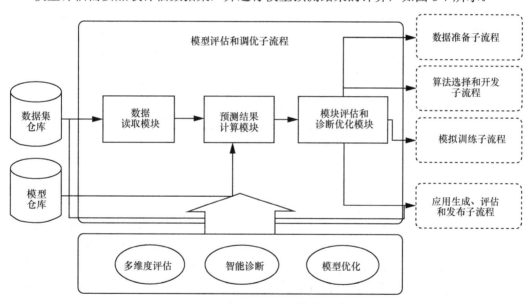

图 8-7　模型评估和调优子流程

模型评估模块针对模型预测结果与真实结果之间的差异，输出一系列不同维度下模型表现的效果，便于开发者分析。当模型的某些指标没有达到期望时，开发者往往需要深入理解并定位其原因。由于算法和模型的复杂性，开发者通常需要具备非常高的技能才可以找到原因。因此，人工智能应用开发平台提供模型诊断功能，针对模型的每个指标，通过一系列工具链进行自动分析来辅助模型诊断过程。开发者根据平台反馈的诊断建议，可进行进一步的模型调优。二次调优会涉及数据准备的调优、算法的重新选择或开发及模型的重新训练，因此模型评估和诊断模块后续可能会分别对接这些子流程。如果模型的全部指标都达到期望，则可以进入应用生成、评估和发布子流程。

8.1.5　应用生成、评估和发布子流程

应用生成、评估和发布子流程如图 8-8 所示。一个复杂的人工智能应用通常包括多个模型及其他配置文件或脚本。当所有的模型都评估且调优后，需要对这些模型进行编排和优化，才可以形成一个完整的人工智能应用。因此，应用生成、评估和发布子流程中的第一个模块就是应用生成模块。

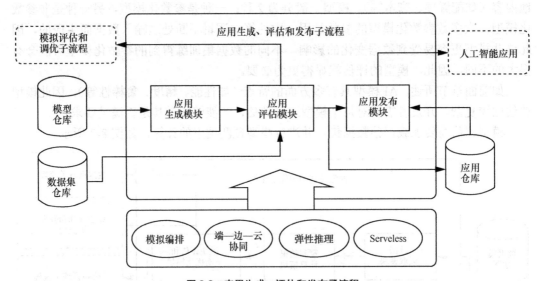

图 8-8　应用生成、评估和发布子流程

类似于模型评估和诊断，整个人工智能应用也需要进行评估。如果所有指标都满足要求，开发者可以启动人工智能应用的发布；如果有一些指标不满足要求，开发者可以返回模型评估和调优子流程进行二次调优。一个人工智能应用出现的问题可能由其内部的一个或多个模型引起。因此，需要进一步查看哪些模型出现了问题，并做相应的调优。

当人工智能应用评估通过之后，开发者需要将其发布并进行使用。可以选择将其部署为一个在线服务，或打包为一个 SDK 直接被其他应用集成。人工智能应用的使用者需要准备一个客户端，可以调用这个部署好的在线推理服务的 API，也可以直接调用 SDK 的推理 API，输入推理数据之后得到推理结果。

目前云化时代需要考虑将应用部署在端、边、云，而且三端可以互相协同推理。

8.1.6　应用维护子流程

正如前面所述，参数化模型一般会与数据分布相关。然而在实际应用中，运行态数据与开发态数据的分布一般有很大的不同。因此，当某个人工智能应用推理效果不好时，该应用尤其是带有参数的人工智能应用需要重新调优。人工智能应用部署后重新调优的过程被称为人工智能应用的维护。人工智能应用的维护比传统软件应用的维护更加复杂。

在应用维护子流程中，如图 8-9 所示，首先需要应用指标监控模块对人工智能应用的表现进行监控，其次在用户授权的情况下通过数据采集模块进行数据采集，并且筛选出推理效果不好的数据，进入应用迭代模块，进行进一步调优。当需要进一步调优时，则会从数据准备子流程开始，将上述所有子流程都执行一遍。

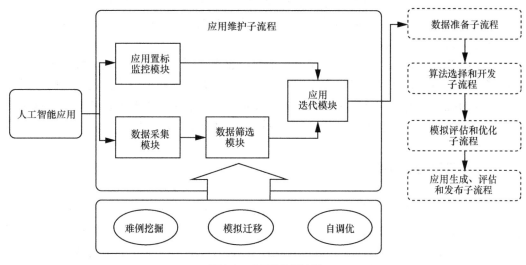

图 8-9 应用维护子流程

总体上，人工智能应用开发的过程就是不断进行数据和模型处理，并最终生成满足预期的人工智能应用的过程。当人工智能应用部署后又需要及时维护以保证其能够正常使用。

8.2 人工智能应用开发流程的权衡

从上节可以看出，人工智能应用开发过程的挑战很多，主要表现在 3 个方面：①开发流程复杂冗长；②算法技能要求高，需要应用开发者熟悉算法；③应用维护很频繁，可能超过传统软件应用。

考虑到上述挑战，开发人员需要在人工智能应用开发过程中做一些权衡。下面将针对这 3 个方面的挑战，依次分析如何高效利用平台优势和业务具体场景，做出最佳权衡。

8.2.1 复杂和简单的取舍

由于人工智能应用无处不在，可以与各行各业相结合，所以人工智能应用的开发需要足够灵活，能够适应各种行业的需求。但是灵活背后的代价往往就是复杂，尤其对人工智能应用开发来说，具备较高的复杂度。

在开发人工智能应用之前，开发人员需要同时拥有业务经验知识和人工智能经验知识，这样才能设计出合理的方案。对于人工智能应用开发全过程的每个处理步骤而言，输入数据的统计分布、输入数据的覆盖范围、最适合的处理逻辑、输出都是不确定的。这种不确定性会不断传递给后续的处理步骤。随着处理步骤的增多和数据的不断变化，可能需要增加、减少或改变后续的处理步骤，或者改变某个处理步骤中的具体逻辑。因此，人工智能应用开发过程其实是一个不断试错、不断调优、不断迭代的过程，开发人员很难一次性开发出一个可以满足要求并直接部署的人工智能应用。这就是人工智能应用开发过程天然具备的复杂性。

为了降低人工智能应用开发过程的复杂性，通常需要固化一些开发流程模板，开发人员可以基于模板来开发自己的人工智能应用，不需要全部的灵活度，模板有时候足以解决当前面临的问题。当然这种模板也可以被用来二次加工，不断迭代和优化。这种基于已有模板的开发方式更加简单，也更容易解决相对受限领域的具体问题。

8.2.2　人与机器的平衡

人工智能应用开发需要利用人工智能算法来处理数据，因此开发人员必须同时具备软件工程和人工智能方面的知识和技能，开发门槛相对较高。虽然基于工作流模板的开发方式可以大幅降低人工智能应用开发门槛，但是开发者（工作流的使用者）仍然需要按照工作流的每个处理步骤不停地迭代。人工智能应用开发过程其实是一个反复迭代，并且需要较强的人工干预的过程。

大多数情况下，人工干预的程度也跟待解决问题的难度相关。如果问题不是特别复杂，一般采用一些简单的参数调优即可；如果问题较为复杂，则需采用一些复杂的参数调优。对于一些非常经典和成熟的机器学习算法，算法的架构基本相对稳定，即便是算法工程师也未必会对其进行大幅度的修改。因此，大部分开发者为了快速将算法应用到实际问题中，通常基于经验对超参数进行调节，从而找到更好的算法和模型。这些超参数包括但不限于算法本身的一些阈值选择或训练策略选择。但是如果有更强的机器，人工只需定义好规则和搜索空间，就可以利用机器强大的算力来做参数的自动选择和调优，调优过程就转变为一个自动化搜索过程。

现在一些传统的人工智能算法都逐渐成熟，大多数可以借助大集群算力和一定的搜索调优算法来完成最优算法的自动选择、优化和训练。因此，很多利用人工不断进行调优、迭代的实验过程，逐渐地都可以交给机器来完成，尽量减少开发者的负担，这就是人与机器的平衡。如果要在算力上多投入一些，就可以在人工上少投入一些，反之亦然。人工智能应用开发平台所能提供的是更多的灵活性和层次性，能够适应不同比例的人力和机器投入。

8.2.3　开发和运行的融合

从 8.1 节可以看出，人工智能应用被开发和部署之后，需要及时维护。在维护阶段，用户可以选择应用指标监控模块来实时查看人工智能应用的推理效果。如果推理效果不满足要求，需要手工或自动维护，将不合适的数据回流到开发态。然后开发者可以重新查看和理解这些数据，并基于这些数据对已有人工智能应用进行迭代优化。

由于数据的变化会严重影响人工智能应用推理效果的好坏，因此人工智能应用的迭代需要非常及时。这也就使得人工智能应用的开发态和运行态紧密结合，形成一个闭环。对于有些可以自动维护并自动进行迭代优化的场景，这个闭环基本可自动运行，仅需在人工智能应用版本更迭时进行人工审核。

未来，随着人工智能应用的进一步复杂化，包括其内部模型本身的复杂及运行态环境的复杂，进行人工智能应用开发态和运行态的融合将更为必要，并且这种融合通过人工智能应用开发平台体现出来，可以进一步简化维护人工智能应用的难度。

总体来看，以上 3 个层面的权衡，本质上对人工智能应用开发平台提出了非常高的要求。只有提供足够多的领域模板、足够多的自动化调优能力及足够强大的人工智能应用开发态和运行态闭环能力，并在具体业务场景中做出最佳权衡，才能真正提升整体开发效率，降低整体开发成本，给业务方带来最终价值。

8.3　人工智能应用开发全流程的成本分析

人工智能应用开发的成本很大程度上会影响人工智能在各个行业的渗透率。成本越低，则渗透率越高，人工智能对行业的影响速度也越快。然而，人工智能应用开发的总体成本模型非常复杂，大致包括以下几个层面。

8.3.1　设计和开发成本

如前文所述，如果结合开发流程模板来开发人工智能应用，则相对比较简单。随着机器学习、深度学习等人工智能算法的发展，人工智能应用的使用门槛正在逐步降低，并且结合大算力做最优算法的选择和搜索变得越来越可行，因此可以把更多成本交给机器，进一步降低人工成本。对于不同的人工智能应用及相同人工智能应用的不同阶段而言，人工成本和机器成本的比例都是不一样的，这需要人工智能应用开发者按照成本预算自行决策。

人工智能应用开发最主要的难点在于如何识别业务问题，并将业务问题与最匹配的应用开发流程模板联系起来，即如何进行端到端的设计。这一难点很难靠机器来解决，目前主要以人工为主。如某客户想做一个智能门禁系统，以更好地管理人员的出入，保证安全。对于这样一个问题，人工智能应用开发工程师可以想到多种可能的方案，如指纹识别、人脸识别、虹膜识别等。每种识别方案背后的算法技术所依赖的软硬件的成熟度、成本及算法本身的成熟度都各不一样。这时人工智能应用开发工程师就需要与业务需求方进行沟通，从成本、研发难度、精度要求、体验等各个维度来综合考虑并选出一种最佳方案。即便是具体到某一个方案，也有很多细节需要选择。假设客户选择了人脸识别方案，那么人工智能应用开发工程师会想到一系列问题，包括但不限于以下几点。

①采用什么类型和型号的摄像头及摄像头如何布局和安装？②光照的变化怎么处理？如何处理强光和弱光场景？③所需识别人员有多少？④如果待识别人员名单发生变动如何处理？⑤整个软硬件系统方案是什么？⑥目标识别精度和速度是多少？⑦如果识别不了某些人，怎么处理？⑧如何对待识别人员进行动作约束？这就涉及如何针对业务问题和场景，将客户需求层层分解，并转换为具体应用开发流程模板的选择问题，从而形成一个端到端的解决方案。这个阶段需要反复沟通和设计或实验验证，进而也增加了开发的成本。

从降低人工智能整体设计和开发成本的角度看，人工智能应用开发平台会按照 3 个阶段不断演进：第 1 阶段，大部分依赖于人工设计和开发；第 2 阶段，平台提供大量的应用开发流程模板，开发者仅需负责业务问题的转换和需求分解及基于模板开发时的部分参数选择或调节；第 3 阶段，开发流程模板会覆盖部分业务问题和需求，更贴近领域具体问题，并且平台会结合更强的优化算法和大集群算力来加速调参。随着人工智能服务单位算力的成本越来越低及平台的积累越来越多，人工智能应用的设计和开发成本会逐步降低。

8.3.2　部署和维护成本

在人工智能应用部署方面，部署成本体现在多设备部署。未来的人工智能推理一定是端-边-云协同的，因此一次开发和任意部署的能力尤为必要。

如 8.2 节所述，在部署完成后，人工智能应用的维护往往非常重要。人工智能应用本身的脆弱性导致其维护成本非常高。在人工智能应用的运行态，推理数据量可能会很大，返回训练集中做重新训练时，重新标注的成本会很高，并且重新训练的算力成本也比较高。因此，如何自动判断人工智能应用推理表现的恶化，自动对造成这种恶化的关键数据做选择、标注并重训练模型，是大幅度降低维护成本的关键。

从降低人工智能部署和维护成本的角度看，人工智能应用开发平台会按照 3 个阶段不断演进：第 1 阶段，依赖纯人工部署和维护；第 2 阶段，具备端-边-云多场景化部署能力，并基于自动难例发现算法，采集对应用恶化起关键作用的数据，然后基于这些数据做半自动标注和重新训练，降低应用维护成本；第 3 阶段，可以采用纯自动方式进行模型部署和自适应更新，仅需在重新部署时引入人工确认。

8.3.3　边际成本

人工智能应用开发的边际成本主要体现在 2 个方面：将人工智能开发流程模板进行跨场景复制时总成本的增量；将人工智能应用本身进行跨场景部署和维护时总成本的增量。

对于人工智能开发者而言，如果将已开发好的开发流程模板不断扩大以支持更多的业务场景，边际成本就会很低。但是，通常这些模板（尤其是专业模板）跟业务问题有很强的关联，而业务问题和场景差异很大。同样是一个面向图像目标识别的开发流程模板，有的业务场景比较简单，如检测某个固定场景、固定光照条件下单一的、清晰的目标物体，这时就可以套用一个简单的模板解决；而有的业务场景比较复杂，如远距离视频监控目标物体，远距离造成目标物体不清晰，并且物体较小，如果光照条件变化大，待识别的目标有多个种类且类别间差异非常小时，算法的复杂度将急剧上升，这时就需要套用一个复杂的模板，或重新开发一个面向此类场景的模板。因此，现有人工智能开发流程模板必须确定其所能覆盖的业务问题范围及其局限性。任何的人工智能开发流程模板都是有局限性的，只是局限性的大小不同。为了尽可能扩大模板覆盖业务问题的范围，需要预先对很多场景进行针对性设计和抽象，并结合算力自动选择适合当前问题的方案。

当人工智能应用开发好并部署在不同场景时，不同环境造成的推理数据的差异是一个很大的挑战。正如前文所述，人工智能应用需要根据推理数据的变化而不断进行维护。如果维护越自动化，那么边际成本就会越低。

从降低人工智能边际成本的角度看，人工智能应用开发平台会按照 3 个阶段不断演进：第 1 阶段，依赖已有的人工智能开发流程模板和应用，手工进行跨场景优化和复制；第 2 阶段，在已有开发流程模板和应用的基础上，增加一定程度的跨场景自适应能力；第 3 阶段，开发流程模板和应用所能支持的场景更丰富，并自动给用户的新场景提供最优模板变种，自动更新应用。

综上可以看出，当前人工智能应用的设计、开发、部署、维护阶段本身的可复制性都比较差，这使得边际成本难以降低，也造成了当前人工智能应用可复制性差的问题。因此，人工智能应用开发更需要借助大集群算力、模板库、业务知识库，以及每个模板内依赖的半自动标注、自动算法选库、自动模型训练和优化等人工智能应用开发平台的基础能力，才可以真正降低人工智能应用开发全生命周期的成本，使得人工智能应用更加普及，实现人工智能无处不在。

8.4　本章小结

本章重点介绍了人工智能应用开发流程，以及各个子流程内部的核心模块，然后针对目前人工智能应用开发流程的各种复杂性权衡策略及成本模型展开了详细讨论。

课后习题

1. 什么是数据源？

答案：数据源指人工智能应用开发过程的主要输入数据，可以是原始的文件类型的数据，也可以是来自某个远程服务的数据流，还可以是人工输入的信息。

2. 人工智能应用的开发流程有哪几步？

答案：①数据准备子流程（包含数据采集、数据处理、数据标注等）；②算法选择和开发子流程；③模型训练子流程；④模型评估和调优子流程；⑤应用生成、评估和发布子流程；⑥应用维护子流程。

3. 人工智能应用开发过程主要有哪 3 个方面的挑战？

答案：①开发流程复杂冗长；②算法技能要求高，需要应用开发者熟悉算法；③应用维护很频繁，可能超过传统软件应用。

第 9 章
人工智能应用开发场景实战

学习目标

◆ 了解 AI 项目开发流程;

◆ 熟悉编程思维;

◆ 能够完整的完成一个项目实战案例。

本章主要通过前面学习的知识来实现一下场景实战，主要还是带大家熟悉应用开发的流程和基本的编程思路。

9.1 基于 ModelArts JupyterLab 在线调优钢筋检测

本实验在华为云官网页面实现。

登录华为云进入实验操作桌面，打开浏览器进入华为云登录页面。选择"IAM 用户"登录模式，在登录对话框中输入系统为您分配的华为云实验账号和密码登录华为云，如图 9-1 所示。

图 9-1　登录账号

9.1.1　环境准备

1．密钥准备

登录华为云官网后，切换至控制台界面，在登录后的账号名称下单击"我的凭证"进入创建管理"访问密钥"的界面，位置如图 9-2 所示。

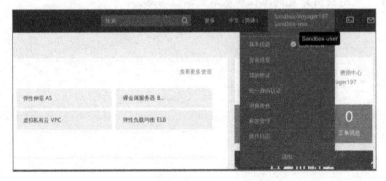

图 9-2　凭证

选择"访问密钥",单击"新增访问密钥",输入密码(上方系统分配的华为云实验账号的密码),然后选择"保存文件",将密钥保存至浏览器默认文件保存路径/home/user/Downloads/,妥善保存系统自动下载的"credentials.csv"文件中的 AK(Access Key Id)和 SK(Secret Access Key),以备后续步骤使用。

AK 和 SK 查看方式:在实验操作桌面双击图标"Xfce 终端"打开命令行界面,执行如下命令即可查看 AK 和 SK 内容,如图 9-3 所示。

图 9-3　实验操作界面

2．ModelArts 全局配置

进入 ModelArts 控制台页面,鼠标移动到云桌面浏览器页面中左侧菜单栏,单击"服务列表"→"EI 企业智能"→"ModelArts"。

选择 ModelArts 服务页面中左侧菜单栏底部的"全局配置",进入"全局配置"页面后单击"访问授权",授权方式选择"使用访问密钥",复制填写刚才获取的 AK、SK,然后勾选"我已经详细阅读并同意《ModelArts 服务声明》",单击"同意授权"即可,如图 9-4 所示。

图 9-4　配置 ModelArts

3．创建 OBS 桶

将光标移动至左边栏,弹出菜单中选择"服务列表"→"存储"→"对象存储服务 OBS",如图 9-5 所示。

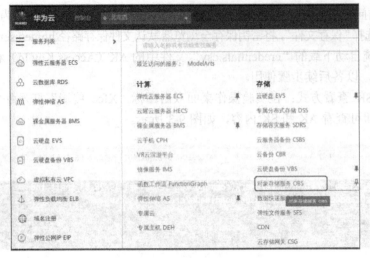

图 9-5　创建 OBS 桶

单击"创建桶"按钮进入创建界面，开始创建。配置参数如下。

① 区域：华北-北京四。

② 数据冗余存储策略：单 AZ 存储。

③ 桶名称：rebar-count（可自定义，将在后续步骤使用）。

④ 存储类别：标准存储。

⑤ 桶策略：私有。

⑥ 默认加密：关闭。

⑦ 归档数据直读：关闭。

4．创建文件夹

单击创建的"桶名称"→"对象"→"新建文件夹"，自定义文件夹名称（如"test"），单击"确定"完成创建，如图 9-6 所示。

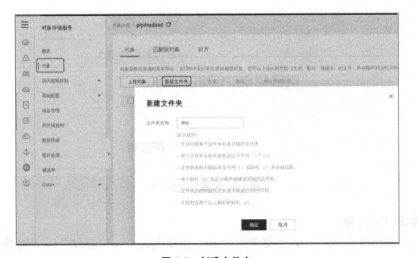

图 9-6　创建文件夹

5．创建 Notebook

回到 ModelArts 控制台页面，在左侧栏中，单击"开发环境"→"Notebook"进入 Notebook 创建界面，单击"创建"，开始创建 Notebook。配置参数如下。

① 计费模式：按需计费。

② 名称：自定义。

③ 自动停止：打开并自定义 2 小时（完成下方⑥⑦，选择"非限时免费规格"后出现），如图 9-7 所示。

图 9-7　创建 Notebook

④ 工作环境：公共镜像 Multi-Engine 1.0（Python3, Recommended）。

⑤ 资源池：公共资源池。

⑥ 类型：GPU。

⑦ 规格：GPU: 1*v100NV32 CPU: 8 核 64GiB （modelarts.bm.gpu.v100NV32）。

⑧ 存储配置：对象存储服务。

⑨ 存储位置：单击选择刚才创建的 test 文件夹，如图 9-8 所示。

图 9-8　存储配置

单击"下一步"→"提交"→"返回 Notebook 列表"，大约 1~2 分钟后状态由"启

动中"变为"运行中",可单击列表右上角的"刷新"查看最新状态。

9.1.2　下载代码和数据集

在刚刚创建的 Notebook 右端单击"打开 JupyterLab"按钮,如图 9-9 所示。

图 9-9　打开 JupyterLab

如果火狐浏览器阻止弹出窗口,单击"首选项"→"允许弹出窗口",如图 9-10 所示。

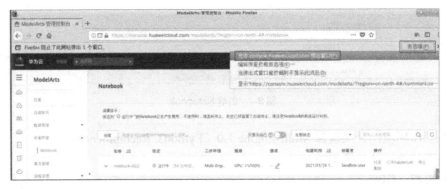

图 9-10　允许弹窗

在新打开的 JupyterLab 页面,单击"Pytorch-1.0.0"进入 Python 开发环境,如图 9-11 所示。

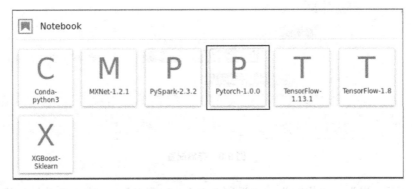

图 9-11　进入开发环境

在新建的 Python 环境页面的输入框中，输入以下代码：

```
import os
import moxing as mox
if not os.path.exists('./rebar_count'):
    print('Downloading code and datasets...')
    mox.file.copy('s3://modelarts-labs-bj4/notebook/DL_rebar_count/rebar_count.zip', './rebar_count.zip')
    os.system("unzip rebar_count.zip; rm rebar_count.zip")
    if os.path.exists('./rebar_count'):
        print('Download code and datasets success')
    else:
        print('Download code and datasets failed, please check the download url is valid or not.')
else:
print('./rebar_count already exists')
```

单击“Run”，这一步是从公共桶下载数据集和代码，执行完成以后，可以在文件目录中看到多了一个 rebar_count 文件夹，执行结果如图 9-12 所示。

```
INFO:root:Using MoXing-v1.17.3-
INFO:root:Using OBS-Python-SDK-3.20.7
Downloading code and datasets...
Download code and datasets success
```

图 9-12　执行结果

9.1.3　加载需要的 Python 模块

继续在下方空白的输入框中输入如下代码：

```
import os
import sys
sys.path.insert(0, './rebar_count/src')
import cv2
import time
import random
import torch
import numpy as np
from PIL import Image, ImageDraw
import xml.etree.ElementTree as ET
from datetime import datetime
from collections import OrderedDict
import torch.optim as optim
import torch.utils.data as data
import torch.backends.cudnn as cudnn
from data import VOCroot, VOC_Config, AnnotationTransform, VOCDetection,
detection_collate, BaseTransform, preproc
from models.RFB_Net_vgg import build_net
from layers.modules import MultiBoxLoss
```

```
from layers.functions import Detect, PriorBox
from utils.visualize import *
from utils.nms_wrapper import nms
from utils.timer import Timer
from modelarts.session import Session
import matplotlib.pyplot as plt
%matplotlib inline
ROOT_DIR = os.getcwd()
seed = 0
session = Session()
cudnn.benchmark = False
cudnn.deterministic = True
torch.manual_seed(seed)                    #为 CPU 设计随机种子
torch.cuda.manual_seed_all(seed)           # 为所有 GPU 设计随机种子
random.seed(seed)
np.random.seed(seed)
os.environ['PYTHONHASHSEED'] = str(seed)   #设置 hash 随机
```

单击"Run",这一步完成了对依赖库的导入。

9.1.4 查看训练数据样例

继续在下方输入如下代码,单击"Run"运行,这一步定义了对标签的读取方法,返回标注的位置和对应的标签(此段代码无输出)。

```
def read_xml(xml_path):
    '''读取 xml 标签'''
    tree = ET.parse(xml_path)
    root = tree.getroot()
    boxes = []
    labels = []
    for element in root.findall('object'):
        label = element.find('name').text
        if label == 'steel':
            bndbox = element.find('bndbox')
            xmin = bndbox.find('xmin').text
            ymin = bndbox.find('ymin').text
            xmax = bndbox.find('xmax').text
            ymax = bndbox.find('ymax').text
            boxes.append([xmin, ymin, xmax, ymax])
            labels.append(label)
    return np.array(boxes, dtype=np.float64), labels
```

9.1.5 显示原图和标注框

在定义模型之前,首先我们来看一下标注之前的图片和标注之后的图片。继续在下方输入如下代码:

```
train_img_dir = './rebar_count/datasets/VOC2007/JPEGImages'
train_xml_dir = './rebar_count/datasets/VOC2007/Annotations'
files = os.listdir(train_img_dir)
files.sort()
for index, file_name in enumerate(files[:2]):
    img_path = os.path.join(train_img_dir, file_name)
    xml_path = os.path.join(train_xml_dir, file_name.split('.jpg')[0] + '.xml')
    boxes, labels = read_xml(xml_path)
    img = Image.open(img_path)
    resize_scale = 2048.0 / max(img.size)
    img = img.resize((int(img.size[0] * resize_scale), int(img.size[1] * resize_scale)))
    boxes *= resize_scale
    plt.figure(figsize=(img.size[0] / 100.0, img.size[1] / 100.0))
    plt.subplot(2, 1, 1)
    plt.imshow(img)
    img = img.convert('RGB')
    img = np.array(img)
    img = img.copy()
    for box in boxes:
        xmin, ymin, xmax, ymax = box.astype(np.int)
        cv2.rectangle(img, (xmin, ymin), (xmax, ymax), (0, 255, 0), thickness=3)
    plt.subplot(2, 1, 2)
    plt.imshow(img)
plt.show()
```

单击"Run", 执行结果如图 9-13、图 9-14、图 9-15、图 9-16 所示。

图 9-13 实验图 1

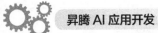

图 9-14　实验图 2

图 9-15　实验图 3

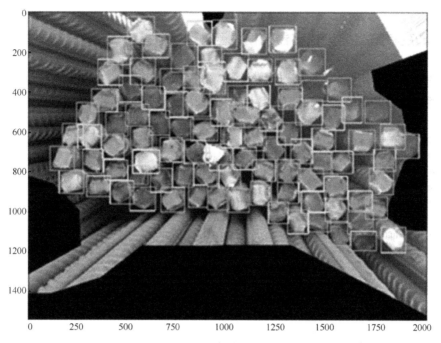

图 9-16　实验图 4

9.1.6　定义训练超参、模型、日志保存路径

继续在下方输入如下代码，单击"Run"运行，用于参数设定（此段代码无输出）。
代码中 max_epoch 用于设置整个训练集训练的轮数，batch_size 用于设置每批传入模型的
样本数量，ngpu 用于设置使用的 GPU 数量，initial_lr 用于设置初始学习率，save_folder
用于设置模型保存路径，log_path 用于设置日志保存路径。

```
# 定义训练超参
num_classes = 2   # 数据集中只有 steel 一个标签，加上背景，所以总共有 2 个类
max_epoch = 1    # 默认值为 1，调整为大于 20 的值，训练效果更佳
batch_size = 1
ngpu = 1
initial_lr = 0.01
img_dim = 416    # 模型输入图片大小
train_sets = [('2007', 'trainval')]   # 指定训练集
cfg = VOC_Config
rgb_means = (104, 117, 123)    # ImageNet 数据集的 RGB 均值

save_folder = './rebar_count/model_snapshots'   # 指定训练模型保存路径
if not os.path.exists(save_folder):
    os.mkdir(save_folder)
# 指定日志保存路径
log_path = os.path.join('./rebar_count/logs', datetime.now().isoformat())
if not os.path.exists(log_path):
    os.makedirs(log_path)
```

9.1.7 构建模型，定义优化器及损失函数

继续在下方输入如下代码，单击"Run"运行（此段代码无输出）。代码中 net 用于定义模型，optimizer 用于定义优化器，criterion 用于定义损失函数。

```
net = build_net('train', img_dim, num_classes=num_classes)
if ngpu > 1:
    net = torch.nn.DataParallel(net)
net.cuda()   # 本实验的代码只能在 GPU 上训练
cudnn.benchmark = True
optimizer = optim.SGD(net.parameters(), lr=initial_lr,
                        momentum=0.9, weight_decay=0)   # 定义优化器
criterion = MultiBoxLoss(num_classes,
                        overlap_thresh=0.4,
                        prior_for_matching=True,
                        bkg_label=0,
                        neg_mining=True,
                        neg_pos=3,
                        neg_overlap=0.3,
                        encode_target=False)   # 定义损失函数
priorbox = PriorBox(cfg)
with torch.no_grad():
    priors = priorbox.forward()
    priors = priors.cuda()
```

9.1.8 定义自适应学习率函数

继续在下方输入如下代码，单击"Run"运行，用于学习率设定（此段代码无输出）。

```
def adjust_learning_rate(optimizer, gamma, epoch, step_index, iteration, epoch_size):
    """
    自适应学习率
    """
    if epoch < 11:
        lr = 1e-8 + (initial_lr-1e-8) * iteration / (epoch_size * 10)
    else:
        lr = initial_lr * (gamma ** (step_index))
    for param_group in optimizer.param_groups:
        param_group['lr'] = lr
    return lr
```

9.1.9 定义训练函数

继续在下方输入如下代码，单击"Run"运行，用于定义训练函数，包括初始学习率、训练轮数、开始训练时间、结束时间、训练模型所花费的时间、每轮传入训练的图片数

目（此段代码无输出）。模型训练函数，每 10 次迭代打印一次日志，20 个 epoch 之后，每个 epoch 保存一次模型。

```python
def train():
    net.train()
    loc_loss = 0
    conf_loss = 0
    epoch = 0
    print('Loading dataset...')
    dataset = VOCDetection(VOCroot, train_sets, preproc(img_dim, rgb_means, p=0.0), AnnotationTransform())
    epoch_size = len(dataset) // batch_size
    max_iter = max_epoch * epoch_size
    stepvalues = (25 * epoch_size, 35 * epoch_size)
    step_index = 0
    start_iter = 0
    lr = initial_lr
    for iteration in range(start_iter, max_iter):
        if iteration % epoch_size == 0:
            if epoch > 20:
                torch.save(net.state_dict(), os.path.join(save_folder, 'epoch_' + repr(epoch).zfill(3) + '_loss_'+
'%.4f' % loss.item() + '.pth'))
            batch_iterator = iter(data.DataLoader(dataset, batch_size, shuffle=True, num_workers=1, col-
late_fn=detection_collate))
            loc_loss = 0
            conf_loss = 0
            epoch += 1
        load_t0 = time.time()
        if iteration in stepvalues:
            step_index += 1
        lr = adjust_learning_rate(optimizer, 0.2, epoch, step_index, iteration, epoch_size)
        images, targets = next(batch_iterator)
        images = Variable(images.cuda())
        targets = [Variable(anno.cuda()) for anno in targets]
        # forward
        t0 = time.time()
        out = net(images)
        # backprop
        optimizer.zero_grad()
        loss_l, loss_c = criterion(out, priors, targets)
        loss = loss_l + loss_c
        loss.backward()
        optimizer.step()
        t1 = time.time()
        loc_loss += loss_l.item()
        conf_loss += loss_c.item()
        load_t1 = time.time()
        if iteration % 10 == 0:
            print('Epoch:' + repr(epoch) + ' || epochiter: ' + repr(iteration % epoch_size) + '/' + repr(epoch_size)
                + ' || Totel iter ' +
```

```
                    repr(iteration) + ' || L: %.4f C: %.4f||' % (
                    loss_l.item(),loss_c.item()) +
            'Batch time: %.4f sec. ||' % (load_t1 - load_t0) + 'LR: %.8f' % (lr))
        torch.save(net.state_dict(), os.path.join(save_folder, 'epoch_' +
                    repr(epoch).zfill(3) + '_loss_'+ '%.4f' % loss.item() + '.pth'))
```

9.1.10 开始训练模型

开始训练模型，继续输入如下代码（将 "obs-bucket-name" 改成之前创建的桶名），进行模型训练过程，由于时间关系，本实验设置了只训练一个 epoch。

```
t1 = time.time()
print('开始训练，本次训练总共需%d 个 epoch，每个 epoch 训练耗时约 60 秒' % max_epoch)
train()
print('training cost %.2f s' % (time.time() - t1))
session.obs.upload_dir(src_local_dir='/home/ma-user/work/rebar_count/model_snapshots/',
dst_obs_dir='obs://obs-bucket-name/')
```

运行结果，如图 9-17 所示。

```
Epoch:1 || epochiter: 150/200|| Totel iter 150 || L: 1.6514 C: 1.8414||Batch time: 0.1792 sec. ||LR: 0.00075001
Epoch:1 || epochiter: 160/200|| Totel iter 160 || L: 2.0081 C: 1.5758||Batch time: 0.4066 sec. ||LR: 0.00080001
Epoch:1 || epochiter: 170/200|| Totel iter 170 || L: 1.3843 C: 3.9192||Batch time: 0.0852 sec. ||LR: 0.00085001
Epoch:1 || epochiter: 180/200|| Totel iter 180 || L: 2.4145 C: 2.1635||Batch time: 0.3790 sec. ||LR: 0.00090001
Epoch:1 || epochiter: 190/200|| Totel iter 190 || L: 1.6212 C: 2.0855||Batch time: 0.3727 sec. ||LR: 0.00095001
training cost 62.51 s
```

图 9-17 运行结果

9.1.11 定义目标检测类

继续在下方输入如下代码，单击 "Run" 运行（此段代码无输出）。上面已经完成了训练，下面开始测试模型，首先需要定义目标检测类。

```
cfg = VOC_Config
img_dim = 416
rgb_means = (104, 117, 123)
priorbox = PriorBox(cfg)
with torch.no_grad():
    priors = priorbox.forward()
    if torch.cuda.is_available():
        priors = priors.cuda()
class ObjectDetector:
    """
    定义目标检测类
    """
    def __init__(self, net, detection, transform, num_classes=num_classes, thresh=0.01, cuda=True):
        self.net = net
        self.detection = detection
```

```
        self.transform = transform
        self.num_classes = num_classes
        self.thresh = thresh
        self.cuda = torch.cuda.is_available()
    def predict(self, img):
        _t = {'im_detect': Timer(), 'misc': Timer()}
        scale = torch.Tensor([img.shape[1], img.shape[0],
                              img.shape[1], img.shape[0]])
        with torch.no_grad():
            x = self.transform(img).unsqueeze(0)
            if self.cuda:
                x = x.cuda()
                scale = scale.cuda()
        _t['im_detect'].tic()
        out = net(x)    # forward pass
        boxes, scores = self.detection.forward(out, priors)
        detect_time = _t['im_detect'].toc()
        boxes = boxes[0]
        scores = scores[0]
        # scale each detection back up to the image
        boxes *= scale
        boxes = boxes.cpu().numpy()
        scores = scores.cpu().numpy()
        _t['misc'].tic()
        all_boxes = [[] for _ in range(num_classes)]
        for j in range(1, num_classes):
            inds = np.where(scores[:, j] > self.thresh)[0]
            if len(inds) == 0:
                all_boxes[j] = np.zeros([0, 5], dtype=np.float32)
                continue
            c_bboxes = boxes[inds]
            c_scores = scores[inds, j]
            c_dets = np.hstack((c_bboxes, c_scores[:, np.newaxis])).astype(
                np.float32, copy=False)
            keep = nms(c_dets, 0.2, force_cpu=False)
            c_dets = c_dets[keep, :]
            all_boxes[j] = c_dets
        nms_time = _t['misc'].toc()
        total_time = detect_time + nms_time
        return all_boxes, total_time
```

9.1.12　定义推理网络，并加载前面训练的 loss 最低的模型

继续在下方输入如下代码，如果本地有多个训练好的模型，会加载模型损失值最小的模型。

```
trained_models = os.listdir(os.path.join(ROOT_DIR,'./rebar_count/model_snapshots'))    # 模型文件所在目录
lowest_loss = 9999
```

```
best_model_name = ''
for model_name in trained_models:
    if not model_name.endswith('pth'):
        continue
    loss = float(model_name.split('_loss_')[1].split('.pth')[0])
    if loss < lowest_loss:
        lowest_loss = loss
        best_model_name = model_name
best_model_path = os.path.join(ROOT_DIR, './rebar_count/model_snapshots', best_model_name)
print('loading model from', best_model_path)
net = build_net('test', img_dim, num_classes)    # 加载模型
state_dict = torch.load(best_model_path)
new_state_dict = OrderedDict()
for k, v in state_dict.items():
    head = k[:7]
    if head == 'module.':
        name = k[7:]
    else:
        name = k
    new_state_dict[name] = v
net.load_state_dict(new_state_dict)
net.eval()
print('Finish load model!')
if torch.cuda.is_available():
    net = net.cuda()
    cudnn.benchmark = True
else:
    net = net.cpu()
detector = Detect(num_classes, 0, cfg)
transform = BaseTransform(img_dim, rgb_means, (2, 0, 1))
object_detector = ObjectDetector(net, detector, transform)
```

运行结果，如图 9-18 所示。

```
loading model from /home/ma-user/work/./rebar_count/model_snapshots/epoch_025_loss_1.1828.pth
Finish load model!
```

图 9-18　运行结果

9.1.13　测试图片，输出每条钢筋的位置和图片中钢筋总条数

继续输入如下代码（将"obs-bucket-name"改成之前创建的桶名），预测钢筋的位置，并可视化展示钢筋的位置和总数。

```
test_img_dir = r'./rebar_count/datasets/test_dataset'    # 待预测的图片目录
if not os.path.exists('./img'):
    os.mkdir('img')
files = os.listdir(test_img_dir)
```

```
files.sort()
for i, file_name in enumerate(files[:2]):
    image_src = cv2.imread(os.path.join(test_img_dir, file_name))
    detect_bboxes, tim = object_detector.predict(image_src)
    image_draw = image_src.copy()
    rebar_count = 0
    for class_id, class_collection in enumerate(detect_bboxes):
        if len(class_collection) > 0:
            for i in range(class_collection.shape[0]):
                if class_collection[i, -1] > 0.6:
                    pt = class_collection[i]
                    cv2.circle(image_draw, (int((pt[0] + pt[2]) * 0.5), int((pt[1] + pt[3]) * 0.5)),
int((pt[2] - pt[0]) * 0.5 * 0.6), (255, 0, 0), -1)
                    rebar_count += 1
    cv2.putText(image_draw, 'rebar_count: %d' % rebar_count, (25, 50), cv2.FONT_HERSHEY_SIMPLEX, 2, (0,
255, 0), 3)
    plt.figure(i, figsize=(30, 20))
    plt.savefig('./img/statistisdfcal.jpg')
    plt.imshow(image_draw)
    plt.show()
session.obs.upload_dir(src_local_dir='/home/ma-user/work/img/',dst_obs_dir='obs://obs-bucket-name/')
```

运行结果, 如图 9-19、图 9-20 所示。

图 9-19 实验结果 1

图 9-20　实验结果 2

9.2　电影推荐系统构建

协同过滤推荐系统在我们的日常生活中无处不在。如在电子商城购物，系统会根据用户的记录或其他信息来推荐相应的产品给客户，这是一种智能的生活方式。之所以叫协同过滤，是因为在实现过滤推荐的时候是根据其他人的行为来做预测的，基于相似用户的喜好来实现用户的喜好预测。我们的电影推荐系统项目就是基于这个思想来进行构建的。

推荐系统主要是通过找到兴趣相投，或有共同经验的群体，来向用户推荐感兴趣的信息。那么如何通过协同过滤，来对用户 A 进行电影推荐呢？

简要步骤如下：

① 找到用户 A(user_id_1)的兴趣爱好；

② 找到与用户 A(user_id_1)具有相同电影兴趣爱好的用户群体集合 Set<user_id>；

③ 找到该群体喜欢的电影集合 Set<movie_id>；

④ 将这些电影 Set<Movie_id>推荐给用户 A(user_id_1)。

具体实施步骤如下。

画一个大表格，横坐标是所有的 movie_id，纵坐标是所有的 user_id，交叉处代表这个用户喜爱这部电影。用户喜爱电影见表 9-1。

表 9-1　用户喜爱电影

	Move_id_1	Move_id_2	Move_id_3	Move_id_4	Move_id_5	……	Move_id_110w
User_id_1	1	1	1				
User_id_2	1	1	1	1			
User_id_3	1	1	1		1		
…………							
…………							
User_id_10w	1		1		1		

横坐标：假设有 10 万部电影，所以横坐标有 10 万个 movie_id，数据来自数据库。

纵坐标：假设有 100 万个用户，所以纵坐标有 100 万个 user_id，数据也来自数据库。

交叉处："1"代表用户喜爱这部电影，数据来自日志。

画外音：什么是"喜欢"，需要人为定义，如浏览过，查找过，点赞过，在我们的实验中，日志里都有这些数据。

实现思想：计算两者之间的相似度。

通常会先把二维表格绘制在一个图中，图中每个用户数据表示一个点。

度量相似度计算的方法：

① 曼哈顿距离计算（计算迅速，节省时间）；

② 欧氏距离计算（计算两个点之间的直线距离）。

基于以上步骤我们可以得出如下代码：

```
import  pandas as pd
movies = pd.read_csv("D:\Tools\\anaconda\example\ml-latest-small\movies.csv")
ratings = pd.read_csv("D:\Tools\\anaconda\example\ml-latest-small\\ratings.csv")##这里注意如果路径中文件名开
头是 r，要转义。
data = pd.merge(movies,ratings,on = 'movieId')#通过两数据框之间的 movieId 连接
data[['userId','rating','movieId','title']].sort_values('userId').to_csv('D:\Tools\\anaconda\example\ml-latest-small\data.csv',
index=False)
file = open("D:\Tools\\anaconda\example\ml-latest-small\data.csv", 'r',encoding='UTF-8')  # 记得读取文件时加'r',
encoding='UTF-8'
##读取 data.csv 中每行中除了名字的数据
data = {}  ##存放每位用户评论的电影和评分
for line in file.readlines():
    # 注意这里不是 readline()
    line = line.strip().split(',')
    # 如果字典中没有某位用户，则使用用户 ID 来创建这位用户
    if not line[0] in data.keys():
        data[line[0]] = {line[3]: line[1]}
    # 否则直接添加以该用户 ID 为 key 字典
    else:
        data[line[0]][line[3]] = line[1]
#print(data)
from math import *
def Euclidean(user1, user2):
```

```
        # 取出两位用户评论过的电影和评分
        user1_data = data[user1]
        user2_data = data[user2]
        distance = 0
        # 找到两位用户都评论过的电影，并计算欧式距离
        for key in user1_data.keys():
            if key in user2_data.keys():
                # 注意，distance 越大表示两者越相似
                distance += pow(float(user1_data[key]) - float(user2_data[key]), 2)

        return 1 / (1 + sqrt(distance))    # 这里返回值越小，相似度越大
# 计算某个用户与其他用户的相似度
def top10_simliar(userID):
    res = []
    for userid in data.keys():
        # 排除与自己计算相似度
        if not userid == userID:
            simliar = Euclidean(userID, userid)
            res.append((userid, simliar))
    res.sort(key=lambda val: val[1])
    return res[:4]


RES = top10_simliar('1')
print(RES)


# 根据用户推荐电影给其他人
def recommend(user):
    # 相似度最高的用户
    top_sim_user = top10_simliar(user)[0][0]
    # 相似度最高的用户的观影记录
    items = data[top_sim_user]
    recommendations = []
    # 筛选出该用户未观看的电影并添加到列表中
    for item in items.keys():
        if item not in data[user].keys():
            recommendations.append((item, items[item]))
    recommendations.sort(key=lambda val: val[1], reverse=True)   # 按照评分排序
    # 返回评分最高的 10 部电影
    return recommendations[:10]
Recommendations = recommend('1')
print(Recommendations)
```

运行结果，如图 9-21 所示。

'68', 0.044330050969940915), ('599', 0.04807925798778345), ('217', 0.04843346156984026), ('160', 0.050181926468153115)]
'How to Lose a Guy in 10 Days (2003)', '5.0'), ('Knocked Up (2007)', '5.0'), ('Speed (1994)', '5.0'), ('The Martian (2015)', '5.0'),

图 9-21 运行结果

从运行结果可以得出推荐系统可以推荐出评分最高的前十部电影，该系统的原理是计算任何两位用户之间的相似度，由于每位用户评论的电影不完全一样，所以首先要找到两位用户共同评论过的电影，然后计算两者之间的欧式距离，算出两者之间的相似度，最后根据相似度来推荐电影。但有时我们会碰到两个用户之间由于数据膨胀，一方数据大，另一方数据小，此时该推荐系统就不适用。

9.3　基于 RFM 模型的航空公司客户价值分析案例

航空公司客户价值分析如下。

在面向客户制定运营策略、营销策略时，希望能够针对不同的客户推行不同的策略，实现精准化运营，以期获取最大的转化率。客户关系管理是精准化运营的基础，客户关系管理的核心是客户分类。通过客户分类，对客户群体进行细分，区别出低价值客户、高价值客户，对不同的客户群体开展不同的个性化服务，将有限的资源合理地分配给不同价值的客户，实现效益最大化。

本案例将使用航空公司客户数据，结合 RFM 模型，采用 K-means 聚类算法，对客户进行分群，比较不同类别客户的客户价值，从而制订相应的营销策略。

本案例使用的数据集及代码在第 2 章提到的网盘资源中可下载。

9.3.1　背景与挖掘目标

信息时代的来临使得企业营销焦点从产品中心转变为客户中心，客户关系管理成为企业的核心问题。客户关系管理的关键问题是客户分类，通过客户分类，区分无价值客户、高价值客户，企业针对不同价值的客户制定优化的个性化服务方案，采取不同营销策略，将有限营销资源集中于高价值客户，实现企业利润最大化目标。准确的客户分类结果是企业优化营销资源分配的重要依据，客户分类越来越成为客户关系管理中亟待解决的关键问题之一。

面对激烈的市场竞争，各个航空公司都推出了更优惠的营销方式来吸引更多的客户，国内某航空公司面临着旅客流失、竞争力下降和航空资源未充分利用等经营危机。通过建立合理的客户价值评估模型，对客户进行分群，分析比较不同客户群的客户价值，并制订相应的营销策略，对不同的客户群提供个性化的客户服务。结合该航空公司已积累的大量的会员档案信息和其乘坐航班记录，实现以下目标：

① 借助航空公司客户数据，对客户进行分类；
② 对不同的客户类别进行特征分析，比较不同类客户的客户价值。

9.3.2　分析方法与过程

全球经济环境和市场环境已经开始改变，企业的业务逐步从以产品为主导转向以客户需求为主导。

企业管理者们虽然知道客户价值分析的重要性，但对如何进行客户价值分析却知之甚少。如何全方位、多角度地考虑客户价值因素，进行有效的客户价值分析，这是所有企业需要认真思索的一个问题。只有甄选出有价值的客户并将精力集中在这些客户身上，才能有效地提升企业的竞争力，使企业获得更大的发展。

在客户价值分析领域，最具影响力并得到实证检验的理论与模型有客户终生价值理论、客户价值金字塔模型、策略评估矩阵分析法和 RFM 客户价值分析模型等，此案例我们使用的是 RFM 客户价值分析模型来进行分析。

1. 分析步骤与流程

航空客户价值分析案例的总体流程如图 9-22 所示，主要包括以下 4 个步骤。

① 抽取航空公司 2012 年 4 月 1 日至 2014 年 3 月 31 日的数据。

② 对抽取的数据进行数据探索分析与预处理，包括数据缺失值与异常值的探索分析，数据清洗，特征构建，标准化等操作。

③ 基于 RFM 客户价值分析模型，使用 K-means 算法进行客户分群。

④ 针对模型结果得到不同价值的客户，采用不同的营销手段，提供定制化的服务。

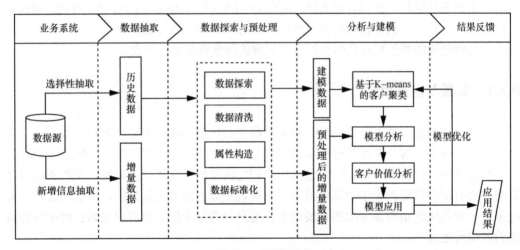

图 9-22 实验流程图

2. 数据探索分析

从航空公司系统内的客户基本信息、乘机信息及积分信息等详细数据中，根据末次飞行日期（LAST_FLIGHT_DATE），以 2014 年 3 月 31 日为结束时间，选取宽度为 2 年的时间段作为分析观测窗口，抽取观测窗口为 2012 年 4 月 1 日至 2014 年 3 月 31 日内有乘机记录的所有客户的详细数据，形成历史数据，总共 62988 条记录。其中包含了如会员卡号、入会时间、性别、年龄、会员卡级别、观测窗口的结束时间、观测窗口乘机积分、飞行公里数、飞行次数、飞行时间、乘机时间间隔、平均折扣率等 44 个属性，见表 9-2。

表 9-2 属性表

	属性名称	属性说明
客户基本信息	MEMBER_NO	会员卡号
	FFP_DATE	入会时间
	FIRST_FLIGHT_DATE	第一次飞行日期
	GENDER	性别
	FFP_TIER	会员卡级别
	WORK_CITY	工作地城市
	WORK_PROVINCE	工作地所在省份
	WORK_COUNTRY	工作地所在国家
	AGE	年龄
乘机信息	FLIGHT_COUNT	观测窗口内的飞行次数
	LOAD_TIME	观测窗口的结束时间
	LAST_TO_END	最后一次乘机时间至观测窗口结束时长
	AVG_DISCOUNT	平均折扣率
	SUM_YR	观测窗口的票价收入
	SEG_KM_SUM	观测窗口的总飞行公里数
	LAST_FLIGHT_DATE	末次飞行日期
	AVG_INTERVAL	平均乘机时间间隔
	MAX_INTERVAL	最大乘机间隔
积分信息	EXCHANGE_COUNT	积分兑换次数
	EP_SUM	总精英积分
	PROMOPTIVE_SUM	促销积分
	PARTNER_SUM	合作伙伴积分
	POINTS_SUM	总累计积分
	POINTS_NOTFLIGHT	非乘机的积分变动次数
	BP_SUM	总基本积分

（1）描述性统计分析

查找每列属性观测值中空值个数、最大值、最小值，如以下代码清单所示：

```
# 对数据进行基本的探索
# 返回缺失值个数以及最大最小值
import pandas as pd
datafile= '../data/air_data.csv'  # 航空原始数据,第一行为属性标签
resultfile = '../tmp/explore.csv'  # 数据探索结果表
# 读取原始数据，指定 UTF-8 编码（需要用文本编辑器将数据装换为 UTF-8 编码）
```

```
data = pd.read_csv(datafile, encoding = 'utf-8')
# 包括对数据的基本描述，percentiles 参数是指定计算多少的分位数表（如 1/4 分位数、中位数等）
explore = data.describe(percentiles = [], include = 'all').T    # T 是转置，转置后更方便查阅
explore['null'] = len(data)-explore['count']    # describe()函数自动计算非空值数，需要手动计算空值数
explore = explore[['null', 'max', 'min']]
explore.columns = [u'空值数', u'最大值', u'最小值']    # 表头重命名
'''
此处只选取部分探索结果。
'''
explore.to_csv(resultfile)    # 导出结果
```

根据代码清单得到的探索结果如图 9-23、图 9-24 所示。

```
D:\Tools\anaconda\AN3\ANA3\python.exe C:

Process finished with exit code 0
```

图 9-23　代码运行后界面

		空值数	最大值	最小值
2	MEMBER_NO	0	62988	1
3	FFP_DATE	0		
4	FIRST_FLIC	0		
5	GENDER	3		
6	FFP_TIER	0	6	4
7	WORK_CITY	2269		
8	WORK_PROVI	3248		
9	WORK_COUNT	26		
10	AGE	420	110	6
11	LOAD_TIME	0		
12	FLIGHT_COU	0	213	2
13	BP_SUM	0	505308	0
14	EP_SUM_YR_	0	0	0
15	EP_SUM_YR_	0	74460	0
16	SUM_YR_1	551	239560	0
17	SUM_YR_2	138	234188	0

图 9-24　探索后得到的分析表

（2）分布分析

分别从客户基本信息、乘机信息、积分信息 3 个角度进行数据探索，寻找客户的分布规律。

客户基本信息分布分析

选取客户基本信息中的入会时间、性别、会员卡级别和年龄字段进行探索分析，探索客户的基本信息分布状况，如以下代码清单所示：

```python
# 对数据的分布分析
import pandas as pd
import matplotlib.pyplot as plt
datafile = '../data/air_data.csv'   # 航空原始数据，第一行为属性标签
# 读取原始数据，指定 UTF-8 编码（需要用文本编辑器将数据装换为 UTF-8 编码）
data = pd.read_csv(datafile, encoding = 'utf-8')
# 客户信息类别
# 提取会员入会年份
from datetime import datetime
ffp = data['FFP_DATE'].apply(lambda x:datetime.strptime(x,'%Y/%m/%d'))
ffp_year = ffp.map(lambda x : x.year)
# 绘制各年份会员入会人数直方图
fig = plt.figure(figsize = (8 ,5))   # 设置画布大小
plt.rcParams['font.sans-serif'] = 'SimHei'   # 设置中文显示
plt.rcParams['axes.unicode_minus'] = False
plt.hist(ffp_year, bins='auto', color='#0504aa')
plt.xlabel('年份')
plt.ylabel('入会人数')
plt.title('各年份会员入会人数')
plt.show()
plt.close
# 提取会员不同性别人数
male = pd.value_counts(data['GENDER'])['男']
female = pd.value_counts(data['GENDER'])['女']
# 绘制会员性别比例饼图
fig = plt.figure(figsize = (7 ,4))   # 设置画布大小
plt.pie([ male, female], labels=['男','女'], colors=['lightskyblue', 'lightcoral'],
        autopct='%1.1f%%')
plt.title('会员性别比例')
plt.show()
plt.close
# 提取不同级别会员的人数
lv_four = pd.value_counts(data['FFP_TIER'])[4]
lv_five = pd.value_counts(data['FFP_TIER'])[5]
lv_six = pd.value_counts(data['FFP_TIER'])[6]
# 绘制会员各级别人数条形图
fig = plt.figure(figsize = (8 ,5))   # 设置画布大小
plt.bar(x=range(3), height=[lv_four,lv_five,lv_six], width=0.4, alpha=0.8, color='skyblue')
plt.xticks([index for index in range(3)], ['4','5','6'])
plt.xlabel('会员等级')
plt.ylabel('会员人数')
plt.title('会员各级别人数')
plt.show()
plt.close()
# 提取会员年龄
age = data['AGE'].dropna()
age = age.astype('int64')
# 绘制会员年龄分布箱线图
fig = plt.figure(figsize = (5 ,10))
```

```
plt.boxplot(age,
            patch_artist=True,
            labels = ['会员年龄'],   # 设置 x 轴标题
            boxprops = {'facecolor':'lightblue'})   # 设置填充颜色
plt.title('会员年龄分布箱线图')
# 显示 y 坐标轴的底线
plt.grid(axis='y')
plt.show()
plt.close
# 乘机信息类别
lte = data['LAST_TO_END']
fc = data['FLIGHT_COUNT']
sks = data['SEG_KM_SUM']
# 绘制最后乘机至结束时长箱线图
fig = plt.figure(figsize = (5 ,8))
plt.boxplot(lte,
            patch_artist=True,
            labels = ['时长'],   # 设置 x 轴标题
            boxprops = {'facecolor':'lightblue'})   # 设置填充颜色
plt.title('会员最后乘机至结束时长分布箱线图')
# 显示 y 坐标轴的底线
plt.grid(axis='y')
plt.show()
plt.close
# 绘制客户飞行次数箱线图
fig = plt.figure(figsize = (5 ,8))
plt.boxplot(fc,
            patch_artist=True,
            labels = ['飞行次数'],   # 设置 x 轴标题
            boxprops = {'facecolor':'lightblue'})   # 设置填充颜色
plt.title('会员飞行次数分布箱线图')
# 显示 y 坐标轴的底线
plt.grid(axis='y')
plt.show()
plt.close
# 积分信息类别
# 提取会员积分兑换次数
ec = data['EXCHANGE_COUNT']
# 绘制会员兑换积分次数直方图
fig = plt.figure(figsize = (8 ,5))   # 设置画布大小
plt.hist(ec, bins=5, color='#0504aa')
plt.xlabel('兑换次数')
plt.ylabel('会员人数')
plt.title('会员兑换积分次数分布直方图')
plt.show()
plt.close
# 提取会员总累计积分
ps = data['Points_Sum']
# 绘制会员总累计积分箱线图
```

```
fig = plt.figure(figsize = (5 ,8))
plt.boxplot(ps,
                patch_artist=True,
                labels = ['总累计积分'],   # 设置 x 轴标题
                boxprops = {'facecolor':'lightblue'})   # 设置填充颜色
plt.title('客户总累计积分箱线图')
# 显示 y 坐标轴的底线
plt.grid(axis='y')
plt.show()
plt.close
# 提取属性并合并为新数据集
data_corr = data[['FFP_TIER','FLIGHT_COUNT','LAST_TO_END',
                'SEG_KM_SUM','EXCHANGE_COUNT','Points_Sum']]
age1 = data['AGE'].fillna(0)
data_corr['AGE'] = age1.astype('int64')
data_corr['ffp_year'] = ffp_year
# 计算相关性矩阵
dt_corr = data_corr.corr(method = 'pearson')
print('相关性矩阵为：\n',dt_corr)
# 绘制热力图
import seaborn as sns
plt.subplots(figsize=(10, 10)) #  设置画面大小
sns.heatmap(dt_corr, annot=True, vmax=1, square=True, cmap='Blues')
plt.show()
plt.close
```

通过代码清单得到各年份会员入会人数直方图，如图 9-25 所示，入会人数随年份增长而增加，在 2012 年达到最高峰。

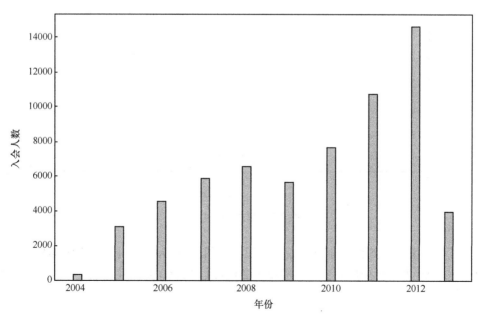

图 9-25　各年份会员入会人数

通过代码清单得到会员性别比例饼图，如图 9-26 所示，可以看出男性会员明显比女性会员多。

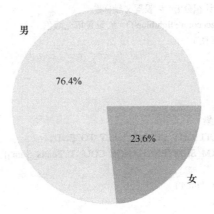

图 9-26　会员性别比例

通过代码清单得到会员各级别人数条形图，如图 9-27 所示，可以看出绝大部分会员为 4 级会员，仅有少数会员为 5 级和 6 级会员。

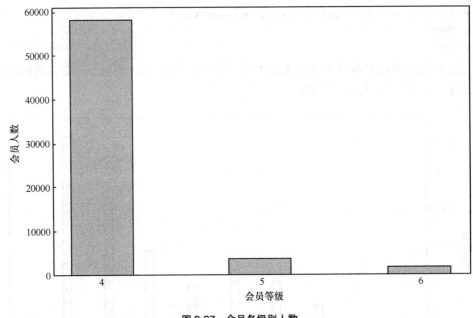

图 9-27　会员各级别人数

通过代码清单得到会员年龄分布箱线图，如图 9-28 所示，可以看出大部分会员年龄集中在 30～50 岁，极少量的会员年龄小于 20 岁或大于 60 岁，且存在一个超过 100 岁的异常数据。

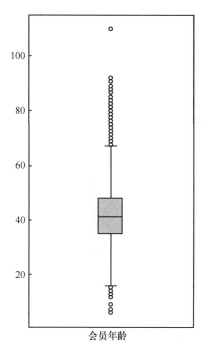

图 9-28 会员年龄分布箱线图

通过代码清单得到客户最后一次乘机至结束的时长、客户乘机信息中飞行次数、总飞行公里数的箱线图，如图 9-29、图 9-30 所示。

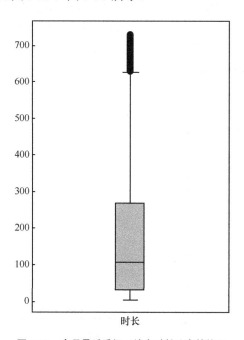

图 9-29 会员最后乘机至结束时长分布箱线图

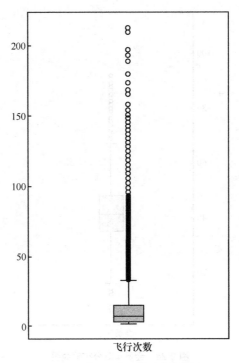

图 9-30　会员飞行次数分布箱线图

　　如图 9-29 所示，客户的入会时长可分为 2 个群体，大部分客户群体分布在 50～300，另外有一部分客户群体分布在 600 以上的区间，如图 9-30 所示，客户的飞行次数与总飞行公里数也明显地分为 2 个群体，大部分客户集中在箱线图下方的箱体中，少数客户分散分布在箱体上方，这部分客户很可能是高价值客户，因为其飞行次数明显超过在箱体内的客户。

　　通过代码清单得到客户积分兑换次数直方图和总累计积分分布箱线图，分别如图 9-31、图 9-32 所示。

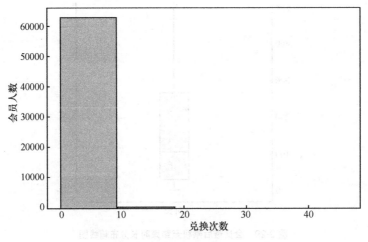

图 9-31　会员兑换积分次数分布直方图

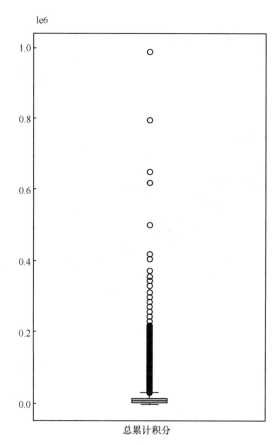

图 9-32　客户总累计积分箱线图

　　通过图 9-31 可以看出，绝大部分客户的兑换次数在 0～10，这表示大部分客户都很少进行积分兑换。通过图 9-32 可以看出，一部分客户集中在箱体中，少部分客户分散分布在箱体上方，这部分客户的积分要明显高于箱体内的客户。

　　（3）相关性分析

　　客户信息的属性间存在相关性，选取入会时间、会员卡级别、客户年龄、飞行次数、总飞行公里数、最近一次乘机至结束时长、积分兑换次数、总累计积分属性，通过相关系数矩阵与热力图分析各属性间的相关性，得到属性热力图，如图 9-33 所示，可以看出部分属性间具有较强的相关性，如 FLIGHT_COUNT（飞行次数）属性与 SEG_KM_SUM（总公里数）属性；也有部分属性与其他属性的相关性都较弱，如 AGE（年龄）属性与 EXCHANGE_COUNT（积分兑换次数）属性。

　　3．数据预处理

　　本案例主要采用数据清洗、属性规约与数据变换的预处理方法。

　　（1）数据清洗

　　通过对数据观察，发现原始数据中存在票价为空值、票价最小值为零、折扣率最小值为零、总飞行公里数大于零的记录。票价为空值的数据可能是客户不存在乘机记录造

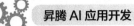

成的。其他的数据可能是客户乘坐零折机票或积分兑换造成的。由于原始数据量大，这类数据所占比例较小，影响不大，因此可对其进行丢弃处理。同时，在数据探索时发现部分年龄大于 100 的记录，也可进行丢弃处理，具体处理方法如下。

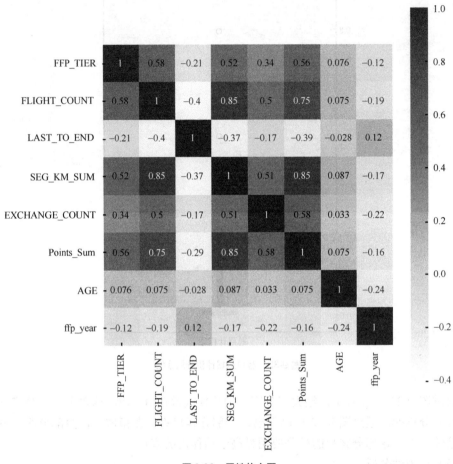

图 9-33　属性热力图

1）丢弃票价为空的记录

2）丢弃年龄大于 100 的记录

使用 pandas 对满足清洗条件的数据进行丢弃，处理方法为满足清洗条件的一行数据全部丢弃，如以下代码清单所示：

```python
# 处理缺失值与异常值
import numpy as np
import pandas as pd
datafile = '../data/air_data.csv'  # 航空原始数据路径
cleanedfile = '../tmp/data_cleaned.csv'  # 数据清洗后保存的文件路径
# 读取数据
airline_data = pd.read_csv(datafile,encoding = 'utf-8')
print('原始数据的形状为：',airline_data.shape)
```

```
# 去除票价为空的记录
airline_notnull = airline_data.loc[airline_data['SUM_YR_1'].notnull() &
                                   airline_data['SUM_YR_2'].notnull(),:]
print('删除缺失记录后数据的形状为：',airline_notnull.shape)
# 只保留票价非零的，或者平均折扣率不为零且总飞行公里数大于零的记录。
index1 = airline_notnull['SUM_YR_1'] != 0
index2 = airline_notnull['SUM_YR_2'] != 0
index3 = (airline_notnull['SEG_KM_SUM']> 0) & (airline_notnull['avg_discount'] != 0)
index4 = airline_notnull['AGE'] > 100    # 去除年龄大于 100 的记录
airline = airline_notnull[(index1 | index2) & index3 & ~index4]
print('数据清洗后数据的形状为：',airline.shape)
airline.to_csv(cleanedfile)   # 保存清洗后的数据
```

运行结果，如图 9-34 所示。

```
原始数据的形状为：（62988，44）
删除缺失记录后数据的形状为：（62299，44）
数据清洗后数据的形状为：（62043，44）
```

图 9-34 运行结果

（2）属性规约

本案例的目标是客户价值分析，即通过航空公司客户数据识别不同价值的客户，识别客户价值应用最广泛的模型是 RFM 模型。

1）RFM 模型

R（Recency）：指的是最近一次消费时间与截止时间的间隔。通常情况下，最近一次消费时间与截止时间的间隔越短，对即时提供的商品或是服务也最有可能感兴趣。这也是为什么消费时间间隔 0 至 6 个月的顾客收到的沟通信息多于消费时间间隔 1 年以上的顾客。

最近一次消费时间与截止时间的间隔不仅能够为确定促销客户群体提供依据，还能够从中得出企业发展的趋势。如果分析报告显示最近一次消费时间很近的客户在增加，则表示该公司是个稳步上升的公司。反之，最近一次消费时间很近的客户越来越少，则说明该公司需要找到问题所在，及时调整营销策略。

F（Frequency）：指顾客在某段时间内所消费的次数。可以说消费频率越高的顾客，也是满意度越高的顾客，其忠诚度也就越高，顾客价值也就越大。增加顾客购买的次数意味着从竞争对手处偷取市场占有率，赚取营业额。商家需要做的是通过各种营销方式，去不断地刺激顾客消费，提高他们的消费频率，提升店铺的复购率。

M（Monetary）：指顾客在某段时间内所消费的金额。消费金额越大的顾客，他们的消费能力自然也就越大，这就是所谓"20%的顾客贡献了 80%的销售额"的二八法则。这批顾客必然是商家在进行营销活动时需要特别照顾的群体，尤其是在商家前期资源不足的时候。不过需要注意一点，不论采用哪种营销方式，都要以不对顾客造成骚扰为大前提，否则营销只会产生负面效果。

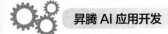

在 RFM 模型理论中，最近一次消费时间与截止时间的间隔、消费频率、消费金额是测算客户价值最重要的特征，这 3 个特征对营销活动具有十分重要的意义。其中，最近一次消费时间与截止时间的间隔是最有力的特征。

2）航空客户价值分析的 LRFMC 模型

在 RFM 模型中，消费金额表示在一段时间内，客户购买该企业产品金额的总和。由于航空票价受到运输距离、舱位等级等多种因素影响，同样消费金额的不同旅客对航空公司的价值是不同的，比如一位购买长航线、低等级舱位票的旅客与一位购买短航线、高等级舱位票的旅客相比，后者对于航空公司的价值可能更高。因此这个特征并不适合用于航空公司的客户价值分析。本案例选择客户在一定时间内累积的飞行里程 M 和客户在一定时间内乘坐舱位所对应的折扣系数的平均值 C 2 个特征代替消费金额。此外，航空公司会员入会时间的长短在一定程度上能够影响客户价值，所以在模型中增加客户关系长度 L，作为区分客户的另一特征。

本案例将客户关系长度 L、消费时间间隔 R、消费频率 F、飞行里程 M 和折扣系数的平均值 C 5 个特征作为航空公司识别客户价值特征，LRFMC 模型如图 9-35 所示。

模型	L	R	F	M	C
航空公司 LRFMC 模型	会员入会时间距观测窗口结束的月数	客户最近一次乘坐公司飞机距观测窗口结束的月数	客户在观测窗口内乘坐公司飞机的次数	客户在观测窗口内累计的飞行里程	客户在观测窗口内乘坐舱位所对应的折扣系数的平均值

图 9-35　LRFMC 模型

（3）数据变换

数据变换是将数据转换成"适当的"格式，以适应挖掘任务及算法的需要。本案例中主要采用的数据变换方式有属性构造和数据标准化。

由于原始数据中并没有直接给出 LRFMC 5 个指标，需要通过原始数据提取这 5 个指标。属性构造与数据标准化的代码如下代码清单所示：

```
# 构造属性 L
L = pd.to_datetime(airline_selection['LOAD_TIME']) - pd.to_datetime(airline_selection['FFP_DATE'])
L = L.astype('str').str.split().str[0]
L = L.astype('int')/30
# 合并属性
airline_features = pd.concat([L,airline_selection.iloc[:,2:]],axis = 1)
airline_features.columns = ['L','R','F','M','C']
print('构建的 LRFMC 属性前 5 行为：\n',airline_features.head())
# 数据标准化
from sklearn.preprocessing import StandardScaler
data = StandardScaler().fit_transform(airline_features)
```

```
np.savez('../tmp/airline_scale.npz',data)
print('标准化后 LRFMC 五个属性为：\n',data[:5,:])
```

4．模型构建

客户价值分析模型构建主要由两个部分构成，根据航空公司客户 5 个指标的数据，对客户作聚类分群，结合业务对每个客户群进行特征分析，分析其客户价值，并对每个客户群进行排名。

客户聚类和客户价值分析如下。

采用 K-means 聚类算法对客户数据进行客户分群，聚成 5 类（需要结合业务的理解与分析来确定客户的类别数量）。

使用 scikit-learn 库下的聚类子库（sklearn.cluster）可以实现 K-means 聚类算法。使用标准化后的数据进行聚类，针对聚类结果进行特征分析，绘制客户分群雷达图，如以下代码清单所示：

```python
# K-means 聚类
import pandas as pd
import numpy as np
from sklearn.cluster import KMeans   # 导入 K-means 算法
# 读取标准化后的数据
airline_scale = np.load('../tmp/airline_scale.npz')['arr_0']
k = 5   # 确定聚类中心数
# 构建模型，随机种子设为 123
kmeans_model = KMeans(n_clusters = k,n_jobs=4,random_state=123)
fit_kmeans = kmeans_model.fit(airline_scale)   # 模型训练
# 查看聚类结果
kmeans_cc = kmeans_model.cluster_centers_   # 聚类中心
print('各类聚类中心为：\n',kmeans_cc)
kmeans_labels = kmeans_model.labels_   # 样本的类别标签
print('各样本的类别标签为：\n',kmeans_labels)
r1 = pd.Series(kmeans_model.labels_).value_counts()   # 统计不同类别样本的数目
print('最终每个类别的数目为：\n',r1)
#matplotlib inline
import matplotlib.pyplot as plt
# 客户分群雷达图
cluster_center = pd.DataFrame(kmeans_model.cluster_centers_,\
                 columns = ['ZL','ZR','ZF','ZM','ZC'])   # 将聚类中心放在数据框中
cluster_center.index = pd.DataFrame(kmeans_model.labels_).\
                 drop_duplicates().iloc[:,0]   # 将样本类别作为数据框索引
print(cluster_center)
labels = ['ZL','ZR','ZF','ZM','ZC']
legen = ['客户群' + str(i + 1) for i in cluster_center.index]   # 客户群命名，作为雷达图的图例
lstype = ['-','--',(0, (3, 5, 1, 5, 1, 5)),':','-.']
kinds = list(cluster_center.iloc[:, 0])
# 由于雷达图要保证数据闭合，因此再添加 L 列，并转换为 np.ndarray
cluster_center = pd.concat([cluster_center, cluster_center[['ZL']]], axis=1)
centers = np.array(cluster_center.iloc[:, 0:])
# 分割圆周长，并让其闭合
n = len(labels)
```

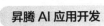

```
angle = np.linspace(0, 2 * np.pi, n, endpoint=False)
angle = np.concatenate((angle, [angle[0]]))
# 绘图
fig = plt.figure(figsize = (8,6))
ax = fig.add_subplot(111, polar=True)   # 以极坐标的形式绘制图形
plt.rcParams['font.sans-serif'] = ['SimHei']   # 用来正常显示中文标签
plt.rcParams['axes.unicode_minus'] = False   # 用来正常显示负号
# 画线
for i in range(len(kinds)):
    ax.plot(angle, centers[i], linestyle=lstype[i], linewidth=2, label=kinds[i])
# 添加属性标签
plt.thetagrids(angle * 180 / np.pi)
plt.title('客户特征分析雷达图')
plt.legend(legen)
plt.show()
plt.close
```

运行结果，如图 9-36 所示。

```
各类聚类中心为：
[[ 1.16108399e+00 -3.77499994e-01 -8.65189669e-02 -9.44338125e-02
   -1.57047742e-01]
 [ 4.30744744e-02 -1.70312626e-03 -2.32695277e-01 -2.36587633e-01
   2.17138891e+00]
 [-7.00326044e-01 -4.15377753e-01 -1.60648047e-01 -1.60390485e-01
   -2.57380124e-01]
 [ 4.83304628e-01 -7.99421213e-01  2.48303869e+00  2.42388525e+00
   3.10034088e-01]
 [-3.13136330e-01  1.68641023e+00 -5.73859336e-01 -5.36663736e-01
   -1.75973079e-01]]
```

图 9-36   运行结果

结合业务分析，通过比较各个特征在群间的大小，对某一个群的特征进行评价分析。客户特征分析雷达图如图 9-37 所示。其中客户群 1 在特征 C 处的值最大，在特征 F、M 处的值较小，说明客户群 1 是偏好乘坐高级舱位的客户群；客户群 2 在特征 F、M 处的值最大，且在特征 R 处的值最小，说明客户群 2 的会员频繁乘机且近期都有乘机记录；客户群 3 在特征 R 处的值最大，在特征 L、F、M 和 C 处的值都较小，说明客户群 3 已经很久没有乘机，是入会时间较短的低价值的客户群；客户群 4 在所有特征上的值都很小，且在特征 L 处的值最小，说明客户群 4 属于新入会会员较多的客户群；客户群 5 在特征 L 处的值最大，在特征 R 处的值较小，其他特征值都比较适中，说明客户群 5 入会时间较长，飞行频率也较高，是有较高价值的客户群。

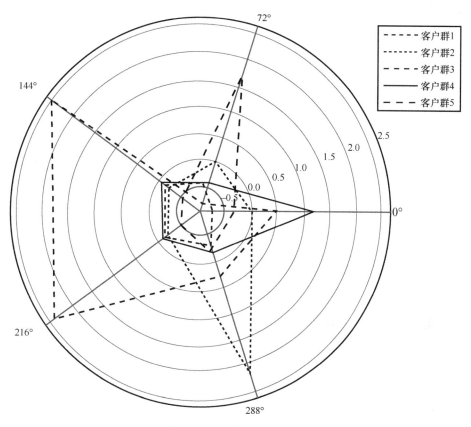

图 9-37　客户特征分析雷达图

9.4　本章小结

本章重点介绍基于 ModelArts JupyterLab 在线调优钢筋检测的实验条例，并可视化展示钢筋的位置和总数、利用电影推荐系统推荐出评分最高的前十部电影，同时还有一个基于 RFM 模型的航空公司客户价值分析案例，使用航空公司客户数据，结合 RFM 模型，采用 K-Means 聚类算法，对客户进行分群，比较不同类别客户的客户价值，从而制定相应的营销策略。

课后习题

完成本章全部项目并实现所有功能。